碳中和城市与绿色智慧建筑系列教材

教育部高等学校建筑类专业教学指导委员会规划推荐教材

丛书主编　王建国

# 高碳汇生态景观规划设计

## High Carbon Sink Ecological Landscape Plan and Design

成玉宁　著

中国建筑工业出版社

**图书在版编目（CIP）数据**

高碳汇生态景观规划设计 = High Carbon Sink
Ecological Landscape Plan and Design / 成玉宁著 .
北京：中国建筑工业出版社，2024.12. --（碳中和城
市与绿色智慧建筑系列教材 / 王建国主编）（教育部高
等学校建筑类专业教学指导委员会规划推荐教材）.
ISBN 978-7-112-30798-2

Ⅰ. TU-023

中国国家版本馆 CIP 数据核字第 2024CF3464 号

　　本书旨在深入探讨高碳汇生态景观规划设计的理论与实践，为风景园林、城乡规划、建筑设计、碳中和科学与技术等相关领域的从业者和研究人员提供有益的参考和启示，也可以作为相关专业人员培训教材；能够进一步推动高碳汇生态景观规划设计的发展和应用，为实现碳中和目标、保护生态环境和促进可持续发展做出贡献。

为了更好地支持相应课程的教学，我们向采用本书作为教材的教师提供课件，有需要者可与出版社联系。
建工书院：https://edu.cabplink.com
邮箱：jckj@cabp.com.cn 电话：（010）58337285

策划编辑：陈　桦　柏铭泽
责任编辑：杨　琪　陈　桦
责任校对：李美娜

碳中和城市与绿色智慧建筑系列教材
教育部高等学校建筑类专业教学指导委员会规划推荐教材
丛书主编　王建国

**高碳汇生态景观规划设计**
High Carbon Sink Ecological Landscape Plan and Design
成玉宁　著
\*
中国建筑工业出版社出版、发行（北京海淀三里河路 9 号）
各地新华书店、建筑书店经销
北京锋尚制版有限公司制版
北京中科印刷有限公司印刷
\*
开本：787 毫米 ×1092 毫米　1/16　印张：19　字数：354 千字
2025 年 2 月第一版　　2025 年 2 月第一次印刷
定价：**89.00** 元（赠教师课件）
ISBN 978-7-112-30798-2
（44521）

# 《碳中和城市与绿色智慧建筑系列教材》

# 总序

建筑是全球三大能源消费领域（工业、交通、建筑）之一。建筑从设计、建材、运输、建造到运维全生命周期过程中所涉及的"碳足迹"及其能源消耗是建筑领域碳排放的主要来源，也是城市和建筑碳达峰、碳中和的主要方面。城市和建筑"双碳"目标实现及相关研究由 2030 年的"碳达峰"和 2060 年的"碳中和"两个时间节点约束而成，由"绿色、节能、环保"和"低碳、近零碳、零碳"相互交织、动态耦合的多途径减碳递进与碳中和递归的建筑科学迭代进阶是当下主流的建筑类学科前沿科学研究领域。

本系列教材主要聚焦建筑类学科专业在国家"双碳"目标实施行动中的前沿科技探索、知识体系进阶和教学教案变革的重大战略需求，同时满足教育部碳中和新兴领域系列教材的规划布局和"高阶性、创新性、挑战度"的编写要求。

自第一次工业革命开始至今，人类社会正在经历一个巨量碳排放的时期，碳排放导致的全球气候变暖引发一系列自然灾害和生态失衡等环境问题。早在 20 世纪末，全球社会就意识到了碳排放引发的气候变化对人居环境所造成的巨大影响。联合国政府间气候变化专门委员会（IPCC）自 1990 年始发布五年一次的气候变化报告，相关应对气候变化的《京都议定书》（1997）和《巴黎气候协定》（2015）先后签订。《巴黎气候协定》希望 2100 年全球气温总的温升幅度控制在 1.5℃，极值不超过 2℃。但是，按照现在全球碳排放的情况，那 2100 年全球温升预期是 2.1~3.5℃，所以，必须减碳。

2020 年 9 月 22 日，国家主席习近平在第七十五届联合国大会一般性辩论上向国际社会郑重承诺，中国将力争在 2030 年前达到二氧化碳排放峰值，努力争取在 2060 年前实现碳中和。自此，"双碳"目标开始成为我国生态文明建设的首要抓手。党的二十大报告中提出，"积极稳妥推进碳达峰碳中和，立足我国能源资源禀赋，坚持先立后破，有计划分步骤实施碳达峰行动，深入推进能源革命……"，传递了党中央对我国碳达峰、碳中和的最新战略部署。

国务院印发的《2030 年前碳达峰行动方案》提出，将碳达峰贯穿于经济社会发展全过程和各方面，重点实施"碳达峰十大行动"。在"双碳"目标战略时间表的控制下，建筑领域作为三大能源消费领域（工业、交通、建筑）之一，尽早实现碳中和对于"双碳"目标战略路径的整体实现具有重要意义。

为贯彻落实国家"双碳"目标任务和要求，东南大学联合中国建筑出版传媒有限公司，于 2021 年至 2022 年承担了教育部高等教育司新兴领域教材研究与实践项目，就"碳中和城市与绿色智慧建筑"教材建设开展了研究，初步架构了该领域的知识体系，提出了教材体系建设的全新框架和编写思路等成果。2023年3月，教育部办公厅发布《关于组织开展战略性新兴领域"十四五"高等教育教材体系建设工作的通知》(以下简称《通知》)，《通知》中明确提出，要充分发挥"新兴领域教材体系建设研究与实践"项目成果作用，以《战略性新兴领域规划教材体系建议目录》为基础，开展专业核心教材建设，并同步开展核心课程、重点实践项目、高水平教学团队建设工作。课题组与教材建设团队代表于2023年4月8日在东南大学召开系列教材的编写启动会议，系列教材主编、中国工程院院士、东南大学建筑学院教授王建国发表系列教材整体编写指导意见；中国工程院院士、西安建筑科技大学教授刘加平和中国工程院院士、清华大学教授庄惟敏分享分册编写成果。编写团队由3位院士领衔，8所高校和3家企业的80余位团队成员参与。

2023年4月，课题团队向教育部正式提交了战略性新兴领域"碳中和城市与绿色智慧建筑系列教材"建设方案，回应国家和社会发展实施碳达峰碳中和战略的重大需求。2023年11月，由东南大学王建国院士牵头的未来产业(碳中和)板块教材建设团队获批教育部战略性新兴领域"十四五"高等教育教材体系建设团队，建议建设系列教材16种，后考虑跨学科和知识体系完整性增加到20种。

本系列教材锚定国家"双碳"目标，面对建筑类学科绿色低碳知识体系更新、迭代、演进的全球趋势，立足前沿引领、知识重构、教研融合、探索开拓的编写定位和思路。教材内容包含了碳中和概念和技术、绿色城市设计、低碳建筑前策划后评估、绿色低碳建筑设计、绿色智慧建筑、国土空间生态资源规划、生态城区与绿色建筑、城镇建筑生态性能改造、城市建筑智慧运维、建筑碳排放计算、建筑性能智能化集成以及健康人居环境等多个专业方向。

教材编写主要立足于以下几点原则：一是根据教育部碳中和新兴领域系列教材的规划布局和"高阶性、创新性、挑战度"的编写要求，立足建筑类专业本科生高年级和研究生整体培养目标，在原有课程知识课堂教授和实验教学基础上，专门突出了碳中和新兴领域学科前沿最新内容；二是注意建筑类专业中"双碳"目标导向的知识体系建构、教授及其与已有建筑类相关课程内容的差异性和相关性；三是突出基本原理讲授，合理安排理论、方法、实验和案例分析的内容；四是强调理论联系实际，强调实践案例和翔实的示范作业介绍。总体力求高瞻远瞩、科学合理、可教可学、简明实用。

本系列教材使用场景主要为高等学校建筑类专业及相关专业的碳中和新兴学科知识传授、课程建设和教研学产融合的实践教学。适用专业主要包括建筑学、城乡规划、风景园林、土木工程、建筑材料、建筑设备，以及城市管理、城市经济、城市地理等。系列教材既可以作为教学主干课使用，也可以作为上述相关专业的教学参考书。

本教材编写工作由国内一流高校和企业的院士、专家学者和教授完成，他们在相关低碳绿色研究、教学和实践方面取得的先期领先成果，是本系列教材得以顺利编写完成的重要保证。作为新兴领域教材的补缺，本系列教材很多内容属于全球和国家双碳研究和实施行动中比较前沿且正在探索的内容，尚处于知识进阶的活跃变动期。因此，系列教材的知识结构和内容安排、知识领域覆盖、全书统稿要求等虽经编写组反复讨论确定，并且在较多学术和教学研讨会上交流，吸收同行专家意见和建议，但编写组水平毕竟有限，编写时间也比较紧，不当之处甚或错误在所难免，望读者给予意见反馈并及时指正，以使本教材有机会在重印时加以纠正。

感谢所有为本系列教材前期研究、编写工作、评议工作、教案提供、课程作业作出贡献的同志以及参考文献作者，特别感谢中国建筑出版传媒有限公司的大力支持，没有大家的共同努力，本系列教材在任务重、要求高、时间紧的情况下按期完成是不可能的。

是为序。

丛书主编、东南大学建筑学院教授、中国工程院院士

# 前言

人居环境是以人为中心，依据人的使用需求而营造的复合型生态系统，由自然生态系统和人工生态系统共同构成，但在很大程度上受到了人为因素的影响。人们通过技术手段控制环境的物质循环和能量流动，创造符合人们物质使用和精神审美需求的景观环境。在全球气候变化和"双碳"目标提出的大背景下，低碳可持续发展已经成为人居环境高质量发展的重要内容，高碳汇生态景观规划设计正逐渐受到广泛关注。作为城市建成环境中碳汇与碳储的重要来源，也是唯一具有碳汇效能的子系统，高碳汇生态景观规划设计不仅有助于提升城市环境质量，还能为碳中和目标的实现提供强有力的支持。

为响应国家发展战略，《高碳汇生态景观规划设计》作为碳中和城市与绿色智慧建筑系列教材之一，从前期规划、系统规划、生态设计、数智施工及运维、资源循环利用、碳汇绩效评价六个方面阐明生态系统增汇减排效能的机制与方法，为未来高碳汇生态景观规划设计提供了有价值的参考和启示，推动"双碳"目标的实现。

全书在阐明全生命周期过程中，生态景观如何参与碳循环的前提下，聚焦高碳汇生态景观系统。基于定量与实证研究，厘清生态景观碳汇、碳储与碳排的机制、高碳汇生态景观实现途径以及生态景观碳汇绩效评估体系。首先，从人居环境生态系统出发，论述人居环境生态景观特征及其碳汇、碳储及碳排的相关概念，简明扼要地提出高碳汇、低排放的设计目标，并指明当下规划设计面临的问题和挑战；其次，详细讲解人居环境生态景观增汇与减排机制，分析生态景观中的碳储与转化过程，梳理全生命周期中的高碳汇与低排放规划设计方法；随后，分章节依次阐述了高碳汇景观规划与设计方法、低排放生态景观工程技术、碳汇测定与绩效评价方法，从全生命周期与全设计流程揭示实现高碳汇景观的有效路径和关键手段，从而推动全尺度、多系统、多环节协同实现高碳汇生态景观目标。

本书旨在深入探讨高碳汇生态景观规划设计的理论与实践，为风景园林、城乡规划、建筑设计、碳中和科学与技术等相关领域的从业者和研究人员提供有益的参考和启示，也可以作为相关专业人员培训教材；能够进一步推动高碳汇生态景观规划设计的发展和应用，为实现碳中和目标、保护生态环境和促进可持续发展做出贡献。

# 目 录

第1章　生态景观碳汇、碳储及碳排

| 1.1 人居环境生态景观特征及问题 | 1.1.1 人居环境生态景观特征 |
| | 1.1.2 人居环境生态景观问题 |

| 1.2 高碳汇生态景观的基本理念与范畴 | 1.2.1 碳汇、碳储与碳排 |
| | 1.2.2 "双碳"目标与碳交易 |
| | 1.2.3 生态景观的碳汇、碳储及碳排放 |
| | 1.2.4 高碳汇生态景观的增汇减排及多系统协同 |

| 1.3 高碳汇生态景观实现途径 | 1.3.1 前期研究 |
| | 1.3.2 系统规划 |
| | 1.3.3 生态设计 |
| | 1.3.4 数智化施工及运维 |
| | 1.3.5 资源循环利用 |

| 1.4 生态景观碳汇绩效评价 | 1.4.1 生态景观碳汇绩效评价目标 |
| | 1.4.2 生态景观全生命周期碳汇绩效评估原则 |
| | 1.4.3 生态景观全生命周期碳汇绩效评估路径 |

人居环境是指人类聚居生活的场所，包括自然、人群、社会、居住、支撑五大系统。这些系统共同塑造了城市的面貌和可持续性。人居环境的形成，是社会生产力发展且引起人类的生存方式不断变化的结果。在这个过程中，人类从被动地依赖自然到逐步地利用自然，再到主动地改造自然。因此，人居环境生态景观具有生态环境、空间形态、社会功能以及时空演变四个方面特征。

一方面，人居环境往往要满足人文、经济、建筑、景观、交通、环境和生活质量等方面的要求，满足人们的生理、心理需要和环境的可持续发展要求。另一方面，人工建筑材料的使用严重污染环境，建筑密度过高造成了城市热岛等负面效应。由于人口集中以及大规模的人为活动干扰，人居环境生态景观遭到严重的破坏；植物生长失调，野生动植物稀缺；大量的建设与开发活动改变了原有自然地貌。人工活动大量占据土地资源，在消耗能源的同时排出废弃物，从而导致了环境恶化，降低了环境自净能力和自我调节机能，破坏了自然界的物质循环。

人居环境生态景观规划设计需要系统性思维以及多目标考量，在满足社会功能需求的同时兼顾生态与形态。人居环境中的生态景观可以通过人工干预，如合理的规划、设计、管养、运维，实现高碳汇、低碳排。在规划中增加绿地面积，如城市公园、绿化带、城市森林等，可以提高城市的碳汇能力。高碳汇生态景观主要以自然碳汇系统为主，强调合理的景观规划与设计，提高城市生态系统吸收和存储碳的能力。同时通过全生命周期、类自然法则、低管养、低维护等途径提高生态景观的碳汇量，降低碳排放量。合理的规划设计，不仅能够降低碳排放，提升生态景观碳汇绩效，还能够显著提升生态系统服务能力、增强气候适应性。

## 1.1.1 人居环境生态景观特征

### 1) 生态环境特征

人居环境生态景观是由自然生物圈与人类文化圈交织而成的复合系统。在生态景观系统所处的空间范围内，物质、能量和信息流动形成了整体的结构、功能、过程以及相互的动态变化。其整体属性是各子系统之间相互作用、相互影响共同形成的，而不是简单叠加。一方面，人类在生态景观环境中开展游憩活动，放松身心。另一方面，人居环境生态景观依赖于人工物质和能量的输入。这种相互关系使得人居环境生态景观具有系统性特征。

因此，人居环境生态景观具有其复杂性。人居环境内的生态景观碳汇与水循环、能量流动、物种迁移等生态过程紧密相关，形成一个复杂的生态系统网络。碳汇的效能受到这个系统内外各种生物和非生物因素的影响。这种关联性要求在进行城乡规划和生态景观设计时，考虑整个生态系统的平衡和健康。生态景观系统是一个具有多功能的、复杂的多尺度系统，融合了自然碳汇与人工碳排。人居环境生态景观包含若干子系统。各系统间的相互作用，决定了人居环境生态景观系统是一个多要素、多变量构成的复合系统。

人居环境生态景观具有开放性和不稳定性特征。土地覆被和土地利用变化，往往伴随大量的碳交换过程。地表反照率、蒸散、温室气体的释放和吸收，以及气候系统其他特性的调整，造成了辐射强迫，从而改变了生态系统的构成、运作方式和功能，进而对区域或全球气候产生了影响。

高密度的城市开发建设大规模地改变了下垫面，人居环境生态景观是由蓝—绿—灰共同组成的生态系统，其土地利用变化丰富，下垫面类型多样。土地利用变化，对人居环境生态景观系统的物质循环与能量流动，产生了较大的影响。此外，人居环境生态景观还具有多种生态服务功能。这些功能不仅局限于碳吸存，还包括提供生态栖息地、维持生物多样性、减缓城市热岛效应、过滤空气污染物、减少噪声污染、调节城市气候、增强水资源管理和提供休闲娱乐空间等。因此，系统协同对于营造高碳汇人居环境生态景观至关重要。

**2）空间形态特征**

从空间结构上看，人居环境生态景观是一种开放结构。就其规模而言，很难达到完全自我维持的平衡状态。城市生态系统处于非平衡状态，通过与外界系统进行物质与能量交换以此来维持自身的有序性。因此，需要对人居环境生态景观进行生态化设计，以最大限度地提高自然及人工资源的利用率，减少对环境的压力，尽可能接近于自然系统的生态循环状态。由此实现人居环境生态景观碳汇能力提升与碳排放水平降低。

人居环境生态景观以人造斑块为主，形状规则，数量多。城市环境中线状廊道相对较多，带状廊道少；网络数量多，生态景观的基质连接度较低，景观高度破碎。城市廊道主要由街道、河流以及带形绿地构成，人工的景观单元形成城市生态景观的基本格局。

生态景观空间结构具有梯度性。城市是人为影响相对集中的地段，对于单核心型城市，由市中心至边缘区，人类活动的强度逐渐减小，方式也有所改变；表现为人口密度、干扰程度等呈梯度逐渐降低，生态景观逐渐趋于自然、连续的特征。

### 3）社会功能特征

人居环境生态景观是由不同的异质单元所构成的镶嵌体，环境中的绿地、水面、建筑物、道路等性质各异，功能各不相同。场地内及周边的道路、建筑物、广场等都是人工兴建的。大量的建设用地，是影响碳排放量变化的主要驱动因素，其建造—使用—维护阶段会增加能源消耗，并导致温室气体排放的增加。

人居环境生态景观具有社会服务与生态服务双重价值，由人类建造，满足人类需求。为方便人群进入，人居环境生态景观的区域边界具有明显的可识别性。为了提高关注度，往往将反差大的区域并排设置，并且从外部可以看到两者边界相交处，帮助观察者形成内、外的感觉。当边界不封闭或不明显时，往往会有相应的界标以及指引方向的节点，使其边界完整，定位明确。

生态景观通过提供绿色开放空间，如公园、绿地、休闲广场等，改善居民的视觉享受，增加户外活动的机会，从而提升居住区的美观度和居民的身心健康。自然环境被证明能有效减轻压力、抑郁和焦虑情绪，人居环境生态景观为城市居民提供了接触自然、放松身心的场所，有利于提升整体的心理健康水平。例如，城市公园不仅能吸收$CO_2$，还能提供一个人们进行身体锻炼和休息的场所，同时可以美化城市环境。

此外，人居环境生态景观还具有多种生态服务功能。

### 4）时空演变特征

人居环境生态景观的边界与形态，在时空维度上具有模糊性，根据人类需要发生演变。生态景观形态的呈现，是在某一时间内，由自然、社会、经济、科技、历史、文化等因素在互动影响下发展所构成的。空间形态无论松散还是紧密，简单还是复杂，都反映出环境机能的一种平衡秩序与效率状态。但从动态视角看，人居环境生态景观的边界会随着城市扩张、土地利用变化等呈现出不同的形态和规模。

通常来说，人居环境生态景观相较于自然环境变化的程度更大，速度更快。土地利用的改变，如农田转为住宅区或工业用地，会改变地表的碳吸收和释放模式。转变为城市用地通常意味着植被的减少和土壤扰动，这会降低碳储存量并可能增加$CO_2$的排放。相反，将闲置或退化的土地恢复为森林或草地可以增加碳的固定和储存。城市化过程中，自然地表被道路、建筑物和其他基础设施所替代，导致原有的植被覆盖减少。植被是碳吸收功能的主要承担者，通过光合作用从大气中吸收$CO_2$。当植被被移除或减少时，该区域的碳汇能力随之下降，因为减少了光合作用的面积和强度。因此，城市边界和土地利用性质的改变，都会导致生态景观的碳汇与碳储能力的变化。因此人居环境生态景观的碳汇、碳储在时空层面具有模糊和不稳定性。

此外，生态景观碳汇的绩效会随着时间而变化，受到植物生长、季节更替、气候变化等因素的影响。植物的光合作用强度随季节变化而变化，春夏季节由于温度较高、光照充足，植物生长旺盛，碳吸存能力更强；而到了秋冬季节，植物进入休眠期，碳吸存能力下降。

## 1.1.2 人居环境生态景观问题

### 1）生态本底保护与低影响开发

在以城市发展为导向的规划设计过程中，强调发展目标与人工营造，而较为忽视对自然生态本底的保护。过度的人工干预对城市生态本底造成了破坏。人工营建占用了大量原本具备生态功能的土地，造成生态源地的碳汇能力不断下降。由于人居环境生态本底缺乏保护，自然生态系统被大规模削弱。生态服务功能遭到破坏，从而威胁到城市内部和周边的生态平衡。

生态源地的退化不仅严重影响了环境质量，影响了资源的稳定供应，还削弱了人居环境的生态韧性，使城市面对气候变化和自然灾害时更加脆弱。人为侵占大量具备自然生态功能的土地，不仅导致了生态景观的破碎化，也减少了城市可持续发展所需的生态空间，影响了城市居民的生活质量。自然源地退化且未得到有效的保护和修复，高碳汇生态源地的丧失进一步加剧了城市面临的生态压力，形成了恶性循环。

在人居环境的规划与建设中，生态本底保护与低影响开发（Low Impact Development，LID）是实现可持续发展、促进人与自然和谐共生的关键策略。

人居环境生态问题的实质是城市生物资源、水资源、土地资源都极为有限。城市化导致人口、物质、信息、能量高度集中，人类为追求生存和发展，加大了活动强度和频率，因此加快了资源的开发利用速度。这一定程度上导致了高投入、低产出、高消费、低效率。城市缺乏自然生态系统的循环再生结构与功能层级关系，从而超出了人居环境的容纳量和承载力，导致生态结构失调，造成了城市生态危机。

生态本底是指一个地区在未受人类显著干扰前的自然环境状态，包括地形地貌、水文条件、土壤类型、生物多样性等自然特征。生态本底保护旨在最小化人类活动对自然环境的负面影响，保持和恢复生态系统原有的结构和功能，确保生物多样性的维持和生态服务功能的持续供给。

生态本底是维持区域生态平衡的基础，对于净化空气、调节气候、保持水土、提供食物资源及休闲娱乐场所等方面具有不可替代的作用。保护生态本底有助于预防生态环境退化，减少自然灾害风险，保障人类社会的长期福祉。低影响开发（LID）是一种城市规划与建设理念，强调在土地开发过程中采用一系列设计和技术手段，以模拟并维护场地开发前的水文循环，减少对自然水系和生态系统的冲击。低影响开发的核心在于"源头管理"，即在雨水产生的地方就地处理和利用，通过增加渗透、蓄滞、净化和回收利用等措施，减少径流总量和污染负荷，保护水质和水量。

在人居环境的规划与建设中，生态本底保护与低影响开发应相辅相成。首先，通过识别和保护关键的生态区域，为城市的可持续发展奠定绿色基础。其次，在不可避免的人类活动区域，采用低影响开发策略，减轻对环境的影响，促进水资源的循环利用，增强城市的生态韧性。实施生态修复、形态修补策略，维护并提升生态源地的碳汇能力，以实现人与自然和谐共生的目标，逐步实现碳中和。

### 2）城市景观规划设计与多目标导向

在面对日益凸显的气候变化和地理多样性时，传统的景观规划方法显露出明显的不足。缺乏对地域性气候和地理特征的全面考虑，未能融入"地带性"规划设计理念，也因此忽视对长期资源与能源投入的效益计算，多种目标需求难以协同。面对全球气候变化的挑战，将多目标导向与降低碳排放融入规划设计之中，是实现城市可持续发展、构建绿色低碳城市的必然选择。

多目标导向意味着在城乡规划与景观设计时，不仅要考虑经济发展、社会公平与文化传承，还要将环境保护和碳减排作为核心目标之一。这要求在设计初期就进行全面评估，确保项目既能满足居民生活需求，又能促进生态平衡。

通过优化空间布局，如混合用地策略，将居住、商业、办公等功能紧密结合，减少居民通勤距离，既提高了生活便利性，也减少了交通碳排放。同时，结合绿色基础设施建设，如城市绿道、公园系统，不仅美化城市环境，还能提供碳汇，提升城市整体的生态价值。

传统的规划设计方法通常以普遍适用的标准为依据，缺少对于生态景观在地性的考量。而地域性规划设计理念则基于更加精准、可持续的规划策略。通过深入了解当地气候特点，充分挖掘本土地理特征，制订更加灵活、更具适应性的规划方案。在规划设计环节中，应该引入更多跨学科的知识，将气象学、地理学、生态学等领域的专业知识融入规划设计过程。统筹考虑有助于建立更加全面、科学的规划设计模式，从而更好地适应地域需求，降低资源投入，提高能源利用效率，降低碳排放。

具体而言，如推广公共交通优先策略，发展轨道交通、电动公交、自行车共享系统及减少私家车依赖。规划步行友好型街区，鼓励低碳出行方式，有效降低交通领域的碳排放。在城乡规划中融入能源节约与高效利用的理念，比如采用绿色建筑标准，提倡使用太阳能、风能等可再生能源。在公共设施和住宅区推广分布式能源系统，减少对化石燃料的依赖。

利用大数据、物联网等技术优化城市管理，如智能电网、智能照明系统等，实现能源使用的精细化管理，减少浪费。同时，通过绿色屋顶、雨水收集与利用系统等设计，增强城市对气候变化的适应能力，减少碳足迹。

### 3）可持续管理与运维

传统的人居环境生态景观规划设计方法，对维护管理的投入成本缺乏科学、系统的评价，一定程度上导致了管理模式的高投入与低绩效，造成环境建设缺乏可持续性。因此，急需转向更加智能、可持续的管理方式。以往的生态景观管理模式，通常需要大量的人力与物力投入。例如，在景观设施的更换及植物的养护过程中都高度依赖资源和人力的投入，而这种依赖性造成了碳排放的增加和资源的浪费。

可持续管理与运维是实现城市环境长期低碳发展的重要途径。通过科学合理的规划、创新的管理策略与高效的运维实践，可以在确保城市功能完善的同时，大幅度降低碳排放，推动向绿色低碳转型。

通过引入智能化技术和全生命周期规划设计策略，可以显著减少对人力、物力的依赖，提高管理效率的同时降低碳排放。例如，智能化管理系统可以通过物联网、大数据分析等先进技术，实现对人居环境的实时监测、数据分析和智能调控。同时，定期对绿色基础设施进行维护和管理，确保其生态效益最大化。例如，采用自然植被管理策略，减少化学肥料和农药的使用，促进生物多样性，增强生态系统的自我调节能力。

智能化管理系统，不仅能显著提高管理效率，还能更好地适应不同的生态景观需求。比如，在植物的灌溉和施肥过程中，通常会投入远大于植物生长所需的水分及养分。而通过智能监测系统，可以精准计算植物生长所需的营养物质。根据监测数据及时反馈，灵活调整管理策略和运维措施，不断优化方案，确保碳减排目标的实现。而从城市尺度上，需要建立全面的城市碳排放监测体系，定期评估碳减排效果，确保各项减排措施得到有效执行。

通过综合运用规划、管理、技术和社会动员等多方面措施，可持续管理与运维可以有效降低城市碳排放，促进城市环境的持续改善，迈向更加绿色、健康、可持续的未来。

厘清高碳汇生态景观的基本理念与范畴，是进行实践与应用的基础。本节将围绕碳汇、碳储与碳排的定义，介绍相关术语以及在人居环境生态景观中的应用。

在人居环境生态景观规划设计中，风景园林专业不仅能够通过直接的生态建设活动促进碳补偿，还能够通过策略规划和设计创新积极参与到碳交易市场中，为实现碳中和目标作出贡献。风景园林师可以通过设计和管理城市绿地、森林、湿地等自然生态系统，增强其碳汇能力。设计和实施绿色屋顶、生态驳岸、雨水花园等绿色基础设施，不仅能有效缓解城市热岛效应，还能增加城市绿地面积，促进碳固定。

而在碳交易中，风景园林专业人员可以运用其生态学和环境科学知识，协助计算和评估城市绿地、景观项目或相关活动的碳足迹，为参与碳交易提供基础数据。在风景园林规划设计阶段融入低碳理念，减少项目生命周期内的碳排放，并创造可用于交易的碳信用。同时，可以参与到碳交易相关政策与标准的制定中，确保风景园林行业的实践与碳交易机制相协调，为政府、企业和开发者提供关于如何通过风景园林项目参与碳市场的策略建议，促进环境与经济效益的双赢。

### 1.2.1 碳汇、碳储与碳排

#### 1）碳汇（Carbon Sink）

为应对气候变化，1992年5月9日通过了《联合国气候变化框架公约》（以下简称《公约》），国际社会开始关注$CO_2$等温室气体排放。继《公约》之后相继推出《联合国气候变化框架公约的京都议定书》（Kyoto Protocol）（简称《京都议定书》）和《巴黎协定》（The Paris Agreement），三个国际协定共同构成气候变化三大基础文件。其中《京都议定书》将碳汇定义为：碳汇是指能够吸收并储存大气中的$CO_2$等温室气体的过程、活动或机制。在人居环境生态景观中，通常碳汇，是指通过植树造林、种植植被等措施，吸收大气中的$CO_2$，从而减少温室气体在大气中浓度的过程、活动或机制。

#### 2）碳储（Carbon Stock）

根据联合国政府间气候变化专门委员会（IPCC）气候变化报告中的定义，碳储量即碳的储备量，被定义为在特定时间点，存在于某一碳库（如森林、土壤、大气、海洋或矿物燃料等）中的碳元素总量。它是衡量生态系统、地质结构或人为管理系统中碳积累状况的一个关键指标。而某一碳库的碳储量变化（Carbon Stock Change）（碳增加与碳损失），决定了其"源"与"汇"的属性：当损失大于增加时，碳储量变小，因而该碳库为碳源；当损失小于增加时，该碳库为碳汇。

在景观规划中，通过合理设计和科学管理，构建植被的碳储库。如在景观环境中，通过合理设计和增加绿化覆盖，种植各类树木、灌木植被，从而增加碳储量；在建筑和城市基础设施建设过程中，可以通过采用绿色建筑等方式，促进形成碳中和或碳负建筑，增加建成环境的碳储量。因此，在规划和设计人居环境和建成环境时，应该充分考虑碳储的概念，促进生态系统的"源""汇"调适，从而维持建成环境碳库的稳定与健康。

### 3）碳排放（Carbon Emission）

根据IPCC气候变化报告中的定义，碳排放常被定义为人类活动过程中向大气中释放的$CO_2$以及其他温室气体（如$CH_4$、$N_2O$、氢氟碳化物、全氟碳化物和$SF_6$等）的过程。温室气体的排放因具有吸收和重新辐射地球表面及大气层产生的红外辐射的能力，从而导致温室效应加强，引起全球气温上升。碳排放是当前全球气候变化研究中的核心议题之一。

温室气体中最主要的气体是$CO_2$，因此用碳一词作为代表。人类的任何活动都有可能造成碳排放，各种燃油、燃气、石蜡、煤炭、天然气在使用过程中都会产生大量$CO_2$，城市运转、人们日常生活、交通运输也会排放大量$CO_2$。

景观规划的设计过程与差异对碳排放具有重要影响。在生态景观全生命周期中，通过影响植被种植、建筑节能、交通规划、资源循环利用等方面，都会对碳排放产生正负效益。而在设计过程中，生态设计、数智施工及运维技术的应用，将在一定程度上增加景观规划的可持续性，助力建设更加绿色低碳的城市环境。

## 1.2.2 "双碳"目标与碳交易

### 1）"双碳"目标

（1）碳达峰（Carbon Peak）

根据我国发布的《2030年前碳达峰行动方案》，碳达峰，即$CO_2$排放峰值，是指某个国家、地区或行业在其发展过程中，年度$CO_2$排放量达到历史最高值的一个时间节点。在这个峰值之后，由于采取了诸如优化能源结构、提高能效、发展可再生能源等一系列减排措施，$CO_2$排放量将不再继续增加，而是开始逐渐减少，步入一个下降的通道。碳达峰标志着经济增长与碳排放脱钩的开始，意味着经济活动对化石燃料的依赖减少，是向低碳乃至最终实现碳中和发展路径转变的关键步骤。

中国政府已承诺将在2030年前实现碳达峰，这意味着到2030年，中国的

CO₂排放量将达到顶峰并开始下降。这一目标对于应对全球气候变化、促进绿色低碳发展具有重要意义。实现碳达峰需要通过政策引导、技术创新、产业结构调整以及公众参与等多方面的努力。

（2）碳中和（Carbon Neutrality）

碳中和，是节能减排术语。一般是指国家、企业、产品、活动或个人在一定时间内直接或间接产生的$CO_2$或温室气体排放总量，通过植树造林、节能减排、碳回收等形式，以抵消自身产生的$CO_2$或温室气体排放量，实现正负抵消，达到相对"零排放"。

在景观规划中，通过控制碳排放与碳吸收，可进而平衡碳排放，促进碳中和。此外，通过考虑引入碳抵消机制，比如支持生态保护项目、购买碳排放配额等方式，以抵消项目无法减少的碳排放，实现碳中和的目标。

### 2）碳核算与碳交易

（1）碳足迹（Carbon Footprint）

碳足迹（或温室气体足迹）是一个计算值或指数，可以比较一项活动、产品、公司或国家向大气中添加的温室气体总量。碳足迹通常以每比较单位的排放吨数（$CO_2$当量）来报告。根据ISO 14064-1标准，碳足迹的定义通常是指"某个实体（如个人、组织、产品、服务、活动或国家等）在其生命周期中直接或间接产生的温室气体（GHG）排放总量的一种指标，通常以$CO_2$当量来表述。"

在碳足迹的定义中，一些科学家认为只包括$CO_2$。另一些则认为包括几种重要的温室气体，他们可以通过使用相关时间尺度（例如100年）内的$CO_2$当量来比较各种温室气体（图1-1）。

城市环境可以通过优化绿化、建筑、交通、资源管理等方面的设计和规划，构建更低碳的个人、组织生活圈，形成生产和生活的优化路径。从而减少碳足迹，推动城市向更加环保、低碳的方向发展。

（2）碳核算（Carbon Accounting）

碳核算（或温室气体核算）是衡量和跟踪组织排放多少温室气体

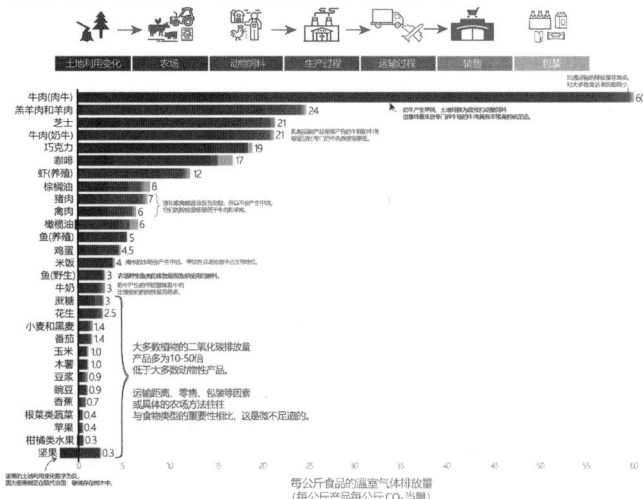

图1-1 人类活动导致的碳足迹变化
（来源：https://simple.wikipedia.org/wiki/Carbon_footprint）

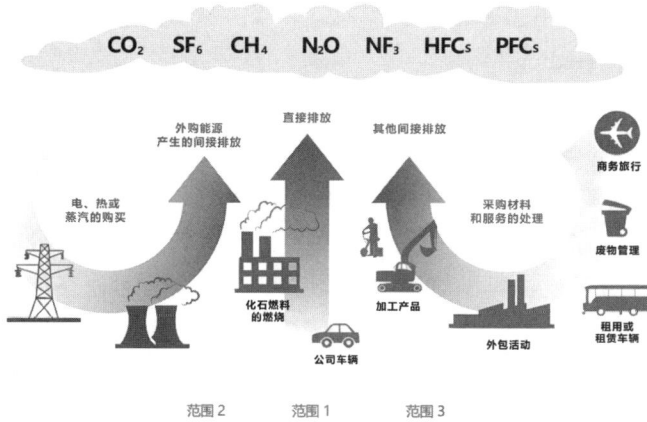

图1-2　温室气体核算报告范围

（来源：维基百科图片. https://en.wikipedia.org/wiki/Carbon_accounting）

的方法框架。它还可用于跟踪减少林业或可再生能源等部门排放的项目或行动。企业、城市和其他团体使用这些技术来帮助限制气候变化。组织通常会设定排放基线，制订减排目标，并跟踪实现这些目标的进展（图1-2）。

全生命周期碳汇核算需采用生命周期分析方法，考虑从植树造林、植被生长、维护管理直至其最终的凋落、分解或收获等所有阶段的碳流动。这包括直接碳汇（如光合作用吸收$CO_2$）和间接影响（如通过改变地表反照率影响的辐射平衡）通过碳核算评估，可以对景园项目中涉及的各个环节产生的碳排放进行评估和量化，包括建筑、交通、能源消耗、植被损失等，从而全面了解项目的碳足迹大小。基于碳核算的结果，景园规划者可以针对碳排放量较大的环节，采取相应的措施和优化设计方案，以减少碳排放，提高能源利用效率，推动景园项目向低碳、可持续方向发展。

目前，国际上通用的碳排放核算标准主要包括ISO 14064系列标准、IPCC温室气体报告。

① ISO 14064系列标准

ISO 14064系列标准是国际上用于量化和报告温室气体排放以及温室气体项目的标准。在生态景观碳汇绩效评估中，这项标准提供了一个框架，帮助组织和机构评估其温室气体的减排和碳汇效果。它包括温室气体清单的编制、温室气体项目验证、监测和报告等方面，对于评估生态景观作为碳汇的效果具有指导作用。

② IPCC温室气体报告

IPCC温室气体报告是由联合国政府间气候变化专门委员会发布的一系列关于全球温室气体排放和气候变化的科学评估报告。报告提供了温室气体排放的科学基础和全球气候变化的评估。在生态景观碳汇绩效评估中，参考IPCC报告可以帮助理解全球气候变化对碳汇的影响，从而更好地评估生态景观在气候变化缓解中的作用。

（3）碳补偿（Carbon Offset）

碳补偿是从经济学角度出发的一种环境保护机制，旨在通过资助减排项目来中和个人、组织或活动产生的温室气体排放。当一方无法直接减少其排放时，可以选择购买碳补偿来实现碳中和。碳补偿项目通常涉及植树造林、可再生能源开发、能效提升或甲烷回收等。

（4）碳交易（Carbon Trading）

碳交易，正式名称为碳排放权交易，是一种旨在减少全球温室气体排放的市场化手段。其核心机制基于"总量控制与交易"原则，即政府或其他监管机构首先设定一个区域或行业的整体碳排放上限，然后将这个上限以"碳配额"的形式分配给纳入监管体系内的企业或组织。其中政府或监管机构设定总的排放上限，并分配或拍卖排放许可（碳信用）。参与者可以在市场上买卖这些许可，形成市场价格，反映了减少1t $CO_2$ 当量排放的成本。理论上，碳交易机制应引导资源流向最有效的减排措施，同时为减排活动提供经济激励。

碳核算、碳补偿、碳交易三者共同构成了应对气候变化的政策工具箱。碳核算是基础，为碳管理和决策提供量化信息；碳补偿作为补充手段，帮助无法直接减排的实体承担社会责任；而碳交易则是通过市场机制推动高效减排，体现了环境经济学中"污染者付费"原则的应用。然而，它们的有效性、公平性和对长期减缓气候变化的贡献仍需持续的评估与优化。

### 3）碳汇及碳排项目

（1）绿地碳汇与碳排

①绿地碳汇

绿地碳汇是指城市或区域内的绿地系统通过光合作用吸收大气中的 $CO_2$，并将其转化为有机物储存在植物体和土壤中，从而减少大气中 $CO_2$ 浓度的过程。在绿地碳汇中，占据主导作用的是林业碳汇。

林业碳汇是指通过植树造林、森林保护、森林管理和其他林业经营活动，利用森林生态系统吸收大气中的 $CO_2$，并将其固定在植被或土壤中，从而减少大气中温室气体浓度的过程、活动或机制。森林通过光合作用吸收 $CO_2$，将之转化为生物质并释放氧气，同时一部分碳会被储存在树木、灌木、土壤以及枯枝落叶层中。随着树木的生长和森林生态系统的发育，更多的碳被固定下来，减少了大气中导致温室效应的 $CO_2$ 浓度。

林业碳汇作为核证自愿减排量的重要组成部分，已经正式纳入中国的国家碳排放权交易体系。这一举措标志着林业碳汇在应对气候变化、推动绿色发展中的重要地位得到了进一步的认可和重视。

针对林业碳汇项目，国家发布了相关的标准和规范。目前我国现行的林业碳汇标准包含国家标准、行业标准以及团体标准。《林业碳汇项目审定和核证指南》GB/T 41198—2021是中国林业碳汇的国家标准，它为林业碳汇项目的审定和核证提供了全面的指导和建议。这个指南包括了术语、原则、程序、内容和要求等内容，为第三方审定与核证机构（DOE）提供了权威的参考依据。除了为第三方审定与核证机构提供指导，该指南也为林业碳汇项目开发主体提供了有价值的参考。通过遵循该指南的建议和要求，项目开发主体可以更加规范地开展碳汇项目，提高项目的可行性和成功率。这对于推动我国林业碳汇市场的发展和实现碳中和目标具有重要意义。

为了应对气候变化和推进林业碳汇计量监测工作，中国还制定了一系列行业标准。其中，《林业碳汇计量监测术语》LY/T 3253—2021作为基础性的标准，明确了与林业应对气候变化和碳汇计量监测相关的专业术语，为相关领域的工作提供了统一的语言基础。在产品碳中和认证方面，《中国森林认证碳中和产品》LY/T 3116—2019为相关产品的生产和销售制定了严格的碳中和认证要求。从产品的碳排放计量、碳汇来源到碳中和的实施以及产品标识和管理体系等方面，都进行了详细的规定，旨在推动我国碳中和产品的生产和消费。《森林生态系统碳储量计量指南》LY/T 2988—2018为森林生态系统林分尺度碳储量的计量提供了科学依据和方法，有助于准确评估森林生态系统的碳汇功能。

针对碳汇造林项目，我国制定了《碳汇造林项目监测报告编制指南》LY/T 2744—2016和《碳汇造林项目设计文件编制指南》LY/T 2743—2016，分别对碳汇造林项目的监测报告和设计文件的编制进行了规范，以确保项目实施的科学性和有效性。此外，《林业碳汇项目审定和核证指南》LY/T 2409—2015为在我国实施温室气体减排交易的林业碳汇项目提供了审定和核证的标准。

②绿地碳排

绿地碳排则是指在建设和维护绿地过程中产生的$CO_2$排放。这包括但不限于绿地建设时的土地开发、植被移植、土壤管理、灌溉系统安装等产生的直接排放，以及使用化肥、农药、能源等引起的间接排放。此外，绿地管理活动中，如使用燃油动力设备进行修剪、运输等也会产生碳排放。

但目前，尚没有统一的、专门针对"绿地碳排放"的标准体系。多数情况下，绿地碳排放的计算会融入更广泛的可持续发展、绿色建筑或城市林业的标准和规范之中，如LEED（美国绿色建筑委员会能源与环境设计先锋）、BREEAM（英国建筑研究院环境评估方法）等认证体系中关于外部空间和景观管理的部分，以及国家或地方的节能减排政策、低碳城市规划标准等。随着对气候变化关注度的提升，未来可能会有更多针对绿地碳排放的具体标准出台。

（2）农业碳汇与碳排

农业碳汇是指在农业生产活动中，通过一系列管理和技术措施，增强农业生态系统吸收大气中的$CO_2$并将其储存在植物生物量、土壤或农作物残余物中的过程。

农业碳汇的实现方式多样，包括但不限于：采用保护性耕作、有机农业、轮作和混作等方法增加土壤有机质含量，促进土壤作为碳汇的功能。植树造林、草地恢复等措施增加植被覆盖，通过光合作用固定$CO_2$。利用农作物残余物或能源作物生产生物质能源，替代化石燃料，减少净碳排放。利用现代技术优化施肥、灌溉等作业，减少农业活动的碳足迹。

但与此同时，农业生产中有温室气体的排放。为此，农业生产既是一个巨大的碳汇系统，又是温室气体排放源。但在目前的生产条件和生产方式下，农业产生的碳排放量要大于碳汇量。农业碳排放是指在农业生产过程中产生的温室气体排放，主要包括$CO_2$、$CH_4$、$N_2O$等。

农业碳排主要包括四方面：与能源活动相关排放、与土地利用变化相关排放、与土地管理相关排放以及碳移除和储存。其中土地利用变化相关排放核算难度最大。目前，农业企业碳核算通常参照2011年由国家发展改革委发布的《省级温室气体清单编制指南》。该指南将农业碳排放分为稻田甲烷排放、农用地氧化亚氮排放、动物肠道发酵甲烷排放以及动物粪便管理甲烷和氧化亚氮排放，可以全部归集为与土地管理相关排放。

现阶段在农业领域，暂时还未有相应的标准进行农业温室气体排放的强制减排。而如何识别农业作为碳源还是碳汇，以及如何进行农业的减排增汇，从而发挥农业碳减排对我国全领域碳中和的推动和促进作用，已经成为当前碳循环领域的重要课题。2022年5月7日，农业农村部、国家发展改革委印发《农业农村减排固碳实施方案》，方案中提到，当下农业农村减排固碳的重点任务包含以下几点：①种植业节能减排；②畜牧业减排降碳；③渔业减排增汇；④农田固碳扩容；⑤农机节能减排；⑥可再生能源替代。

关于农业碳排放量的核算标准，中国水利学会颁布了《农田水利工程碳排放计算导则》。导则中对农田水利工程建设和拆除期碳排放计算包含农田灌溉排水工程、农田道路工程、农田面源防治工程、农田水利生态景观工程等方面；规定了农田水利工程建设和拆除期、农田水利工程运行期、农田水利工程物资材料生产及运输的碳排放计算要求，以及农田水利工程的碳排放总量计算要求。

### 1.2.3　生态景观的碳汇、碳储及碳排放

人居环境生态景观有着其自身的特点，其碳汇功能属于陆地生态系统碳汇的一部分。相比之下，虽数量少，但因位置特殊、特点明显、影响深远，碳汇的测算研究不能将该领域疏忽。生态景观的碳汇包括土壤、植被和水系等生态景观要素构成的碳汇系统。碳汇最重要的途径就是通过植树造林、森林管理、植被恢复等措施，利用植物光合作用吸收大气中的$CO_2$，并将其固定在植被和土壤中。

从碳的存在形式来看，人居环境生态景观中包含有机碳和无机碳。有机

碳主要存在于生物体内，如动植物的组织和微生物中。有机碳是生态系统中许多重要过程的基础，如土壤肥力和生物多样性的维持。有机物的分解为土壤提供养分，支持植物生长和整个生态系统的健康。同时，森林和其他生态系统作为碳汇，通过储存有机碳帮助减缓全球变暖。在水生生态系统中，有机碳对水质的保持也非常重要。它影响水体的化学性质和生物多样性。

无机碳则主要指的是环境中以非生物形式存在的碳，如$CO_2$、碳酸盐等。在生态景观中，无机碳主要通过地质过程、大气过程等途径存在。由于地质变化等自然过程较为缓慢，通常需要百万年时间。因此，无机碳的变化对于人居环境生态景观而言影响较小。提高有机碳的储存，增加生态景观的碳汇能力应当是高碳汇人居环境生态景观规划设计的重点。

### 1）生态景观的碳汇

（1）植物碳汇

植物碳汇是指在光合作用下，植物吸收空气中的$CO_2$然后将其转化为糖和其他碳分子，通过根系和枯枝落叶等将碳传递给土壤，然后，土壤通过根系、微生物、土壤动物等的呼吸作用以及含碳物质的化学氧化作用，产生$CO_2$返还大气。树木碳汇是人居环境生态景观中最大的碳汇。乔木在生长过程中吸收大量的$CO_2$，并转化为木质素和纤维素，储存在乔木中。这些碳元素在木材中停留很长时间，可以持续数十年甚至更长时间。

灌木作为一种生态组分，通过光合作用吸收大气中的$CO_2$，并将其转化为生物质，从而起到碳汇的作用。灌木的碳汇功能依赖于其生物量、生长速度和生存时间。灌木群落在自然界中广泛分布，其碳储存能力虽然不及森林，但在阻止土壤侵蚀、维持生态平衡及生物多样性保护方面发挥着重要作用。此外，灌木还能通过凋落物质的分解和土壤有机碳的形成，间接增加土壤的碳储量。

草地也是重要的碳汇之一。草地通过光合作用吸收$CO_2$，同时通过根系和微生物的作用将碳元素固定在土壤中。人居环境生态景观和自然群落有较大的区别。自然林或草原一般不具备完整的乔、灌、草结构，而生态景观中的群落结构则可以根据人为需求灵活调整。因此，合理的植物选择与搭配是实现高碳汇人居环境生态景观的有效途径。

（2）土壤碳汇

土壤碳汇是指土壤中存储的有机碳和无机碳的总和。这些碳汇包括有机物质（如植物残体、动物粪便）、微生物（包括细菌、真菌）以及矿物质。土壤碳汇是一个复杂的系统，其形成和维持受多种生物、化学和物理过程的影响，涉及有机物的分解、微生物的活动、植物根系的贡献以及土壤粒子之间的相互作用。

从土壤有机碳汇角度，需一定时间内相对稳定性的有机碳组分进行表征。由于土壤有机质组分及动态变化的复杂性，土壤有机质始终处在矿化和腐殖化同时存在的动态变化过程中。

（3）水体碳汇

水体如湖泊、河流和海洋等也是重要的碳汇。水体碳汇是指水体中的植物如藻类和浮游植物通过光合作用吸收$CO_2$，并将其转化为有机物质。这些有机物质一部分会沉积在底部，一部分会被水生生物利用。此外，水体中的溶解碳也会通过物理、化学和生物过程被去除和储存。

在人居环境生态景观中，湿地具有独特的生态系统。湿地是由陆地和水体交汇形成的独特生态系统，包括沼泽、泥炭地、湿草地、河口和红树林等。湿地碳汇是指湿地生态系统在全球碳循环中的作用，特别是它们在吸收和储存碳方面的能力。湿地植物具有较高的光合作用效率，能大量吸收$CO_2$。同时，湿地的水分条件限制了微生物活动，导致植物残体分解缓慢，有助于长期碳储存。

### 2）生态景观的碳储

碳储量是指植被、土壤等碳库中所储存碳的总量，包括生物体和非生物体中的碳。碳库是指可以储存或释放碳的地点或媒介，对于调节大气中温室气体的浓度和气候变化具有重要影响。

地球有四个大碳库：大气碳库，其中的碳多以$CO_2$、$CH_4$及其他含碳气体分子的形式存在；海洋碳库，包括海洋中溶解碳、颗粒碳，海洋生物体中含有的有机碳，以及赋存于海洋碳酸盐岩等沉积物中的碳；岩石圈碳库，主要存在于碳酸岩和黑色岩系，如煤、油页岩等沉积物中的碳；陆地生态系统碳库，包含了植被碳库和土壤碳库，也可按生态类型分成农田、森林、草地、湿地等生态系统碳库。

（1）植物碳储

植被碳储指的是植物体内储存的碳元素总量，包括在植物各个组织和结构中的碳，如根、茎、叶、果实等。这代表植物通过光合作用将大气中的$CO_2$转化为有机物，并在植物体内储存的过程。广义的植被生态系统，包括自然环境植被生态系统以及人居环境植被生态系统。与人居环境相比，自然环境植被生态系统具有更完备的层次结构、较长的生命周期，较高的生物量和生长量。

影响植被碳储的因素包括气候、土壤特性、植物种类、生长阶段和人为活动。气候因素如温度和降水影响植物生长速率和光合作用效率，从而影响碳储存量。土壤特性如质地和有机物含量则影响植物根系的发育和碳储存。

不同植物种类具有不同的生长及碳吸收特性。植被的碳密度分布，因地区和植被类型不同，而表现出很大的空间异质性，具有不同的地理分布格局。全球森林植被的平均碳密度以低纬度热带森林最高，高纬度的北方林次之，以中纬度的温带森林最低。同时，植物的生长阶段也会影响植物碳储。在不同阶段，植物组织的碳含量可能有所不同。

另外，植物并不只具有碳储功能。当植物死亡并开始自然分解过程时，会释放大量的温室气体，主要是$CO_2$、$CH_4$和少量的$N_2O$。植物在生长过程中通过光合作用吸收大气中的$CO_2$并转化为碳水化合物等有机物质储存起来。一旦植物死亡，其组织会被土壤微生物分解。在分解过程中，微生物会将植物组织中的有机碳逐步氧化，重新释放出$CO_2$回到大气中。

值得注意的是，植物死亡分解过程中温室气体的释放，是地球碳循环和氮循环中的自然组成部分，但人类活动（如土地利用变化、农业管理措施等）会影响这些过程的速率和强度，进而影响全球气候系统。理解和管理这些过程对于减缓气候变化至关重要。

（2）土壤碳储

土壤碳储是土壤中存在的有机碳和无机碳。有机碳来自已死亡的植物和动物残体，以及微生物分解产生的有机物。无机碳则包括矿物质和碳酸盐等。土壤的碳储量受土地管理、土壤类型和植被类型等因素的影响。这些无机碳来源于岩石风化和土壤中的碳酸盐矿物。碳酸盐的风化过程会释放$CO_2$，并将碳储存在土壤中。碳酸盐和碳酸氢盐的相对含量取决于土壤pH值和其他土壤化学性质。

土壤是地球表面最大的有机质碳库，全球土壤有机质碳库为1.5万亿t，大约是陆地生物碳库的3倍，大气碳库的2~3倍。土壤碳库既可能作为"汇"，也可能成为"源"。将高有机质碳含量的森林与草原土壤开垦为农田，以及农田的耕作管理措施不当，都会造成土壤有机质碳含量下降，成为碳源。但如果开垦得当，科学化种植与管理，就可以一定程度上提升土壤有机质碳含量，并维持在较高的含量水平。

土壤在全球碳平衡中具有重要作用，不仅是因为其储藏碳量巨大，还因为它是陆地植被的物质载体。它除了通过风化、沉降、呼吸等过程直接与大气进行物质交换外，还通过植被、土壤生物等与大气发生间接的相互作用。此外，大气温度、降水等变化，以及人类活动的干扰，都会影响土壤碳的释放与吸收。

（3）水体碳储

广义的水体碳储是指水体对碳的储存能力，包括水体中有机碳和无机碳的储存。水体中的有机碳主要来源于水生生物的生物量。水生植物残体在缺氧条件下形成泥炭等有机沉积物，是长期碳储存的重要形式。而水体中的无机碳主要来源于大气中的$CO_2$。

一方面，水体可以吸收大气中的$CO_2$，减少温室气体浓度，缓解全球气候变暖；另一方面，水体碳储也可以影响水体的酸碱度，影响水生生物的生长和生态系统的稳定性。适量的溶解态有机碳和无机碳有助于维持水体的稳定性，但过度的碳输入可能导致水体富营养化和水质恶化。

水体碳储能力受到多种因素的影响，包括温度、盐度、水动力等。水体的温度和盐度会影响水生生物的呼吸和代谢速率，从而影响有机碳的生成和分解速率。水动力条件会影响水体的混合程度和溶解氧含量，从而影响有机碳的氧化和沉淀速率。而水生群落结构会影响有机碳的生成和分解速率。

### 3）生态景观的碳排放

人居环境生态景观既具有碳汇效益，也可能在运输、建设、维护、管养等各个阶段中产生碳排放。因此，需要统筹考虑，增强人居环境生态景观的碳汇能力，减少碳排放。

（1）生态景观材料运输阶段的碳排放

在生态景观建设开始前，通常需要将所用材料运输到场地。在原材料采集与加工过程中，通常需要使用各种原材料，如石材、木材、土壤等。其中涉及能源的消耗、机械设备的运作，以及化学处理等过程，都可能产生大量的$CO_2$排放。原材料从采集地点到项目现场的运输，同样是碳排放的重要来源。运输方式、运输距离、运输工具等因素都会影响碳排放的数量。例如，长途运输或者使用燃油驱动的交通工具会导致更高的碳排放。而尽可能选择距离项目现场较近的原材料供应商，将可以减少运输距离，从而降低运输阶段的碳排放。

（2）生态景观建设阶段的碳排放

生态景观建设阶段的碳排放是指在项目的实际施工过程中，由于各种建设活动和使用设备所导致的$CO_2$排放。

生态景观的建设过程涉及多种工艺，如土方的运送和整理、石材的铺设、木材的搭建等。施工过程中常常需要使用各种机械设备，如挖掘机、推土机、切割机等。这些设备通常依赖燃油或电力，其使用和运行过程中产生的碳排放是碳足迹的一个重要组成部分。同时，在施工过程中，照明、排水、填挖等活动，都需要物质及能量的投入，从而产生碳排。

因此，选择更节能、环保的机械设备和工具，或者采用新型的建筑技术，可以有效降低碳排放。

（3）生态景观维护阶段的碳排放

生态景观的维护过程，涉及对景观设施等进行清洁、更换等操作。如对景观道路的维护，路灯的更换，景观雕塑的清洁等。在这一过程中，设施的重新安装与新耗材的使用，都会产生碳排放。同时，维护工作可能需要使用燃油驱动的工具，因此需要消耗化石能源，产生碳排放。为了减少这一方面的碳排放，可以采用更清洁的燃料，或者使用电动设备，选择高绩效、低排放的工具。

（4）生态景观管养阶段的碳排放

生态景观管养阶段的碳排放，主要指在项目建成后，对生态景观进行日常管理和养护过程中产生的$CO_2$排放。这一阶段的碳排放涉及多个方面，包括植物管理、灌溉、设备使用等。

植物的生长和维护需要定期进行修剪、修枝、施肥等工作。这些操作通常需要使用机械设备或工具，如修剪机、草坪割草机等。在这一过程中，机械设备的使用需要能源投入，而能源的获取和使用会导致碳排放。植物的施肥过程，涉及化肥的生产、加工和运输过程，因此也会产生碳排放。选择合适的植物品种，减少对化学农药和大量机械作业的依赖，可以有效降低碳排放。

## 1.2.4 高碳汇生态景观的增汇减排及多系统协同

高碳汇生态景观，从广义上讲指的是具有高碳汇绩效的自然或半自然景观。随着工业化和城市化的快速推进，城乡格局、资源利用和能源消耗结构发生了巨大变化，致使碳排放量的持续增加、生态破坏、环境恶化和能源枯竭等一系列问题层出不穷。高碳汇生态景观基本策略包含增汇、减排与多系统协同三个方面。

在风景园林及生态管理领域，实现碳汇增加和减排目标时需要具备系统思维。增加绿地面积或植树造林等简单增量措施虽能直接增加碳汇，但若不考虑生态适宜性、物种多样性及生态系统的可持续性，可能会导致生物单一化、水资源紧张等问题，长期效果有限。

系统性增汇强调的是在理解并尊重自然生态过程的基础上，通过科学规划和管理，构建多层次、多功能的生态系统。包括选用地带性物种促进生态群落自然演替，利用植物间的相互作用提高整体生态绩效，以及通过生态设计增强生态系统的自我维持和恢复能力，从而实现更持久、更高效的碳固定和存储。

实现碳汇增加和减排目标需超越简单的面积或数量增长，转向更加系统性、生态化的方法；充分考虑生态学原理，促进生物多样性和生态服务功能的全面提升，同时在减排措施上采取多目标策略，以确保环境、社会和经济的和谐发展。

设计的最终目标，是通过系统优化、系统协同，选用适宜的植被类型，在全生命周期增加碳汇、降低碳排放，在提高生态绩效的同时实现景观设计的美观性、服务性。因此，高碳汇生态景观设计，既需要统筹考虑气候条件、植被类型等因素，选择适宜种植的、具有高碳汇能力的植被类型；又需要应用一系列方法和技术，降低生态景观碳排放，最终营造净碳汇绩效高的城市生态景观。

### 1）增汇

增汇策略旨在通过加强和提升生态景观系统的碳吸收能力，以自然过程为核心，促进碳的固定与积累。在规划设计过程中，需要利用植物的天然碳汇潜能，精心挑选碳汇能力强的植被种类。通过科学的植物群落设计，如层次分明的混交林结构，可最大化光合作用效率，增强碳汇性能。

从构成要素方面看，绿色空间中的植物是碳汇的主体，种类、树龄、气候等都会影响其碳汇效益。群落结构复杂的植被的碳汇能力明显高于单一群落结构，其中乔灌草群落结构碳汇效益。通过植树造林、草地恢复或湿地重建等措施，可以显著增加植物的生物量。因此，生态修复能够直接增加碳的固定量。生态修复不仅增加碳汇，还通过恢复生态系统服务（如水源涵养、空气净化、防洪减灾等）间接支持碳汇功能。

通过整合城市绿地，如连接公园、街道树木、绿屋顶和生物滞留区，形成连续的绿色网络，可以显著扩大植物覆盖面积，提高城市的整体碳固定能力。整合后的绿色基础设施能够更有效地提供多重生态系统服务。同时，这些区域可以作为生物多样性热点，支持更多植物和动物种群，进一步增强生态系统的碳储存能力。良好的绿色基础设施设计能促进有机物质的分解和土壤碳积累。例如，通过落叶归还土壤、增加土壤有机质含量，以及利用自然过程管理雨水，可以加速并优化碳在生态系统中的循环，提高长期碳储存潜力。

### 2）减排

提高生态景观全生命周期碳汇效益，一方面需要增加各阶段碳汇能力，另一方面则需要降低各阶段的碳排放。低排放生态景观可以在全生命周期内实现最小化的环境影响，为人类提供健康、清洁的生活环境。

减排策略关注于减少生态景观建设和运维过程中的碳排放，通过技术创新和管理优化，实现碳足迹的最小化。生态景观建设与管护，聚焦全生命周期中的建设阶段、运维阶段以及清洁能源与可再生资源的应用，通过减排设计与技术的应用，降低景观工程中碳排放量，最大限度发挥其生态效益，实现人居环境的可持续发展。

从前期规划开始，综合考虑各种因素，做到顺应自然规律，保护自然本底；在设计阶段，注重生态化设计方式，如土方就地平衡、绿色交通规划、节能建筑设计、低碳材料应用等；在建设过程中，强调精准、科学、高效，减少对环境的扰动和废弃物的产生；在运营管护阶段，则关注绿地智能管养、能源高效利用、有机物循环利用等。

在全生命周期中，采用可再生能源，如太阳能、风能为生态景观照明、灌溉系统供电，减少对化石燃料的依赖。智能控制系统，如自动感应和远程监控，可有效管理能源消耗，避免能源浪费。推广使用低碳建材，如竹材、再生材料和低碳混凝土等，减少生产过程中的碳排放。同时，优化设计减少材料用量，延长使用寿命，降低更新频率，实现资源的循环再利用。

在维护管理阶段，采用低影响维护策略，如有机肥料替代化学肥料，生物防治代替传统农药，减少维护过程中的碳排放。实施精准灌溉系统，如滴灌和雨水收集利用，减少水资源浪费和相关能源消耗。

高碳汇生态景观的增汇与减排策略，是通过自然过程的强化与人为活动的优化双管齐下，既扩大了碳的自然吸收能力，又减少了人为活动的碳足迹，为实现碳中和目标提供了坚实的基础与实践路径（图1-3）。

### 3）多系统协同

人居环境生态景观是由多个子系统构成的复合系统。因此，高碳汇生态景观的实现从根本上讲，在于多系统优化与发掘子系统潜能。

传统的规划设计通常聚焦于单一系统的空间环境，以功能为导向，致使人居环境中原本具有互馈关系的蓝绿系统彼此游离。在蓝绿灰子系统协同方面存在片面化、全局性低的问题。在高质量发展时期，需要满足高碳汇目标的同时，弥补既有规划的缺陷，从传统的功能布局转向对城市内部空间资源的有效整合与配置利用，在多系统协同下营造高质量人居环境生态景观。

建立在多系统协同基础之上的规划设计方法具有统筹兼顾的优势。多系统协同是指在人居环境生态景观环境寿命周期内，通过系统优化，合理降低资源和能源的消耗以及工程投入。有效减少废弃物的产生，从而最大限度地改善生态环境，进而促进土地等资源的集约利用与生态环境优化。实现生态绩效的整体提升，最终实现人与自然和谐共生的可持续性景观环境。

与既有规划相比较，数字技术支持下的多系统协同规划，具有系统融合多源异构数据、实现物联动态反馈、映射物理空间与生态过程等多种优势。在蓝绿空间融合规划中，蓝绿空间具有相互调节的互馈关系和协同做工的互惠关系，通过水系规划、绿地规划、雨水排水规划的系统协同，提升人居环境"蓝绿灰"子系统的做工绩效，提高生态景观碳汇能力，重构人居环境可持续、高质量的生态体系。

人居环境多协同协同除了可以实现资源集约化利用，从而降低碳排放，还可以一定程度上增加生态景观碳汇能力。通过蓝绿系统耦合，可以有效改善生态景观植物群落的生境状况，提升植物的生长速率和生长量，增加碳储量。在营造高碳汇生态景观的同时，也为居民提供更健康、更宜居的环境。

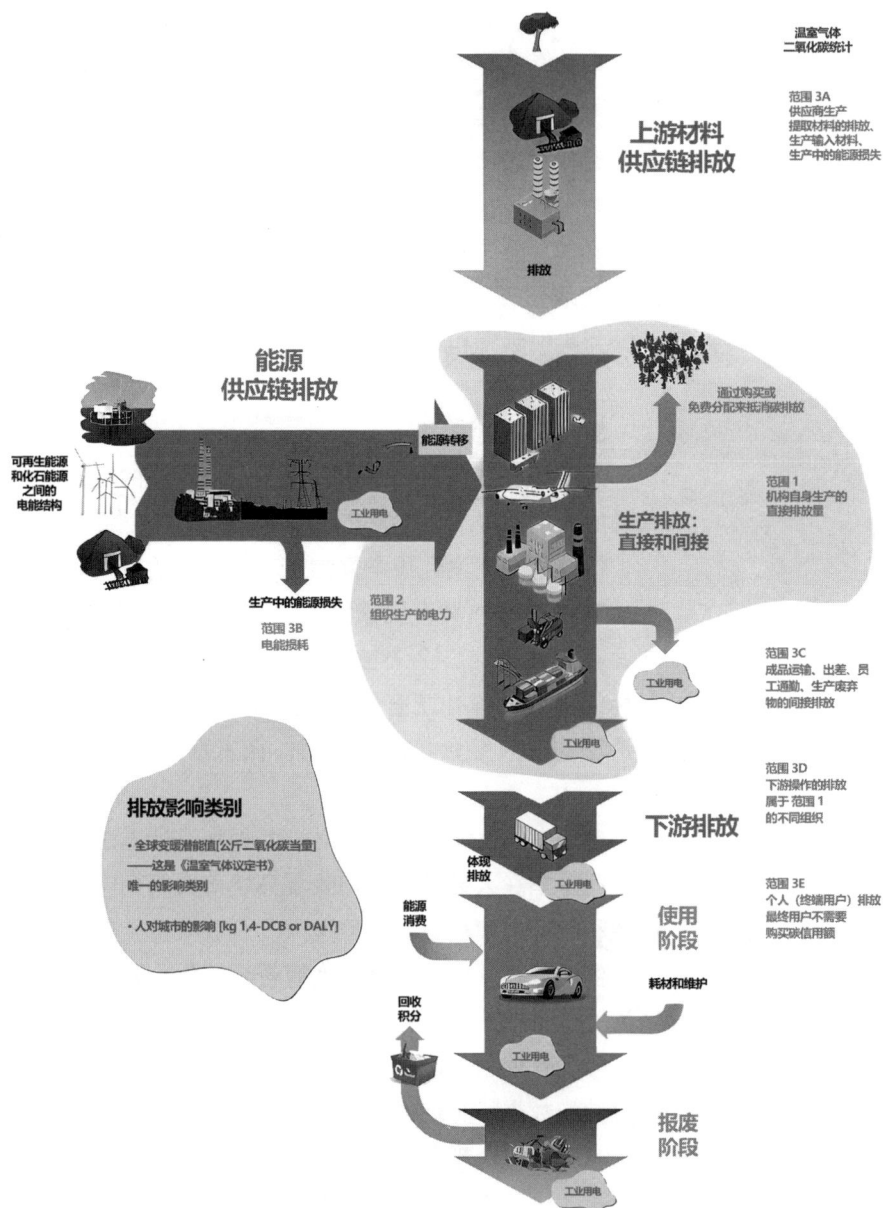

图1-3　全生命碳核算示意图

（来源：https://upload.wikimedia.org/wikipedia/commons/f/f2/Life_cycle_analysis_and_GHG_carbon_accounting.jpg）

高碳汇、低排放是人居生态景观营造的目标之一。而高碳汇生态景观规划设计，是创造一个能够吸收和储存尽可能多$CO_2$的环境，同时提供生态、社会和经济的多重效益。高碳汇、低排放既是生态景观的设计目标，也作为设计策略融入各阶段的规划、设计、建造、运维环节中。

在规划设计阶段，选择长寿命、绿量高的高碳汇树种，合理规划植被分布和土地利用，以提高碳汇效率并减少土地退化，统筹考虑森林、湿地、草地等多样化的生态系统，以提高生态景观整体碳储存能力。在运维管理阶段，定期监测生态景观的碳吸收和储存情况，评估碳汇效益，避免生态系统出现退化或遭受病虫害等情况。必要时实施生态恢复，确保碳汇能力得以持续。提高生态景观全生命周期碳汇效益，一方面需要增加各阶段碳汇能力，另一方面则需要降低各阶段的碳排放。低排放生态景观可以在全生命周期内实现最小化的环境影响，为人类提供健康、清洁的生活环境。通过相关策略的实施，生态景观可以在全生命周期中最大化碳吸收和碳储存，同时促进生物多样性保护、改善微气候，实现可持续发展目标。

## 1.3.1　前期研究

在建成环境中，人为因素占据主导地位，湖泊、河流、山体等自然环境更多地以片段的形式存在于"人工设施"之中，生态廊道被城市道路、建筑物等"切断"，从而形成了一个个颇为独立的景观斑块。各个片段彼此较为孤立，缺少联系和沟通。为实现高碳汇生态景观，在城市环境建设中应当充分利用自然条件，强调构筑自然斑块之间的联系。前期研究包括生态景观环境调查和全生命周期评估。

### 1）生态景观环境调查

人居环境生态景观环境调查是规划建设的初始和前提。生态景观环境调查为人类提供了生态系统的天然"本底"。有效的生态景观环境调查，可以保存景观环境完整的生态系统和丰富的生物物种。同时，还有助于保护和改善生态环境，维护地区生态平衡。根据对象的不同，生态景观调查可以分为两种类型：第一类是相对稳定的生态景观群落和空间形态；第二类是针对演替类型，尊重和维护自然的演替进程。

（1）生态景观群落和空间形态调查及保护。生态景观群落是不同物种共存的联合体。生态群落的稳定性，可分为群落的局部稳定性、全局稳定性、相对稳定性和结构稳定性四种类型。稳定的生态群落，对外界环境条件的改变有一定的抵御能力和调节能力。

生态景观群落的结构复杂性决定了物种多样性的复杂性，也由此构成了相应的空间形态。生态景观群落和空间形态调查过程，保护了生物群落的完整，维护了生物群落结构和功能的稳定。

（2）调查和维护生态景观的演替进程。群落演替是指当群落由量变产生质变，即产生一个新的群落类型。群落的演替总是由先锋群落向顶级群落转化。沿着顺序向顶级群落的演替为顺向演替。在生态景观环境调查中，需要对生态景观的演替类型进行长期、动态的监测。在生态景观出现逆向演替时，及时预警。生态景观环境中大量的人工林场，同样也具备自然的属性，但相比于自然群落，其生物多样性较低、生态韧性较低。因此需要加以维护，防止病虫灾害等。在尊重自然的前提下，保证群落的稳定性，维护生态景观的演替过程，从而保证其碳汇能力（表1-1）。

生态景观调查要素表 表1-1

| | | |
|---|---|---|
| 自然因素 | 水文 | 水深、水质、水底基质…… |
| | 土壤 | 土质、土壤类型…… |
| | 植被 | 乔木、灌木、地被、水生植物…… |
| | 动物 | 种类、数量、栖息地…… |
| | 地貌 | 海拔、坡度、坡向…… |
| | 气候 | 区域气候、场地小气候…… |
| 人工因素 | 人工构筑物 | 质量、高度、类型、分布情况…… |
| | 历史遗存 | 文物保护等级、保存情况、分布…… |
| 周边环境 | 道路交通 | 车流方向、人流方向、车流量、道路…… |
| | 社会条件 | 用地类型、设施分布…… |

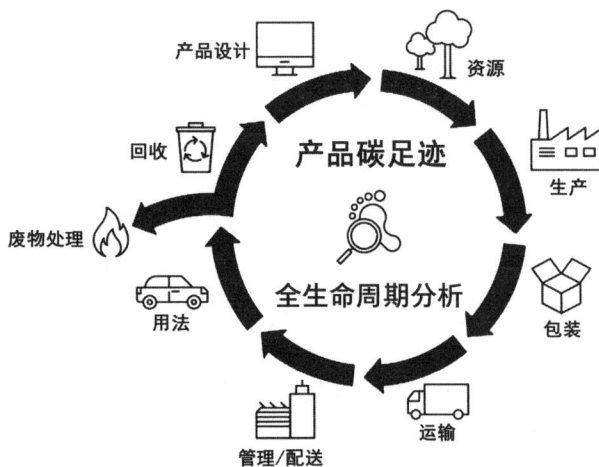

图1-4 全生命周期碳足迹监测示意图
（来源：https://en.wikipedia.org/wiki/Life-cycle_assessment）

## 2）全生命周期评估

全生命周期评估（Life-cycle Assessment，LCA）系指分析评估一项产品从生产、使用到废弃或回收再利用等不同阶段所造成的环境冲击。例如：产品或技术的全生命周期是指从摇篮到坟墓（Cradle-to-grave）的整个时期，涵盖了原物料的取得及处理，产品制造、运输、使用和维护，到最终收回或是最终处置阶段（图1-4）。

生态景观的全生命周期策略涉及从前期研究、规划设计到建设、运维、管理，直至拆除阶段的各个方面，旨在最大限度地减少环境影响，提高生态效益。通过各阶段协同，增加生态景观碳汇能力，减少碳排放。全生命周期策略，强调生态系统服务的最大化，尊重自然过程和生态平衡，以及减少人类活动对环境的负面影响。通过全生命周期统筹考量，生态景观的各阶段能够有效地促进环境保护和可持续发展。

在全生命周期内衡量生态景观碳绩效，有几个关键原因。首先，仅在某一时点或短期内衡量碳绩效可能会忽略或低估生态系统在其生命周期不同阶段的碳汇和排放，而全生命周期阶段的评估能提供更全面、准确的碳足迹数据。其次，生态系统在其发展过程中的不同阶段对环境的影响各不相同。例如，成熟期森林可能具有很强的碳汇能力，而森林衰老后的碳吸收能力可能会大幅度下降。全生命周期评估可以从动态视角，识别和评价长期的碳汇、碳排影响。同时，对项目全生命周期的碳绩效进行评估，可以为政策制定者、规划者和管理者提供重要信息，帮助他们做出更加可持续的决策，也为制定统一的碳汇绩效评价标准提供方法（图1-5）。

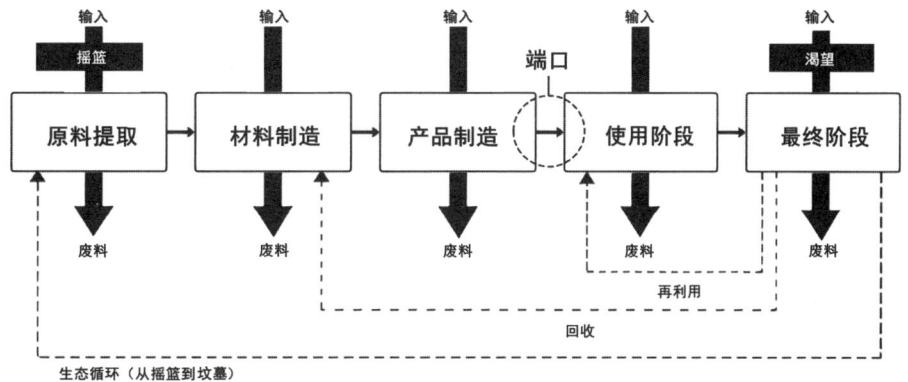

图1-5　全生命阶段评估示意图
（来源：https://en.wikipedia.org/wiki/Life-cycle_assessment）

## 1.3.2　系统规划

城市绿地系统，不论是在城市生态系统中还是在城市发展建设中，都发挥着举足轻重的作用。城市绿地的统调价值需要被更好地发挥，这就对城市绿地规划提出了更新更高的要求，对现存的问题和不足提出更多的改进方案。需要在传统的规划理念和方法上注入新的内容，对绿地规划结构布局、绿地规划制度、绿地规划技术、绿地规划指标进行创新。优化绿地规划结构布局，不同的绿地结构和布局在很大程度上影响了城市绿地功能的发挥，例如绿地的布局和结构在一定程度上影响着城市绿地对于雨水的消纳效率、碳汇吸收能力等。

蓝绿系统是人居环境生态景观中的两大子系统。蓝绿系统本身具有较强的生态关联，蓝色系统可以有效支持绿色系统，提高绿色系统的碳汇绩效。绿色系统则可以增加地表的渗透能力，减轻城市排水系统的压力，降低洪水发生的风险。通过蓝绿系统协同规划，可以帮助降低城市热岛效应，改善城市微气候；有效提高生境质量，提供多样的栖息地，支持各种植物和动物的生存，促进生物多样性的保护与增加。通过蓝绿融合规划，可以充分发挥生态景观的碳汇效益，构建高碳汇生态景观。同时，有效利用地表径流，降低人工管养带来的碳排放，合理利用水资源，以此构建低排放人居环境系统。

以哥本哈根为例，其低碳愿景在其历史悠久的"指状规划"中得到充分体现。城市的自行车道和步行路网像血脉一样穿梭于城市之中，形成了一个环保的交通生态系统，大幅度减少了温室气体排放。在能源效率方面，哥本哈根采用了创新的地热能和废热回收系统。同时，哥本哈根的2025年碳中和目标是其环保策略的核心，通过市政政策的支持，推动了全市的绿色转型。海滨改造项目不仅美化了城市景观，更使海岸线成为市民休闲娱乐和城市生态平衡的重要场所。这一城市的实践表明，通过深思熟虑的规划和创新技术的应用，可以在经济发展与环境保护之间找到平衡点。

### 1）类自然法则运用

随着景观生态学原理以及可持续发展理念被引入到景观规划设计中，生态景观规划设计不再是单纯地营造满足人的活动、建构赏心悦目的户外空间，而是在于协调人与环境的持续和谐相处。

运用类自然法则是人居环境生态景观的实现途径之一。从更深层的意义上说，人居环境生态景观规划设计是人类生态系统秩序的规划与设计过程，也是一种基于自然生态系统自我更新能力的"再生设计"。人居环境生态景观规划设计是一种最大限度的借助自然再生能力的"最少设计"，同时也是对于景观环境的"最优化设计"。类自然法则与可持续景观规划设计并不意味着投入最小，而是要求追求合理的投入以及产出效应的最大化，真正实现景观环境从"量"的积累转化为"质"的提升。

类自然法则的设计理念意在最大限度地发挥生态效益与环境效益、满足人们合理的物质与精神需求、最大限度地节约自然资源与各种能源、提高资源与能源利用率、以最合理的投入获得最适宜的综合效益。通过类自然设计理念，引导生态景观规划设计走向科学，避免过度设计。

### 2）高碳汇生态景观系统规划

高碳汇生态景观系统规划，要求对环境资源理性分析和运用，营造出符合长远效益的生态景观环境。针对人居环境生态景观的特征，可以通过两种方法来实现高碳汇目标。通过整合化的规划方法，统筹环境资源，恢复城市景观格局的整体性和连贯性。通过典型生境的恢复，修复生态环境，以满足生物生长需求。

生态景观环境作为一个特定生态系统，包含多种单一生态系统与各种景观要素。为此，应对其进行整合及优化。首先，加强绿色基质，形成具有较高密度的绿色廊道网络体系。其次，强调景观的自然过程与特征，将景观环境融入整个城市生态系统。强调绿地景观的自然特性，控制人工建设对绿色斑块的破坏，力求达到自然与城市人文的平衡。

整合化的规划，强调维持与恢复景观生态过程与格局的连续性和完整性，即维护建立城市中残存的自然斑块之间的空间联系。通过人工廊道的建立在各个孤立斑块之间建立起沟通纽带，从而形成较为完善的城市生态结构。建立景观廊道线状联系，可以将孤立的生境斑块相连。

典型生境的恢复是针对人居环境中的地带性生境破损而进行修复的过程。通过典型生境恢复，原有的生态源地将会恢复生态功能、提高碳汇能力，增强气候适应性。生境的恢复包括土壤环境、水环境等基础因子的恢复，以及由此带来地域性植被、动物等生物的恢复。

生态景观环境的规划应当充分了解场地环境。典型生境的恢复应从场地所处的气候带特征入手。适合场地的景观环境规划，必须先考虑当地整体环境，因地制宜地结合当地生物气候、地形地貌等条件进行规划设计，充分使用地方材料和植物材料，尽可能保护和利用地方性物种保证场地和谐的环境特征与生物多样性。

### 3）低排放人居环境系统构建

低排放人居环境系统构建的核心在于，优化人居环境土地利用结构和空间布局，以此实现城市低碳发展，达到可持续发展的目的。

土地利用变化是影响$CO_2$排放量变化的驱动因素之一。而建设用地空间布局的变化是影响碳排放量的主要因素。碳排较强的建设用地面积不断扩张，蚕食城市内外的林地、湿地等高碳汇生态源地，增加了空气中$CO_2$的含量。绝大多数城市在扩张过程中表现为团状的集中发展模式，易形成"大饼"，不断加重城市中心区的交通、环境和资源压力，也将导致城市不必要的能源消耗和温室气体排放的增加。建设用地作为城市土地主要的构成部分，其碳排放量占土地碳排放总量的97.83%以上。不合理的土地利用，会导致土壤固碳以及植被固碳能力减弱，使更多$CO_2$释放到空气中。

目前，对于低排放人居环境系统构建比较认同的说法是，城市空间结构指城市要素的空间分布和相互作用的内在机制，是城市发展的内在动力支撑要素。在城市规划和建设中，研究合理的人居环境空间结构模式，以适应低碳城市的发展尤为重要。低碳城市空间结构发展模式研究，已经成为低碳城市发展的关键技术之一。比如，采用紧凑空间结构模式，以提高土地的混合利用率；发展公共交通主导的空间结构模式，以降低交通能耗和碳排放量；采用生态主导的空间结构模式，利于碳的捕捉等。这些都是实现低排放人居景观环境系统构建，保证城市健康发展的前提。

除了结构和空间优化，低排放人居环境系统构建还包含可再生能源应用、资源循环利用、废物管理等各个方面。比如，利用太阳能、风能等可再生能源，以减少对化石燃料的依赖。使用低排放的交通工具，如电动汽车和自行车，以及提高公共交通的效率。提高公众对低排放和可持续生活方式的意识，通过教育和社区活动鼓励居民参与环保实践等。总而言之，构建低排放人居环境系统需要多方面统筹，以实现可持续发展与高质量发展。

## 1.3.3 生态设计

实现生态可持续是生态景观设计的基本目标之一。可持续的生态系统要求人类的活动合乎自然环境规律，即对自然环境产生的负面影响最小，同时具有能源和成本高效利用的特点。生态景观的理性规划方法，揭示了针对不同的用地情况和人类活动，需要营造出最佳或最协调的环境，同时还要维持固有生态系统的运行。

随着生态学等自然学科的发展，景观环境系统的生态设计愈发重要。其核心在于全面协调与景观环境中的各项生境要素，比如小气候、日照、土壤、雨水、植被等自然要素，也包含人工建筑、铺装等硬质景观。在顺应自然，尊重自然的前提下，统筹设计景观环境中的各要素；以此进一步实现景观资源的综合效益最大化，达到生态景观的高碳汇、低排放目的。

### 1）环境竖向优化设计

生态景观环境竖向设计，应该充分利用原有的自然山形地貌与水体资源，尽可能减少对生态环境的扰动，节约建设投入，实现高碳汇与低排放。场地现有的地形地貌是自然力或人类长期作用的结果，是自然和历史的延续与写照。其空间存在具有一定的合理性及较高的自然景观和历史文化价值，表现出很强的地方性特征和功能性的作用。原有地形形态利用包括地形等高线、坡度、走向的利用，地形现状水体借景和利用，以及现状植被的综合利用等。充分利用原有地形地貌有利于节约工程建设投资，提高经济性。尊重现场地形条件，顺应地势组织环境景观。将人工营造与既有环境有机融合，是实现高碳汇与生态设计的重要原则。同时，还需要注重环境的生态修复和优化过程，尽可能地发挥原有生态环境的作用，维护生态平衡。

**2）雨水平衡系统设计**

城市区域的雨水通常会为河流与地表径流带来负面影响。受到污染的雨水落在诸如屋顶、街道、停车场等城市硬质铺装上，会将污染物冲刷到附近的下水道中。原本这些雨水都应该渗透到自然景观区域的土壤当中，但硬质铺装的表面会使得雨水流动更快，加速了雨水流入河流。

适宜的水环境营造对于典型生境建构尤为重要。通过雨水平衡系统设计，可以有效地提高水资源利用率，避免生态问题的同时降低生态景观的碳排放。无论是单体建筑还是大型城市，应该严格实行雨污分流，针对不同地域的降水量、土壤渗透性及保水能力进行区分设计。尽可能截留雨水、就地下渗。通过管、沟将多余的水资源集中贮存，缓释到土壤中。在暴雨期，超过土壤吸纳能力的雨水可以排到建成区域外。

**3）高碳汇及碳储植物景观设计**

高碳汇及碳储植物景观设计，是实现生态景观高碳汇的关键。自然界中植物的分布具有明显的地带性，在不同区域，自然生长的植物种类及群落类型都会呈现差异。高碳汇及碳储植物景观设计的核心是选用地带性植被。尽量选择适应性强、绿化效果好且抗污染能力强、易于粗放管理、成活率高的植物。

以高碳汇为目标的植物景观规划设计需遵循"高碳汇""高碳储""低排放"三方面原则，并贯穿于全生命周期过程中。其中，高碳汇、高碳储主要指在规划过程中，根据不同的应用场景，选择成活率高、碳汇能力强的树种，在设计过程中形成利于高碳汇碳储的植物群落结构，以及对应的植物配置模式。低排放主要是指，植物景观需要以营造类自然的植物群落为主，包括适应气候条件以及生境条件、遵循生态位和种间关系。

**4）可持续景观材料选取及能源利用**

生态景观环境设计，提倡最大化利用资源和最小化排放废弃物，重复使用、永续利用。景观材料和技术措施的选择对于实现生态设计具有重要影响。景观环境中的可再生、可降解材料的运用、废弃物的回收利用以及清洁能源的使用等，都是营造可持续生态景观环境，实现低排放的重要措施。

太阳能、风能、水能和生物质能等在未来将成为主要的清洁能源。在生态景观环境设计中，引入清洁能源作为景观设施的能源供给系统，一方面可以有效地减少市政能源供给，提高景观环境的能源自给能力。另一方面，清洁能源的利用更是建设可持续、节约型景观环境的时代需求。同时，在既有景观设施上加装清洁能源，工程措施也较为方便，避免了挖凿埋线的麻烦。可持续景观材料与清洁能源配合使用，可以增强生态景观的耐用性，更有效地降低生态景观的碳排放，实现生态设计。

### 1.3.4 数智化施工及运维

#### 1）土方精准平衡

在生态景观建设过程中，应当采用数字化施工技术，尽量保留场地中原有的地形，依山就势，做到土方精准平衡。这样不仅能够减少填挖量，有效节约建设投入，还能显著降低碳排放。

土方精准平衡需要在项目建设前，进行详细的规划和设计，确保了解整个项目的土方需求。主要包括对地形、土壤类型和植被的深入分析。同时，利用高精度的地形测量工具（如GPS和GIS技术），准确测量现场的土方量；在移动土壤前准确估计需要挖掘或填充的土方量。在施工过程中，采用土方平衡的方法，减少对外部资源的依赖。在施工时需监测土方工作的进展，并根据需要进行调整，使用实时数据跟踪系统帮助发现问题，并采取措施（图1-6）。

图1-6 数字挖机构成

#### 2）设施智能建造

LEED（Leadership in Energy & Environmental Design）认证作为美国民间的一个绿色建筑认证奖项。由于其成功的商业运作和市场定位，得到了世界范围内的认可。

LEED体系使过程和最终目的能够更好地结合，也使建造过程更趋于精准可控。当前，地理信息系统（GIS）和建筑信息模型（BIM）技术被广泛应用于设施智能建造中。GIS技术用于分析和管理地理空间数据。在景观设计中，GIS可以辅助选址分析、环境影响评估、土壤类型与植被覆盖分析，以及优化设施布局，确保设计与自然环境和谐共生。BIM是一种三维数字技术，用于模拟建筑物或景观的物理和功能特性。在景观设计中，BIM可以帮助设计师创建精确的模型，进行可视化设计、成本估算、冲突检测和施工协调，提高项目管理效率。

对于复杂的景观环境，还可以使用无人机航拍技术。无人机可以快速收集地形地貌数据，生成高精度的三维地图和影像资料，为设计师提供现场的详细视图，有助于精准设计并监控施工进度和质量。对于小尺度的景观小品，3D打印技术可以用于制作复杂景观元素的模型或直接打印小型景观部件。而预制构件技术则能提高建造速度，减少现场施工时间，保证构件的质量和一致性。

同时，VR技术让游览者和设计师能够沉浸式体验设计场景，感知空间效果，便于设计方案的调整。AR则可以在真实环境中叠加设计元素，帮助现场决策和施工指导。利用AI和机器学习技术，可以分析大量设计案例和用户偏好数据，辅助设计师生成创意方案，优化设计决策。机器学习算法也能预测维护需求，优化设施布局以提升用户体验。综上所述，利用多种数字化建模、分析、评价软件，可以有效提升建造效率，缩短工期，从而降低碳排放。

### 3）景观环境智能测控

景观环境智能测控技术，可以帮助管理者快速对景观环境变化做出应对。智能监测设备的应用，可以显著减少生态景观运维过程中的人力成本和资源投入，降低碳排放。

具体而言，利用物联网技术和传感器网络，实时监测景观区域内的用水、用电以及设备运行状态，可以确保设备高效运行且按需供应景观资源，减少不必要的能源浪费。传感器接收数据后，利用先进的数据分析技术，如机器学习和人工智能，对收集的传感器数据进行深度处理，识别出能效低下的设备，并对其进行优化或及时更换，从而减少能源消耗和碳排放。

智能监测可以及时发现喷灌设备的损坏，避免了植物由于维护管理不当而死亡的现象。当植物出现病虫害等，其生理指标参数将会出现波动或超出正常阈值。环境智能监测设备可以辅助园林养护人员及时作出决策，遏制虫害蔓延，从而保证园林植物的碳汇能力。对于整个生态景观系统，环境智能监测系统能够对生态景观设施定期评估，通过数据分析，制订有效的减排策略。

### 4）精准灌溉与用水管理

在生态景观中引入智能控制系统，可以实现设备自动控制，降低投入并减少碳排放。生态景观的智能控制系统主要包括智能水肥系统、智能照明系统、智能病虫害管理系统等。

智能水肥系统可以根据植物的具体需求和环境条件（如土壤湿度、气温、光照等）自动调整灌溉和施肥的比例。系统通过滴灌或喷灌等方式，精确控制水和肥料的投放量和时间，确保植物得到恰当的养分和水分。通过网络连接，维护人员可以远程监控系统状态并进行调整，应对不同的环境变化。

化肥的生产、运输和使用是生态景观碳排放的主要来源之一。通过精确控制灌溉，智能水肥系统减少了水资源的浪费；同时，减少了抽水和施肥设备的能耗，从而降低碳排放。因此，智能水肥系统可以提供更加合理的水肥管理方式，有助于提高土壤的有机质含量，增强土壤的碳固定能力；从而促进植物生长，提高植物的碳汇能力。

### 5）智能照明与病虫害防治

智能照明系统通过光线、运动等传感器收集数据，实时监测环境的光照状况。基于收集的数据，系统利用算法自动调整照明的亮度和开关状态，以适应不同的环境需求和节省能源。利用智能调度和管理系统，可以确保照明系统的最优运行，减少无效或过度的照明，从而降低能源浪费和碳排放。而将智能照明系统与太阳能等可再生能源相结合，可以进一步减少对化石燃料的依赖，降低碳排放。

智能病虫害管理系统，利用传感器和摄像头等设备收集关于病虫害的数据，例如虫害种类、数量、分布情况等。通过智能病虫害管理，可以减少化学农药的投入和使用，做到病虫害精准防治，从而降低农药生产和运输过程中的碳排放。智能照明系统和病虫害防治系统的协同应用，可以有效减少生态景观维护管理过程中的资源投入，降低碳排。

## 1.3.5  资源循环利用

在生态景观全生命周期过程中，通过对景观资源的循环、集约化利用，可以显著降低成本，减少碳排放。

### 1）雨水收集与利用

在所有关于物质和能量的可持续利用中，水资源的节约是生态景观设计所必须关注的关键问题之一。具体内容包括通过大量使用乡土和耐旱植被，减少灌溉用水。通过将景观设计与雨洪管理相结合，实现雨水的收集和再用。减少旱涝灾通过利用生物和土壤的自净能力，减轻水体污染，恢复水生栖息地，恢复水系统的再生能力等。

可持续的景观环境应该努力寻求雨水的平衡的方式，雨水平衡也应该成为所有可持续景观环境设计的设计目标。地表水、雨水的处理方法突出将"排放"转为"滞留"，使其能够"生态循环"和"再利用"。对生态景观建设而言，需要根据材料再生方面的不同特性，以及其加工所消耗的能源数量，对其加以选择和划分。选择可再生、可降解、可重复生产的材料和可以再利用的材料，或者直接从再生、再利用的材料中获取景观材料。

### 2）可回收材料的集约利用

在景观设计与施工中，优先考虑使用回收或再利用的材料，如废旧木材、再生塑料、再生石材等，以减少对原材料的开采和加工需求，进而减少碳排放。改造和再利用场地原有的建筑废料、旧家具、艺术品等，不仅减少了废物填埋，还增添了场所的历史感和文化价值。

从可持续景观环境建设的角度来看，废旧材料作为营造环境的元素会产生一定的经济效益和环境效益。运用废旧材料塑造生态景观环境，使废料循环使用，从而减少对新材料的需求。通过对原材料的分解与重组，赋予其新的功能。这种方式不仅对废旧材料进行更有效的处理，同时节约了购置新材料的费用，赋"旧"予"新"，物尽其用，符合可持续景观环境建设的要求。因此，废旧材料能够就地运用到景观环境中，减少运输费用、降低建设成本，降低碳排放。

## 1.4 生态景观碳汇绩效评价

### 1.4.1 生态景观碳汇绩效评价目标

碳汇绩效评价是指对特定区域或生态系统（如城市绿地、森林、湿地等）吸收、储存和管理$CO_2$等温室气体的能力进行量化评估的过程。生态景观碳汇绩效评价，旨在综合评估某一项目或区域在$CO_2$的吸收、减少及避免排放方面的实际成效，以此作为支撑气候变化缓解措施的科学基础。碳汇绩效评价的目标包含以下方面：

（1）系统评估生态、社会与经济综合效益。除了直接关注$CO_2$的吸收和存储之外，碳汇绩效评价还应综合考量项目带来的生态保护、生物多样性增强以及社会经济发展附加价值。比如，生态系统服务改善、就业机会创造以及社区福祉提升等方面。

碳汇绩效评价是提高生态系统气候变化适应性的基础，旨在促进项目实施区域的可持续发展，碳汇绩效评价有助于把握气候变化对森林、草地、湿地、湖泊等生态系统的影响规律，科学指导生态建设，提高生态安全。通过碳汇绩效评价以及气候承载力分析，规划师和城市设计工作者可以科学调整经济结构和产业布局，提高城市气候变化适应性。

对于碳汇能力较高的生态源地，应当根据动态监测数据实时调整、反馈，保证其碳汇能力。对于已经被破坏，丧失了部分生态功能的用地，应及时修复、修补。根据碳汇绩效评估结果，可以加快制定适应气候变化的总体战略规划。将适应气候变化纳入各地国民经济和社会发展规划。充分考虑气候变化因素，制定防御极端气候事件的规划，完善突发灾害应急预案和防灾标准；规范气候变化科学研究、预测预估、影响分析、政策制定。

（2）量化测评绿地碳汇能力，作为生态景观规划与设计的依据，服务于系统、多目标的增汇减排过程。碳汇绩效评价，需要通过科学方法确定并量化某一项目或区域对$CO_2$的吸收及存储能力。

对于人居环境生态景观，建立长期监测是量化碳汇贡献，实现高碳汇、低排放的有效手段。长期监测提供了关于生态系统变化的连续数据，包括植被覆盖、树木生长等方面，有助于动态了解生态系统碳储变化，以采取人工干预措施。植物不同的生长周期，碳汇能力存在差异，水肥的需求也不同。

通过碳汇绩效评价，可以明确哪些区域是高效的碳汇"热点"，哪些区域具有增汇潜力；继而指导生态景观的布局，如优先保护现有高碳汇价值的自然区域，选择适宜的植被类型和种植结构进行碳汇提升。同时，可以将评价结果转化为可操作的规划指标和政策建议，如制定城市绿地碳汇设计导则、纳入碳排放交易机制等，促进社会经济活动与碳减排目标的融合。

标准化建立与提高透明度。碳汇绩效评价通过构建一套严格的监测、报告和验证（MRV）体系，实现碳汇项目活动的全过程透明化和可追溯，确保所涉及数据的准确性和真实性。同时，碳汇绩效的评价结果可转化为规划指标和政策建议，如制订城市绿地碳汇设计导则、纳入碳排放交易机制等，促进社会经济活动与碳减排目标的融合。

因此，碳汇绩效评价应当贯穿于项目的前期研究、系统规划、生态设计、数智施工、智慧运维和循环利用六个环节。在前期研究部分，碳汇绩效评价应当挂钩生态环境调查以及评价。通过生态敏感性、建设适宜性评价，衡量开发建设的可行性。在系统规划过程中，科学的人居环境生态系统规划是实现高碳汇、低排放的基础。同时，有助于直观比较能耗较高的子项，调整、优化能源结构，助力营造低排放人居环境系统。在设计过程中，通常会面临多方案比选。因此，全生命周期碳汇绩效核算，对于项目生态服务能力衡量具有重要价值。在考虑方案造价、美观程度的同时，碳汇绩效应当也作为设计方案比选和审批的重要内容。根据碳汇绩效评估结果，可以对高维护成本、高碳排的项目进行整改。

## 1.4.2 生态景观全生命周期碳汇绩效评估原则

生态景观碳汇绩效评估原则应该是全流程、多阶段、多要素、多目标的。国际标准化组织（ISO）基于世界先进的环境管理办法与经验，制订了生命周期评价的基本原则与框架，提出生命周期评价应包含对产品生命周期内对环境的潜在影响进行评价，具体是指对产品规划设计、材料构件的生产与运输、施工建造、运行及维护、拆除处置整个过程对社会环境、经济影响综合评价，包含资源利用、人类健康以及生态后果这三方面。而针对建成环境生态景观碳汇与减排绩效评估，研究阶段包括前期评价、规划设计、生产运输、建造运维、消解循环。研究对象为具有自然碳汇效应的植被、水体、土壤等。

### 1.4.3　生态景观全生命周期碳汇绩效评估路径

#### 1）全生命周期综合分析

全生命周期综合分析原则旨在统筹考虑包括前期评价、规划设计、生产运输、建造运维、消解循环在内的全生命周期多因素，从而形成系统的绩效评价体系。

全生命周期综合分析主要聚焦于分析绿地率、水域率、土方量等因素和碳汇量、减排量的关系，确定哪些因素对生态景观碳汇、碳排的影响最大，可用于从规划设计阶段到建造运维阶段，全生命周期的方案优化与选择。主要分析内容可分为以下三个部分：一是设计前的评价认知，主要包括场地的可建设性（即生态敏感性，建设适宜性）、绿地率、水域率以及原碳汇与碳储量计算；二是设计与建造过程分析，包括硬质率、土方量、能耗量、设计建造过程碳汇与碳排量计算等；三是设计后的对比分析，包括碳汇生态效益评估、成本效益评估以及碳汇经济价值评估。

#### 2）全生命周期精准调控

全生命周期精准调控的核心是从全流程、全过程的角度来动态理解碳汇和碳排的效应问题，全面认识从前期评价、规划设计、生产运输、到建造运维、消解循环全生命周期的过程不是碎片化和静止的，而是一种动态的过程。增汇与固碳是正相关的，与设计具有关联性。如在特定的气候条件下，坚持地带性法则可以促进植物的生长，减少人工管养和投入，能够正向增强绿地的碳汇与碳储能力。科学的规划设计能够从源头促进增汇与固碳能力，提升固碳绩效，同时极大减少碳排，从而实现全生命周期全过程、全流程的精准把握，助力增汇、减排目标的实现。

#### 3）全生命周期决策支持

全生命周期决策支持的核心是充分发挥并优化调控各要素的功能。生态景观全生命周期决策支持旨在通过科学、系统的方法，确保生态景观的设计、建造、维护和最终拆除等阶段都能实现环境的可持续性、生态功能的最大化和社会经济利益的协调。

通过在生态景观全生命周期中应用数字化技术，如物联传感器、数据分析和智能化管理平台，可以提高生态景观全生命周期决策与管理效率。智慧系统在全生命周期决策支持中的应用，主要包括如何利用先进的信息技术进行环境数据的获取，以及如何构建多场景碳汇、碳排精准测算、评估、预测及决策模型。决策管理支持的重点在于综合考量生态、经济和社会三大维度，通过科学规划、智能监测、生态设计、数智施工运维、循环利用等，实现生态景观的可持续发展和长期生态效益的最大化。

# 参考文献

［1］ 成玉宁. 现代景观设计理论与方法[M]. 南京：东南大学出版社，2010.
［2］ 方精云，郭兆迪，朴世龙，等. 1981~2000年中国陆地植被碳汇的估算[J]. 中国科学（D辑：地球科学），2007，（6）：804-812.
［3］ 吴岩，贺旭生，杨玲. 国土空间规划体系背景下市县级蓝绿空间系统专项规划的编制构想[J]. 风景园林，2020，27（1）：30-34.
［4］ 联合国气候变化框架公约，京都议定书[Z]. 1997.
［5］ 蔡亚楠，鞠正山，黄勤，等. 土壤有机碳汇内涵与核算方法辨析[J]. 生态学报，2024，44（02）：602-611.
［6］ 张旭辉，李典友，潘根兴，等. 中国湿地土壤碳库保护与气候变化问题[J]. 气候变化研究进展，2008，（04）：202-208.
［7］ 赵敏. 中国主要森林生态系统碳储量和碳收支评估[D]. 北京：中国科学院研究生院（植物研究所），2004.
［8］ 王绍强，周成虎，李克让，等. 中国土壤有机碳库及空间分布特征分析[J]. 地理学报，2000，（05）：533-544.
［9］ 石铁矛. 城市生态系统碳汇[M]. 北京：中国建筑工业出版社，2023.
［10］ 成玉宁，杨锐. 数字景观[M]. 南京：东南大学出版社：2017，10. 413.
［11］ 成玉宁，樊柏青. 数字景观进程[J]. 中国园林，2023，39（6）：6-12.
［12］ 国际标准化组织. 温室气体—第一部分：在组织层面温室气体排放和移除的量化和报告指南性规范：ISO 14064[S]. 日内瓦：国际标准化组织，2019.
［13］ 联合国政府间气候变化专门委员会. 第六次评估报告综合报告：气候变化[Z]. 2023.

第 2 章

高碳汇生态景观规划设计原理

| 2.1 人居环境生态景观碳汇效应的基本特征 | 2.1.1 自然规律与人工干预相结合 |
| | 2.1.2 全生命周期与动态变化 |
| | 2.1.3 多目标与多维因素影响 |

| 2.2 高碳汇生态景观规划设计机制 | 2.2.1 因地制宜低影响开发 |
| | 2.2.2 多目标协同增汇减排 |
| | 2.2.3 蓝绿子系统格局优化 |

| 2.3 生态景观系统增汇减排规划原理 | 2.3.1 蓝绿空间系统作为城市生态系统本底 |
| | 2.3.2 灰色空间系统作为人工系统补充 |
| | 2.3.3 蓝绿空间协同规划促进减排增汇 |

| 2.4 服务全生命周期的生态景观设计原理 | 2.4.1 生态景观全生命周期的碳汇与碳排特征 |
| | 2.4.2 生态景观全生命周期碳汇碳排的平衡与转化 |
| | 2.4.3 生态景观全生命周期增汇减排设计 |

高碳汇生态景观规划设计原理作为实现高碳汇生态景观的基本依据，从全生命周期和宏观、中观与微观的多时空视角构建起高碳汇生态景观规划设计的总体框架。本章首先从生态景观子系统的层面阐述了生态景观效应的基本特征，进而探讨高碳汇生态景观规划设计机制，然后从规划与设计两种尺度分别探讨了生态景观系统增汇减排规划原理与服务全生命周期的生态景观设计原理。通过本章的学习，能够了解并掌握以下三个方面的内容：

1）系统认知人居环境生态景观全生命周期特征

人工构建的环境本身涉及多个要素、多个环节，具有显著的系统属性，对环境的理解认知是科学地规划设计、维护管养的前置条件，更是促进碳链良性循环的基础。人居环境生态景观既不同于完全的人工营建设施，也不同于纯粹的自然，而是人工与自然共生的复合体。植物等生命要素的生长赋予其动态变化的属性，多目标、多因素的影响则意味着其符合系统性法则。景观系统的生命过程不是一种碎片或静止关系，精准把握生长、衰败与回归自然的全生命周期是实现高碳汇生态景观规划设计的前提，必须从全流程和全过程的有机整体来理解人居环境生态景观系统的碳源汇效应。

2）厘清人居环境生态景观减排增汇的宏观调控机制及规划途径

增汇与固碳具有正向关系，而碳排则与整个系统的维护相关。把握生态景观的碳循环与碳固规律，通过科学的规划设计绿地形态和结构，形成良好的生态格局。蓝绿灰系统协同实现减排增效，通过蓝绿空间的布局优化减轻灌溉需求以及用水、用电、用能源，多方面实现减轻碳排。科学规划和设计城市的蓝绿空间，合理分布和组织绿地、湿地、水体等自然要素，形成连续的生态系统网络。这样的布局可以提供自然气候调节、生物多样性保护和生态服务功能，减少城市能耗和碳排放。

3）精准把握人居环境生态景观设计全过程，实现减排与增汇双赢

生态景观设计包括场地认知评价、规划设计、建造实施、管养维护和更新拆除等阶段。精准评价场地特征，通过低影响开发与建设实现低排放与少维护，在特定的气候条件下，坚持地带性的法则可以促进植物的生长，从源头上促进增汇量，提升固碳效能。同时使用循环材料也能够减少资源耗费，减少人工管养投入，减少碳排。

人居环境生态景观碳汇效应的实现一方面归功于蓝绿系统光合作用对$CO_2$的吸收与固存，另一方面源于人工干预下生态系统的增汇减排。对于任意一个生态系统而言，既有碳的吸收也有碳的排放，当整个系统的$CO_2$排放量小于固存量时，整个系统呈现碳汇效应。建成环境的复杂性意味着碳汇效应存在着不同于自然环境的动态变化，除了蓝绿系统自身的碳汇效能限制，社会、经济等因素也会影响生态景观的碳汇效应，高碳汇生态景观规划设计是在满足多目标的前提下，实现净碳汇效应的提升。

## 2.1.1 自然规律与人工干预相结合

### 1）自然与人工复合系统

人居环境生态系统由人为规划设计，各类要素在多目标的组构下形成一个以人工为主的复合系统，人类活动对整个系统产生强烈影响，自然要素与人工要素共同参与碳汇效应。有别于自然环境，建成环境内部与外部系统之间的物质、能量、信息的交换，主要依靠人类活动来协调和维持，大量的人工设施附加在自然环境上，对环境的自然条件造成极大影响，人居环境生态系统体现出人为主体性、开放性、不稳定性等特征，形成了显著的人工化特点。系统内部斑块形状规则且数量多，斑块间的异质性强，线状廊道多，带状廊道少。与自然生态系统相比，人居环境生态景观系统的物种相对单调，作为一个开放系统，其与外界具有能量、物质和信息的交换，也使得碳汇效应具有人工与自然复合的双重属性。

从生态学的角度来说，人居环境生态景观作为建成环境中自然与人工复合的生态系统，既有自然的属性，也有人工属性。自然属性关注植物在不同生态环境中的生存能力，而人工属性则关注植物对人类社会的价值，碳汇能力属于其中之一。在两种不同属性的要求下，植物的碳汇效应存在多目标的要求，要实现人居环境生态景观碳汇效应最大化，需要优化生态系统布局、物种配置和生态系统管理。

### 2）人类活动与干预影响

人居环境生态景观是建成环境范围内的自然环境与人工设施相互作用形成的有机整体，人类行为活动加速或减缓自然做功，进而对碳汇效能产生影响。在人工养护下植物生长量增加通常高于自然状态，进而碳汇、碳储量也随之增加，但人工养护过程中也会相应地产生碳排。因此，需要合理把握人类活动与干预的强度，实现系统层面的优化（图2-1）。

公园、绿地和湿地等生态系统的保护和恢复可以增加城市的碳汇效应，但人工砍伐导致树木大量减少，从而降低原有的碳汇效应。此外，在树木被

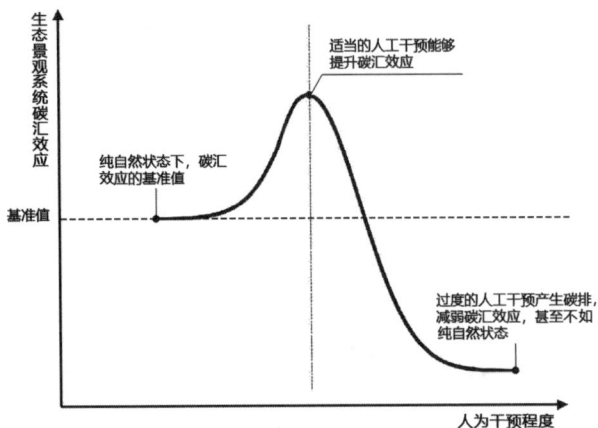

图2-1 人为干预程度与生态景观系统碳汇效应的关系

砍伐后，土壤中的有机物会暴露在空气中，在分解过程中产生$CO_2$，这种由土壤有机物释放出的$CO_2$也是一种重要的碳源。植被、土壤和水系等自然要素在生态景观的碳汇效应中起主导作用，它们虽然会受到人类活动的干扰和影响，但同时又相对独立于人类活动，各自进行着碳汇活动，在这个过程中相互影响和联系，共同承担着人居环境的碳汇功能。城市建设对土壤有扰动作用，涉及表土清除、土壤迁移、表面分级和压实。土壤扰动影响碳的封存和释放，需要较长时间才能最终获得新的碳储量平衡。在新建立的草坪系统中，土壤碳库在30～50年后达到相对稳定的状态。在住宅庭院、街道树木种植和公园中，时间被认为是影响城市土壤物理、化学和生物特性最显著的因素。与新建绿地（平均建成时间9年）相比，建成时间较久的绿地（平均建成时间64年）土壤容重明显降低，微生物生物量和活性增加，有机质也增加。由于根源碳的平均停留时间是茎源碳的两倍，建成时间较短的公园绿地土壤根系生物量较少，因此其根源碳含量较低，所以土壤有机碳含量低于建成时间较长的公园绿地。

建成环境本身并不是"自给自足"的系统，主要是依靠外来人工才能保证其系统的相对稳定性。在建成环境中，枯枝落叶常被清除，养料、水分常常来自外部，土壤中的微生物发育不充分，整个系统内的物质循环和能源流动是不连续的，这种特殊的生态过程影响着整个系统的碳汇效能。城市绿地的日常维护管理等人为活动会产生可观的碳排，因此城市绿地的碳汇效应通常应考虑净碳汇效应，即考虑扣除人类活动碳排和植物土壤异养呼吸后生态系统的净碳汇量。

## 2.1.2 全生命周期与动态变化

### 1）全生命周期碳收支

生态景观的碳收支存在动态变化，既包括绿色植物的碳汇，也包括人工活动产生的碳排，碳汇与碳排的动态变化完整地贯穿于生态景观的全生命周期过程中，但由于城市绿地中植物的生长需要人为养护，该过程中也会产生碳排。因此，对于同一片绿地而言，全生命周期碳排与碳汇存在动态变化的特征，城市绿地不同阶段在碳循环过程中分属"源"和"汇"两种角色。

城市绿地全生命周期通常主要可以分为三个部分，包括材料生产和运输、

图2-2 人居环境生态景观全生命周期碳收支过程示意图

施工建设和管理养护过程（图2-2）。首先，生态景观在建造施工过程中需要使用各种建筑材料和设备，这些材料和设备的生产和运输过程会产生碳排放。例如，用于建设绿地的基础设施、灌溉系统以及景观设施等都需要消耗能源和材料，从而产生碳排放。其次，生态景观在维护和管理过程中也需要消耗能源。大多数碳排放来自管理养护过程，包括灌溉、化肥和农药的使用、修剪和枯落物处理。例如，绿地的灌溉、修剪、施肥以及病虫害防治等工作都需要使用机械设备和化学药品，这些活动会间接产生碳排放。此外，一些绿地为了美化景观，可能使用照明设备，这些设备的运行也会消耗电能并产生碳排放。另外，虽然生态景观本身可以通过植物的光合作用吸收并储存$CO_2$，但如果管理不善，比如植物种类选择不当、养护不到位等，可能导致绿地碳汇能力下降，甚至可能变成碳源，即释放$CO_2$。例如，草坪多为一年生，本身固碳能力弱，生长周期短，而生长旺盛期需要经常进行修剪整形，由于草坪面积大，无法进行纯人力修剪，使用机器会产生大量的碳排放。相关研究结果表明，50年后，乔灌木均为碳汇，草坪为碳源，针对不同植物类型而言，其碳收支源汇情况存在较大差异。

### 2）碳汇效能动态变化

自然环境中，由先锋物种组成的群落在多次生长、衰败的过程中逐渐向顶级群落演替，群落演替的方向完全受到自然规律的控制，碳汇效能的改变随着演替进程而变化，具有相对稳定的节律性。而在人工环境中，肥料的使用往往加速了群落的生长或演替过程，但与之相应的可能是植物衰败期的提前到来，相较于自然环境，人工环境中生态系统碳汇效能变化的进程可能更快。

对于植物个体而言也具有相似的特征，绿色植物在不同的生命阶段碳汇效能不尽相同。在城市绿地群落中，生长期较长、生长速度较快的成年树木固碳释氧效能更高。植物种类及树木的寿命长短与植物的碳汇能力有较大的相互影响，处于成熟期的植物碳汇能力通常处于最佳状态，树龄对城市绿地固碳效率有显著影响，种植寿命长、固碳效率高的植物会有更高的碳汇效能。当前我国森林平均年龄为30~40年，通常林龄低于80年的森林均具有较强碳汇能力。一项关于台州市建成区植被碳储量研究表明，乔木碳储量约为草坪和灌木植被总碳储量的2倍。这是因为乔木寿命长，其碳汇期就相对较长；灌木虽然生长速度快，但碳汇周期相对较短；草本固碳效率高、速度快，目前针对其碳汇能力的研究还较少。因此寿命长、生长速度中等且成熟时体量大的乔木对人居环境生态系统的碳汇效应有更高的促进作用。这可能是因为树木和土壤之间的相互作用时间越长，两者在根间水平上的耦合就越强。

### 2.1.3　多目标与多维因素影响

不同于纯粹的碳汇林，生态景观的碳汇效能是建立在多目标与多维因素的影响下形成的，不仅要兼顾植物的碳汇效能，更要关注植物在城市空间中的美化作用以及其他生态、社会和经济效益。不能单纯选择碳汇效能高的植物，优秀的景观设计应注重生态、形态、功能与文化的四态合一，生态与形态的协同是基础，既要讲求科学规律，又要把握审美与使用的诉求，兼顾系统的整体效能（图2-3）。

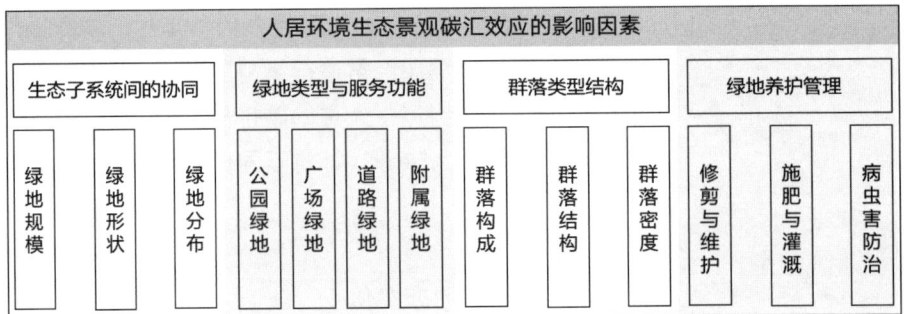

**人居环境生态景观碳汇效应的影响因素**

| 生态子系统间的协同 | | | 绿地类型与服务功能 | | | | 群落类型结构 | | | 绿地养护管理 | | |
|---|---|---|---|---|---|---|---|---|---|---|---|---|
| 绿地规模 | 绿地形状 | 绿地分布 | 公园绿地 | 广场绿地 | 道路绿地 | 附属绿地 | 群落构成 | 群落结构 | 群落密度 | 修剪与维护 | 施肥与灌溉 | 病虫害防治 |

图2-3　人居环境生态景观碳汇效应的影响因素

#### 1）生态子系统间的协同

城市蓝绿空间是城市发展过程中留存或新建的绿色空间和蓝色空间的总和，包括所有自然、半自然、人工的绿地与水体，是城市生态系统的重要组成部分。研究表明，绿色空间是碳汇量最大的贡献者，而湿地、河流、湖泊和沼泽等蓝色空间是巨大的碳库。因此，蓝绿空间格局对碳汇碳储有着显著的影响。

蓝绿空间规划格局涵盖了蓝绿空间斑块规模、蓝绿空间斑块形状及蓝绿空间斑块分布等多个指标特征，他们都能够在不同程度上影响生态系统的碳汇效应。具体而言，蓝绿空间斑块规模指的是城市内绿色斑块与蓝色斑块的大小和数量，反映了城市生态环境的整体水平；绿量对于植物生态调节功能具有重要作用，绿地面积和绿化覆盖率的增加可以有效增加城市碳汇总量，绿地的规模会影响植物的碳汇能力，规模较大的绿地通常具有更加丰富多样的植物种类和更加稳定的植物群落结构，这也有助于提高植物的碳汇能力。在进行绿地参数和碳储量的回归分析中表明，绿地碳储量和绿地面积、绿化覆盖率呈正相关关系。蓝色空间斑块规模指的是一定区域内的水体面积，包括湿地、河流湖泊等。蓝色空间斑块的增加能够提供更多的生态服务功能，如氧气产生、空气净化、气候调节等，从而有助于提高区域整体的碳汇能力。

蓝绿空间斑块形状则涉及斑块的几何形态和空间布局，不同的形状和布局对其生态功能和景观效果具有显著影响。已有研究表明，景观形状指数与绿地碳汇效应之间存在显著的正相关关系。例如，蓝绿斑块形状的复杂性越高，其碳汇能力也相应增强，这种正相关关系主要源于复杂形状的绿地能够提供更大的表面积和更为多样的生态位，为植被的生长和碳的固定创造了有利条件。此外，不同形状的边界会影响绿地内的风速、湿度、温度等微环境因素，从而影响植物的光合作用和呼吸作用。例如，带状斑块可以引导风向，增加区域内部的风速，有利于植物的碳汇作用。相反，边缘密度指数与绿地碳汇效应之间则呈现出负相关关系。边缘密度高意味着蓝绿斑块的边缘区域相对较多，景观更加破碎、更容易受到外界干扰，因此碳汇效应的稳定性欠佳。因此，过高的边缘密度会削弱绿地的整体碳汇效应。研究表明，耕地、林地、草地的形状越复杂，边缘密度越小，其植被固碳效应越强。因此，在进行景观规划设计时，宜结合地形地貌、河流水系等自然条件采取边界曲折多变的空间形态。同时，为了降低边缘密度，要尽量避免出现零散分布的小面积斑块，而应按照适度规模化的原则，将有条件的多个小型景观斑块整合为一个空间规整的大型斑块。

蓝绿空间格局对碳汇功能的影响需基于植被特征和气候条件下进行考虑，这与景观内植物生态过程存在着密切的联系，因此对植被的碳汇能力产生着间接的影响。蓝绿空间斑块分布则关注斑块在城市空间中的位置和相对距离，合理的分布有助于提升城市的生态连通性和碳汇能力。一方面，分散破碎的绿地不利于植物的碳汇作用。当斑块零散分布时，各斑块之间的连接性降低，导致生态流（如物质流、能量流和信息流）的流通受阻。在碳循环中，这种流通受阻表现为碳在绿地系统内部的传输和固定效率降低。零散分布的绿地难以形成有效的碳汇网络，从而削弱了整体碳汇能力。相反，形状复杂、斑块聚集、类型均匀、适度成片的景观格局对植被固碳的效应更好。鲁敏等研究济南中心城区绿地系统的碳氧平衡状况时发现斑块面积大且结构合理的绿地比面积小且破碎度高的绿地其固碳释氧能力较强。在美国密歇根

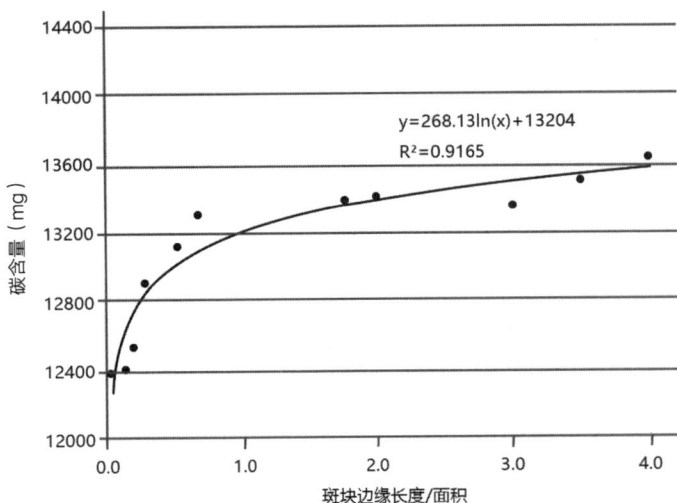

$$y = 268.13\ln(x) + 13204$$
$$R^2 = 0.9165$$

图2-4　景观斑块碳储量随其边缘复杂程度增加而上升
（来源：根据相关研究成果改绘）

州的景观破碎化研究中发现，研究区碳储量随景观破碎化程度的增加而增长（图2-4）。因此，合理、均衡布局蓝绿斑块不仅能提高城市的碳汇功能还起到间接减排的作用，发挥一定的冷岛效应。

**2）绿地类型与服务功能**

城市绿地承担着生态服务与社会服务两大功能，需要统筹考虑。不同类型的绿地，在植被结构、物种组成、生长状态以及管理与维护方式等方面表现出显著差异，进而导致它们对碳的吸收和储存能力存在明显区别。在城市生态系统中，绿地作为重要的碳汇节点，其类型差异对碳汇功能的影响不容忽视。不同类型绿地的服务功能存在差异，导致其植被类型与结构存在差异，而植被固碳量与绿地中的植被覆盖率、植被应用频度、植被规格、植被种植密度、群落层次结构

| 城市绿地功能 | |
| --- | --- |
| 生态服务功能 | 社会服务功能 |
| 维持碳氧平衡<br>促进碳汇效应 | 美化城市环境<br>促进公众心理健康 |
| 净化环境<br>防灾减灾 | 提供休憩娱乐场所 |
| 改善城市小气候<br>保护生物多样性 | 提供文化教育场所 |

图2-5　城市绿地生态服务与社会服务两大功能

等特征有关，因此其植被固碳量与养护管理的碳排放量也有所不同，最终反映出不同类型城市绿地植被碳收支存在差异（图2-5）。

（1）公园绿地植被配置丰富多样，涵盖了乔木、灌木、草本等多种植物类型，形成了层次丰富、结构完整的植物群落，是城市生态系统中的重要碳汇区域。这种多样化的植被配置不仅增强了绿地的生态功能，还为植物提供了良好的生长环境，从而有效促进了生态系统的碳汇和碳储。

（2）相较于公园绿地，广场绿地的硬质铺装面积更大，绿化覆盖率更小，其植被配置和空间布局主要服务于市民的休闲和娱乐需求。因此，在植被种类和数量上，广场绿地相对较为有限，这在一定程度上限制了其碳汇功能的发挥。

（3）道路绿地，由于空间限制和交通安全的需要，其植被种类和数量相对有限。这使得道路绿地在碳汇效应上可能相对较低。然而，道路绿地作为城市生态系统中的线性空间，具有连接和延伸的功能，对于改善城市微气候、缓解城市热岛效应等方面仍具有一定的积极作用，这些作用可能对人居

环境整体的碳汇效能起到促进效果。

（4）附属绿地作为与建筑物或设施相配套的绿地类型，其植被配置和空间布局受到建筑和设施的严格限制，这使得附属绿地在碳汇效应上可能不如公园绿地显著。

在绿地规划中，应充分考虑这些差异，科学合理地配置绿地类型，以最大化绿地的碳汇效应，为构建低碳、生态、宜居的城市环境提供有力支撑。

### 3）植被群落的类型结构

植被通过光合作用和生长过程不断吸收大气中的$CO_2$，并将其转化为有机物质储存在植物体内，不同植被的固碳能力存在差异，影响植物固碳能力的因素包括自身因素与环境因素。研究表明，树种和树木特征参数如胸径、寿命、树龄、叶面积指数等自身因素对固碳速率有着重要影响。一些本土植物比外来植物具有更强的碳汇能力，常绿植物比其他植物具有更高的固碳效率，并且速生树木比生长缓慢的树木在固碳方面表现更好。即使在同一种植物物种中，不同规格也会导致固碳速率的变化。一般来说，大树的固碳率高于小树。这是因为胸径越大，植被的生物量越大，含碳量与固碳能力就越高。有研究指出，树木的胸径和叶面积指数与其固碳速率呈正相关，胸径＞77cm树木的固碳量是胸径＜8cm树木的90倍，叶面积指数高的植物能有效吸收$CO_2$。由于植物生长过程中，生长速度越快，光合作用效果与碳汇能力就更强，因此生长状态更好的植物碳汇能力更强。研究指出，在森林进入中龄林时期时，林木的高生长趋缓，粗生长加快，林木冠幅高度郁闭，生态环境趋稳。这段时期林木的横向生长达到峰值，是森林生长最快的时期，也被称为固碳速率最大的逻辑斯蒂生长阶段。

由于植物群落内相互作用复杂，城市绿地整体碳汇不等于植物个体碳汇的简单加和，单种时碳汇能力优异的植物在组配时是否有同样的表现还有待深入研究。植物群落的树种组成、层次结构、群落密度等特征因素会影响其碳汇速率。在群落构建过程中，若多选择常绿树种，由于其全年都能进行光合作用，可持续固定大气中的$CO_2$，进而提升群落的碳汇能力。同时，胸径大、寿命长的乔木，由于它们具有更大的生物量和更长的生命周期，能够储存更多的碳，对提升群落整体的碳汇效果尤为关键。因此，在规划植物群落时，应优先考虑这些具有强碳汇能力的树种，以优化群落的碳汇功能。然而，值得注意的是，并不是群落中碳汇能力强的树木越多，绿地的碳汇效能就越好。在构建植物群落时，我们还需要综合考虑群落内部的植物组成。这是因为，首先，群落是一个复杂的生态系统，其中的植物生长是相互影响的。不同的树种之间可能存在竞争关系，也可能形成互利共生，这种相互作用会影响每种植物的生长状况和碳汇效率。其次，植物群落的丰富度与生态系统的稳定性密切相关。一个生物多样性丰富的群落，其生态系统更加稳定，对外部干扰的抵抗力也更强。这样的群落不仅能够在短时间内高效地进行碳汇，还能在长期内保持稳定的碳汇效应，从而确保碳汇功能的持久性。因此，相较于单一、层次少的植物群落，复杂、层次多的植物群落的生态系统的稳定性更高，碳汇能力更强（表2-1）。

不同绿地生境单元类型的高碳汇种植设计策略　　　　　　表2-1

| 生境单元类型 | | 种植设计场景 | 高碳汇种植设计建议 |
|---|---|---|---|
| 灰色空间 | 半开放灰色空间 | | • 选择碳汇效率高、寿命长的植物品种<br>• 选择树冠较大的大规格植物 |
| 绿色空间 | 开放绿色空间 | | • 配植多种灌木和草本品种<br>• 选择不同大小规格的植物组合 |
| | 半开放绿色空间 | | • 配植不同的乔灌草品种营造开阔视野<br>• 选择不同大小规格的植物组合 |
| | 密闭绿色空间 | | • 选择碳汇效率高、维护成本低的品种<br>• 植物规格以中小型植物为主 |
| 蓝色空间 | 半开放蓝色空间 | | • 选择碳汇效率高、耐水湿的植物品种<br>• 植物规格以中小型植物为主 |

（来源：根据相关研究成果改绘）

有研究发现，在种植密度适中、单株树木碳汇容量相同的种植设计下，树木数量越多，整体碳汇容量越高，但是植树密度并不与固碳速率成正相关，影响系统碳汇效应的因素不是孤立静止存在的，而是相互影响下共同作用的动态过程。植被群落的生态特征和形态特征相互作用，当栽植过于密集时，枝叶间的相互竞争与遮挡会影响其光合作用，且由于景观上的要求，会加大对其修剪的投入以及对于许多病虫害防治等环节的投入，使树木无法发挥其最大的碳汇作用。以南京雨花台烈士陵园东入口的"深山含笑林"为例，种植伊始，含笑林正常生长，密度适中。树木生长到达一定程度时，林冠紧密相连，形成了巨大的"伞"状覆盖，严重影响林下灌木、草本的生长环境。因此，随着透光率降低、湿度增加、土壤理化性质改变等环境因素的影响，植物下层生长情况恶化，碳汇效应减弱。由此可见，植物群落的密度与碳汇效能不是简单的正相关关系。还有研究指出，与树木覆盖率和种植密度较高的封闭绿地相似，部分开放的绿地具有较高的固碳率。目前现有的研究尚未对混合密度绿地的固碳率进行探讨，不同种植设计策略的固碳能力有待进一步研究。因此，在提升绿地碳汇效能的过程中，我们不仅要关注单一树种的碳汇能力，更要重视群落整体的植物组成和生态结构（图2-6）。

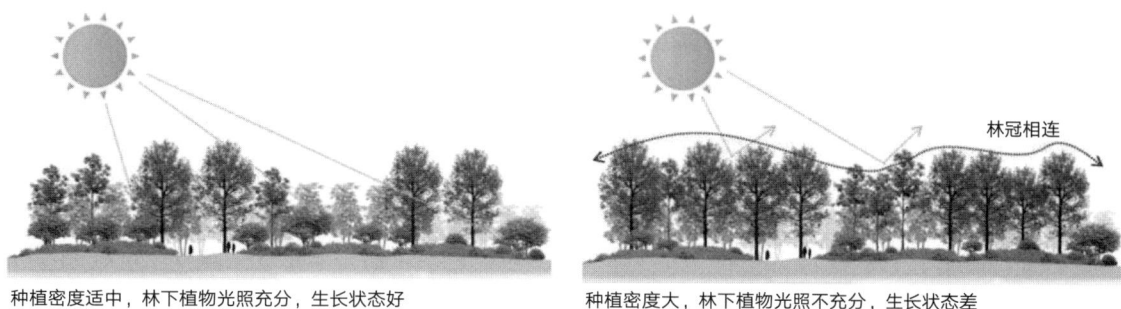

种植密度适中，林下植物光照充分，生长状态好　　　　　种植密度大，林下植物光照不充分，生长状态差

图2-6　植物群落密度与碳汇能力的关系

### 4）绿地养护的管理模式

城市植被养护管理措施主要包括灌溉、施肥、防治病虫害、修剪及废弃物处理等，这些措施都会对城市植被固碳能力产生影响。修剪及废弃物处理都是作用于植物体本身的措施，修剪通过直接改变植物的生物量来影响碳汇效应，而废弃物处理则是利用植物体的凋落物与修剪物来影响绿地整体的碳固存。灌溉、施肥、防治病虫害等会改善生物环境和减轻对植物的胁迫，从而促进植物生长，进而增加城市植被的碳固存，但灌溉、施肥与施药的过程也会消耗能源进而产生碳排。

（1）修剪与维护

修剪与城市植被碳固存之间的关系比较复杂。修剪会造成植被生物量减少，但合理修剪又能促进植物生长。对台州市的研究表明，老枝残叶修剪的比例越高，对乔木生物量年增长的负面影响越小。此外，养护管理中化石燃料的使用，降低了城市植被的净碳汇能力，在城市植被养护管理中，碳释放的主要来源是草坪维护，草坪的固碳效应被修剪草坪时使用化石燃料所释放的$CO_2$所抵消。

城市植被废弃物（包括修剪物、凋落物以及死亡的植株等）的处置方式也影响其碳固存能力，不当的处理方式会导致已固定的碳泄漏。Strohbach（2012）提到，树木枯死会对绿地固碳产生明显的影响，计算得知树木枯死率增加0.5%～4%时，则该树木总碳储量会相应减少70%。城市植被废弃物被收集后运到垃圾场填埋，其中约40%的碳会被长期固存，而自然生态系统中植被废弃物中的碳一般会在3年甚至更短时间中基本被释放。此外，城市植被废弃物可以用作发电和供热的生物质燃料，从而减少石化燃料的消耗，降低废弃物的处置成本，缓和对野外森林的压力。对城市植被废弃物生产生物能源潜力的研究，为抵消养护管理带来的碳排放提供了可能性。

（2）灌溉与施肥

施肥与灌溉作为绿地管理的重要措施，对植物生长具有直接的影响。合理地施肥能够补充土壤中的营养元素，促进植物根系的发育和叶片的光合作用，进而提升植物的生长速度和健康状况。这种健康的生长状态使得植物能够更好地进行碳的固定和储存，从而增强绿地的碳汇能力。然而，过量地施肥也可能导致土壤盐分积累，对植物造成渗透胁迫，影响其正常生长，进而降低绿地的碳汇效应。除此之外，施肥和浇灌对土壤性质的影响也是不可忽视的，施肥可以改变土壤的养分状况，影响土壤的微生物活性和有机质分解过程，适度的施肥有助于增加土壤肥力和改善土壤结构，有利于土壤碳的固定和储存。然而，不合理的施肥可能导致土壤养分失衡，破坏土壤结构，降低土壤质量，进而影响土壤的碳汇效应。

同时，灌溉对土壤的水分状况起着调控作用，适度的灌溉可以保持土壤湿润，促进植物的生长和土壤微生物的活动，有利于土壤的碳循环和碳汇能力的提升。但是，过度灌溉可能导致土壤水分过多，引起土壤通气性下降，抑制植物根系的呼吸作用，降低土壤的碳汇功能。

（3）病虫害防治

病虫害防治措施可以直接和间接地影响城市绿地的碳固存和碳排放，病虫害防治过程中需要针对特定的病害、虫害喷洒药物，涉及植物健康、土壤环境和药物生产和使用过程中的碳排放，不合理的病虫害防治会增加碳排放量。首先，病虫害会削弱植物的健康，减缓其生长速度，降低光合作用效率，减少碳固存。严重的病虫害甚至会导致植物死亡，其枯死部分会加速分解，释放$CO_2$到大气中。同时，病虫害影响植物根系的健康，进而影响土壤有机碳的储存和稳定。其次，化学农药的生产、运输和施用过程都会产生温室气体排放，而如果使用机械设备防治（如修剪、捕捉）则需要消耗燃料，同样会产生一定的碳排放。

# 2.2

**高碳汇生态景观规划设计机制**

高碳汇生态景观规划设计机制基于碳汇效应变化的特征，为不同尺度、不同层面上的人居生态环境规划、设计、管控与决策提供科学依据与指导，减少环境扰动、协同多目标、系统优化整体格局等是实现高碳汇生态景观的基本要求。本节探讨高碳汇生态景观规划设计机制，从因地制宜低影响开发、多目标协同增汇减排和蓝绿系统格局优化三个方面展开论述。

## 2.2.1 因地制宜低影响开发

### 1）因地制宜减少环境扰动

通常人们喜用"因地制宜"来描述对环境认知与利用的智慧，对于不同的学科而言，其呈现的方式不尽相同，与之对应的设计方法和策略也各具特征。对建成环境而言，所谓"设计"就是最大限度地整合场所的资源，以最少的人为干预实现预期设计的目标，强调的是在设计中最大限度地利用环境资源和自然"力"，从而减少对既有环境的扰动，保护碳汇效应。具体到规划设计过程而言，依据场地现状及规划设计生态保护要求，将对生态敏感区域的分级划定作为场地规划设计的基本依据，从景观营建的角度出发，对地形地貌、植被情况、水体缓冲、现状用地、现状交通等建设适宜性影响因子进行加权叠加分析，同时排除高生态敏感区等限制性特殊因子，对场地中适宜建设区域进行分级，得到适宜建设区域、较适宜建设区域、不适宜建设区域，以此作为规划设计的依据。坚持生态优先原则，减少对环境的扰动，最大限度利用现存条件生成拟自然城市景观，实现城市景观形态与生态保护、工程合理与经济的多赢，对于满足城市"两态"协同，提升碳汇效能具有重要意义。

### 2）自然做功提升系统效能

高碳汇生态景观规划设计谋求的是在特定的时空下，找到处理自然规律与人类诉求之间的平衡点，合理配置生态、形态、功能、文化等各方面的资源，实现生态景观碳汇效能的提升。因此，需要具备"平衡"的智慧，通过资源的合理配置，平衡自然、社会两种属性，让自然做功。这种平衡是动态和相对的，生态景观在不断地变化之中，不断有新的平衡替代旧的平衡。在不平衡状态下的实现相对平衡，实现自然做功与系统效能的提升，是高碳汇生态景观规划设计的目标。

增强生态系统的碳汇效能重点关注碳汇强度和碳密度两个指标。碳汇强度指的是单位面积土地上绿色植物吸收的$CO_2$量，这一概念用于衡量特定区域内植被对$CO_2$的吸收能力，是评估生态系统碳汇功能的重要指标之一。碳密度是描述单位面积土地上碳的储存量的概念，碳密度的大小可以反映不同区域或生态系统的碳储存能力。碳密度不仅能够体现较大面积的"林分质量",而且还能使绿地受其他因素的干扰程度得到真实反映。

然而,在人居环境生态景观的全生命周期内,碳汇效能只是其中的一个子系统,从城市和它服务对象的匹配程度来关注系统的综合绩效,确定最佳的投入产出比,才能达到生态系统的平衡。人居环境生态景观系统碳汇效应的实现,不是对绿量的盲目增加。与天然森林不同,人类活动(如栽植,修剪,灌溉,施肥等)对城市绿地碳循环的影响越来越大,这可能进一步影响碳源/汇动态。在城市的全生命周期内,除了时间长短不同还有质的区别,因此需要考虑多元而非单一的因素,不是单一的形态或生态的问题,而是从投入(造价)、性能(功能)、使用结果(产出)等方面综合考量城市的绩效。

## 2.2.2　多目标协同增汇减排

### 1)统筹多目标协同子系统

实现人居环境生态系统的增汇减排,是建立在多变量干预下求得增汇减排的系统最优解,是一种多目标设计,在此过程中,"增汇"与"减排"应协同考虑,以增强系统的效能(图2-7)。城市绿地有别于纯自然的林地,不仅具有生态功能,还具有社会服务功能。基于生态学原理统筹多个目标与子系统,通过人为模拟自然的机制与过程,重新梳理与调整客观存在的秩序,全面地理解生态系统、行为环境以及空间形式之间的内在联系,从而减少对于资源的消耗与维护的能耗,促进形成绿色生产方式和生活方式,实现可持续发展。因此,对于人居环境生态景观的增汇减排,不能简单地只关注绿地的生物量,更要协调社会服务功能,兼顾生态、功能和美学三大标准,实现生命、生态、生产、生活高度融合,运行高效、生态宜居、和谐健康、协调发展的人居环境。

生态景观环境是一个有机的整体,各要素之间的关系密不可分,共同组成系统且具自我完善能力的复合系统。生态系统增汇的最重要因素是植物的固碳过程依靠叶绿体的光合作用吸收太阳辐射,转化为有机物固定大气中的 $CO_2$,并实现植物生长,碳循环过程关系着所有的绿色植物。增汇的重点是强化城市生态和绿色空间建设和保护,比如植树种草等城市绿地碳汇建设(Yang et al.,2022)。但同时也不能忽视土壤碳库对整个系统的影响。作为陆地生态系统最大的碳库,土壤碳库的有机碳储量远高于大气和陆地植被(Sanderman et al.,2017)。植物通过根系与土壤进行物质交换,部分有机物质会

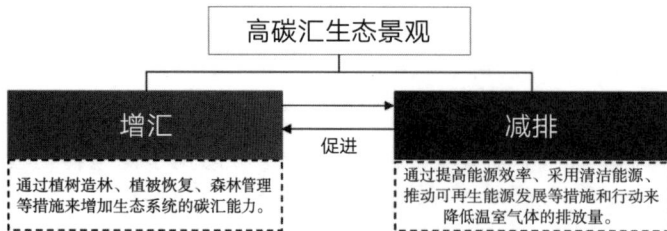

高碳汇生态景观

增汇 —促进→ 减排

通过植树造林、植被恢复、森林管理等措施来增加生态系统的碳汇能力。

通过提高能源效率、采用清洁能源、推动可再生能源发展等措施和行动来降低温室气体的排放量。

图2-7　高碳汇生态景观增汇减排的关系

进入土壤，增加土壤的有机碳含量。同时，土壤中的微生物也会分解有机物质，释放出$CO_2$，但这些$CO_2$往往又被植物重新吸收利用，形成一个相对封闭的碳循环。要注意的是，实现碳汇功能不仅在于固碳，还在于储碳（焦念志，2012）。固碳是植物将大气中的$CO_2$转化成有机碳，而储碳则是要求有机碳能在较长时间内稳定存在。从碳汇功能角度看，我们希望城市绿地土壤固持碳的时间尽可能长，否则，通过城市绿地进入土壤有机碳库的碳将很快再次回到大气，达不到有效固碳减排、增加碳汇的目的。因此，协同生态、社会、经济等多目标，保障土壤、植物、水体等多个碳库的碳汇、碳储机制及能力，实现多目标协同下的增汇减排。

### 2）低干预降低建管碳排放

如果持续高度密集地利用能源资源（如水，燃料，肥料和农药），我们将面临城市绿地可能成为碳源的事实。Jamirsah等研究表明，公园绿地的碳固定量仅占其建设管理过程$CO_2$排放总量的40%，因而其并未发挥碳汇功能，反而成为城市碳源之一。McPherson等评价了"洛杉矶市百万棵树栽植计划"执行过程中的碳收支情况，表明灌溉活动导致的$CO_2$排放量占项目总排放量的9.7%，削弱了项目带来的碳固定效益。因此，降低干预减少城市绿地建设与管理过程的$CO_2$排放量，是增强城市绿地碳汇功能的重要一环。通过低干预的措施降低城市绿地建设、管理过程的碳排放，一方面是城市绿地的直接减排，强调节能减排和循环利用，另一方面是通过城市绿地改善局部小气候，减少能源消耗从而间接降低碳排放。

在能源使用与建造方面，采用节水灌溉、渗水步道、雨水收集利用等技术，应用太阳能和风能等清洁能源，使用再生骨料修建小路、采用废旧钢铁造景等措施；在修剪方面，升级改造高能耗机械，开展园林绿化间伐、运输、粉碎、修枝、除草、施肥、病虫防治等小型机械的节能减排改造升级，减少油耗机械使用，提升电动清洁能源机械使用；在病虫害防治方面，坚持绿色防治，减少化学杀虫剂使用，尽量采用释放生物天敌、太阳能杀虫灯、设置人工鸟窝等措施进行病虫害防治，减少能源使用、降低碳排放。

"落红不是无情物，化作春泥更护花"，在枯落物的处置方面，城市绿地的合理规划和管理也能促进碳排放的减少。人工环境中枯枝落叶很容易被清理，大多数枯枝落叶不是直接回到土壤中，如何人为促进碳的"就地"转化与利用，制成肥还于土地，做成地表覆盖物、人为加速分解，让其回到土壤中，减少城市绿地的碳泄漏。

此外，城市绿地还能通过改善城市微气候、降低热岛效应等方式间接减少碳排放，绿地能够降低地表温度，减少城市空调等设备的能耗，从而降低因能源消耗而产生的碳排放。

## 2.2.3 蓝绿子系统格局优化

### 1）绿地自灌溉节约城市水资源

我国水资源总量居世界第6位，但人均水资源占有量只有2200m³，仅为世界人均水资源量平均值的1/3。北方大部分地区人均水资源量低于1700m³/人，特别是北京、天津、河北、山东等省市人均水资源占有量更低，属于严重缺水类型地区。据水利部对全国669座城市的水资源情况统计中，发现目前有400多个城市供水不足，其中严重缺水的城市有110个，城市年缺水总量达60亿m³，水资源供需矛盾极为突出，人均用水结构不平衡。与此同时，城市绿地需要消耗大量的水资源，在我国东部每平方米绿地年均需灌溉用水约1.2~1.5t，进一步加剧了城市用水的负担。建成环境中，硬化的下垫面及灰色系统一方面加大了地表径流与水资源的流失，同时也割裂了降水与绿地的关联，另一方面大量产汇流也导致了雨洪形成。人为改变的水文过程使得城市旱涝问题愈加突出。

低影响开发的城市绿地立足全生命周期的低影响、低投入与低维护。依据实践对象的具体自然条件、发展基础，因天地制宜形成水绿统调的方式与途径，突破过去关注将城市绿地平面化、形式化的布局取向，从城市环境整体视角优化绿地空间格局，科学调整植被类型选择，由此引导科学的城市绿地规划。低影响开发下的城市绿地是在城市总体规划框架下，通过定量、定位、定形、选型四个步骤对城市绿地系统规划和雨水排水专项规划进行衔接和整合，即通过雨水排水与绿地量的平衡进而优化空间分布，从而实现对绿地和雨水排水两个专项规划的双向调节，使其达到相互协同及耦合关联状态，从源头和底层逻辑上建立城市的低影响开发机制，通过水绿生态过程的互适实现绿地的自灌溉，充分利用城市地表径流的水资源，从而有效减轻城市绿地在管养过程中的碳排。

### 2）削减内涝减轻城市运维碳排

城市雨水作为天然的降水资源，多被城市灰色排水系统收集，雨水缺少渗透截流的空间，硬质下垫面的冲刷使初期雨水夹带污染，同时水量的快速集聚使风险向下游累积。2010年住房城乡建设部对全国32个省、自治区、直辖市的351个城市进行的城市内涝专项调研中的调查结果显示：我国有62%的城市存在不同程度的内涝，其中最大积水深度超过50cm的占74.6%，积水深度超过15cm的多达90%，积水时间超过半小时的占78.9%，其中有57个城市的最大积水时间超过12小时。而在2011—2018年间，每年平均154座城市遭受内涝灾害侵扰。从地域上看，主要集中在我国东部和南部城市。城市内涝不仅给城市居民生命财产带来巨大损失，还在很大程度上影响了社会经济的发展，降低城市人居环境质量。

城市降水作为绿系统生存发展的关键要素，应起到涵养绿系统的关键作用，低影响开发的绿地通过建立城市水文过程与绿地空间的匹配关系，将洪涝、内涝风险转化为可利用的水资源。绿地作为城市"软质"下垫面的重要组分，其能够很好地截留雨水、蓄水保水，降低场地总体径流量与径流系数，促使雨水更多地入渗，净化涵养水源。

城市绿地不仅是低影响开发"设施"，其所具备的开放性特征也使其成为最便于系统性应用低影响开发雨水技术措施以及与城市灰色管网协同的场地（图2-8）。在"源头减排"上，绿地分布在城市硬化下垫面中发挥其滞蓄、促渗作用，不仅减缓降雨径流产生、减轻城市市政管网压力，还能有效控制径流及面源污染源头，积存了水资源，涵养了城市生态环境，促进了雨污的分离。在"过程控制"上，绿地可发挥其渗、滞、蓄作用，避免降水产、汇流的"齐步走"。协同城市不同区域的绿地可有效地调控雨水径流的汇集方式，规避雨水径流集中泄流汇入至城市排水管网，从而减缓管渠系统的收排压力，延缓或者降低径流峰值，实现滞峰、错峰、消峰的目标，防止城市内涝的产生。绿地作为城市中的类自然空间具有天然"海绵"效应，参与并促进城市水文循环过程的健康运行，是实现城市水问题"系统治理"的重要媒介。因此，低影响的绿地不仅可以使城市在适应环境变化和应对自然灾害等方面具有良好"韧性"，更能在保护、修复水生态系统基础上有效缓解城市水安全、水资源、水环境问题。

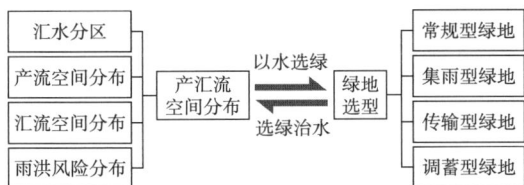

图2-8 水绿耦合下的绿地分类配置关系图

## 2.3 生态景观系统增汇减排规划原理

生态景观是建成环境中唯一兼具增强碳汇效应与减轻碳排效能的系统。协同规划蓝绿空间促进生态过程、优化蓝绿互适的生态秩序能够系统提升人居环境生态质量、增强碳汇效应并减轻维护与管养的碳排能耗，同时将灰色空间系统作为人工系统补充，通过蓝绿灰系统的有机协同共同服务全生命周期的生态景观设计，提高生态景观系统的做功效能，共同促进人居环生态景观系统的增汇与减排。

### 2.3.1 蓝绿空间系统作为城市生态系统本底

#### 1）蓝绿空间要素构成

蓝绿空间是指国土空间中各类水域、湿地、绿地等开敞空间共同组成的空间系统，为城市范围内提供广泛的生态系统服务。其中，绿色空间涵盖国土空间中所有人工及自然开放空间，包括农业空间与生态空间中的农田、山体、森林、草地等，以及城镇空间中的公园、防护绿带、公共开放空间等；蓝色空间则是包括河流、湖泊、滩涂、湿地等自然水体空间及水库、沟渠等人工水体等不同形态水体所构成的复合水体空间（图2-9）。

**绿色空间**
30%~38%
指城乡绿地及植被的生态特征。一般城市建成区的绿地系统约占30%~38%，规模相对稳定。

**蓝色空间**
与城市的地理环境特征紧密相关
指河流、湖泊、坑塘等地表水域空间和人工建设形成的水文环境。如在江南地区，南京水系占比11.4%，无锡水系占比31.4%。

图2-9 城乡建成环境生态本底构成

中国自然资源部于2019年在《自然资源部关于全面开展国土空间规划工作的通知》（自然资发〔2019〕87号）中提出市级国土空间规划的审查要点中包含"城市开发边界内，城市结构性绿地、水体等开敞空间的控制范围和均衡分布要求"，也从城市规划层面定义了城市蓝绿空间。

由绿色空间和水域空间组成的蓝绿空间系统作为一个相互交织的整体，不仅是多尺度下生态基础设施网络构建的基础，也是促进城市自然体系发展，提高城市韧性与增强生命力的重要保障。

### 2）蓝绿空间系统承载的功能

城市蓝绿系统是城市生态基底的重要组成部分，也是生态规划框架和功能基础。麦克哈格证明了对蓝绿空间系统的建设，其问题不在于绝对面积的多少，而在于如何分布。蓝绿空间作为城市生态系统中不可或缺的组成部分，对于保护环境，增强城市可持续发展能力，改善人居环境，促进市民身心健康等方面具有重要的作用。蓝绿空间系统结构的合理与否直接影响城市的生态环境、景观效果、生态功能的有效发挥。

作为城市景观的两个重要元素，蓝绿系统具有空间分布特征，对控制城市无序蔓延及其带来的生态影响具有重要的作用。在某种意义上，绿地景观结构可以看作城市绿地系统结构的另一种外延形态。其系统结构的基本元素就是斑块、廊道和基底，为具体而形象地描述城市绿地景观结构、功能和动态提供了一种"空间语言"。基于"斑块—廊道—基底"模式结构，城市绿地系统可以理解为由不同形状、功能的绿地斑块、绿地廊道和基底等要素相互作用而构成生态系统整体，对引导和限制城市的发展扩张具有重要作用。

同时，蓝绿空间也是维持城市景观生态平衡的重要载体，是改善环境质量最主要的自然元素。作为城市自然生产力主体，城市绿地系统以植物光合作用和土地资源的营养、承载力为条件，以转化和固定太阳能为动力，通过植物、动物、真菌和细菌食物链（网），实现城市自然物流和能流循环。蓝绿空间系统的主要服务功能可以包括调节气候、蓄水保土、净化空气、改善环境质量、维持生物和景观的多样性、美化环境、休闲娱乐、文化交流、防灾避险、经济生产等，是城市的生态骨架和重要"绿脉"。

### 3）蓝绿空间的碳汇效能及潜力

全球变暖大背景下，气候极端事件频发，严重影响了城市的可持续发展。作为城市生态的本底，蓝绿空间是发挥生态服务效益的主体，对提升城市韧性具有积极的作用。作为城市中占比较少的自然资源，城市蓝绿空间被认为具有重要的碳汇效能及潜力，能在城市碳减排中发挥重要作用。绿色空间主要通过植物和土壤实现碳汇效益，而蓝色空间的碳汇途径主要为土壤碳埋藏、水生动植物作用、水体溶解。

从构成要素方面看，绿色空间中的植物是碳汇的主体，种类、树龄、气候等都会影响其碳汇效益。群落结构复杂的植被的碳汇能力明显高于单一群落结构，其中乔灌草群落结构碳汇效益。植物的叶密度以及郁闭度等会影响光合作用速率，三维绿量越大，碳汇效益越好。蓝色空间中的水生植物和湿地植物群落的碳汇效益较好。

从空间格局上看，城市绿地的空间分布特征会影响其碳汇效益，空间分布均衡、网络密度高的城市绿地碳汇效益较强。蓝绿空间规划设计的系统合理性和高效能均可直接或间接地影响到其碳汇效能的发挥，因此，挖掘蓝绿空间规划设计的潜力和不足，进行蓝绿空间协同优化设计，有利于提升其碳汇效能。

## 2.3.2 灰色空间系统作为人工系统补充

### 1）灰色空间系统要素构成

灰色空间系统主要由城市给排水管网系统及其与之相关联的道路（桥梁）、建筑等构成，它们是城市生态系统，尤其是水资源上通下达、内联外接的物质循环系统，灰色空间与蓝绿空间有着紧密的联系，二者的耦合程度影响着城市人工物质环境的运行效率。城市给排水管网对建成环境的正常使用和维护起到重要的作用，给排水管网系统负责提供水源、处理污水和雨水排放，其规划与设计需要考虑环境保护、城市发展、系统匹配等多方面因素。

给排水管网系统主要由给水管网、排水管网和辅助设施构成。给水管网通常包括水源、水处理设施、输水管道、配水管网、加压泵站和储水等设施

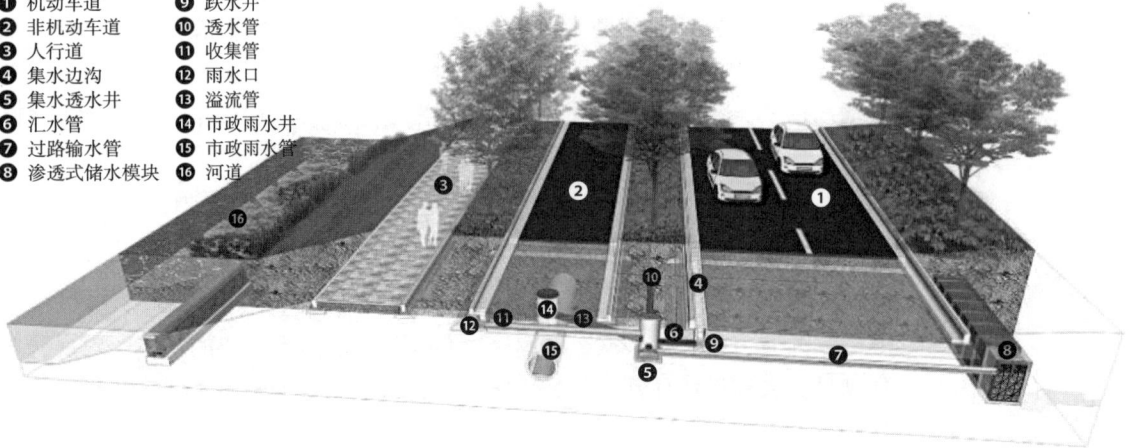

图例：
❶ 机动车道     ❾ 跌水井
❷ 非机动车道    ❿ 透水管
❸ 人行道       ⓫ 收集管
❹ 集水边沟     ⓬ 雨水口
❺ 集水透水井   ⓭ 溢流管
❻ 汇水管       ⓮ 市政雨水井
❼ 过路输水管   ⓯ 市政雨水管
❽ 渗透式储水模块   ⓰ 河道

图2-10 天保街海绵路系统

构成；排水管网通常包括污水收集系统、雨水收集系统、合流制系统、污水处理厂和排放系统等构成。除此之外，还包括由监控系统、维护设施和管理信息系统等构成的辅助设施（图2-10）。

### 2）灰色空间的空间特征

随着城市高密度发展，灰色系统的集成度、复杂度和系统性日趋增强，尤其是给水排水管网需要覆盖城市的每个角落，涉及各类建筑和生产企业的使用，其工程难度非常大。

在功能特征方面，城市给排水管网需要连续不间断地运行，确保居民和企业持续获得清洁水源，并及时排放和处理废水，覆盖整个城市区域，确保所有用水和排水需求都得到满足，不同时间段的给水和排水需求量差别较大，给水排水管网需要在高峰期进行流量调节，以保证正常运转。在结构特征方面，管网结构复杂，涉及大量的管道、泵站、水处理设施等，并与城市道路、建筑物等基础设施相交错，同时包括主干管网和支管网，主干管网负责大流量输送，支管网负责细分和分配到各个用户。在环境特征方面，现代城市给排水管网对环境保护与能源消耗有着很大的影响，如果缺乏合理的规划设计，可能会造成环境污染与能源浪费。

### 3）灰色空间的碳汇潜力与效能

随着城市化进程的推进和人口的高速增长，为保障生活功能，城市内部设置了大量的灰色基础设施，灰色空间和灰色基础设施对城市空间环境有多重影响和优化潜力。城市生态景观在人工干预下趋于破碎割裂，从整体效能提升的角度实现间接增效需要以"统筹城市空间系统发展"为出发点，运用协同共生的原理，将市政的灰色基础设施、生态的蓝绿基础设施进行协同整合，进而形成一体化的景观系统和基础设施。以整体协同、共生共存为原则，促使城市生态系统高效运转，各要素之间形成功能最大化、效益最大化和成本最小化的整体，进而挖掘灰色空间的碳汇潜力。主要表现为以下几个方面：

（1）通过系统效能提升实现间接增效

城市道路的水环境问题尤为突出，首先，城市道路路面透水性差，以快排为主造成雨水资源浪费；其次，城市道路表面汇流量大、易积涝，道路排水不畅；再次，城市道路绿化灌溉耗水量大，雨水资源未充分利用。灰色系统具有较好的雨洪转移、分配能力，尽管很多城市建立了以绿地为主体的低影响开发设施，但灰色系统仍是城市给排水系统的重要组成，在城市中承担了相当比例的给排水功能，现有的低影响开发设施受限于场地规模和自身结构特点，雨洪承载能力有限，因此低影响开发设施在规划建设中应与灰色系统进行统调与衔接，互为补充，共同承担城市的生态系统运营和雨洪调蓄功能。灰色系统的介入将提高低影响开发设施对降水的容蓄、调配和资源化利用能力，同时低影响开发设施可分担灰色设施的排水压力，提高降水的净化能力。

在绿地的规划过程中，结合灰色系统的布局、特点来进行规划统调是必要的，规划统调应依据城市水文特征以及蓝、绿、灰色系统整体的雨洪调蓄能力来设置统调目标，借助灰色空间（生态雨水管网、海绵系统建设）实现合理调配水资源、净水储水、缓解雨洪压力，间接减少生态系统中的能源耗费，发挥系统综合效能，间接实现减排增汇。

（2）通过增加生态绿量实现直接增效

建筑立体绿化、屋顶绿化等措施的充分利用，能够将闲置的灰色空间转变为城市"添绿"，随着土地资源的稀缺及城市发展的多元性和复杂性，灰色基础设施与绿色开放空间的协同整合和统筹建设势在必行，从而更好地服务于人居生态景观系统。将绿地从传统平面延伸至建筑三维空间，弥补地面绿化不足，已成为中小尺度下解决热环境和碳中和问题的重要举措，通过增加绿植覆被率、提高绿色系统连通度增加绿量，充分发挥绿地碳汇效能。

## 2.3.3 蓝绿空间协同规划促进减排增汇

既有城市规划以功能为导向，未建立蓝绿协同的生态机制，存在低效高碳排的问题。传统的城市规划通常以功能性为主导，注重城市的经济发展和人口聚集。这种规划导致了城市中大量的混凝土建筑和硬化道路，使得城市土地的自然覆被率下降，植被被大幅度破坏，导致城市的生态环境受到影响。

由于传统城市规划对蓝绿空间的规划和保护不足，城市内的绿地空间被大规模压缩，城市内部缺乏自然的植被覆盖，造成了城市水文过程失衡、热岛效应的加剧等问题。城市生态系统的不稳定性使各类城市绿地需要大量的人工维护与管养，增加了城市的能耗，导致了更多的碳排放。另外，传统城市规划中往往将城市内水体和绿地的分隔，导致了雨水的排放和利用不够充分。这样的设计使得城市在遇到暴雨等极端天气时，易出现内涝等问题，同时也导致了城市水资源的浪费。这些问题都加剧了城市的碳排放情况。

蓝绿是城市系统中的碳汇主体，蓝绿空间中的植被可以通过光合作用将$CO_2$转化为有机物，并将碳元素储存在生物体中。草地和林地等绿地都可以作为储存碳元素的场所。此外，蓝绿空间中的土壤也能够储存大量的碳元素，而其储存量又取决于植被的类型和生长状况等因素。蓝绿空间中的水系也可以储存和吸收大量的碳元素。城市中的湖泊、河流和水池等水体可以吸收大量的$CO_2$，同时也可以将碳元素储存在水中的有机物中，从而发挥着重要的碳汇作用。蓝绿空间具有紧密的生态关联，其中的植被和水体可以互相促进，从而提高了蓝绿空间的碳汇能力。

蓝绿作为城市系统中的碳汇主体具有紧密伴生关系与协同做功潜力，体现在蓝绿子系统的生态过程秩序、促进碳的循环、生物多样性等多个方面。植被利用地表径流，通过光合作用吸收大量的$CO_2$，并将其转化为有机物储存在植物体内，起到了重要的碳汇作用。同时，水体中的生物也参与了有机物的分解和碳的循环过程，使得碳元素在蓝绿空间中得到生物和非生物系统间的有效循环。蓝绿空间为各种生物提供了栖息地和生存条件，从微生物、昆虫到动物，都能在蓝绿空间中找到自己的生存空间。植被提供了食物和庇护所，水体为动植物提供了饮水和生活环境，从而维持了城市生态系统中丰富的生物多样性。蓝绿空间中的植被和水体相辅相成，形成了生态系统中的重要组成部分。植被通过光合作用吸收$CO_2$，释放$O_2$，净化空气，调节气候，同时为水体提供阴凉、保持湿润度。水体则为植被生长提供水分，维持植被的生态平衡。这种相互依存、相互促进的关系使得蓝绿空间成为城市中生态系统的核心。蓝绿空间中的植被和水体之间存在着密切的相互作用和依存关系，它们共同构成了城市生态系统中不可或缺的组成部分，对于维持城市生态平衡、构建高质量的生态体系进而促进高效碳汇与节能减排具有重要意义。

此外，中国城市的雨污分流系统为地表径流的充分利用提供基础，这一系统在城市水资源管理和环境保护方面具有重要意义。雨污分流系统将雨水和污水分开收集和处理，避免了雨水与污水混合排放的情况，减少了对自然水体的污染。通过预处理、分流和独立处理，可以有效控制城市雨水和污水对水环境的影响，保护自然河流和湖泊的水质。雨水是宝贵的淡水资源，雨污分流系统可以将部分雨水收集起来进行储存和利用，例如用于灌溉、景观水体补给、生活用水等方面。这有助于提高城市雨水资源的利用效率，缓解城市用水压力。通过雨污分流系统，城市可以更好地管理雨水，减少了雨水对城市排水系统的冲击，降低了城市内涝的风险。合理设计和建设分流系统可以减缓雨水径流速度，促进雨水渗透和自然蓄水，从而改善城市的水文循环。通过蓝绿协同做功实现绿地的自灌溉、减轻城市维护，通过节水节电实现减轻碳排，构建高效可持续的人居环境生态景观，促进高质量生态体系，实现高效率的减碳增汇。

**1）蓝绿灰系统协同实现减排增效**

蓝绿灰系统协同实现减排增效，通过蓝绿空间的布局优化减轻灌溉需求、用水、用电、用能源，多方面实现减轻碳排。科学规划和设计城市的蓝绿空间，合理分布和组织绿地、湿地、水体等自然要素，形成连续的生态系统网络，促进蓝绿系统的协同做功。这样的布局可以提供自然气候调节、生物多样性保护和生态服务功能，减少城市能耗和碳排放。合理利用地表径流的水资源，通过雨水收集、储存和利用系统，减少对城市供水系统的依赖，降低能源消耗和碳排放。同时，选择适合当地气候和植被特点的植被类型，减少对外部灌溉水源的需求。在蓝绿空间中采用气候适宜性的植被，如本地适应性植物和草坪，减少浇水频次和用水量。通过科学设计雨水花园、湿地和滞洪池等设施，最大限度地回收和利用雨水资源，减少城市对淡水资源的需求。

通过蓝绿灰系统协同实现减排增效，可以在城市层面上综合考虑生态保护、资源利用和碳减排等方面的问题，达到可持续发展的目标。结合城市既有的灰色基础设施如雨水管网、屋顶及道路等，实现自然的城市径流水资源优化，构建可持续且具有韧性的城市生态体系，减少城市生态环境运维能耗，构建低碳高效的城市生境系统。利用现有的雨水管网和设施，对城市的雨水进行收集、储存和利用。通过建设雨水花园、雨水湿地和滞洪池等设施，将雨水纳入城市生态系统，减少排放到排水管网的径流量。同时，利用收集到的雨水供给植物浇灌、景观用水等非饮用水需求，减少对水资源使用，进一步实现节能减排。通过利用城市屋顶和立面空间，进行绿色改造和植被覆盖，形成绿色屋顶和立体绿化系统。绿色屋顶可以减少雨水径流量，提供植物生长的空间，改善城市热岛效应，降低建筑物的能耗。立体绿化可以增加城市的绿地面积，提供生态服务功能，改善空气质量和生活环境。通过改善城市道路的排水系统，减少道路径流的排放。例如，设置雨水花园、雨水渗透沟等设施，将道路上的雨水纳入绿地或土壤中，减少径流量。同时，通过合理设计道路横断面和坡度，减少雨水快速汇集和排放的情况，降低径流水体的冲击力。

将灰色基础设施与蓝绿生态系统相结合，形成蓝绿灰协同做功的高效生态体系，如通过海绵路规划等优化道路对径流的收集与利用时序，通过植被的根系和土壤的保水能力，吸收和减缓降雨过程中的径流，起到滞蓄雨水的作用。通过优化城市生态系统的设计和运作，减少能源消耗和碳排放。

### 2）蓝绿融合提升人居环境生态质量

蓝绿空间协同规划意味着将城市水体和绿地作为一个整体来进行规划和设计。蓝绿空间相互依存，是相互涵养的生态系统组成部分，优化城市水文过程，调节蓝绿空间分布与结构，整合城市雨水及地表水系统，通过协同做功、系统优化将极大地提升城市蓝绿空间的生态效能，对于提升其碳汇功能具有重要意义。

优化城市水文过程是蓝绿空间协同优化的核心要素。城市水文过程涉及城市内涝、洪涝等重要问题，而优化城市水文过程可以减轻这些问题，同时提高城市的生态效能。通过合理布置和设计绿地系统，可以增加地表径流的滞留和渗透，减少洪水的发生。同时，绿地还可以起到过滤和吸附作用，净化雨水中的初级污染物，保护城市水资源的质量。通过最大限度地保留自然水体的功能，与绿地共同发挥其调蓄、净化和生态功能，从而提高城市的生态环境质量。整合城市雨水及地表水系统。城市中的雨水和地表水是宝贵的水资源，其收集和利用不仅可以解决城市内涝、洪涝等问题，还可以为城市提供饮用水、灌溉水等方面的用水，提高城市水资源利用效率。

适应城市水文过程的城市绿地能够更好地利用地表径流等水资源，通过构建水绿有机融合的城市生境提升碳汇效能。通过更好地利用地表径流等水资源，构建水绿有机融合的城市生境，提升城市的碳汇效能。这种绿地系统不仅有助于改善城市的水文过程，减少洪涝风险，还能够提高城市的水资源利用效率、促进生境质量提升及碳汇能力。通过蓝绿空间协同规划，构建可持续的城水关系，优化城市水文过程，充分利用降水及地表水资源，实现蓝绿生态系统协同做功，提升城市生态环境质量，增强碳汇效能。

城市的蓝绿空间分布和结构对于生态效能和碳汇功能的发挥至关重要。同时，在蓝绿空间协同规划中需要考虑到不同的生态系统、气候和地形条件，选择合适的绿植和水体类型，构建多样化的生态系统。科学规划城市的蓝绿空间布局，包括绿地系统、水体系统和建筑空间的合理组织。采用景观生态学原理，结合城市发展需求，科学设计蓝绿空间的位置、尺度和形态，形成多样化的生态系统网络，最大限度地发挥其生态效能和碳汇功能，以最大限度地发挥城市蓝绿空间的生态效能和碳汇功能，为城市可持续发展作出贡献。

生态景观设计旨在通过创造和维护人类与自然之间的和谐关系来改善环境质量，不仅仅关注景观的美观性，更强调景观的生态功能和可持续性，以满足人类对于健康、舒适和可持续生活环境的需求。它强调在设计过程中优先考虑生态环境的保护，尊重自然规律，并遵循系统整体优化、因地制宜和低影响设计的原则。

在服务全生命周期的生态景观设计中，首先需要厘清全生命周期涉及的各阶段、各阶段中碳汇和碳排的平衡和转化，以及影响这些过程的因素和原理机制。由此提出针对全生命周期的生态景观设计途径，涉及前期评价分析、设计、建设施工、运维管理等多个阶段，从而系统性实现生态景观设计的增汇减排目标。

### 2.4.1 生态景观全生命周期的碳汇与碳排特征

生态景观的全生命周期包含六个阶段：前期评价、系统规划、景观设计、施工建设、运维管控、循环利用。其中，碳汇主要来源于绿地与水体及其产生的系统效应，该过程贯穿于生态景观建成后的各个阶段。碳排则来源于景观材料生产、建造、使用与维护阶段。

#### 1）全生命周期的碳汇特征

生态景观全生命周期的碳汇具有持续性、来源多样、动态变化的特征。

生态景观自落地建成起，随着植物的生长，碳汇效能得到发挥，并在后续景观使用、运维管控、循环利用等过程中持续进行碳的吸收、转化与储存。

从碳汇来源来看，生态景观全生命周期的碳汇可分为直接碳汇和间接碳汇。生态景观全生命周期的直接碳汇主要来源于植物、土壤、水体对碳的吸收与固存。植物通过光合作用吸收$CO_2$，并将其储存在植物体内和土壤中，形成植物碳汇。不同植物种类和生长阶段及状况对碳汇能力有不同的影响。土壤则是生态景观中重要的碳储存库。植物残体、根系等有机物质在土壤中分解，形成稳定的有机碳。水体植物通过光合作用吸收$CO_2$，并将其转化为有机碳储存在植物体内或通过食物链传递给其他水生生物，实现水体碳汇。生态景观还通过调节气候、保持水土、提高生物多样性等生态系统服务功能的实现，间接促进碳汇。例如，植被覆盖良好的生态景观可有效降低地表温度，减少能源消耗和碳排放；同时，植被还能保持水土，减少水土流失和土壤侵蚀，保护土壤碳汇。

在全生命周期的时间维度上，生态景观动态变化的。气候、土壤、动植物等的变化和生长直接影响生态系统的物理和生物过程。作为碳汇的主要来源，植物的春华秋实、生长演替直接造成了碳汇的动态变化。

### 2）全生命周期的碳排特征

生态景观全生命周期的碳排具有全生命周期性、影响因素多样性和可控性等特征。

从严格意义上说，生态景观的碳排伴随其整个生命周期，但主要来源于生产建造、运维管控和拆除废弃三个阶段。其中，生产建造阶段是碳排放的主要阶段，包括材料开采、运输、施工等过程，研究表明，建材开采阶段的碳排放约占全周期碳排量的80%以上。维护阶段包括日常维护和更新改造，照明设施的使用情况对该阶段碳排放影响较大。拆除与废弃阶段的碳排放则主要来自拆除过程中的能源消耗和废弃物处理。

生态景观构成要素复杂，碳排影响因素也较为复杂，主要可分为能源消耗、材料耗费和废弃物处理三个方面，在建造、运维、管控、废弃等阶段中起到不同程度的影响作用。其中能源消耗伴随全过程，材料耗费在建造过程中影响最为主要，废弃物处理则主要对管控和废弃阶段产生影响。

由于建成环境生态景观是人工干预下的创建的，各阶段过程具有一定的可控性，可通过选择可持续材料、清洁能源、废弃物循环利用等方法降低碳排。

## 2.4.2　生态景观全生命周期碳汇碳排的平衡与转化

### 1）全生命周期碳汇碳排的平衡与转化

生态景观是人居环境中碳汇的主要组成部分。在景观全生命周期的范畴内，绿色植物固碳构成了景观中碳汇的主要来源，这一过程贯穿于生态景观的全生命过程，也是最为直接的固碳方式。

联合国气候变化框架公约指出，碳源是指向大气中排放温室气体或者有排放温室气体前兆的过程或活动。在景观全生命周期的范畴内，景观中碳源主要包含景观材料生产运输、设计建造、日常使用管控、维护和更新及拆除循环使用五个阶段（图2-11）。

碳汇与碳源在景观的全生命周期中实现平衡和转化，植物群落、土壤、水体在全生命周期中的碳汇累计值与各阶段中碳排总量的差值即为该生态景观的净碳汇数值。

### 2）碳汇影响因素

从自然生态系统的角度来讲，碳汇景观的主体要素是植物碳汇、水体碳汇、土壤碳汇、生物碳汇等，这几个部分构成了生态景观全生命周期的碳汇总量，并持续影响碳汇效应的发挥。城市景观中影响绿化碳汇的因素有很多，总体可以分为景观要素层面的碳汇能力、单位面积或单个城市绿地的固

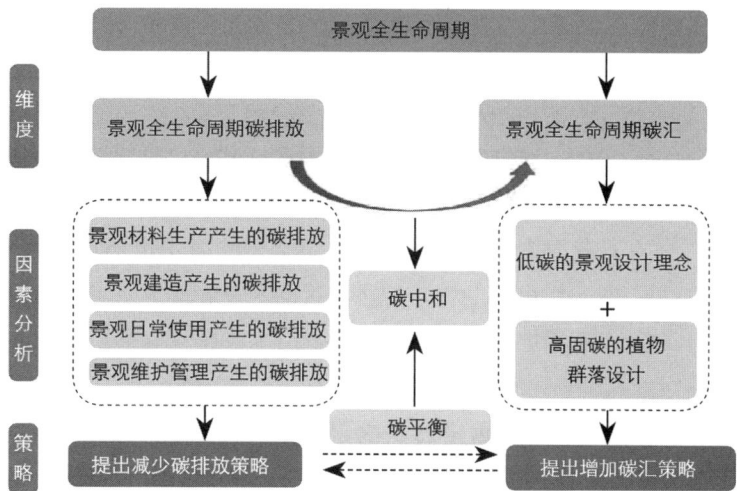

图2-11　景观全生命周期过程

（来源：王晶懋，齐佳乐，韩都，等. 基于全生命周期的城市小尺度绿地碳平衡[J]. 风景园林，2022，29（12）：100-105.）

碳能力、整个城市景观绿地系统的碳汇能力。

从要素层面看，植物发挥了主要的碳汇作用。不同的植物表现出了不同的碳汇能力，其种类、生长周期与所处的生长阶段、是否为乡土树种并适宜所处的环境、所属地区的年积温等都会影响植物的长势和碳汇的效能。除植物外，水体和土壤也会产生一部分的碳汇与碳储效应。水体碳汇主要来源于水中植物对碳的吸收和固存，水中的元素成分组成会影响水质，进而影响水中的植物种群生长和微生物，影响水体碳汇能力。气候及氮磷铁等物质、水体酸化、太阳紫外线辐射等都会对水体内植物的净初级生产力、$CO_2$汇集和储存的能力产生重要影响。土壤主要发挥碳储效能，植被吸收空气中的碳，并固存在土壤中。土壤碳的动态变化受众多因子驱动，诸如温度、土质、植被、土地利用方式、土地管理方式、水土流失等，这些驱动因子组合上的任何变化都会改变土壤有机碳的质和量，进而影响到土壤碳储存能力。

单位面积或单个城市绿地的碳汇能力主要受到绿地内植被配植情况的影响。城市绿地的绿地率或绿量是直接影响绿地单位面积的碳汇能力的重要指标，单位面积的绿色植物的总量反映了绿地生态功能水平、反映植物配置设计的合理性和生态效益水平，与碳汇能力成正比，单位面积的植物总量越高，碳汇能力越强。另外，绿地的群落构成也会对碳汇能力产生一定的影响。城市绿地多为人工设计的植物种植林，人为因素是影响植被结构的重要因素，模拟自然群落结构，有利于保持物种多样性，自然维持稳定的群落结构，充分发挥碳汇效能。

从城市尺度上，可将城市绿地作为一个整体系统来考虑，在这个大尺度上影响城市绿地的因素也有很多，而其中影响最大的主要有：绿地规模、

63

连续性、均衡布局和结构形态等。绿地规模直接影响绿色生物量，从而影响城市绿色系统的碳汇量。城市绿地系统作为质量和能量的流动通道，连续成网的绿地系统有利于形成稳定有机的生态系统，从而重复发挥植物的碳汇效益。城市绿地的均衡布局和结构形态主要通过影响绿地的使用功能与生态功能的发挥，来间接影响碳汇效能。从城市规划的层面讲，总的建设用地面积是有限的，用于绿地系统建设的面积也是有限的，将有限的绿地合理布局，实现良好的城市绿地公平性、冷岛效应、绿色交通功能，从而更好地发挥城市绿地系统的碳汇能力。

### 3）碳排影响因素

生态景观的全生命周期中的碳排主要来源于以下方面：一是规划设计到景观施工建造实现的过程，在这一过程中碳排放的影响方面包括材料的生产与运输、施工建设以及植物的选择搭配与养护；二是运维使用阶段，主要包含能源消耗与材料更新等；三是拆除阶段的碳排放。

（1）施工建造阶段

该阶段的影响因素主要来源于材料生产和能源消耗。

材料生产的碳排放量是整个建筑景观园林工程生命周期碳源的最为主要的构成。其中景观道路铺装、景墙围墙等所使用的商品混凝土、灰土、水泥、钢材类建材的碳排放量最大。

施工建设过程需要大量地运输，产生能源的消耗。运输方式、运输距离及材料的重量都在一定程度上影响着运输碳排放量。此外，景观园林土方及路面施工作业对碳排放的影响较大，主要来自景观园林土方路面工程施工作业使用光轮压路机、起重机机械会产生能源消耗。

（2）运维使用阶段

能源及水资源消耗构成了运行阶段的主要碳排，包括景观照明用电、灌溉用水以及绿化修剪施肥除草等过程产生的碳排放。照明应结合当地情况合理设置照明系统，包括照明亮度及开灯时间等；灌溉方式也会影响水资源消耗量。此外，还有景观维护、改造过程产生的能源消耗。由于景观使用的寿命较长，在使用期间为了保持景观的功能需求及美观性，对破损的工程及设备要进行更换也会产生的碳排放。

（3）拆除回收阶段

景观工程拆除后会产生大量废弃物，废弃物的处理或回收是影响该阶段碳排的主要因素。对于混凝土、石材、钢材等可回收材料进行分类回收，可减少景观原材料的能源消耗，故可以将其生产过程产生的碳排放抵扣，实现间接减排。此外，景观工程拆除的过程使用大小型机械的使用对该阶段碳排放的影响较大。

#### 4）净碳汇效能影响因素

净碳汇效能是指规划设计后景观环境的碳汇能力减去全生命周期的碳排消耗后，与原有场地碳汇能力之间的差值，因此，净碳汇效能不仅要考虑景观建设过程中的碳排量，也要考虑原始场地的碳汇能力。高碳汇的生态景观设计需要对原始场地的生态及碳汇能力进行有效评估，发掘场地潜能，在此基础上充分耦合场地做适宜性规划设计，减少建造过程对环境的扰动和资源浪费，从而实现净碳汇能的最大化。由此可知，与净碳汇效能相关的影响因素包括，原始场地的生态状况、碳汇能力及潜能、规划设计的场地适宜性与耦合性等。

## 2.4.3 生态景观全生命周期增汇减排设计

### 1）因地制宜的低影响设计

（1）因地制宜

因地制宜设计的核心是根据特定地区的环境、资源和文化特点，定制化设计方案以最大限度地适应当地条件和需求。

因地制宜设计强调的是一种综合性思维，要求设计师拥有广泛的知识背景和深厚的本土理解能力，能够综合考虑多方面因素，创造出既环保又具有地方特色的设计方案。设计方案需要考虑地理位置的自然条件，如气候、地形、植被等，以确保设计与环境相适应，减少能耗，提高能效，同时保护自然生态。通过合理利用当地可用资源，如材料、技术和人力资源，进行设计，降低建设成本，减少对外部资源的依赖，同时降低碳排放。

（2）低影响设计

景观设计过程虽然不产生碳排放和碳汇，但低影响设计原则可以指导整个设计过程，对景观全生命周期的碳排放与固碳过程起决定性作用。低影响设计强调在景观规划设计中，通过合理地资源利用、可持续的管理方法，在实现设计目标的同时降低对原有场地的干预。

水环境的低影响开发包括模拟自然水循环过程，减少径流量和污染，保护和恢复自然水体。①低影响开发要求从整体和系统的角度出发，综合考虑土地使用、水资源管理、生态保护和社区发展等方面，实现环境、经济和社会的可持续发展。②通过设计模拟自然水文周期，采用绿色基础设施和渗透性铺装等手段，管理和减少雨水径流，提高地表水渗透能力，减少洪水风险，并提高水质。③通过实现地表水和雨水的收集再利用，采用透水铺装构建雨水收集系统，对中水进行处理利用，构建雨水综合利用系统。一方面减少人工景观环境中的水的流失，减轻土壤环境的恶化，另一方面弥补了景观环境中水资源尤其是灌溉水的不足，实现节约低耗能。

对土壤环境的低影响与优化可以实现土方量自平衡、减少建设运输，也可以减少土壤资源的扰动和基质流失。在规划设计与施工过程中应充分利用原有自然地形地貌，尽可能减少对生态环境的扰动，尽量做到土方就地平衡，节约建设投入和能源消耗；将开挖的表土保留，待施工完成后将表土回填至栽植区域，有助于迅速恢复原有植被和生态，提高栽植的成活率和长势，减少施肥管养。

在设计中以低碳低维护为核心策略，选择低碳耐用材料，减少不必要的硬质面积，平衡游憩与碳汇减排功能，并且应就近选择建造材料，减少景观施工阶段碳排放。材料与资源的在地利用是在充分调研与分析的基础上，通过合理布局利用自然存在的河流和湖泊水系，对现场植被的移栽和其他材料资源的重组，可以最大限度地重复利用既有的环境资源，促进节约型景观设计和可持续发展。在植物配置方面应优先乡土植物，以减少景观维护管理阶段的修剪和灌溉等维护措施及能源消耗。

### 2）生态与形态的协同设计

（1）生态与形态指标评价

设计的多目标导向，意味着需要对场地的生态及形态指标进行综合评价。基于土地生态敏感性和土地利用适宜性的"双评价"法则，可以对场地生态形态进行综合评价。

土地的生态敏感性，通过对土地生态环境的评估，包括土壤类型、植被覆盖、水资源分布、地形地貌等因素。通过对土地的生态敏感性进行评价，可以确定土地对于人类干预的敏感程度，以及可能对生态景观环境造成的影响。对于生态敏感性较高的区域，限制规划设计干预，尊重其生态本底。在因地制宜的基础上，选择适应当地生态环境的树种，以促进生态系统的恢复和维护。

（2）生态、形态协同设计

设计的基础是理解人居生态环境中的生态和形态的协同关系，而从环境中掌握的实证信息则是可信度较高的方法与资料来源。

高碳汇景观设计旨在满足形态和功能的目标下，达到碳汇效能的最大化。在选定了低排放目标下适宜物候条件、生态景观环境条件以及种间关系的基础上，对影响群落碳汇能力的植物群落结构特征因子进行分析和总结。在此基础上，提出高碳汇植物群落配置的设计策略，最终结合空间形态和景观效果进行生态、形态协同设计（图2-12）。

### 3）地带性物种的选择与应用

（1）地带性物种选择

在一些园林景观设计中，设计者往往在选择植物时存在盲目性，倾向于

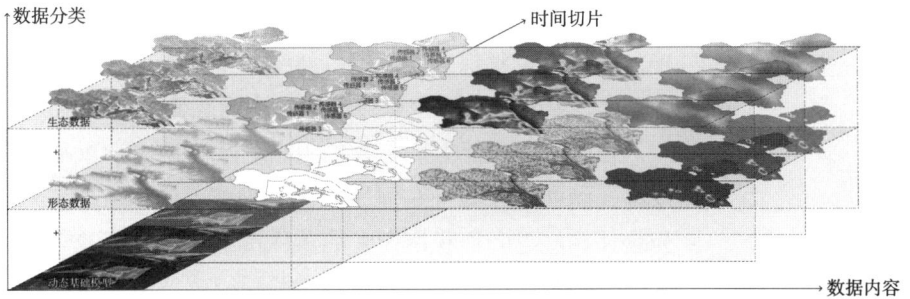

**图2-12 常口村多源异构数据的空间融合**
（来源：袁旸洋，谈方琪，樊柏青，等. 乡村景观全要素数字化模型构建研究——
以福建省将乐县常口村为例[J]. 中国园林，2023，39（02）：50-56.）

采用一些外来树种。这种选择可能导致一系列问题，包括高昂的价格、不适应本地气候环境和土壤，最终导致植物死亡。地带性物种具有更好的适应性，能够在更短的时间内适应公园的场地环境以及生境，使其群落的生长状况达到较优的生态及美学的结果。

植物的选择关系到城市绿地建成后其碳汇量的大小，因此应以该地区高固碳植物名录及乡土植物名录为依据，结合植物群落设计理论和生态学等相关理论，按照低维护、多样性、生态性、美观性的原则构建植物群落，将具有不同固碳能力的植物进行搭配，以达到更高的固碳效益。同时，低维护的设计又能减少后期养护产生的碳排放。因地制宜、因天制宜选择地带性、高碳汇的植物和群落结构，合理配置，从而达到提升生物量和碳汇效能的目的。

在种植乡土树种时，在设计施工阶段中运输所产生的碳排放要比外来树种更少；同时，在使用和维护管理阶段能够减少对植物的养护管理频率，从而降低了相应的碳排放；可以避免引入外来树种后，发生与本土植物群落不协调而引发降低植物群落碳汇效益等问题（图2-13）。

（2）地带性物种栽植策略

植物生长有其自身发展规律，科学栽植需考虑植物的生理习性、环境需求，尊重植物生长周期所需的生存条件。根据各类植物对环境的不同需求，合理栽种，降低人工干预，预留植物生长空间。进行植物群落优化的过程

**图2-13 扬中市滨江公园**

中，参照植物种植规范，合理密植，按比例配植乔木和灌木，适度修剪养护。在植物景观规划设计的过程中，不仅要考虑当下种植密度的合理设置，也要考虑到植物动态生长过程中的空间及资源的变化。

植物的固碳能力和植物的规格、叶面积大小以及自身叶片对光能的利用效率、酶的活性等一系列生理特性有着直接关系。高大的乔木冠幅大，用于光合作用的总叶面积高，它的单株植物固碳能力就会相对高些。其次是小乔木和大灌木，体量越小的植物，单株固碳能力会相对较弱。经过研究发现，植物的单株固碳能力：乔木＞竹类＞灌木＞地被植物。但让植物充分发挥它的固碳能力，不能只一味地考虑高固碳树种，还需要考虑合理的植物配置，采用常落混交、"乔、灌、草"多层次的搭配，不仅可以在空间上实现固碳效果最大化，还可以为夏季遮阴、冬季取暖提供有利环境。同时，结合本土气候选择适应性强的植物能够降低后期植物的养护成本。

### 4）低维护与低干预设计

低维护与低干预设计，需要以全面的、系统性、精准性的生态视角来进行规划设计。景观环境是场地固有的生态系统与为满足使用要求的人工生态系统的双重叠加，对场地生态条件的科学认知，保证景观环境的顺向演替，满足景观环境的可持续发展是设计的基本前提。因此，对生态环境的评价是适宜性评价的基础，场地生态适宜性评价需要根据场地固有的环境资源与特征加以定位，如山地公园、湿地公园等，并在此基础上对环境资源进行分类，求得某种特定利用方式的适宜程度。并根据生态条件，将场地划分保护区域、修复区域及适宜建设区域，从而做到精准评价现有场地条件并挖掘利用场地潜力，因地制宜充分发挥场地资源优势和环境效益，做到低干预的生态营造、实现设计成果的低维护。

湖泊、河流或溪流等水体作为城市生态系统的关键组成部分，其存在不仅美化了城市景观，还为植被提供了必要的水源。结合湿地植被，可以形成更为完整的生态系统，为城市居民提供独特的自然体验。通过科学的水体管理，可以保持水体的清澈和流动，为植被提供较优的生长环境，同时降低景观维护成本，实现低维护与低干预。以零碳公园为例（图2-14），其作为低碳科普主题公园包含六大核心策略：

①LID低冲击开发：修复生态环境，充分利用山林地形和材料，保持土方平衡。

②低碳植物设计：采用"乔、灌、草"结合的复层结构种植模式，提高植物单位面积的固碳效益。

③低碳工艺材料：回收和利用现状木桩、临时施工道路路面的混凝土等材料，作为特色景观。

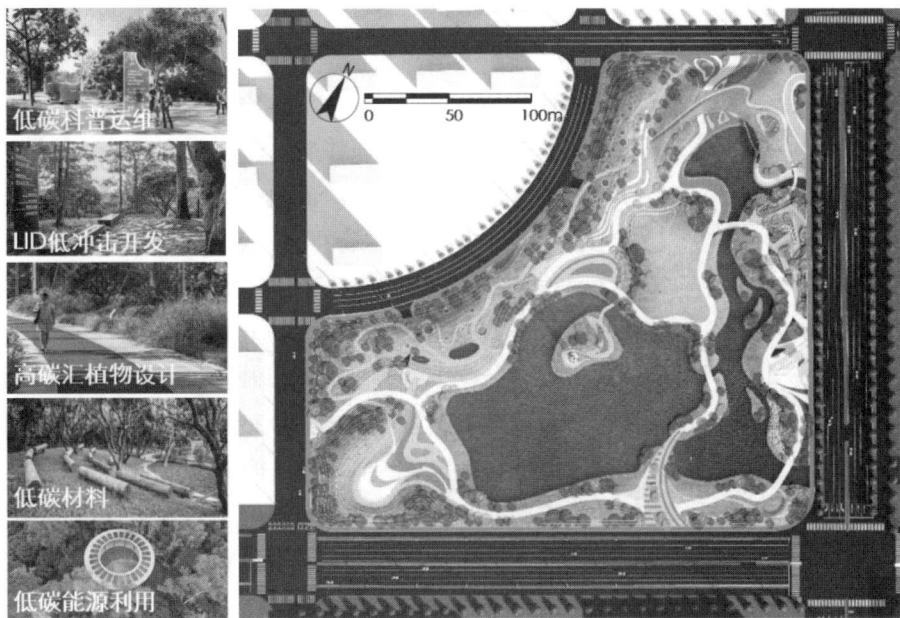

图2-14 南京市六合龙袍新城零碳公园平面图

④低碳能源利用：公园的构架、建筑顶部等与太阳能光伏板结合。

⑤海绵城市设计：生态旱溪、透水铺装、生态截水沟、雨水花园等。

⑥低碳科普运营：5G灯杆、电塔风车、无动力装置、零碳生活馆等。

### 5）精准实施的生态景观管控设计

精准实施生态景观管控设计的内涵集中在确保生态景观项目从规划、建设到养护各阶段的高效、可持续管理。通过细致的项目管理，如现场、人员、设备和物料管理，确保施工过程中的安全、进度、质量和环保措施得到严格执行。养护管理关注生态景观的长期维护，涵盖了安全、质量、环保等方面，以及养护人员、设备和物料的管理，确保景观的生态功能和审美价值。高级管理则从组织结构、财务、物资到多项目管理等宏观角度，确保资源的有效分配和项目的协调发展。这一全面的管理策略，旨在通过精准地控制和维护，促进生态景观项目的持续成功，实现环境、社会和经济的和谐共生。

智慧运维管理的核心是利用传感器、物联网等先进技术手段，实现生态景观的精准化、智能化监测和管理。一方面，智慧运维管理可以通过及时发现设施的问题，预测未来的维护需求，从而实现针对性的管养和维护，减少不必要的耗能。通过安装传感器、摄像头等设备，设计师和管理者可以实时收集设施的运行数据，如温度、湿度、光照、人流等，并通过云计算和大数据技术进行分析处理。基于传感器的智慧运维系统可精准把控植物土壤水体状态，及时有效地进行灌溉施肥管养，减少资源浪费。另一方面，智慧运维管理可以实现能源的有效利用。通过智能化的能源管理系统，我们可以根据设施的实际运行情况，进行实时的能源调度和分配，避免能源的浪费。同时，我们还可以利用可再生能源，如太阳能、风能等，进一步降低能耗。

生态景观管控设计开发的应用程序，可提供一站式解决方案，覆盖项目管理、养护管理和高级管理三大核心领域。智能程序可利用先进技术，如无人机巡检和自动化报告，以及GPS设备管理，确保项目的精准实施和高效运作。应用强调实时监控、精确的人员和物料调度，以及项目进度的紧密跟踪，从而优化生态景观的布局和维护。通过集成的养护计划和财务分析工具，该应用既满足了生态系统的健康持续性，又确保了项目的经济可持续性。程序中的多项目管理功能还允许用户有效协调跨项目资源，提升决策质量。简而言之，智能建管应用可为生态景观项目提供了全面的规划、执行和维护工具，支持项目从概念到养护的每一步，是实现精准生态景观设计与管理的理想选择（图2-15）。

图2-15 建管应用程序

## 参考文献

［1］ 中华人民共和国中央人民政府. 自然资源部关于全面开展国土空间规划工作的通知[EB/OL]. [2019-06-02]. http://www.gov.cn/zhengce/ zhengceku/2019-10/14/content_5439428.htm.

［2］ 牛铜钢，刘为. 双碳战略背景下城市生态系统的碳汇功能与生物多样性可以兼得[J]. 生物多样性，2022，30（8）：205-210.

［3］ 王晶懋，高洁，孙婷，等. 双碳目标导向下的绿色生态空间碳汇能力优化设计[J]. 中国城市林业，2023，21（4）：33-42.

［4］ 袁旸洋，郭蔚，汤思琪，等. 城市蓝绿空间格局对碳固存的影响测度及关键指标[J]. 中国城市林业，2023，21（6）：6-16.

［5］ 刘颂，张浩鹏. 多尺度城市绿地碳汇实现机理及途径研究进展[J]. 风景园林，2022，29（12）：55-59.

［6］ 王晶懋，齐佳乐，韩都，等. 基于全生命周期的城市小尺度绿地碳平衡[J]. 风景园林，2022，29（12）：100-105.

［7］ 王洪成. 探索城市生态修复的低碳园林途径[J]. 风景园林，2017，（11）：80-85.

［8］ NOWAK D J, CRANE D E. Carbon storage and sequestration by urban trees in the USA[J]. Environmental pollution, 2002, 116(3): 381-389.

［9］ STROHBACH M W, HAASE D. Above-ground carbon storage by urban trees in Leipzig, Germany: Analysis of patterns in a European city[J]. Landscape and urban Planning, 2012, 104(1): 95-104.

［10］ DE DEYN G B, CORNELISSEN J H C, BARDGETT R D. Plant functional traits and soil carbon sequestration in contrasting biomes[J]. Ecology letters, 2008, 11(5): 516-531.

［11］ MONGER H C, KRAIMER R A, KHRESAT S, et al. Sequestration of inorganic carbon in soil and groundwater[J]. Geology, 2015, 43(5): 375-378.

［12］ 郑曦. 城市蓝绿空间系统[J]. 风景园林，2022，29（12）：8-9.

［13］ 邬建国. 景观生态学：格局、过程、尺度与等级[M]. 北京：高等教育出版社，2007.

［14］ 翟俊. 协同共生：从市政的灰色基础设施、生态的绿色基础设施到一体化的景观基础设施[J]. 规划师，2012，28（9）：71-74.

［15］ 张宇，汤西子，雷秋云. 城市区域非正式绿色空间功能特征与管控策略研究[C]//中国城市规划学会. 人民城市，规划赋能——2022中国城市规划年会论文集（12风景环境规划）. 北京：中国建筑工业出版社，2023.

［16］ 王博娅，刘志成. 基于改进生态绿当量的城市绿色空间要素配置优化——以北京市中心城区为例[J]. 生态学报，2023，43（11）：4539-4548.

［17］ 冀媛媛，罗杰威. 景观全生命周期日常使用和维护阶段碳排放影响因素研究[J]. 风景园林，2016（9）：121-126.

［18］ 冀媛媛，罗杰威，王婷，等. 基于低碳理念的景观全生命周期碳源和碳汇量化探究——以天津仕林苑居住区为例[J]. 中国园林，2020，36（08）：68-72.

［19］ ZHANG Y, MENG W, YUN H, et al. Is urban green space a carbon sink or source?-A case study of China based on LCA method[J]. Environmental impact assessment review, 2022, 94: 106766.

［20］ POUYAT R V, YESILONIS I D, GOLUBIEWSKI N E. A Comparison of Soil Organic Carbon Stocks Between Residential Turf Grass and Native Soil[J]. Urban Ecosystems, 2009(12): 45-62.

［21］ XU Q, YANG R, DONG Y X, et al. The Influence of Rapid Urbanization and Land Use Changes on Terrestrial Carbon Sources/Sinks in Guangzhou, China[J]. Ecology Indicators, 2016(70): 304-316.

# 第3章

# 人居环境生态景观系统增汇减排规划

| | |
|---|---|
| 3.1 地域性人居环境生态景观系统规划 | 3.1.1 人居环境生态景观系统规划特征 |
| | 3.1.2 人居环境生态景观系统规划理念 |
| | 3.1.3 气候适宜性与地带性生境营造 |
| 3.2 人居环境蓝绿空间系统融合规划 | 3.2.1 蓝绿定量：精细化的蓝绿空间定量降低碳排放 |
| | 3.2.2 空间定位：优化蓝绿生态资源的规模与分布 |
| | 3.2.3 绿地定形：协同绿地形态及类型提高综合效能 |
| | 3.2.4 蓝绿灰协同：灰色系统代偿作为蓝绿融合的补充 |
| 3.3 硬质下垫面的生态化规划 | 3.3.1 硬质下垫面类型及其特征 |
| | 3.3.2 城市屋顶的生态化规划 |
| | 3.3.3 高架桥立体交通的生态化规划 |
| | 3.3.4 海绵路系统规划 |
| 3.4 生态景观增汇减排智慧系统规划 | 3.4.1 生态景观增汇减排智慧系统的特征 |
| | 3.4.2 生态景观增汇减排智慧系统的规划目标 |
| | 3.4.3 生态景观增汇减排智慧系统的规划途径 |

高碳汇的建成环境生态景观强调系统优化达到高碳汇的目标，通过协同"增汇"与"减排"的双向调控，以此实现高效碳汇的生态景观系统。在气候适宜性人居环境生态景观系统规划的前提下，结合蓝绿生态系统融合规划与硬质下垫面的生态化规划形成高质量、蓝绿灰结合的生态体系，实现高效能的增汇减排，在此基础上构建人居环境生态景观智慧系统，通过实时获取环境数据以进行精细化、智慧化管理，提高资源利用的效率，最终实现城市运行与自然生态过程的协同耦合，推动城市可持续发展。

首先，我国不同地区的气候条件、物种群落特征、生态体系构成存在较大差异。不同地区的气候条件各异，包括温度、降水量、季节变化等。需根据气候特征进行生态体系规划，以适应当地气候条件，提高城市生态系统稳定性。通过建构应对气候特征与物种群落特征的生态体系，可以提高城市生态系统的自维持力，应对自然灾害风险。基于不同地区的气候条件、物种群落特征构建人居环境生态景观系统是实现高效生态体系、提供良好生态服务功能的重要途径，提高城市生态系统的稳定性和自维持能力，可持续提高碳汇效能。

其次，蓝绿空间是人居环境中的两大有机生态子系统。蓝绿本身具有较强的生态关联，蓝系统滋养绿系统，绿地提供高效的碳汇做功。蓝绿空间作为碳汇载体，总量受城市用地发展约束，一般城市蓝绿空间占比不足50%，城市建筑及交通等产生大量碳源，蓝绿空间产生碳汇，难以形成碳的源汇平衡过程，因此需要充分发挥既有规模蓝绿空间的生态潜力，提高生态质量，增强生态效能。通过优化城市水文过程、整合城市雨水及地表水系统、调节蓝绿空间分布与结构，蓝绿系统的协同做功、系统优化将极大地提升城市蓝绿空间的生态效能，实现绿地自灌溉，减轻城市运维管护，实现高效能的减排增汇。

与此同时，量大面广的灰色硬质覆盖也具有较高的生态化碳汇潜力。建筑与交通空间产生大量的碳源。建筑本身具有较高的生态化潜力，通过绿色屋顶、立体绿化等生态化规划，实现固碳功能。同时立体的生态空间能够在不同高度，分层截蓄雨水，产生滞水效应，充分利用雨水，提高生境质量，增强碳汇效应，减轻灌溉及管养，达到节能减排，减轻城市内涝矛盾，降低城市管理成本。城市路网分布呈网络化，连通度高，常作为城市地表径流的汇集空间，易产生内涝问题。通过生态化规划，根据道路的立地条件及建设模式，识别路网在城市水文过程中的影响作用，基于产流区、汇流区等特征分析进行海绵路的生态化规划。利用雨水，促进道路绿地生境生长，增强碳汇。减轻城市内涝风险，降低绿地灌溉及管护，达到节能减排。

此外，传统的城乡规划和管理往往缺乏对环境数据的准确监测和分析，导致资源的浪费和能源的低效使用。智慧系统规划通过物联传感器和数据分析，可以实时获取环境数据并进行精细化管理，提高资源利用的效率。智慧系统规划通过优化能源消耗和减少排放，实现城市与自然环境的和谐共生，减轻环境负荷。城市人工生境需要大量的维护与管养，智慧系统规划通过智能控制系统，实现对城市绿地的精准灌溉和绿化修剪，保护和改善生态环境。人居环境生态景观智慧系统规划可以提高资源利用效率，减轻环境负荷，保护生态环境，并为城市的决策制定提供科学依据。

# 3.1 地域性人居环境生态景观系统规划

受经纬度、地理海拔等的影响，各地的气候条件、物种群落特征以及生态系统构成均呈现出显著的差异。这些气候条件的差异主要体现在温度、降水量、太阳辐射、季节变化、物种构成等多个维度上。为了有效适应这些多样化的气候条件，提升城市生态系统的稳定性和效能发挥，我们需根据各地的气候和地理特征进行地域性的生态体系规划。

具体而言，通过构建能够应对特定气候、地带特征与物种群落特征的生态体系，我们不仅可以增强城市生态系统的自我维持能力，更能有效应对诸如洪涝、干旱等自然灾害风险。同时，基于不同地域条件与物种群落特征，构建人居环境生态景观系统，可以实现植被群落的最优生长状态，也是构建高碳汇的生态体系、提供优良生态服务功能的关键路径。

地域性人居环境生态景观系统规划对于推动城市可持续发展、维护生态平衡、实现碳汇效能的持续提升具有重要意义。

## 3.1.1 人居环境生态景观系统规划特征

人居环境生态景观系统规划是一个综合性的规划过程，旨在创造一个既美观又生态的人居环境，满足人们的生存需求，同时保护自然环境，促进可持续发展。在高碳汇生态景观设计的语境下，人居环境生态景观的地域性特征主要受地域自然特征的影响，包括水文、气候、地形地貌等。究其根本，这些主要来源于气候差异和地带差异的特征差别。地带差异进而影响了物种的分布，造成植被群落特征的区域差异。此外，人居环境生态景观自身作为复杂系统，包含自然、人文、社会等多方面因素，具有自然与人工系统复合的特征。高碳汇的人居生态景观系统规划强调适宜性原则，即根据生态景观所处环境的地域性特征进行合理规划与生境营造，选用地带性群落物种，自然系统与人工系统协同做功，减少不必要的管养维护费用，实现碳汇效能最大化。

### 1）地带差异性

由于内外应力相互作用的结果，使地球表面产生了高低起伏的种种形态，具体表现为高山、平原、丘陵、盆地等。所谓地貌，是指地表形态的外部特征、地质构造产生原因和发展史。地形是构成地理环境的重要因素之一。两者对于一个区域的土壤、局部气候、地面水分状况、生物的分布、人类的经济活动等都有重要影响。

我国地形复杂多样，平原、高原、山地、丘陵、盆地五种地形齐备。山地、高原和丘陵约占陆地面积的67%，盆地和平原约占陆地面积的33%。地势西高东低，大致呈三阶梯状分布。其中，第一阶梯：西南部的青藏高原，平均海拔在4000m。第二阶梯：内蒙古高原、黄土高原、云贵高原，海拔在1000~2000m，主要为高原和盆地。第三阶梯：海拔多在500m以下，主要为丘陵和平原。

地带性差异不仅包含水平地带差异，也有垂直地带差异。其中水平差异性主要导致了地形地貌与气候的差异。地形的变化会影响地表径流、温度及日照的变化，影响植被的分布，进而影响碳汇和碳排。例如，山地和丘陵区的地形起伏大，碳汇和碳排的分布也会随之变化。其次地带差异还会导致土壤的差异，不同地带的土壤类型和性质不同，这会影响植物的生长和土壤中微生物的活性，进而影响碳汇和碳排。垂直地带差异主要导致海拔的差异，进而影响垂直群落分布，影响群落类型和覆盖度，这二者是决定碳汇和碳排的关键因素。

气候区划对建成区绿地率具有显著影响。不同气候区划存在截然不同的温度情况与湿度条件，在温度与湿度的共同作用下，不同温度带与干湿区的建成区的绿地率会存在较大区域差异。气候作为基础性自然因素与建成区绿地率具有密切关联。良好的气候区具备适宜的温度、湿度、日照条件，为城市绿地的生命活动与生存环境提供有力支撑，进而为城市绿地的建设与发展创造有利条件，促进着城市建成区绿地率的增长。而气候条件恶劣的区域通常积温不足，且缺乏水分供给、低温与干旱并存，导致其区域内建成区绿地率不仅初始水平较低，而且为其后期发展带来不利影响。

1929年竺可桢提出中国的第一个气候区划方案，将全国划分为华南、华中、华北、东北、云贵高原、草原、西藏和蒙新8个气候区。1959年中国科学院组织完成了中国气候区划初稿，这是中国第一个由国家组织完成的中国气候区划（表3-1）。

1999年中国气象局推出了中国气候区划。这个区划在2002年出版的中国气象局编制的《中华人民共和国气候图集》中沿用。这个区划的指标系统分三级，第一级区划的指标是≥10℃活动积温，辅以最冷月平均气温和年极端最低气温。划出的一级区称为气候带。全区划从北向南共划出了北温带、中

| 干燥度 | 湿润状况 | 自然植被 |
|---|---|---|
| 0.50~0.90 | 湿润 | 森林 |
| 1.00~1.49 | 半湿润 | 森林草原 |
| 1.50~3.99 | 半干旱 | 草甸、草地、干草原、荒漠草原 |
| ≥4.00 | 干旱 | 荒漠 |

（来源：中国气象局）

温带、南温带、北亚热带、中亚热带、南亚热带、北热带、中热带和南热带9个气候带。青藏高原海拔高、面积大，另划为高原气候区域。这个区划在一级区划中再进行二级区划，称为气候大区。区划指标是年干燥度指数。具体指标数值是，＜1.00和1.00~1.49分别为湿润和亚湿润，1.50~3.49和≥4分别为亚干旱和干旱。然后再在二级区划中划分三级区（气候区），指标是季干燥度，用地理区域命名。这个区划在9个气候带中共划分出18个气候大区和68个气候区。高原气候区中共划分出4个气候大区和9个气候区。

气候差异性对人居环境生态景观的碳汇碳储效应具有重要影响。城市所处的气候带和气候区划会因年积温、降水量、日照时长等不同，影响绿地植被生长，直接导致绿量的不同，进而直接影响碳汇与碳储。较高的年积温有助于植物绿量的增长，如：热带地区植物生长周期较短，生长速率较快，同一种植物的碳汇与碳储速率通常在热带地区更高。因此，应发掘建成区气候条件及其潜在规律，并根据不同气候区城市温度、湿度、光照等条件，提出适宜的城市绿地建设与发展措施。

### 2）物种差异性

人居环境生态景观的地域差异主要体现在区域气候、土壤、水分、光照等方面，进而影响了区域物种的差异，包括物种的数量差异、种类组成、多样性、适应性。人居生态景观系统涵盖了多种生物群落，包括植物、动物和微生物等。其中，植物的区域差异性与生态景观碳汇效能的关系最为密切。

区域植物物种的差异性直接导致了植被群落构成的差异，进而影响区域生境类型。中国植被区划共包含湿润、半湿润森林带、半干旱草原带和干旱荒漠带，由东南向西北随着降水量的减少趋势，呈带状排布，其内部又细分多个植被类型区域。

从物种类型来看，不同物种的碳汇能力存在差异，与物种自身的绿量和生长速率均有关系。例如，东南区域的森林生态系统中的树木通过光合作用可以吸收大量的$CO_2$，并将其储存在植物体和土壤中，从而具有较强的碳汇能力。相比之下，中部及西北地区的草地和荒漠等生态系统的碳汇能力可能较弱。

从物种多样性来看，物种多样性和生态位分化有助于提高生态系统的碳储存稳定性。在物种丰富、群落稳定的生态系统中，当某一物种受到环境压力或干扰时，其他物种可以替代其生态功能，从而更容易维持生态系统的整体稳定性和碳储存能力。

从物种适应性来看，物种适应性特征对碳循环效率具有重要影响，气候适宜的物种更具生长优势，且少管护、少维护。反之，不适宜当地气候环境的树种、群落则会需要较多的管养维护才能维持正常生长，无形中增加了碳排量。适宜性高的物种能够更高效地利用光能和营养物质进行光合作用，从而增加生态系统的碳吸收和储存效率。

### 3）系统复合性

城市生态系统一般认为主要由自然、经济、社会三个子系统按照一定的关系结构共同组成，各系统之间相互联系、相互影响、相互制约。自然系统是生态景观的本底构筑，既依托实体的地理环境、自然资源，构成具有气候和地带差异的生态基底；也是社会和文化的环境支撑，主要包括气候、地质、地形地貌、土壤、水体、植被、生物等，能够直接或者间接地影响人居环境的经济与社会。经济系统是人居环境生态景观的价值驱动，通过人与自然和谐共生的方式，在顺应自然、适应自然、改造自然、利用自然过程中逐渐形成的空间表征。社会系统则是人居环境生态景观的文化脉络，是人们共同感知环境，适应、改变、创造环境，体现出该地区价值观和理念的物质环境，进而影响地域特征，形成差异性。在系统规划过程中，需要综合考虑各个子系统的需求和特点，实现整体优化和协调发展。

同时，城市生态系统不同于自然生态系统，是一个特殊的复合性生态系统，其特殊性主要表现在自然系统与人工系统的耦合。其中，人工营造的城市是人居环境高质量生活的承载主体，是人们通过技术手段调节环境的物质循环和能量流动，使之最大限度地产生有利于使用者的功能输出，创造出符合人们物质使用和精神审美需求的环境，而自然生态系统则作为附属，服务于城市环境，也是建成环境存在与发展的基础（图3-1）。

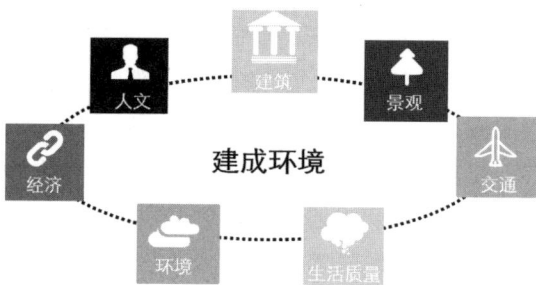

图3-1　建成环境的系统复合性

高碳汇的人居环境生态景观规划要求人工系统与自然系统协同运行，充分发挥系统复合效能。城市中的自然生态系统在建设发展中逐渐破碎，出现资源分配不均、系统割裂等问题，使得原有自然环境连续高效的生态流被打断，生态系统服务供给和碳汇效能降低。人工系统是建设开发的产物，作为自然系统的辅助，可辅助自然系统实现自然资源的有序调配，从而减少生态系统中导致运行过程中不必要的碳排，使得自然系统的效能得到充分的发挥。

## 3.1.2　人居环境生态景观系统规划理念

### 1）因天地制宜的理念

"因天制宜"的高碳汇生态景观规划要求根据地域的气候、地理环境等自然条件来规划设计，通过最大限度地适应和利用当地自然资源与气候条件（气温、降水、日照等），实现高效碳汇；同时，减少因气候不适带来的植被长势差、设计维护耗费高等问题，减少碳排消耗，从而提高净碳汇量。

"因天制宜"要求根据气候、季节、日照等天气因素来规划和设计景观。这一理念强调的是对自然天气的尊重和利用。城市自然碳汇系统的优化要建立在对城市自然环境及气候的充分认知的基础上，尊重和提高城市的自然属性。根据当地的气候特点，选择适宜的植被群落、材料和设施。合理利用日照方向和强度来创造宜人的空间。

因地制宜的高碳汇生态景观规划不仅要考虑水平地带差异，还要考虑垂直地带差异。水平差异性主要是指规划场地所处的地理位置直接影响了区域气候与地质地貌，规划设计过程中需要尊重和利用地理、气候、土壤、文化等地域特色和差异，创造具有地方特色和地带适宜的生态景观，以更好地适应当地的环境，减少管养维护的费用，更好地发挥生态景观的碳汇与碳储效能。垂直差异性则是指地形差异与所处海拔的差异，这要求规划设计要尊重区域山水格局，综合考虑生态敏感性和建设适宜性，构建低影响开发、高效碳汇碳储的生态景观。

"因地制宜"注重的是与土地和地理环境的和谐共存，根据土地的特性、地形地貌、地方文化和资源等地理因素来进行景观规划。从城市的实际情况出发，重视利用城市的自然山水地貌特征，充分发挥自然环境的优势。同时，针对所处环境的土壤、地形等地带性特征或者区域的任务书要求，建设合理的城市自然生态系统，从而充分利用区域资源，提高碳汇效能。了解土地的土壤类型、排水性、地质结构等，以选择合适的植被和设施。例如，在土壤贫瘠的地方种植耐瘠薄的植物。充分利用地形的高低起伏、水流的走向等自然特征，创造有地方特色的景观，注重资源的可持续利用和保护。

综合来看，前者更注重天气因素，强调与天时和谐共存；而后者更注重地理特性，追求与地利和谐共存。在实际的人居环境生态景观规划中，应综合考虑天时地利，顺应自然的发展演替规律，减少过度人工干预和不必要的消耗，以创造一个美观、低碳、可持续的人居环境。

### 2）"定量、定位与定形"的生态景观系统规划

当代人居环境生态系统规划是对"因天制宜"和"因地制宜"规划设计理念的现代化传承。以现代科学认知为基础，通过对场地进行科学定量的分析，明确场地的自然条件和潜在规划限制，为规划者提供更加具体的、基于数据的量化指导，从而制定更加合理、科学、准确的生态景观规划方案。

"定量"规划要求从"数字"层面进行生态景观规划，一方面是对场地的数字化分析与科学认知，另一方面则是在数字化的基础上实现数量规划的平衡与合理分配，如水绿资源、碳源与碳汇量的平衡等方面。在场地定量分析过程中，需要借助现场调查、遥感技术、物联网传感器和地理信息系统等，收集和处理与场地相关的气候、地形、土壤、植被、水文等全方位信息，为"因天制宜"和"因地制宜"的规划设计提供多元的孪生数据基础。对收集到的数据进行处理分析，以提取有关场地特征、生态过程和人类活动对场地影响的关键信息，可进行地形分析、水文模拟、土壤侵蚀风险评估等生态过程的模拟和预演。基于数据分析结果，对场地进行综合性评估，明确场地的优势和劣势，以及潜在的生态环境问题和风险。这有助于规划者了解场地的整体状况，为后续的规划定位提供依据。

"定位"规划则是解决生态景观规划中的"空间"问题，如何将"量"合理落位到场地中，是定位规划研究的核心。根据场地评价结果，运用定量分析方法辅助规划定位。例如，可以利用生态敏感性分析、生态适宜性分析等工具，确定不同区域的生态价值和适宜性等级，从而指导规划方案的制定。此外，还可以利用空间分析技术，如缓冲区分析、叠加分析等，对场地进行更加精细的规划和定位。

"定形"规划则是解决生态景观规划的"形态"问题，即在定量分析辅助生态景观规划定位的基础上，结合场地的实际情况和规划目标，生成生态景观规划的具体形态，确保设计目标符合场地的自然条件和人文环境，同时满足社会的需求和期望。方案应充分考虑场地的自然条件和生态过程，尊重场地的自然特征和生态系统完整性，同时满足用地性质和人类活动的需求（图3-2）。

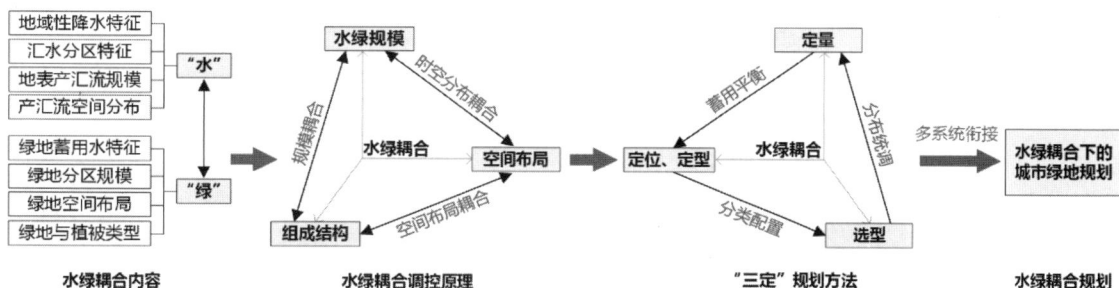

图3-2　水绿耦合下的绿地"三定一选"规划原理

### 3.1.3 气候适宜性与地带性生境营造

#### 1）城市近自然生境营造

城市近自然生境营造是指通过模拟自然生态系统的构建方式，在城市中创造出具有自然特征和生态功能的生态环境。这种生态环境的营造主要关注生物多样性的保护与恢复，注重近自然的水域、湿地、林地等生态系统的构建。城市近自然生境的营造有助于维护和恢复城市生态系统的平衡。同时，通过提供多样化的生态环境，能够吸引各种生物，从而促进城市生物多样性的增加，实现生态系统的良性循环。

城市近自然生境营造不只是规模化的绿化建设的需要，更是关键群落中顶级物种在生命周期的生长、繁育等阶段对生境的需求。在规划过程中，通过前期的充分调查，首先要了解城市所处气候带及地带的地理条件、气候条件、资源条件以及动植物关键群落中顶级物种生存各个阶段的生境特征，研究和提炼这些顶级物种在栖息和繁育等方面的生境特征参数作为营造的科学依据，整合符合现代城市生态文明发展趋势的近自然生境营造理念，规划气候适宜、生物多样的近自然生境，采用生态保育和近自然生态恢复等方式，营造出可实现城市野生动植物自我繁殖和持续生存的生境。

在高碳汇生态景观规划设计中，进行近自然的生态营造是提高规划设计碳汇效能的关键手段。研究当地的自然生态系统，包括其植被类型、物种分布、生态过程等，然后模仿这些自然格局进行规划设计。例如，可以模拟自然的植被群落结构，创建多层次、多物种的植物配置，这有助于提升生态系统的稳定性和碳汇能力。这些植物可以通过光合作用吸收大量的$CO_2$，并转化为有机物质储存在植物体内，从而提高景观的碳汇效能。在规划设计中，设置生态廊道和斑块，有助于生物的迁徙和物种的交流，同时也为生态系统提供了更多的碳储存空间。通过优化景观空间结构，可以增加生态系统的连通性和稳定性，提高碳汇效率。同时可以引入一些生态工程措施，如土壤改良、雨水收集利用等，这些措施有助于改善土壤质量，提高植被的生长条件，从而增强碳汇能力（图3-3）。

图3-3 南京大石湖生境营造

近自然的生态营造是提高设计碳汇效能的有效途径。通过模仿自然生态格局、选用高碳汇植物、构建生态廊道和斑块、利用水体和湿地的碳汇功能、推广生态工程措施以及强化生态维护与管理等手段，可以打造一个既美观又具有高效碳汇功能的生态景观。这不仅有助于提升城市的生态环境质量，也有助于应对全球气候变化问题。

### 2）构建气候适宜的生境网络

气候适宜的生境一方面与城市所处地带气候带下自然演替的景观本底一致，符合自然环境特征和发展规律，优化土地利用模式与景观系统的连通度，实现低影响、高效能的生态景观规划；另一方面适宜城市生态系统循环，符合生物群体生存，促进生态系统的多样性，使生态系统可以良性循环、自然演替。

根据景观生态学基底—斑块—廊道理论，在城市绿地系统规划和建设中，应该将生物多样性的保护作为重要原则，把城区孤立的绿色斑块和城郊的自然残留斑块在结构和功能上有机地联系起来，建立城乡一体化的绿化体系。绿地系统规划应遵循岛屿生物地理学原理，在城市各"生境岛"之间以及与城外自然环境之间建立与自然景观格局相适应，并具有原始景观自然本底及乡土特性的水系廊道、防护林廊道道路绿地廊道，为生物物种提供特殊生境和栖息地，减少城市生物生存、迁移和分布的阻力面，以形成城市绿化的有机网络，给缺乏空间扩散能力的物种提供一个连续的栖息地网络，使城外自然环境中的动、植物能经过"廊道"向城区迁移，增加各生境斑块的连接度和连通性，维持生物群体自身的生态习性和遗传交换能力。此外在规划时，应考虑将土地利用方式从低碳汇转为高碳汇，例如将农业用地转变为湿地或林地。同时，合理布局城市绿地、公园和广场等公共空间，使其成为碳汇的重要来源。

分析与评估气候环境是构建气候适宜的生境的基础性环节，包括温度、湿度、降雨、风向风速等关键气候因素。这有助于了解区域的气候特点，为后续的生境网络构建提供基础数据。基于气候分析的结果，可以将规划区域划分为不同的生态适宜性分区。这些分区应考虑到不同植物和生物的生态需求，确保它们能在适宜的气候条件下生长和繁衍。在构建生境网络时，应优先选择乡土树种和抗逆性强的植物。这些植物能更好地适应当地的气候条件，提高生态系统的稳定性和碳汇能力。通过乔灌草植物的合理搭配，模拟自然生态系统，打造多层次植物群落。这种配置方式可以增加生态系统的复杂性和稳定性，同时提高植被的碳汇能力。确保生境网络内部的连通性，以及与其他生态系统的连通性。这有助于促进生物在网络中的流动和交流，增强生态系统的整体功能和稳定性。定期对生境网络进行监测和维护，确保其功能和结构的稳定。根据监测结果及时调整和优化网络设计，以适应气候变化和生物需求的变化。通过以上步骤和策略的实施，可以构建出一个气候适宜、生态稳定、碳汇能力强的高碳汇生态景观生境网络。这不仅有助于提升城市的生态环境质量，也为生物多样性保护和应对气候变化提供了有效的支持。

### 3）保护乡土植物，恢复和重建地带性植物群落

乡土植物经过长期自然选择，与本地气候和周围环境相适应。虽然彻底改变的城市环境可能不再是乡土树种的最适生境，但地带性植被是稳定的植被。在自然选择过程中，乡土植物与周围的植物、动物、微生物之间已经形成了稳定的营养结构和食物链关系，它能为周围的生物提供觅食和栖息的场所，与周围的其他生物一起与环境协同进化。以地带性植被为特征的城市生物多样性格局是城市生物多样性保护和持续发展的有效途径。

通过乡土植物的运用，构造城市绿地景观的主要观点和方法有：①根据不同城市既有的生态环境，一方面保护现有的自然植物群落，另一方面是开展"模拟自然"实验，创造仿自然群落"近自然森林"，比如日本著名生态学家宫胁昭教授提出的"宫胁法"。②改变以往单纯的城市植被防护，建议将取弃土场、地方道路交叉口及荒地、鱼塘和水库边缘种植相应乡土观赏林或经济林，实现和谐双赢。③改变城市绿化固有思维模式，传统植物造景的想法排斥天然的野花野草、野藤、野灌木等，而实际上，天然乡土植物能提供野生动物栖息地，城市的生物多样性和环境景观价值都能得到很大提高；维护成本低，生长茂盛。乡土植物应被大量运用在城市的绿地景观之中，从而创建经济、实用、美观、可持续的城市生态景观。

## 3.2 人居环境蓝绿空间系统融合规划

城市蓝绿空间作为人居环境的有机生命体，是重要的固碳载体，具有显著的综合减碳效能。在城市蓝绿空间规模有限的前提下，通过优化蓝绿空间的生态过程与空间分布能够产生较大的综合减碳效能。

蓝绿空间的规模、空间分布、景观格局、绿量、绿地类型以及与灰色用地的关系均影响着人居环境生态系统的碳汇效能，因此通过蓝绿融合规划构建高效碳汇的生态景观系统（图3-4）。通过蓝绿空间融合规划，协同蓝绿子系统的生态过程，优化城市土地与空间布局，形成高效低碳的蓝绿空间格局，实现高效率雨水资源蓄存利用，改善城市水文环境，实现绿地的自灌溉，提升城市生境质量，从而实现综合碳汇效能，推动城乡环境高质量可持续发展。

図3-4 人居环境蓝绿空间伴生关系

## 3.2.1 蓝绿定量：精细化的蓝绿空间定量降低碳排放

蓝绿定量分析有助于优化城市空间布局、提高资源利用效率、促进生态平衡，从而实现低碳目标。通过科学的规划和设计，结合蓝绿系统的协同发展，可以有效降低城市碳排放，推动城市向低碳发展方向转变。

通过蓝绿定量分析，可以更好地评估城市蓝绿子系统的供给能力和需求情况，合理规划和布局绿地资源，促进城市绿地的自灌溉，从而降低城市的碳排放。蓝绿定量分析通过评估城市水资源的供需关系，合理配置水资源，提高水资源利用效率。有效地管理水资源可以降低碳排放，通过节水措施减少能源消耗。蓝绿定量分析帮助城市规划者更好地理解绿色系统与蓝色系统之间的关系，提倡生态优先原则，在城市建设中注重保护和恢复生态系统，减少对生态环境的破坏，从而减少碳排放。

### 1）蓝绿融合需基于定量的平衡与互适

蓝绿融合通过蓝绿子系统的协同做功实现城市水资源的可持续管理和生态保护。为了实现有效的蓝绿融合，需要基于定量的平衡与互适，即通过定量分析和评估来确保蓝绿系统的平衡和相互适应。

蓝绿定量包括基于多层级汇水分区划分来识别产流定量、计算不同情景下的蓝绿空间蓄滞水量，以及建成环境绿地系统的需水量三个方面。通过多层级汇水分区划分，可以识别出不同区域的产流情况。在不同情景下，可以计算蓝绿系统中的蓄水和滞洪能力。通过定量分析，可以确定蓝绿空间在不同条件下的水量存储和洪水调控能力。同时，还可以计算出建成环境绿地系统的需水量，也就是绿地系统对水资源的需求量。通过定量分析和计算，可以了解水的产流和需求情况，为蓝绿系统的规划提供依据。

通过蓝绿定量分析，可以综合评价建成环境中蓝绿两个子系统之间的供给与需求关系，并明确它们在城市空间中的分布特点。这有助于了解不同区域、不同类型绿地的供水能力和需水情况，从而为蓝绿系统的协同发展提供依据。

蓝绿融合是基于两个子系统在建成环境条件下定量的平衡与互适，通过定量的计算提供准确的数据与量化指标，从而系统客观地理解绿系统与蓝系统间的关系，定化蓝绿系统的产汇流过程、水资源供需关系以及空间分异特征，为蓝绿协同关系的建立和优化提供科学的定量依据。

### 2）基于多层级汇水分区的产流定量

当前城市雨洪管控单元划分，多以埋设的雨水管网为基础，即首先以人为划分的行政管理区域为系统，以排水区作为管控单元展开，而城市排水、雨水等市政管网主要采用地埋方式铺设，几乎不占用地面空间，因此排水单元不能够有效地表现地形径流特征。排水分区划分方式的局限性，表现在缺乏对雨水在城市地表的自然进行的水文过程的理解及说明。相比于基于城市竖向条件所形成的水文单元，尺度不对等、边界不整合，因此基于管网埋设的城市雨洪管控单元，不足以体现地表的自然水文过程整体性和层次性。

雨水径流的控制利用多发生在地表，因此蓝绿空间布局应建立在空间条件与对径流过程的支持上，在此要求下区别于排水单元划分，应基于城市的竖向特征来划分城市水文单元。为统调雨水产汇流与绿地分布，需要明确雨水在城市竖向条件下的自然产汇过程。因此，蓝绿融合之前，需要系统整理及梳理城市水文过程，遵循水文过程的发生尺度，划分具有相对独立性、完整性、封闭性的城市雨水地表径流的研究单元。

### 3）基于多情景的蓝绿空间蓄滞定量

蓝绿空间的蓄滞能力可以在降雨事件发生时减缓径流流速、涵养雨水，并实现绿地对径流的可持续利用基于多情景的蓝绿空间蓄滞定量，充分利用蓝绿空间的蓄滞功能可以减少城市的水资源压力，改善城市环境质量。计算不同情景下的蓝绿空间蓄滞水量，包括河道、湖泊水位与容量、绿地的调蓄量等。通过评估水体的储水能力和水位变化情况，帮助制定水资源合理利用和供应策略。计算绿地的调蓄量可以评估绿地的水资源保持能力和降雨径流的控制效果，指导绿地规模与布局调控。

在日常情景中，城市蓝绿空间通过植被覆盖和土地表面的渗透来实现蓄滞过程。植被覆盖能够减少降雨对土地表面的冲击，拦截部分降雨并将其蓄存于植物叶面、枝干和根系中。土地表面的渗透作用使得一部分降雨能够渗透到土壤中，补给地下水。同时，城市蓝绿空间中的湖泊、水体等还可以蓄存一部分降雨水量。城市蓝绿空间在日常情景中具有良好的蓄水和调节水文的特征。植被覆盖和土地渗透能力能够减少地表径流的形成，降低洪峰流量，改善水质，提供水源补给。此外，城市蓝绿空间的植被和水体还能够减少城市热岛效应，降低气温，改善空气质量。

在极端情景下，极端暴雨或持续降雨可能超过蓄滞系统的承载能力，导致大量地表径流。此时，城市蓝绿空间主要通过拦截措施、增加水体蓄存容量以及排水系统的引导来减少洪水风险。拦截措施包括植被覆盖和建筑、道路等硬质表面的蓄存，以减少降雨对土地表面的直接冲击。同时，城市蓝绿空间中的湖泊、水体也能够承载更多的降雨水量，延缓径流的形成。在极端情景下，需要增强蓄滞系统的设计，包括增加湖泊、水体的容积以及改善排水系统的功能，以便更好地应对洪水风险。此外，城市蓝绿空间还需要与城市排水系统进行协调，确保有效地引导和排除超过承载能力的降雨。

### 4）建成环境绿地需水特性及其定量

受植物生长特性及土壤蒸发强度季节性变化的影响，在不同时间阶段，城市绿地生态系统所需灌溉用水量存在差别（图3-5）。而植被种类的不同也会导致城市绿地生态需水量的差别。此外，城市内部地区间的差异也会对城市绿地生态需水量的空间分布状态产生影响。

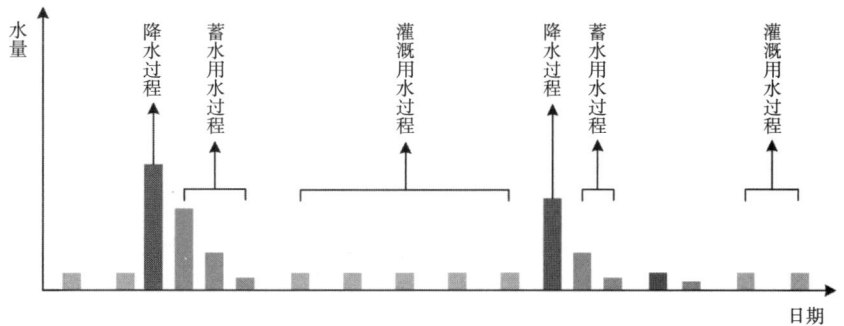

图3-5 降雨与绿地蓄用过程图示

不同植被物种具有不同的生长特性和水分蒸发速率。一些植物可能需要更多的水来生长，而一些植物可能对水分需求较低。因此，在研究城市绿地生态需水量时，需要考虑不同植被物种的水分需求差异，以便更好地满足其生长需求。土壤蒸发是城市绿地生态系统中水分流失的重要过程。不同土壤类型和土壤含水量会影响土壤的蒸发能力。因此，了解土壤的蒸发特性和土壤含水量的季节性变化，可以更准确地估算城市绿地的水分需求。

此外，城市内部地区的气候、环境和土壤条件都可能存在差异。这些差异会导致城市绿地生态需水量在空间上的分布状态也不同。例如，一些地区可能具有更高的降水量或更好的水资源供应，而另一些地区可能相对较干旱。因此，研究城市内部不同汇水分区内的绿地需水量可以帮助识别和解决城市绿地管理中的水资源分配不平衡问题。综合考虑植被种类、土壤需水量的基础上，对不同汇水分区内的绿地需水量进行估算。

## 3.2.2 空间定位：优化蓝绿生态资源的规模与分布

蓝绿空间的定位可以通过蓝绿互适的定量关系调控来实现低碳目标。具体来说，通过精确的定量分析和评估，可以确保蓝绿系统在城市中的合理规模和分布，从而最大限度地发挥蓝绿系统的生态效益，同时降低城市的碳排放。通过多情景的洪涝模拟，评估蓝绿系统在不同气候条件下的性能，形成蓝绿融合的空间分布结果，进一步优化蓝绿空间的规模和布局，实现蓝绿系统在各种在地条件下都能充分发挥低碳效益（图3-6）。如通过调节城市小流域内不同地区的水量分布，避免水资源在低洼地区过度集聚导致洪涝等问题。采取分散式小水库替代集中的大型水库，实现更有效的水资源调配，提高水资源的利用效率，减少能源消耗和碳排放。

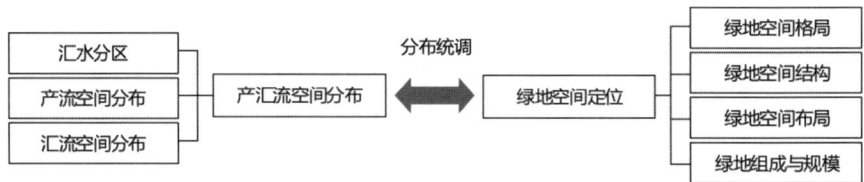

图3-6 产汇流空间分布与绿地空间定位耦合图示

### 1）基于蓝绿互适的定量关系调控蓝绿分布

针对城市绿地规模有限定的实际，科学合理地调配绿地的组成与分布，在量一定的前提下通过调整结构，以充分发挥绿地生态系统的协同效应，提升城市生态服务效能，具有重要意义。蓝绿融合度的目的在于定量地描述降水与城市绿地在规模与分布间的匹配程度。通过综合评价城市的产汇流状况、绿地的灌溉需求、绿地空间的综合调蓄能力，研判雨水与绿地的匹配程度，基于该指标调配绿地，从而建立降水与绿地在空间上的协同关联，促进雨水的均衡分布、矛盾分解，实现限定绿地规模下最大程度的源头促渗。依据蓝绿融合程度的多寡适度采取相应的绿地调整。在规划绿地或新增绿地总量一定的前提下，依据各选点所对应汇水范围的调配水量，作为绿地规模及分布增减调配的依据，以此建立产汇流与绿地间可持续的互适关系。

基于蓝绿互适的定量关系调控蓝绿空间，旨在将蓝绿系统的定量关联逐一对应形成空间上的调控依据，确保蓝绿系统在城市中的合理规模和分布，以实现水资源的最佳利用和生态过程的平衡。

具体而言，通过调节城市小流域内不同地区的水量分布，避免水量在低洼地区过度集聚导致洪涝等问题。如可以通过协同城市总体的竖向特征用分散式的小水库代替集中的大型水库实现水资源的调配等方式来实现。通过定量分析小流域内的水量分布情况，可以制定相应的调控策略，使水资源在整个区域内更加平衡地分布。蓝绿系统规模与分布的匹配关系，根据城市的具体情况来确定蓝绿系统的规模和分布。通过定量分析和评估，可以将蓝绿系统的规模与分布与城市的水资源需求和供给进行对应和调配。这有助于确保蓝绿系统的规模和分布与城市的需求相匹配，从而实现蓝绿融合的效益最大化。进一步通过进行多情景的洪涝模拟，可以评估蓝绿系统在不同气候条件下的性能，并校正蓝绿融合的空间分布结果。这有助于了解不同情景下蓝绿系统的适应能力，进一步优化蓝绿空间的规模和布局。

通过多重迭代和优化过程，可以实现蓝绿子系统在空间格局和生态过程上的互适与平衡。这种定量关系的调控可以确保蓝绿系统发挥最佳效益，同时保护水资源和维护生态平衡，形成协同、稳定的生态秩序促进城市生态体系的良性发展。

### 2）基于城市小流域竖向均衡预调节水量

基于城市小流域竖向均衡预调节水量的方法能够将雨水资源合理利用实现源头控制和绿地集约高效利用的双重目标。该方法通过在城市水文过程中考虑竖向条件，选择合适的汇水区域作为雨水的集中点，并根据该汇集点的总降雨量来确定绿地规模，层层截蓄径流，从而避免雨水全部汇集到最低点并产生集中矛盾。

匀化雨量并不意味着将雨水平均分配，而是根据竖向条件进行合理的雨水分配。通过选择合适的汇水区域，可以将降雨集中在该区域，然后根据该区域的汇水总量来安排绿地的规模。这样做的目的是避免雨水全部聚集到最低点，减少洪峰产生和水资源的浪费。

这种方法能够有效地缓解城市水资源时空分布不匀的问题，优化城市水文过程，并提高城市绿地的水资源利用效率。它充分考虑了城市地形、地势以及降雨特征等因素，实现了雨水的分散调配，减少了洪峰流量，降低了城市内涝风险。同时，通过合理配置绿地，还可以改善城市环境，增强生态系统的稳定性和韧性。

基于城市小流域竖向均衡预调节水量的方法，通过提取水文单元与径流路径、识别关键倾泻点，结合汇水范围进行水量分配，可以实现雨水的合理调配和城市水文过程的优化。这一方法考虑了地形、地势和降雨等因素，减少了洪峰流量和城市内涝风险，同时提高了绿地的水资源利用效率。

通过提取水文单元和确定径流路径，可以准确地了解城市小流域的地形特征和水文条件。这对于预测和模拟雨水径流的流动路径和过程至关重要，有助于制定合理的调节措施。在城市小流域中，存在一些重要的倾泻点，它们承担着将雨水从汇水区域排放到下游的关键任务。通过识别这些倾泻点，可以确定需要进行调节和控制的重点区域，从而有效地降低洪峰流量和减少城市内涝风险。城市小流域的不同区域具有不同的汇水范围和降雨量。根据汇水范围的大小和降雨情况，调节和分配水量可以使得每个倾泻点能够承担适当的水量。这样可以避免将全部雨水集中到某一点，减少洪峰流量，降低城市内涝风险，并保证城市正常排水。

这种调节水量分配的原理在于通过合理分配雨水，避免将全部雨水集中到最低点造成洪涝问题，减少洪峰流量并降低城市内涝风险。通过在城市小流域中选择合适的汇水区域作为雨水集中点，并根据汇水区域的总降雨量来确定绿地规模，可以实现雨水的分散调配。同时，结合绿地的规划和配置，还可以通过自然滞留、渗透或蓄水等方式减少雨水径流的产生和排放，提高水资源利用效率。

### 3.2.3 绿地定形：协同绿地形态及类型提高综合效能

蓝绿融合可以促进城市生态环境健康发展，绿地为雨水提供涵养、净化作用。在形态方面，绿地特征可以采用聚集度、连通度等指标加以衡量，既可反映绿地的格局，也可在一定程度上反映绿地调蓄地表径流的能力与雨水分布状况，因此，蓝绿融合规划通过优化绿地的形态，来提升综合生态效益（图3-7）。蓝绿融合优化城市绿地形态提高绿地生态系统效能，有效实现低碳目标，促进城市可持续发展，改善生态环境。

在绿地形态优化的基础上进一步确定蓝绿融合的绿地类型。以绿地的主导水文功能作为设计的核心，将绿地设计为可控制雨水径流和利用雨水资源

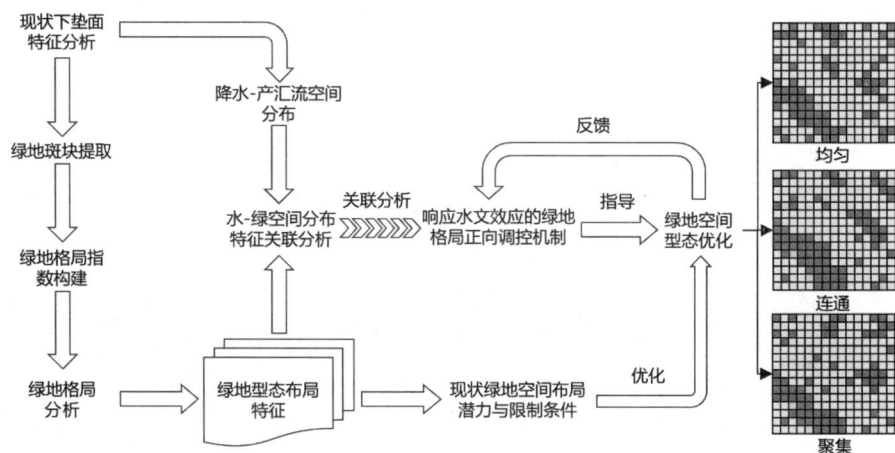

图3-7 绿地空间形态优化图示

的生态设施，使其不仅具有传统绿地的防护、生产、游憩和隔离等功能，还能够对城市雨水进行控制和利用，保障城市的水资源安全和生态环境健康，提高绿地的多种生态服务功能，从而减少能源消耗和碳排放。

### 1）基于格局评价优化绿地形态

蓝绿融合选择具有代表性的绿地格局指数，如连通度、均匀度、聚集度及蔓延度等，在规模及布局初步确定的基础上进一步优化城市绿地形态。"连通度"是指绿地之间的连通程度，也可以反映出绿地对地表径流的调蓄能力。若绿地之间的连通性较好，则有利于形成具有连续性的雨水调蓄系统；"均匀度"是指绿地在城市空间中分布的均衡程度，反映绿地作为地表径流的源头蓄滞空间的分散程度，均匀度高则表明绿地的分布更有利于地表产流后的就近利用；"聚集度"是指绿地的空间集聚程度，反映出绿地在城市中的分布格局，聚集度较高也表明其有利于提供更多的雨水涵养和净化功能，从而提高城市水资源利用效率和生态环境质量；"蔓延度"指征绿地由中心向四周的延展程度，绿地的蔓延度高反映其形态边缘能够更好地延伸至建设用地，更有效地与城市结构融合，发挥绿地蓄用径流等生态功能。通过对这些绿地格局指数的综合考虑和优化，可以有效提升城市绿地系统的生态效益和水文功能，促进城市的生态安全和水资源的可持续管理。

### 2）基于蓝绿融合的绿地定型

传统的绿地类型以使用功能为导向，表明绿地在城市中发挥的防护、生产、游憩以及隔离等功能作用。蓝绿融合下的绿地定型意在通过调配绿地的主导水文功能类型或增加绿色雨水设施，进一步提升绿地的雨水径流控制效率和雨水资源利用效率。蓝绿融合下的绿地类型划分为常规型绿地、集雨型绿地、传输型绿地与调蓄型绿地四类。基于蓝绿融合的绿地定型过程，首先基于不同区块的汇水区特征、产汇流空间分布和雨洪风险分布特征分析，在明确水绿规模定量、空间定位与定形的基础上，确定需调整绿地类型和水文功能的空间规模和位置；其次，依据不同类型绿地的水文承载能力和绿地蓄用水特征，某一位置的绿地可以结合其水文功能进行选择和调整。基于水绿的适应特征选择最佳的绿地类型配置模式，以应对其对应空间位置的水文问题，并将其作为城市绿地规划的重要依据。

常规型绿地主要用于人们的休闲娱乐和社交活动，对雨水的控制作用比较有限。集雨型绿地则是指通过表层渗透和地下渗漏将降雨水分散到土壤中，并将部分雨水收集储存，以减少径流量和提高地下水补给量。传输型绿地则是指连接不同区块的绿地，通过导流和调整水流方向来控制径流。调蓄型绿地则是指能够在雨季储存雨水，在旱季释放水源的绿地。这四种绿地类型各具特点，在绿地定型中需要根据不同区块的需求选择最适合的绿地类型。

在绿地定型的过程中，需要进行汇水区特征、产汇流空间分布和雨洪风险分布特征分析，以确定绿地类型和水文功能调整的空间规模和位置。基于前述环节分析出不同区块的汇水面积和流量，评估其对应的雨洪风险等级，以此选择相应的绿地类型和水文功能调整方案。每一种绿地类型都有其独特的水文承载能力和绿地蓄用水特征，因此需要根据不同类型绿地的特点进行选择和调整。例如，集雨型绿地需要具有较好的渗透性和储水能力，可以通过调整土壤材质和加装蓄水设施等方式实现；传输型绿地需要具有良好的导流和分流能力，可以采用改造植草沟、加装排水管道等方式实现。

在选择最优绿地类型配置模式时，需要充分考虑不同类型绿地间的协同作用和相互支持关系，以达到最优的雨水控制和利用效果。同时，还需要考虑绿地的空间位置和周边环境的特征，以确保绿地在城市生态系统中发挥最大的综合效益。如在城市密集区域，常规型绿地可以发挥其社会服务功能，提供人们的休闲娱乐和社交活动；而在水文功能需求较高的区域可以根据水绿空间耦合度，依据绿地规模、分布、形态及竖向特征因地制宜配置绿地，以实现更好的雨水控制和利用效果。集雨型绿地的主要作用是通过分布式调控和利用雨水径流，减少径流量并促进绿地对雨水就近蓄滞、源头促渗。在选择集雨型绿地的位置时，考虑产流源头区的特征，例如汇水面积、降雨量、土壤类型和地形等因素，以确定绿地的具体形态，并配以适宜的水文功能设施。传输型绿地适用于具有竖向变化及带状形态特征的区域。这种绿地可以组织和疏导径流，将雨水从高处引导到低处，最终将水流导向下游河道或蓄水设施。在选择传输型绿地的位置时，需要考虑竖向变化较大的区域，以便设计出符合地理特征的绿地形态，并考虑绿地与周边环境的协调性。调蓄型绿地可以集中控制和利用雨水资源。在选择调蓄型绿地的位置时，需要考虑汇流末端的绿地特征，以及附近是否存在蓄水设施等。通过合理地配置调蓄型绿地，可以最大限度地减少城市内部的雨水径流和洪峰流量，并提高绿地对雨水资源的利用效率。

针对不同区块的需求，选择适宜的绿地类型是实现水绿空间耦合的重要手段，也是实现城市生态化建设的关键环节。在选择绿地类型的过程中，需要充分考虑场地特征、水文承载能力和绿地蓄用水特征，以达到最优的雨水控制和利用效果，从而减轻城市绿地在运维管护过程中的碳排。

### 3.2.4　蓝绿灰协同：灰色系统代偿作为蓝绿融合的补充

我国城市广泛的雨污分流体系使作为灰色基础设施的雨水管网系统具有

充分利用径流水资源的潜力。灰色的雨水管网系统作为蓝绿融合的补充，在硬质化的城市建成区内起到地表径流的传导作用，将地表径流等水资源分布式传输至城市绿地或水体中。用好灰色系统作为代偿性设施补充链接蓝绿空间的生态过程，提高蓝绿系统的生态效能，是减轻碳排的一种高效的措施（图3-8）。

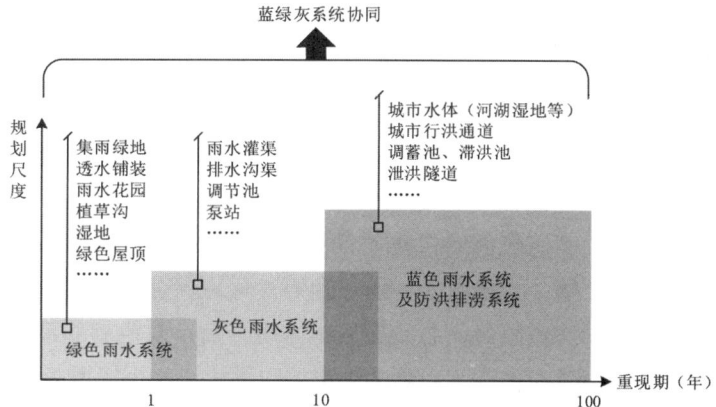

图3-8 蓝绿灰系统协同图示

### 1）灰色雨水管网系统实现分布式传输功能

在中国的城市规划和建设中，广泛采用了雨污分流体系，将雨水和污水分开处理。这种体系使得作为灰色基础设施的雨水管网系统具有充分利用径流水资源的潜力。

雨污分流体系是雨水管网系统收集径流水资源的基础。在雨水管网中，通过传输径流、设置收集井、截流井等设施，可以有效地传输、收集和储存雨水。这些雨水可以应用于绿地灌溉、景观用水等，实现了对径流水资源的充分利用。特别是在干旱地区或水资源紧缺的地方，雨水管网系统的利用可以缓解水资源压力，达到节约用水的目的。

此外，雨污分流体系还有助于改善城市的水环境质量。通过雨水管网系统的收集和处理，可以去除雨水中的污染物，净化雨水并最大限度地保持水体的清洁。通过将雨水和污水分开收集和处理，可以避免雨季期间大量雨水导致污水处理设施超负荷运行的问题。这不仅提高了污水处理的效率，还降低了处理成本。

灰色的雨水管网系统作为蓝绿融合的补充，能够在硬质化的城市建成区内起到地表径流的传导作用，将地表径流等水资源分布式传输至城市绿地或水体中。

传统的城市建设往往采用大量的硬质化材料，例如混凝土路面、建筑物等，导致了大量的地表径流无法渗透入土壤中，形成了水文循环的破坏。而灰色的雨水管网系统则通过收集和导管的方式，将地表径流有序地引导和传输至合适的地点，以实现水资源的合理利用。

灰色的雨水管网系统将收集到的地表径流分布式传输至城市绿地或水体中。通过合理设计管网的布局和路径，可以将地表径流有序地引导至需要补给水源的绿地、湿地、河流等区域。这样不仅可以滋润绿地植被、维持生态平衡，还可以补充水体的水量，提高水体的自净能力。

灰色的雨水管网系统通过设计和布置雨水收集设施，如收集井、截流井等，将地表径流有效地收集起来。这些设施可以将雨水从建筑物屋面、道路等硬质化表面收集到管网中，避免了地表径流的汇聚和积水问题。同时，灰色管网系统还可以通过设置沉砂池、沉淀池等处理设施，去除雨水中的悬浮颗粒和污染物，提高雨水的质量。

灰色的雨水管网系统还具备一定的调蓄和调控能力。通过设置调蓄设施，如蓄水池、调节池等，可以储存雨水并适时释放，以满足城市用水、冲洗道路等需求。在城市排洪方面，灰色管网系统可以通过设置溢流口、泵站等设施，实现雨洪的调控和排放，减少城市内涝的发生。

### 2）绿灰协同构建高效生态体系与节能减排

将灰色系统作为代偿性设施补充链接蓝绿空间的生态过程，可以提高蓝绿系统的生态效能，并且是降低碳排放的一种高效措施。

灰色系统可以提高蓝绿系统的生态效能。蓝绿系统包括城市绿地、湿地、河流等自然环境，它们在吸收$CO_2$、净化空气、调节温度等方面具有重要作用。通过将灰色系统与蓝绿系统相结合，可以实现雨水的分布式传输，将水资源有序地引导至蓝绿空间中，促进植被的生长和生态系统的恢复。这样不仅可以增加蓝绿系统的面积和功能，还可以提高其对碳排放的吸收能力，减少温室气体的排放。

灰色系统还可以减少城市的洪涝风险。在城市建设中，大量的硬质化表面导致地表径流无法迅速渗透，容易引发洪涝问题。通过灰色系统的设计和应用，可以将雨水有序地收集、传输和调蓄，有效地减少地表径流的积聚，降低城市内涝的风险。

灰色系统可以通过收集和利用雨水来减轻城市的水资源压力。在城市建设中，灰色系统通过收集并利用雨水，将其引导到绿地、湿地等蓝绿空间中。这样可以减少城市对传统供水系统的依赖，降低抽取地下水或引水的需求，从而减轻水资源的消耗。

灰色系统的使用可以减少能源消耗和碳排放。传统的排水系统通常需要使用泵站等设备来排放雨水，消耗大量的能源并产生碳排放。而通过合理设计和利用灰色系统，可以最大限度地利用自然力量，如重力和自然流动，减少对能源的需求，从而减少碳排放。

建成区硬质下垫面主要是建筑物屋顶、高架桥立体交通和路面等，通常采用硬质结构，缺乏对生态环境的深入考虑和设计。这种非生态化的硬质下垫面导致城市生态系统受损，阻碍了土壤的自然透水性，妨碍了植被的生长，降低了植被的碳汇效能。同时，欠生态化的硬质结构通过表面的反射和吸热效应加剧了城市的热岛效应，增加了城市的碳排放。因此，为解决上述问题，对硬质下垫面的生态化规划显得尤为迫切，以此推动城市向更为可持续和生态友好的方向发展。

## 3.3.1　硬质下垫面类型及其特征

硬质下垫面在人居环境中是指建筑物屋顶、高架桥立体交通以及路面等具有硬质结构的地面覆盖物。生态化规划可以通过设置绿色屋顶、增加绿化覆盖、采用透水铺装等措施，吸收$CO_2$、净化空气，同时降低城市热岛效应，从而减少能源消耗以及温室气体排放，提高硬质下垫面的增汇减排效益。因此，在人居环境生态景观规划中，对硬质下垫面的生态化规划能够直接影响城市的碳平衡，有助于实现城市的低碳、可持续发展目标。

### 1）屋顶

屋顶作为建筑物的重要组成部分，其硬质下垫面通常由混凝土、金属、瓦片等材料构成。在城市规划中，屋顶的增汇减排效益往往易被忽视，但通过生态化规划，可以将其转化为绿色空间，植被固定$CO_2$并释放$O_2$，从而提高城市生态系统的服务功能，增强屋顶的碳汇能力。同时，对于屋顶的生态化规划可以降低热岛效应、净化空气、增加生物多样性等，间接减少与碳排放相关的能源使用。

绿色屋顶的增汇能力与植被的类型、土壤基质类型和厚度等因素均有较大关系。简单式和复杂式绿色屋顶对$CO_2$的吸收和固定能力平均约为$0.365kg/（m^2 \cdot a）$，绿化屋顶的植被类型、土壤基质的类型和厚度等均能影响屋顶绿化系统的固碳释氧能力。

绿色屋顶同时具有保温、缓解城市热岛效应、减少空气污染物排放、$CO_2$封存等优点。通过其植物的遮阳和蒸腾作用吸收空气中的热量，降低屋顶表面和周围环境空气温度，在一定程度上降低了其所处建筑的能耗，减少了产能相关的碳排放。2007年的一项检测表明，实施了绿化芝加哥市政厅屋顶温度仅为21℃，而邻近的屋顶温度则高达40℃。绿色屋顶项目的成功促使芝加哥进一步扩大行动。2008年，芝加哥市发布了气候行动计划：到2020年，芝加哥将建成6000座绿色屋顶；同时，在1990年基础上减排25%的温室气体，到2025年减排80%（图3-9）。可见，大型绿化屋顶的安装可以大

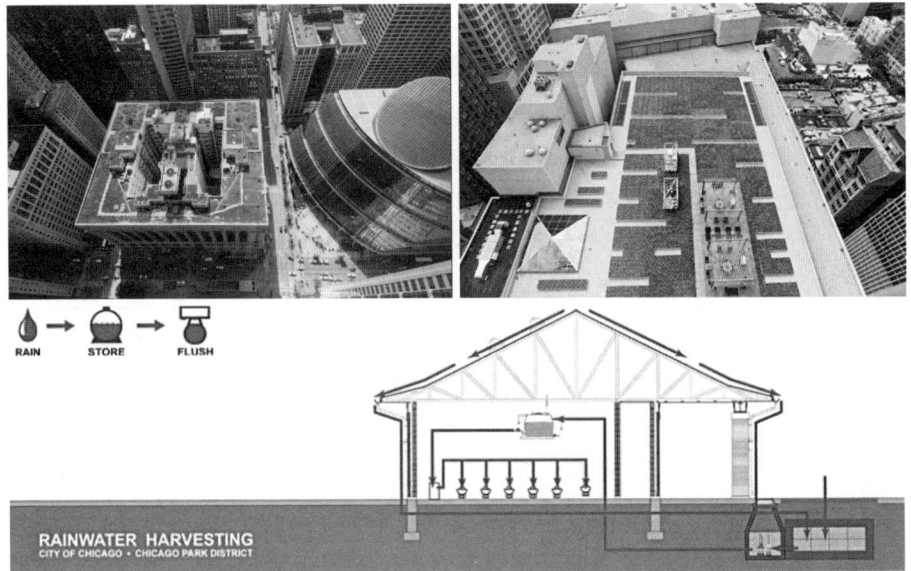

图3-9 美国芝加哥绿色屋顶
（来源：City of Chicago and Hitchcock Design Group）

大减少能源消耗，降低大气中的$CO_2$浓度。而简单式屋顶绿化系统亦可每年节省空调能耗$6.307kWh/m^2$。参考我国煤电碳排放系数，可减少$CO_2$排放量$6.118kg/（m^2 \cdot a）$。

绿色屋顶对雨水径流的减排能够有效减少城市排涝泵站的运行负荷，间接减少碳排放量。雨水提升泵站所用电耗与单位提升流量的关系为$45.50 \sim 54.40kWh/1000m^3$，参考我国煤电碳排放系数，排水泵站运行$CO_2$排放量为$44.135 \sim 52.768kg/1000m^3$。绿色屋顶能够去除径流中污染物，降低雨水处理所需要的能耗从而减少碳排放。经污水处理厂处理单位COD所需电耗不同，其加权平均耗电为$0.330 \sim 0.360kWh/kg$，参考我国煤电碳排放系数计算，为$0.321 \sim 0.351kg/kgCOD$。

### 2）高架桥立体交通

高架桥作为城市交通枢纽的一部分，其下垫面通常由钢筋混凝土、钢板等硬质材料构成。这些结构对于城市交通至关重要，但也可能导致土地资源的消耗和生态系统的破坏。因此，高架桥生态化规划需要考虑立体空间的合理利用，通过绿色空间的植入，最大限度地减少土地资源的消耗，提高土地的多功能性，增强土壤与植被的碳汇功能。同时，对于雨水系统的合理规划，能够降低城市对外部水资源的依赖，减少雨水径流对城市水体的污染，实现排水的可持续管理，减少与灌溉、净化相关的能源使用。

高架桥的增汇减排效能与立体绿化及雨水系统规划息息相关。立体绿化作为改善城市环境的有效手段，通过在高架桥上种植植物，不仅能够增加城

图3-10　中国台湾台中绿色走廊立体绿化
（来源：Mecanoo事务所）

市绿地面积，还能缓解城市热岛效应，同时具有增汇与减排功能（图3-10）。而雨水系统规划也是高架桥建设中不可忽视的一环。合理的雨水收集和利用，不仅能够减少城市洪涝灾害，还能实现水资源的循环利用，提高水资源利用效率，减少碳排放。

以宁波杭州湾大道跨十一塘江桥梁工程项目为例，绿化植物吸收了其全生命周期的0.4%碳排放。而深圳国际低碳城重视桥跨绿化建设，在高桥立交、盐龙大道、教育路、丁山河等符合立体绿化施工条件的人行桥、立交桥、快线桥、跨河桥等各类桥梁防护栏内侧或外侧实施立体绿化，结合其他类型的立体绿化，加入立体绿化后比常规绿化固碳量、释氧量增加90%以上。

高架桥雨水系统对雨水径流的减排可有效减少城市排涝泵站的运行负荷，间接减少碳排放量。在虹桥综合交通枢纽工程建设中，秉承节能减排的设计理念，以"雨水资源化、处理就地化、系统生态化、成本最小化"为设计原则，在高架雨水浅层蓄渗方面作出了尝试。在近600m的高架道路下景观隔离带内，设置了有效容积为1290m³的浅层蓄渗装置，可对13 200m²高架道路全年75%的雨水径流进行就地蓄渗，实现了间接减排。天津卫昆桥通过下沉式绿地、透水铺装、人工湿地、雨水花园、高位花坛、种植池等低影响技术设施的共同作用共能调蓄5783.4m³的雨水资源，降低了城市内涝风险，水资源短缺问题也得到缓解。

### 3）路面

城市道路作为交通运输的主要通道，路面主要由沥青、混凝土等硬质材料构成。传统的道路建设会导致雨水径流、热岛效应等问题，因此生态化规划可以通过透水铺装、绿色隔离带、路缘绿化等方式，将道路硬质下垫面转化为具有生态功能的景观，减少水资源浪费，增加绿地自灌溉，减少碳排。

2016年7月7日雨后5小时天保街周边城市道路路面情况

城市道路的增汇减排效能与海绵系统规划息息相关。通过径流削减、排水管网优化、污染物削减等，可降低各类碳排，对实现碳中和目标具有重要意义。南京天保街设计区域24h降雨量≤116.6mm时，生态路海绵系统能够实现100%就地消纳降雨，不生成地表径流。当24h降雨量＞116.6mm，结合灰色系统可以迅速将过量雨水排出（图3-11）。而南京紫东核心区海绵城市道路雨洪控制项目，综合城市道路的植物固碳、径流削减降低泵站能耗碳减排、排水管网管径优化碳减排、污染物削减碳减排、缓解城市热岛效应、降低空调能耗碳减排和环氧沥青混合料碳减排可以计

2016年7月7日雨后5小时天保街生态路路面同时段照片

图3-11　2016年7月7日雨后5小时天保街周边道路及生态路路面对比

算得到，研究区域年综合碳减排量为30 923.85～32 901.55t，具有显著的固碳减排效能。

## 3.3.2　城市屋顶的生态化规划

在快速城市化进程中，城市生态问题正日益受到重视。随着城市地面空间的逐渐饱和以及过度利用，对于生态空间的潜力评估已经不再只停留在地面空间，而上升到了城市立体空间。作为建筑"第五立面"的城市屋顶，在城市生态空间的挖掘和保护上起了补充作用。城市屋顶的生态化规划在增加城市绿量、缓解热岛效应等方面发挥重要作用，进而为城市碳中和助力。因此，需要建立合理的城市屋顶生态化规划框架，以拓展城市绿色空间，促进城市绿地均衡布局，改善城市人居环境。

### 1）城市屋顶现状评价

（1）评价体系构建

城市生态结构及屋顶资源的建筑属性等要素都会直接影响城市屋顶规划，进而间接影响增汇减排能力。因此，建立一套科学、合理、适用于建成区的城市屋顶生态化规划影响因子体系至关重要。在综合效益影响层面，不同屋顶绿化类型可减少60%～100%屋面雨水径流，降低城市的内涝风险，减

轻城市的排水压力。随着城市屋顶绿化覆盖率的升高，夏季温度峰值会显著减少，对建筑的降温作用能够显著减少建筑物的碳排放。参考已颁布的城市立体绿化技术规范、种植屋面工程技术规程，结合规划分区与建筑分类建立屋顶生态化规划潜力综合评价体系（表3-2）。

屋顶绿化实施潜力评估体系 表3-2

| 影响因子 | 评估因子 | | 评估标准 |
|---|---|---|---|
| 规划分区层面 | 生态结构完善 | 城市生态框架 | 生态廊道、生态节点等优先 |
| | 城市功能优化 | 城市功能结构 | 重要节点、重点片区等优先 |
| 建筑分类层面 | 公共服务需求 | 景观提升需求 | 航空起降通道、重要道路等优先 |
| | 环境改善需求 | 建筑改造需求 | 老旧小区、工业建筑等优先 |
| | | 城市内涝程度 | 内涝严重区优先 |
| | | 城市热岛强度 | 热岛严重区优先 |
| | | 微气候环境 | 高密度、高层密集区优先 |
| | 建筑属性特征 | 建筑高度 | 12层或40m以下优先 |
| | | 建筑年代 | 20年以内房龄建筑优先 |
| | | 建筑类型 | 公共、商业、产业建筑优先 |
| | 建筑产权归属 | 建筑产权属性 | 公有、集体所有建筑优先 |

（来源：董菁，等，城市再生视野下高密度城区生态空间规划方法——以厦门本岛立体绿化专项规划为例[J].生态学报，2018.38（12）：4412-4423.）

（2）潜力空间分级

在界定屋顶生态化潜力时，要着重考虑建成区的生态化屋顶不仅需具备良好的改建条件，还应能够形成连续的、可提供较高生态系统服务效益的生态空间。因此，依据影响因子权重建立评估方法，对研究区进行权衡分析。首先划分规划分区，以形成连续高效的生态空间：结合规划与现状空间数据，划分构成城市基本生态框架的区域为重点区，优化城市功能、满足公共服务、具有环境改善需求的区域为重要区，其他为一般区；其次明确建筑分类，确定具备改建条件的建筑类型：根据建筑物属性特征、产权归属情况，将低层公共、商业、产业建筑划分为高适类，将低层居住、交通、其他建筑和中层公共、商业、产业、居住建筑划分为中适类，其他可绿化建筑划分为低适类；最后确定分级权衡值，优先考虑建筑类型的基础上，结合规划分区进行加权：考虑到原则上全面实施屋顶生态化策略，建筑类型权重略大于规划分区权重，将分区从一般、重要到重点分别取1、3、5的权重，将分类从低适、中适到高适分别取2、4、6的权重，将两类权重进行叠加分析。

### 2）城市屋顶生态化规划框架

（1）城市屋顶生态廊道

衔接生态源地，连接潜力空间，形成城市屋顶生态廊道。生态源地是生态空间中的核心区域，属于禁止开发建设区域，作为保障生态系统服务的重要基础，为城市提供了一个自然的碳库。而生态廊道是指在生态空间网络的基础上，各个源地之间生物要素迁移的通道，不仅是各生态斑块之间保持生态流和生态功能连通的载体，更是碳流动和碳储存的重要通道。通过规划潜力空间内的生态化屋顶，与周边生态源地起到连接与传输的作用，形成生态廊道，最终强化生态屋顶与城市生态源地的衔接，提高城市固碳减排能力。

（2）城市屋顶生态节点

生态节点是指在景观空间中连接相邻生态源地、并对生态流运行起到关键作用的区域，一般分布于生态廊道上生态功能最薄弱处，起到巩固、加强作用。通过潜力空间分级，将屋顶生态化潜力区域划分重要区域和一般区域。其中，热环境急须改善、截流排污需求较高、道路密度较大的区域被划分为重要区域。这些基于生物多样性、雨水截留、空气净化、热气候调节等多方面因素筛选出的绿色屋顶修建重要区域，对城市核心区域生态退化、景观破碎化以及生态系统服务下降等现象有着缓解的作用，有助于恢复和增加原有绿地的景观板块功能，对其的生态化改造能直接影响到城市的增汇减排效果。

图3-12　美国芝加哥绿色屋顶城市设计综合方法降低地表温度
（来源：City of Chicago and Hitchcock Design Group）

（3）城市屋顶三维网络

衔接屋顶生态节点与地面城市空间，扩展城市空间地形地貌。通过建立绿化屋顶、种植植被或安装太阳能板等手段，垂直上升城市生态系统，为城市增加了新的生态层面，不仅增加了碳汇能力，还减少了能源消耗和碳排放。这些生态节点应与地面城市空间有机衔接，例如设置绿色立体连接通道、楼梯或电梯，使人们可以流畅地从地面空间到达屋顶生态节点，促进城市居民参与和利用这些生态空间。在建筑立面和公共设施上引入垂直绿化，使城市立体空间得到更充分的利用，同时利用这些垂直绿化结构作为城市生态网络的一部分，将地面的生态系统与垂直的屋顶生态节点连接起来。这种垂直发展不仅增加了城市内的绿色覆盖面积，还促进了各个生态系统之间的协同作用。这些生态系统的协同运作，包括植物吸收$CO_2$、改善空气质量、降低热岛效应（图3-12）等，共同提高了城市的碳汇能力。

### 3）城市屋顶生态化规划策略

**（1）构建生态化屋顶分级导则**

分级建立绿色屋顶生态廊道。以不同级别的道路形成对应的绿色屋顶廊道，呈现为"主要廊道—次要廊道——般廊道"的三个层次。依据与生态源地的距离，设计不同的屋顶植物群落组合，以确保植物的多样性和适应性，同时考虑其碳汇能力和生态服务功能。充分发挥主要廊道和次要廊道的物质与流量流通作用，为城市飞禽类、昆虫类动物提供落脚点和觅食点，也为城市中的碳循环提供重要的生态通道。

**（2）扩大及优化城市屋顶生态节点**

在生态廊道交叉点和潜力区域聚集点形成绿色屋顶生态空间节点。生态节点不仅是生物流聚集的关键性部位，还是城市生态网络的重要组成部分。在原有绿化的基础上，通过重建建筑屋顶空间，实现物质流量流通的连续性增强，进而提升整个城市生态系统的稳定性和韧性。在节点区域内，以生态恢复和植物景观营造为主。通过选择具有高效碳吸收能力的植物种类，构建多样化的植物群落，显著提高绿色屋顶的碳汇能力。

**（3）发展三维垂直海绵系统**

通过垂直绿化工程，增加屋顶层、空中层与已有的地面绿化的多维度连通性，提高生态系统的网络化程度。衔接建成区既有的地面绿化系统，串联立体绿化与公园绿地、景观绿地、防护绿地，形成多维度绿化生态廊道。

通过垂直排水管网，构建屋面雨水收集系统。系统采用截污滤网、初期雨水弃流装置等控制水质，去除颗粒物、污染物，确保收集到的雨水可应用于灌溉等用途，实现水资源的循环利用。

### 4）城市屋顶生态化规划案例

**（1）西班牙马德里都会区绿色屋顶安装规划**

马德里作为西班牙首都，是一个拥有318万人口的大都市，其地理特征和过度城市化导致了显著的城市热岛效应，夜间与周围地区的温差可高达10℃，同时，近年来频发的严重污染事件也加剧了环境挑战。城市设计影响风向流动，阻碍污染物扩散，全球气候变化引发的降水量变化又加剧了极端天气事件的出现。鉴于此，马德里成为实施绿色屋顶策略的理想地点，以期通过增加绿色空间来改善空气质量，减轻热岛效应，提升生态连通性。

该规划提出了一种四阶段的方法论来规划绿色屋顶的布局（图3-13）：首先，分析城市的环境状况，选取受污染、交通拥堵、绿地缺乏以及人口密集度高的街区作为目标；其次，利用LIDAR技术（光探测与测距）结合数字地形模型，识别出符合高度和屋顶类型条件的建筑，以确定适合安装绿色屋顶的候选区域；接着，采用连接性分析技术筛选出最优化的屋顶，确保绿色

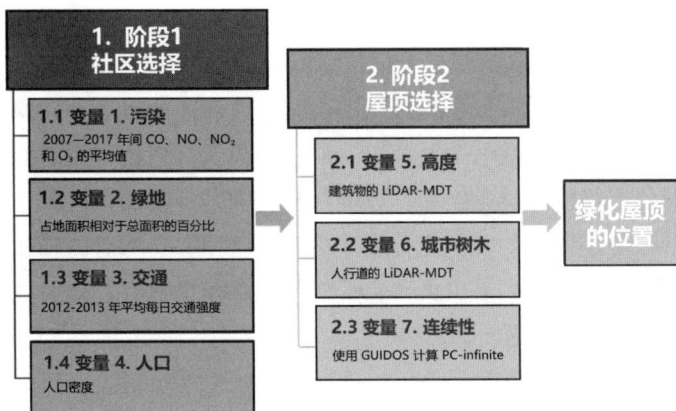

图3-13 西班牙马德里绿色屋顶定位方法图
（来源：改绘自Planning and selection of green roofs in large urban areas. Application to Madrid metropolitan area（Velázquez J 2019））

屋顶的设置能最大化地增强城市景观的生态连通性，便于动植物物种的传播，改善空气质量；最后，评估绿色屋顶给城市环境与社会带来的综合效益。

研究针对马德里都会区绿色屋顶的规划与选址提供了一个系统性的方法论，该方法结合了环境数据分析、现代遥感技术以及生态学原理，旨在通过科学规划绿色基础设施来应对城市化带来的环境挑战。通过优先在环境问题突出的中心区域部署绿色屋顶，不仅能够有效缓解城市热岛效应，提升空气质量，还能促进生物多样性和生态系统的健康，最终推动马德里乃至其他大型城市走向更加可持续的发展道路。该研究不仅展示了绿色屋顶在城市规划中的重要性，也为其他城市提供了可借鉴的实践模式，强调了将自然融入城市生活空间、实现人与自然和谐共生的城市发展理念。

（2）西班牙巴塞罗那绿色屋顶决策分析

巴塞罗那作为一个欧洲高度密集和紧凑的城市，其居民迫切需要更多绿色空间来缓解城市热岛效应、提高生活质量。然而，城市中的绿地人均占有率极低，仅7m²/人（中心区），这远低于欧洲平均水平。此外，城市扩张导致的绿色空间缺失和环境退化问题，促使政策制定者寻找有效的解决方案。绿色屋顶的推广被视为缓解这一系列环境问题的关键措施之一。在这样的背景下，西班牙巴塞罗那研究了一种决策分析工具（图3-14），旨在科学指导绿色屋顶的建设，以解决市民需求并优化城市环境。

该研究创新性地开发了一种空间多准则筛选工具，用于指导巴塞罗那绿色屋顶的规划和设计。具体方法包括：①需求分析：首先，通过专家咨询和空间指标来定义城市范围内生态系统服务的需求空间分布。这些指标反映居民对不同生态服务的需求强度，并根据社会生态评价标准进行空间界定。②绿色屋顶设计优化：研究考虑了五种绿

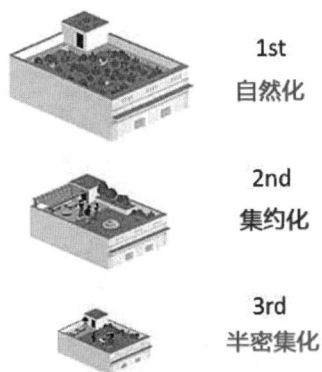

图3-14 西班牙巴塞罗那绿色屋顶优化策略
（来源：改绘自Creating urban green infrastructure where it is needed−A spatial ecosystem service−based decision analysis of green roofs in Barcelona（Johannes Langemeyer 2020））

色屋顶设计类型，并评估其在不同区域提供的生态系统服务潜能。通过专家工作坊和概率分析，量化了每种设计在不同需求区域的潜在效益。③决策支持：研究利用贝叶斯信息网络和多准则决策分析，将十五项空间指标与五种设计类型相结合，形成一个灵活的决策支持系统。该系统不仅考虑了物理条件和生态效益，还融入了当地专家的反馈，以确保决策的科学性和实用性。

研究发现，巴塞罗那的大部分屋顶（87.5%）最适合采用自然化屋顶设计，因为这种设计在提供生态服务方面表现最优，特别是在提供栖息地、促进授粉和温度调节方面。在一些中心区域，密集型屋顶则被认定为更优选项。而菜园型屋顶虽然在实际需求评估中得分不高，但因其潜在的社会和健康效益，在专家评价中获得高分。巴塞罗那的绿色屋顶决策分析研究不仅为城市提供了具体的操作路径，还为全球城市如何科学、高效地利用绿色屋顶以应对城市环境挑战树立了典范，为城市再生和可持续发展策略的制定贡献了重要智慧。

（3）中国厦门本岛立体绿化专项规划方法

随着中国快速城市化进程的推进，城市高密度区域面临着生态空间短缺和布局分散的严峻问题，这对生态环境造成了显著影响。在此背景下，中国厦门本岛的立体绿化专项规划研究应运而生，旨在通过城市再生的视角，在土地资源紧张的情况下，探索高密度城区生态空间的构建方法，利用屋顶绿化作为补充和完善城市绿地系统的有效途径。

厦门本岛生态环境问题尤为突出：生态空间匮乏、布局碎片化，热岛效应显著，内涝频繁，且人均公园绿地面积远低于规划标准。针对这些问题，研究团队提出了屋顶绿化作为生态基础设施的重要组成部分，以期在有限的土地资源上，通过垂直空间的利用，增强城市生态功能，缓解环境压力，提升城市居民的生活质量。

规划首先对厦门本岛的屋顶存量资源进行了统计，结果显示，虽然屋顶绿地率仅为2%，但有81.3%的未绿化屋顶适宜进行绿化改造。通过对屋顶存量的潜力评估，将厦门本岛划分为重点区、重要区和一般区，并对建筑进行了高适类、中适类、低适类和不适类的分类。据此，规划团队制定了屋顶绿化实施的差异化导则，并提出了"全域空间、重点片区、多维网络"的规划布局策略，以屋顶绿化作为生态空间网络的补充，与城市绿地系统形成互补。

厦门本岛通过屋顶绿化规划（图3-15），不仅在微观层面上增加了生态空间，改善了局部微气候，而且在宏观层面上，与绿地系统结合，形成了"一心双环八廊、多线多片多点"的立体生态网络结构，为高密度城区生态空间的优化提供了科学的规划基础。该规划方法强调了规划分区与建筑分类相结合的自上而下宏观引导，同时也注重自下而上的建筑层面的实施细节，确保规划的合理性和可实施性。

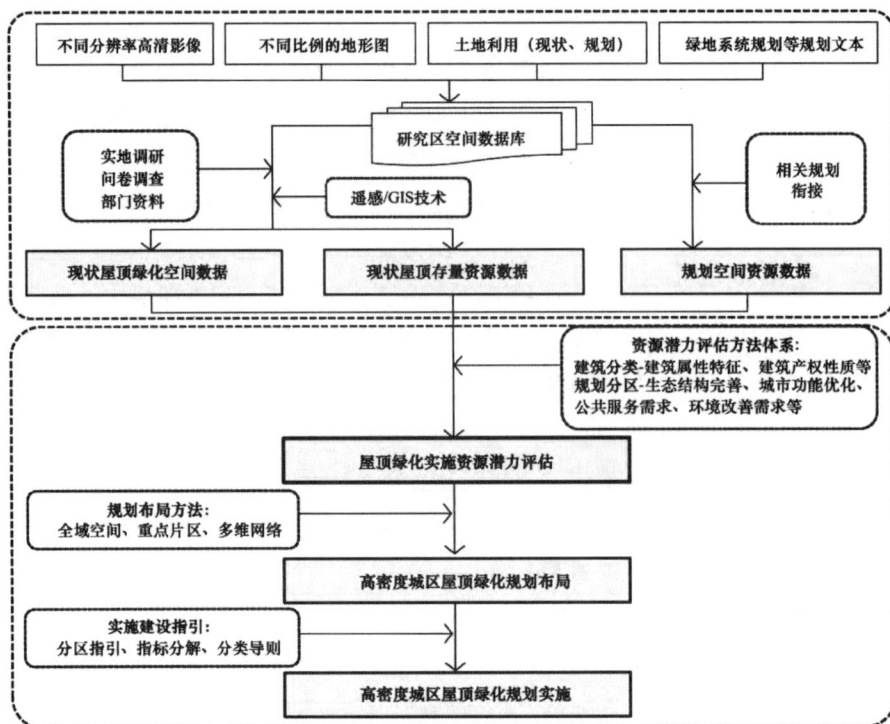

图3-15　中国厦门本岛立体绿化专项规划技术路线图
（来源：董菁，左进，李晨，等. 城市再生视野下高密度城区生态空间规划方法——以厦门本岛立体
绿化专项规划为例[J]. 生态学报，2018，38（12）：4412-4423.）

### 3.3.3　高架桥立体交通的生态化规划

#### 1）高架桥立体空间现状评价

（1）评价体系构建

高架桥类型、交通功能及雨水调蓄能力等因素均影响高架桥立体交通生态化潜力。高架桥通过绿地和各种低影响技术设施的运用，在绿化方面，让雨水充分与土壤接触，创造雨水自然循环条件，一方面自然下渗，补充地下水，另一方面自然蒸发，调节空间微气候。植物的根系净化雨水，叶片吸收大量的汽车尾气等空气污染物，净化空气，阻滞灰尘，提高空气质量，创造环境效益。在雨水利用方面，通过雨水收集技术设施被引入绿地进行下渗，或引入蓄水设施进行收集，城市内涝风险降低，雨水得以收集，水资源短缺问题也得到缓解，径流污染得到控制，降低因解决水问题而产生的碳排。

（2）潜力空间分级

在界定高架桥生态化潜力时，要着重考虑让高架桥连接城市绿地，形成连续的、能够提供较高的生态系统服务效益的生态空间，同时考虑区位对于雨水利用的能力。因此，依据影响因子权重建立评估方法，对研究区域进行权衡分析。首先划分规划分区，以形成连续高效的生态空间：结合规划与现状空间数据，划分构筑城市基本生态框架的区域为重点区，优化城市功能、满足公共服务、具有环境改善需求的区域为重要区，其他为一般区；其次明确高架桥功能、重要等级；最后结合汇水分区分析，考虑高架桥功能、重要等级，结合规划分区进行加权。

### 2）高架桥立体交通生态化规划框架

#### （1）高架桥立体绿化规划

城市高架桥立体空间是城市空间的重要组成部分，主要由桥体和桥下空间组成，还包括周边相关的附属延伸空间。因城市高架特殊的形态，使高架桥绿化景观具有立体性，这是高架桥景观的特殊优势。因此，对高架桥立体交通的生态化规划要重点把握桥体结构与其适合的绿化景观要素的对应规划（图3-16）。

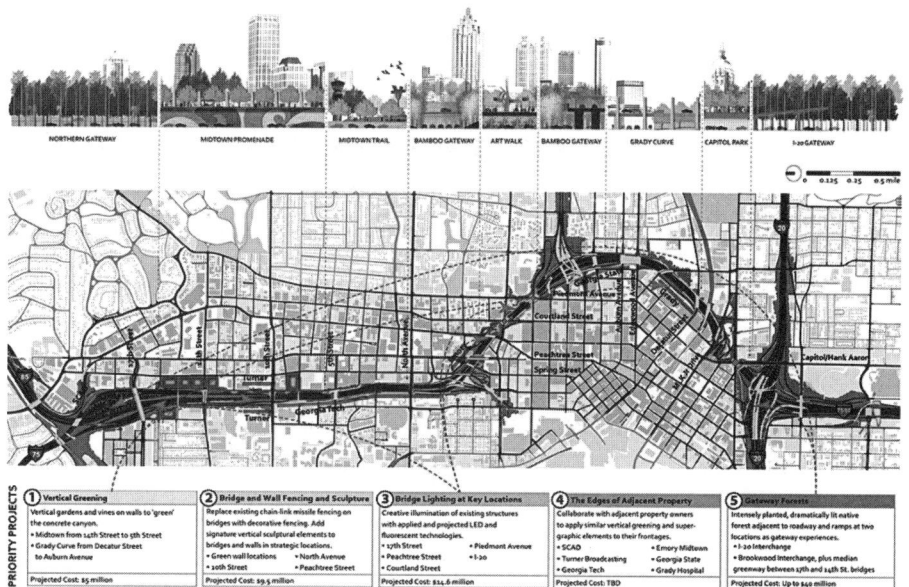

图3-16 美国亚特兰大洲际公路75/85"高速公路艺术博物馆"生态化规划示意图
（来源：SWA景观设计事务所）

桥梁位于支座以上的部分称为桥梁上部结构，而上部结构主要包括桥跨结构与桥面构造两部分。其中，桥面构造是承重结构以上的各个部分，包括高架桥行车道铺装、照明系统、排水系统、防水系统、栏杆及伸缩缝等。其中，在栏杆内外侧挂种植箱是一种常见的高架桥立体绿化方式。考虑到桥体的承重问题，种植箱的放置密度不宜过高。因桥面上不受桥体遮挡，夏季阳光强烈，因此栏杆绿化植物应选择管理简单、耐瘠薄、耐寒性较强的时令花卉和耐寒性较强的草本植物等。

桥梁位于支座以下的部分称为桥梁下部结构。它主要由桥墩、桥台、墙台基础三部分构成。它向上对上部结构起到支承作用，向下具有传递荷载的功能。因此，桥梁下部结构是具有纽带性功能的关键结构物。而附属于桥梁下部结构的桥下空间绿化是高架桥立体绿化中的重点和难点。其困难在于因桥体下环境受立交桥影响最大，光照不足，缺乏冲刷灌溉，且植物栽植区为建筑立交桥的建筑垃圾上，土壤贫瘠，不能满足植物生长需要。其重要性则在于，此位置的绿化对调节城市立交桥区环境，降低污染，美化及保护桥体有着极其重要的作用。

因此，在桥梁下部结构的植物规划方面，桥柱下桥墩不宜直接和道路相接，可在桥柱下设置花坛进行绿化，在提醒往来车辆注意躲避桥墩的同时，为攀援植物的种植提供空间，但花坛中不宜种植过于高大和茂密的植物，否则会影响驾驶人员的视线引发事故。对于桥梁下部的垂直绿化，由于立地条件比较差，所以选用植物要求具有浅根、耐贫瘠、耐干旱、耐阴性、耐寒性较强、易于管理的特点。桥柱上可用塑料网和铁丝围栏，方便攀援植物沿网自行攀爬。

（2）高架桥雨水系统规划

通过构建高架桥立体交通雨水收集、净化、存储的循环系统，对现有的道路、排水设施进行适度适量的改造，能够在城市雨涝时期吸收、收集雨水，旱期时则反哺桥下绿色空间与河流（图3-17）。系统可分为高架桥雨水收集设施、地表雨水链、地下雨水链、新能源辅助提水泵这四个方面。高架桥周边的雨水经收集进入地表雨水链，进行较长时间的流动、下渗、蒸发、净化、滞留，再进入地下雨水链实现存储和排放，旱期时则通过提水泵将存储的雨水提上来对桥下绿地进行反补。

雨水落入高架桥，首先通过虹吸式雨水排水系统的规划，使强降雨条件下能够形成满流状态，产生虹吸作用，加大排水管道对高架桥面汇水的抽吸作用，提高排水系统的泄流能力，进行雨水收集。其次，地表雨水链由桥墩底部种植池、层级式落水带、桥下绿地渗透带和滞留池四个部分共同承担起雨水的流动、净化、自然下渗、补充地下水任务。接着，地下雨水链以高架桥地下现有排水管道为骨架，结合地下蓄水池的建设，使雨水不至于全部进入河道，能够循环利用。最终，结合高架桥现有的条件，规划新能源产生设备位置，辅助提水泵维持系统的良性运转。

### 3）高架桥立体交通生态化规划策略

（1）对接绿地系统规划，缝合城市破碎空间

城市高架桥的出现将原有的城市格局割裂开来，在高架桥立体交通生态

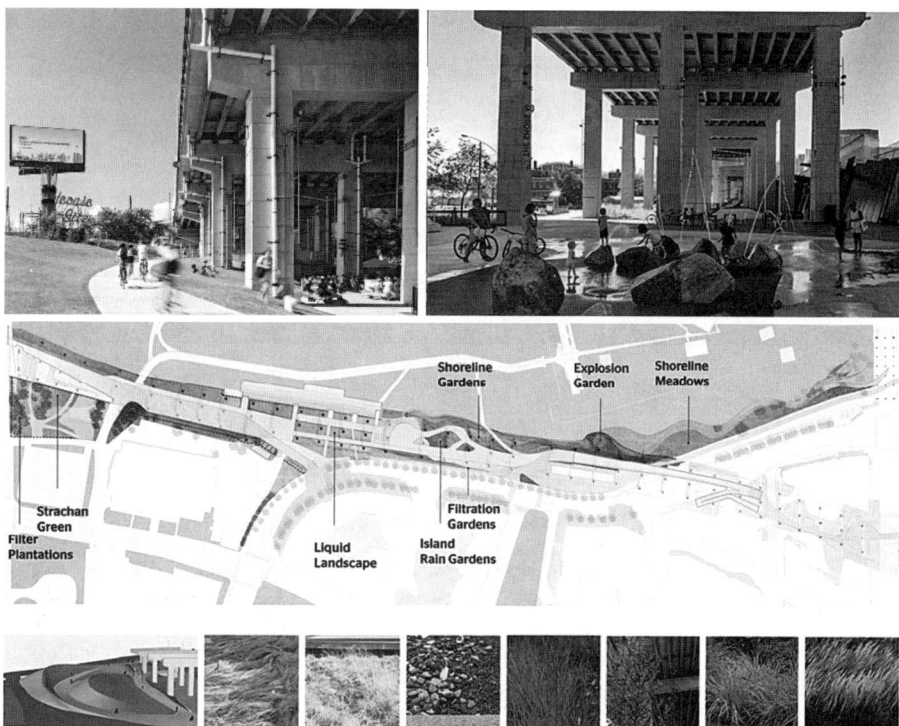

图3-17　加拿大多伦多The Bentway公共空间低影响雨水管理方法
（来源：PUBLIC WORK景观设计事务所）

化规划中，应首先遵循整体规划的原则，与城市整体发展规划相结合，协调周边环境，加紧空间内部各组成部分的联系，合理规划，分步实施，逐步完善城市整体形象，连通城市生态脉络，缝合破碎的空间。

在立体绿化方面，城市高架桥立体交通生态化规划应着重于对接城市绿地系统规划。要求在规划初期就将高架桥视为城市绿化的延伸，利用桥体侧面、顶部及周边空地，种植多样化的植被，形成空中花园和绿色廊道，不仅为城市增添生机，也有效连接了地面绿地，构建起多层次、连续性的城市绿网，从而在视觉和生态上"缝合"被割裂的城市空间。在雨水综合利用方面，串联交通节点上的城市高架桥空间，构建城市雨水综合利用体系，缝合因城市高架桥的出现而被割裂的城市生态脉络。积极响应国家建设海绵城市的号召，城市高架桥对自然和生态环境的影响最小化，保护好城市生态敏感区域。将城市高架桥的景观要素与低影响技术设施相结合，使其成为一个相辅相成的有机整体，让雨水对城市的影响从破坏者的角色转变成景观建设者，实现城市高架桥的雨水综合利用与城市景观建设的整体衔接，共同营造独具风貌的城市雨水生态景观。

（2）桥面景观形态管控，创造生态价值

由于城市高架桥的建设割裂了原本完整的城市绿地空间，景观生境也随之破碎，加速了生物物种的灭绝速度。为了弥补生境被破坏带来的问题，应激活城市高架桥立体绿化及其周边附属空间，实现景观类型、格局和斑块的多样性，以稳定区域的生态发展，保证城市生态脉络的完整。城市高架桥立体景观系统是城市生态脉络的重要分支，但同时又是一个相对独立的生态系统，生态优先是该空间可持续发展的基本原则。生态优先主要体现在三个方面：首先是对场地原有生态的保护，顺应自然。其次是对已经被破坏的生态系统进行修复，恢复自然。最后是模拟自然生态系统的低影响开发，保持城市良好的生态功能。生态功能是城市高架桥雨水景观最基本的功能，发展其经济、环境和社会功能都应该以生态保护为基础，形成生态优先，多功能复合的城市高架桥雨水生态景观系统。

自然界中的动植物和微生物相互渗透，相互作用，维持雨水生态景观系统的平衡。因此，在设计城市高架桥立体交通景观时要充分考虑生态功能，最大限度保留原有地形地貌，保护原有生态群落。硬质铺装方面，采用透水铺装，让雨水自然下渗与积存，通过土壤中的微生物和植物的根系共同作用，过滤和净化雨水中的杂质。在植物的选择上可以选用干湿交替的两栖植物，通过植物的光合作用，调节空间的微气候，实现城市高架桥立体交通系统的减排增汇。

（3）雨水管控资源化，构建立体利用体系

城市高架桥作为交通系统中的道路，长期受到汽车尾气的污染，雨水中污染物含量较大，水质相对较差。因此，在开发和利用城市高架桥空间时应把收集雨水并资源化利用、控制径流污染和削减地表径流峰值流量作为主要控制目标。

城市高架桥绿地面对中小型降雨时，可以起到削减雨水径流峰值的作用，面对暴雨时，对雨水的错峰减排也起到一定的积极作用。建立从雨水源头至中端再到末端的雨水综合利用系统，实现收集、处理和净化城市高架桥内的径流雨水，让其达到可以利用的标准，一方面缓解短时间强降雨给城市带来的排水压力，另一方面提高雨水资源化利用率，缓解城市水资源短缺的问题，实现绿地自灌溉，保护人居环境生态景观持续稳步发展，减少灌溉的碳排放。

（4）利用高架桥下空间，激活生态潜力

高架桥下空间常存在污染严重、日照面积不足以及噪声较大等方面问题。对于桥下空间，可采取入渗沟、入渗池、蓄水种植池、雨水收集系统等设计手法。入渗型设施包括入渗池和入渗沟，其主要作用是引导、排放、浅渗雨水，储存型设施包括种植池和雨水收集系统，具有滞留、收集与过滤雨水的作用。此外还可采取雨水花园、下沉式绿地、植被缓冲带等渗透净化源头的低影响技术设施（图3-18），既满足了空间的景观效果，又能在交通

图3-18 巴西圣保罗高架桥景观规划
（来源：Triptyque建筑设计事务所）

安全的基础上具备雨水再次利用的功能，直接提高了道路减排的能力。靠近高架桥的空间也可采用调节塘或雨水湿地等末端技术设施，最终排入城市水体。在既有水环境的高架桥下空间营造水岸环境，结合现有水路线路的分布，高架桥下两侧的线性绿色空间与既有水路系统配合，通过耐阴性较强的植物与入渗设施及雨水回收系统，形成一套完整的低影响结构。

### 4）高架桥立体交通生态化规划案例

（1）美国西雅图奥罗拉大桥规划

早在2010年前后国外在探索城市高架桥雨水资源收集和解决高架桥桥面雨水径流污染问题时，就已经出现了针对性的实践项目，最具代表性的是2011年开放的美国西雅图奥罗拉大桥（图3-19）。

由于桥面受到交通污染，未经处理的雨水径流污染物直接流入水体，导致鲑鱼死亡。受此现象启发，Aurora大桥两侧的"New Data 1 Building"新数据1号建筑和"Future Watershed Building"未来流域建筑，两栋建筑的设计团队旨在通过建立包括生态雨水传输设施、雨水花园、坡度绿带等低影响设施的层级式生物滞留设施群来对桥面和建筑雨水径流污染进行处理，通过汇集、传输、过滤、净化等手段降低雨水中的污染物含量，并与大学桥、弗里蒙特桥、巴拉德桥等桥梁共同构建雨水净化网络，最终明显改善普吉特湾的水质。桥梁设置了一系列解释性标识牌，普及本地植物和处理雨水径流的相关知识，为人们提供学习的机会。与此同时，位于Aurora大桥北端右侧的巨魔山公园不仅处理桥上雨

图3-19 美国西雅图Aurora大桥规划阶段
（来源：ELLEN S, RICHARD H, JEREMY F, et al. The Aurora Bridge mitigation project[R]. SALMON–SAFE INC, 2017.）

水径流污染，还吸引了大量附近居民，使其成为一个充满活力的城市社区公园。Aurora大桥项目在雨水收集和污染治理方面都具有很好的参考价值，解决了雨水径流污染渗入附近水体的问题。

（2）中国西安灞桥区官厅立交规划

西安灞桥区官厅立交（图3-20）作为西安东大门的重要交通节点，其景观改造与海绵城市技术的应用旨在解决城市发展中面临的水资源管理和内涝问题，同时提升城市形象。官厅立交是一座三级分离式立交桥，立交区现状绿化虽已存在，但存在诸多问题，如植被配置不合理、绿化质量不高、地表裸露、灌溉不均等，这些问题不仅影响了景观风貌，也对生态和行车安全构成了威胁。因此，对官厅立交的绿化改造及海绵城市技术的应用显得尤为重要。

图3-20 中国西安灞桥区官厅立交规划
（来源：李栋军. 海绵城市技术理论在城市立交景观设计中的应用研究[D].
西安：西安建筑科技大学，2017.）

为解决这些问题，研究团队通过多次现场调研，总结了10大类问题，并针对性地提出了改造设计思路。设计以提升绿化景观风貌、改善生态环境、实现雨水资源有效管理为核心目标。设计策略上，遵循了因地制宜、整体优化、安全性的原则，采用了一系列海绵城市技术，包括渗透、滞留、蓄存、净化和排放技术，如透水铺装、植草沟、雨水花园、下沉式绿地等，旨在通过这些措施控制雨水径流总量，提高地表水渗透性，减少径流峰值，净化水质，并有效利用雨水资源。

综上所述，西安灞桥区官厅立交景观改造与海绵城市技术的应用，是城市绿色基础设施建设的重要实践，不仅提高了区域的生态防护功能，还显著增强了城市公共空间的环境品质和文化内涵，对城市可持续发展具有深远影响。通过这一案例，我们看到，将海绵城市理论与立交景观设计相结合，是解决城市雨洪管理、提升城市形象、促进生态文明建设的有效路径。

（3）中国合肥金寨路高架规划

金寨路高架桥是合肥市第一座高架桥，双向6车道25.5m，全长7.5km。该案例选取南起312国道高架桥入口，北至十五里河结束，全长约1.4km的高架路段。

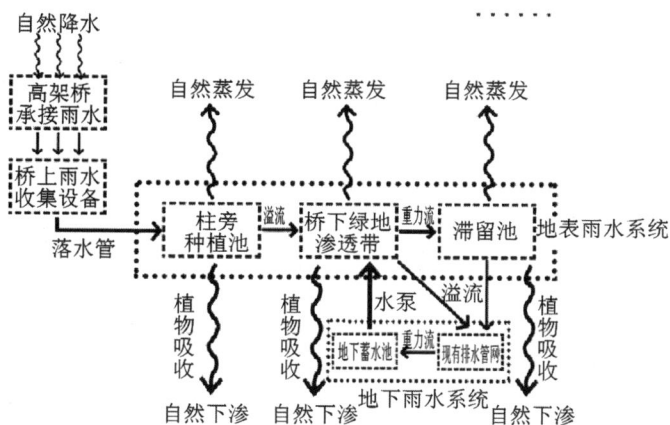

图3-21 城市立交体系雨水生态收集利用系统

（来源：陈庆泽，茅炜梃，李骏豪. 结合城市立交体系的雨水生态收集利用系统设计——以合肥金寨路高架为例. 安徽建筑，2016. 23（3）：217-219.）

该案例设计了一个集雨水收集、净化、存储于一体的循环系统（图3-21），该系统包含四个主要部分：高架桥雨水收集设施、地表雨水链、地下雨水链以及新能源辅助提水泵。其中，虹吸式主动集水设施能够有效提升排水效率，地表雨水链通过桥墩底部种植池、层级式落水带、桥下绿地渗透带和滞留池，实现了雨水的自然流动、净化与下渗。地下雨水链则依托现有排水管道，并增设蓄水池以实现雨水的存储与再利用。此外，提水泵采用太阳能风能综合发电，确保系统的可持续长期运行。

总体而言，案例通过整合高架桥下空间与雨水生态处理设施，提出了创新性的解决方案。该系统不仅有效缓解了城市内涝，还实现了雨水的高效回收与利用，补充了地下水，调节了微气候，同时美化了城市环境。研究团队还细致考虑了植物配置，根据光照条件和生态功能，选取了适合桥下阴湿环境的本地植物，如麦冬、玉簪、海桐等，进一步增强了固碳减排效益。

### 3.3.4 海绵路系统规划

#### 1）城市道路水环境现状评价

分析与评估是海绵城市规划设计实践的基础，通过对海绵路项目相关基础信息采集，并对影响要素进行定性与定量分析，为后期规划设计决策及管理提供参考。现状评价包括基础信息采集、管控单元划分、下垫面分析、降雨—径流分析、基础数据库构建五大类十小类内容。对应技术方法包括：汇水区提取与空间叠加分析、城市下垫面识别与分类、降雨径流时序分析、数理计算及管控区地理空间数据库构建等（图3-22）。

使用软件技术工具对应分为4类：①以地理信息系统（GIS）及其插件ArcHydroTools为基础的水文分析及空间叠加分析工具；②以eCognition/ERDAS IMAGINE/ENVI等为代表的遥感下垫面识别与解析分类软件；③以城市暴雨管理模型（SWMM）、数学工具MATLAB为代表的降雨—径流分析工具；④以ArcGIS的Geodatabass及Access等为代表的基础数据库构建平台工具。

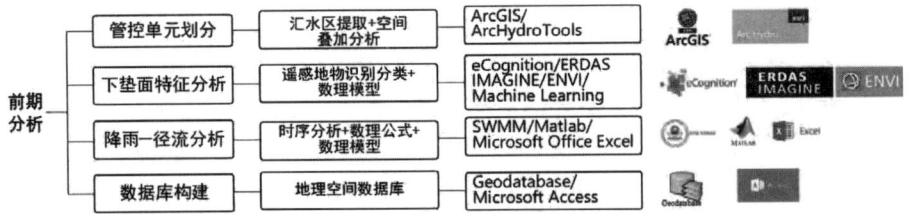

图3-22 城市道路水环境现状评价框架

### 2）海绵路系统规划框架

规划研究阶段（图3-23）主要解决设施规模计算、分解与设施选型问题，即在前期分析评估基础上确定各层级海绵系统所需合理规模与海绵设施的数量及类型组合。需要明确城市海绵系统最优结构组合方式，确定海绵城市系统设计的基本指标。

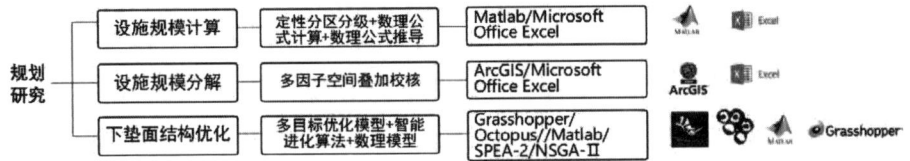

图3-23 低影响海绵路规划框架

在方法层面，基于规划研究阶段需解决的问题，主要采取定性分区分级结合数理模型进行规模分区划定、控制容积计算及设计降雨量推导。设施规模分解采用多因子空间叠加校核方法，设施组合则主要采用多目标优化方法。研究工具包括MATLAB、ArcGIS、Grasshopper的Octopus多目标优化插件及所包含的SPEA-2、NSGA-Ⅱ等智能进化算法等。

基于城市海绵系统相关规划研究，进一步构建城市道路海绵系统。系统以解决城市道路旱涝问题为目标，统筹改善城市道路水环境。根据地理气候基础数据，运用GIS与SWMM分析竖向、确定海绵设施规模、模拟设计前后道路水环境状况，结合海绵绩效监测平台对建成后道路地表径流控制、雨水收集利用、生境优化等绩效进行监测。基于国家海绵城市设计相关设计规范要求，在满足国家海绵城市地表径流控制率等指标基础上，针对机动车道、非机动车道、人行道分别采取不同设计策略，透水路面、集水边沟、自然渗透蓄水模块等系统技术，旨在构建完整的城市道路雨水管理系统，实现场地地表径流控制、雨水收集及资源化利用、生境优化等多重目标，系统解决城市道路旱涝问题。

城市道路海绵系统由路面雨水渗透系统、雨水收集分配系统、雨水存储利用系统及海绵绩效监测系统等四部分组成。雨水渗透系统为面式渗透，极大地提升了路面排水效率。雨水收集分配系统由机动车两侧集水边沟及集水井构成，以实现对雨水的高效收集及有序调节。雨水存储空间由道路中分带储水模块、两侧集水边沟、集水井、雨水管道以及路面40mm透水沥青组成。绩效监测系统由数据采集存储、数据远程传输及绩效监测平台终端三部分组成。

### 3）海绵路系统规划策略

面对的市道路水环境，不应强调单一地以增汇减排效益为导向，应统筹兼顾系统解决城市道路水环境矛盾，相反相成，从对立统一中寻求解决城市道路问题的根本出路，其主要规划策略如下：

（1）系统优化

针对城市道路内涝及绿化缺水问题，应根据城市道路形式及结构特点，在保证城市道路交通安全前提下，提倡构建符合城市特定气候地理环境的"收水—用水"一体化雨水管理体系，将地表径流削减与雨水积存利用充分有机结合，形成一套行之有效的雨水路面收集处理、集中分配、传输净化、缓释灌溉等功能的雨水系统，使城市道路内涝及绿化缺水问题得到有效解决，实现城市道路雨水—景观—生态多设计目标的耦合。

（2）因地制宜

不同地理区位的城市存在显著差异，对于城市道路海绵系统设计来说，降雨量、土壤性质、地形及周边水系等是确定海绵系统的前提，同时管理模式、审美习惯等因素也需兼顾。以目前国内在城市道路绿地应用较多的下凹式绿地技术为例，下凹式绿地具有补充地下水、调节径流、滞洪以及削减径流污染物等功能，但同时也存在受地下水位影响大、易汇集路面垃圾、绿化绿量较少、土壤基质难以更换等局限。因此，在高水位非冻土地区如何构建城市道路海绵系统必须因地制宜。

（3）自然做功

海绵系统设计不应将问题复杂化，以低成本投入和低技术集成实现系统功能的高效化，让自然做功是海绵系统设计的重要策略。城市道路内涝问题的突出一定程度是由于传统排水设计过于注重径流集中处理，使矛盾集中化造成，而采用源头分散、化整为零的设计思路往往能达到事半功倍的效果，不仅部分缓解了城市道路排水压力，同时也解决了城市道路绿化带干旱缺水的问题，恢复了城市的自然水文循环过程。而"自然存积、自然渗透、自然净化"的三个"自然"原则充分体现了"让自然做功"的原理，具有深刻的生态科学意义。

（4）数字技术

本系统建构与研究全过程基于数字技术，首先运用GIS与SWMM软件对城市道路竖向及水环境综合分析；通过定量研究，科学设计路面、雨水传输与存储系统；结合传感器、物联网、雨量计等自动化监测装置实时传输系统工况；编写专用计算机程序以及移动APP，通过智能终端设备实时监测系统运行。以定量研究成果支持城市道路水环境分析评价、海绵系统规模与设计、海绵设施确定及绩效评估等，提高了海绵城市建设的客观性、科学性和精准性，数字技术的应用对于海绵城市建设具有重要意义。

### 4）海绵路系统规划案例

（1）南京河西新城中部地区海绵城市管控单元数据库构建

在南京市河西新城中部地区海绵城市管控单元划分及水文分析实践案例（图3-24）中，从海绵管控系统单元划分工具、基础数据获取、管控单元划分、下垫面单元分割、概化分类、雨水径流量计算、海绵管控单元数据库构建几个方面利用地理空间数据库实现对实践区域的管控单元划分、水文分析及海绵城市地理空间数据的统一管理，研究将案例区划分为15个2级海绵管控单元及68个3级海绵管控单元，并建立了南京河西新城中部地区海绵管控单元的地理空间数据库。

（2）盐城市大丰高新开发区起步区海绵系统规模计算

盐城市大丰高新开发区起步区海绵系统规模计算（图3-25）以盐城市大

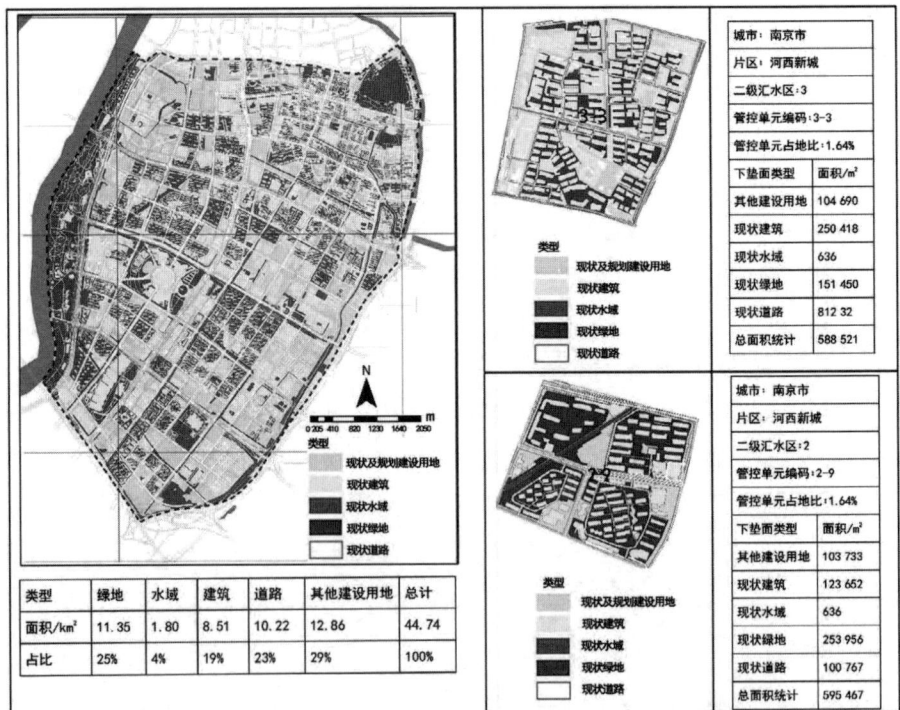

| 城市：南京市 | |
| --- | --- |
| 片区：河西新城 | |
| 二级汇水区：3 | |
| 管控单元编码：3-3 | |
| 管控单元占地比：1.64% | |
| 下垫面类型 | 面积/m² |
| 其他建设用地 | 104 690 |
| 现状建筑 | 250 418 |
| 现状水域 | 636 |
| 现状绿地 | 151 450 |
| 现状道路 | 812 32 |
| 总面积统计 | 588 521 |

| 城市：南京市 | |
| --- | --- |
| 片区：河西新城 | |
| 二级汇水区：2 | |
| 管控单元编码：2-9 | |
| 管控单元占地比：1.64% | |
| 下垫面类型 | 面积/m² |
| 其他建设用地 | 103 733 |
| 现状建筑 | 123 652 |
| 现状水域 | 636 |
| 现状绿地 | 253 956 |
| 现状道路 | 100 767 |
| 总面积统计 | 595 467 |

| 类型 | 绿地 | 水域 | 建筑 | 道路 | 其他建设用地 | 总计 |
| --- | --- | --- | --- | --- | --- | --- |
| 面积/km² | 11.35 | 1.80 | 8.51 | 10.22 | 12.86 | 44.74 |
| 占比 | 25% | 4% | 19% | 23% | 29% | 100% |

图3-24 南京河西新城中部地区海绵城市相关图纸

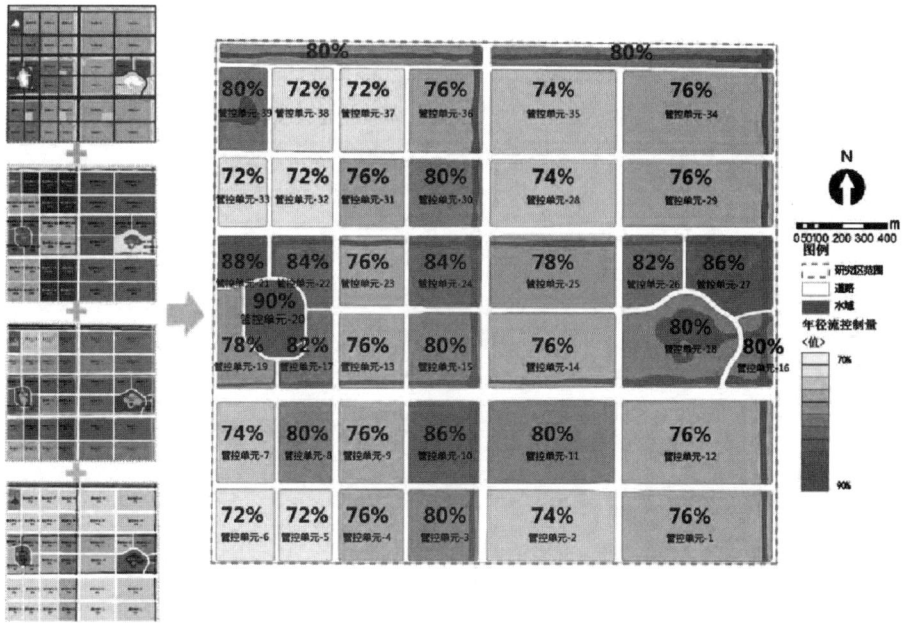

图3-25　江苏盐城市大丰高新区起步区海绵管控单元规模分解与计算结果

丰高新开发区起步区海绵系统规模计算为例，对海绵设施规模计算及分解方法、流程进行了实证验证，采用多因子空间叠加的方式，明确了案例海绵设施规模分解流程，即计算总规模、划分分解层级、确定影响要素、确定影响权重、建设强度划分、自下而上校核6个基本步骤，并借助Arc GIS数字叠图技术辅助整个规模分解过程。

（3）南京江宁区某组团中心区下垫面结构优化与海绵设施布局

以南京市江宁区某组团中心区下垫面结构优化为例，构建基于多目标的海绵设施下垫面结构优化模型，结合项目实际确定了该案例区域海绵设施结构优化方案，并对优选结果进行统计分析。经计算，场地共获得186 754个海绵设施组合最优解集，基于本案例设计目标需求，选取了雨水渗蓄最优方案、污染控制最优方案、经济效益最优方案及综合均优方案等多种下垫面组合方案。为验证算法合理性，同时利用MATLAB平台NSGA-Ⅱ算法对案例模型进行求解（图3-26），经过迭代运算，共获得300个下垫面结构优化帕累托前沿解集，通过与Octopus插件中SPEA-2算法的比较，结果表明，2种算法均能满足规划设计计算要求，从试验结果观察，SPEA-2算法对于本海绵设施组合案例问题的优化结果更为优异。

在海绵设施布局方面，基于规划研究阶段确定的不同海绵设施类型、数量最优组成，选取江宁区某组团中心区2号地块作为布局优化对象。基于已有参数化设计平台Grasshopper软件中Galapagos遗传算法优化插件，同时调用SWMM水文模型进行运算，通过水文模型与优化工具耦合的方法迭代生成

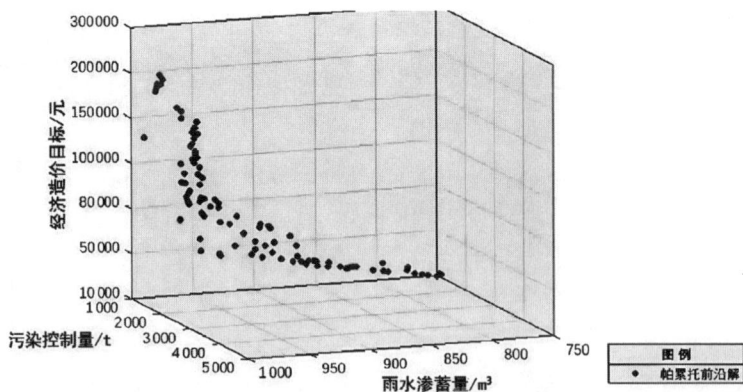

| 序号 | 下垫面组合方案 | 各类下垫面组合取值 | | | | | | 雨水渗蓄量/m³ | 污染控制量/t | 经济成本/元 |
|---|---|---|---|---|---|---|---|---|---|---|
| | | A1 | A2 | A3 | A4 | A5 | A6 | | | |
| 1 | 方案一 | 2197 | 0 | 241 | 1 | 399 | 15 | 858 | 3678 | 127712 |
| 2 | 方案二 | 2261 | 1 | 233 | 754 | 336 | 3 | 999 | 5011 | 275823 |
| 3 | 方案三 | 2259 | 1 | 204 | 237 | 459 | 4 | 917 | 4083 | 177862 |
| 4 | 方案四 | 2203 | 1 | 175 | 22 | 636 | 8 | 907 | 3590 | 143711 |

图3-26　基于NSGA 2多目标优化算法的海绵设施组合优化前沿解集及最优方案取值

设施布局形式，最终获得场地外排径流量最小情况下对应的海绵设施布局方式，在此基础上叠加其他布局约束条件，进而得到场地海绵设施的最优布局。

**3.4**

**生态景观增汇减排智慧系统规划**

生态景观增汇减排智慧系统的规划是在认知生态景观增汇减排机制的基础上，通过数字化、智能化的技术手段，提出规划目标以及途径，综合利用现代数字技术布设物联传感设备，自动获取并融合多源环境数据，构建实时监控、分析、评价生态景观增汇减排状态的数字化平台。该系统具有系统化、精准化与智能化的特征，助力实现生态景观碳汇碳储的精准评估、能耗监测与节能减排、智能管养与提质增效三大目标。在此基础上，探讨生态景观增汇减排智慧系统的规划途径，生态景观智慧系统规划作为响应数字中国战略的一种数字化规划方法，融合信息技术、生态学原则等来实现人居环境生态景观的高效运转，强调充分应用数字化的生态景观增汇减排机制，提高城市生态基础设施的效率，优化能源消耗、减少排放，实现城市发展与自然环境的和谐共生。

### 3.4.1　生态景观增汇减排智慧系统的特征

**1）系统化**

聚焦增汇减排智慧系统规划，以全局的视角，以发展的眼光，用全面、协调、系统的方法，将城市绿地作为一个完整的系统去考虑，如何将智慧系统融入其全生命周期的过程当中。系统理论的内涵是研究所有系统的共性模式、原则以及发展规律的理论体系，它将研究对象当作是一个整体，通过分析系统的结构和功能，研究系统、要素、环境三者之间的相互关系和变化的基本规律，使系统达到最大优化。对生态景观增汇减排而言，不仅在于单一地提升碳汇能力，更是对生态景观系统碳汇效能的系统优化，降低全生命周期的碳排放，实现增汇与减排的双向增益，通过数字化、智能化技术来进行生态景观的营造和管理、整合公园内部各类资源，实现信息的整合与共享，优化生态景观建设与管理的过程，提升生态景观智慧化管理与服务水平。

### 2）精准化

在过去的生态景观管理过程中，由于数据难以真实、实时、连续地获取，导致管控的精准性难以得到保证。生态景观精准管控的内涵首先在于对环境数据的高效获取，当下的数字技术乃至数字孪生技术帮助我们在生态景观项目规划、建设到养护各阶段的高效、精准地获取数据。通过细致的项目管理，如现场、人员、设备和物料管理，确保施工过程中的安全、进度、质量和环保措施得到严格执行。其次，养护管理关注生态景观的长期维护，涵盖了安全、质量、环保等方面，以及养护人员、设备和物料的管理，确保景观的生态功能和审美价值。通过系统且精准的管理手段，降低生态景观全生命周期中的维护需求与能源消耗，减少碳排，实现环境、社会和经济的和谐共生。

生态景观增汇减排智慧系统的精准化更体现在通过"一张图"的方式展示项目的多源异构数据，将以往分散的各类数据整合到一个"底图"上，打破传统公园中各系统之间的"信息孤岛"和"孤立状态"，实现多源、多尺度、多维度的数据信息资源共享和联动，有助于管理者对全盘资源的精准管控。通常包含项目区域管理、主要苗木、设备、设施等内容，内嵌GIS地图，并通过一张图展示植物资源、植物溯源、养护日志、设备维护日志、传感器数据、告警提示等，实现一张图了解现场情况，实现资源统调的精准化。

### 3）智能化

系统的全局架构和精准的数据融合是实现增汇减排智能化的基础，增汇减排智慧系统相当于城市绿地的"大脑"，能够将感知层采集到的海量数据信息，通过网络传输层传输至智慧综合信息平台，进行数据的储存、分析和可视化，海量的数据为智能地预测环境变化、优化和决策管理模式提供了必要的数据支撑。智能系统能够智能进行绿地的维护和优化工作，比如自动灌溉、施肥、修剪、病虫害防治等。对园林绿化业务全流程进行智能化管理，科学干预生境状态和变化，降低植物折损率；对园林喷灌用水量进行监控，为水资源的智能利用提供有效的数据分析支持；根据土壤墒情及环境参数现状建立用水量及灌溉方法数学模型，合理规划施肥灌溉方案。这不仅可以减少人工维护的碳排放，还可以提高维护效率和质量，进一步提升生态景观的碳汇能力。

## 3.4.2  生态景观增汇减排智慧系统的规划目标

### 1）碳汇碳储测算与评估

通过集成遥感技术、地理信息系统和物联网技术，智慧系统实现对生态景观碳汇的实时监测和高效评估，帮助我们了解绿地的碳汇能力、分布情况以及变化趋势，从而制定出更有效的增汇策略。

针对碳汇碳储的测算与评估，系统基于遥感技术、LiDAR点云等技术，应用生态系统生产力模型、生物量-碳储模型等生态学研究模型，结合城市特征，考虑和分析城市环境因子对绿地的影响，可以快速准确地实现城市绿地碳汇能力的测算和评估，运算结果以影像、图表等多种方式提供，便于用户分析和使用。为量化城市绿地碳汇能力和空间分布提供科学智能的技术体系，为面向高碳汇城市绿地规划、建设和管理提供科学技术支撑。

### 2）动态监测与智能管养

高碳汇低排放的生态景观讲求生态系统服务效能，不仅仅是某一阶段的高碳汇效应，而是全生命周期内的综合绩效。在城市的全生命周期内，各阶段的增汇减排需要考虑多元而非单一的因素，不是单一的形态或生态的问题，而是从投入（造价）、性能（功能）、使用结果（产出）等方面综合考量增汇增汇减排绩效，其中管养阶段时间最长，碳收支过程最为复杂，同时量也最大。

生态景观增汇减排智慧系统可对生态系统的植被健康状态进行实时跟踪，及时监控探查病虫害、火灾、不文明行为，分析计算碳汇核减量，构建企业参与碳汇保护管理的方案，加强山水林田湖草海碳汇载体保护；对山水林田湖草海及城市绿地等生态系统的碳汇价值和生态价值进行数智化核算评估，推动企业在生产经营领域开展碳汇开发和碳中和示范，促进生态产品价值和"双碳"目标实现。针对碳汇载体的土地类型、植被特征和土壤特性，基于多源遥感时空大数据技术，对湿地湖泊、废弃矿山、退化草地开展生态保护修复的碳汇监测，形成碳汇一体化遥感监测网络、关键遥感参量产品等体系。

生态景观增汇减排智慧系统集合各类养护管理信息，通过数据积累、数据分析、数据优化，科学指导、智慧管理园林养护，遥控养护设备设施，降低成本，节约资源，提升养护管理质量水平，实现养护作业的提质增效。系统通过自动获取各个区域的环境温度、湿度、风速、光照、土壤水分等监测数据，智能化的系统能够通过环境监测数据（水质监测、空气质量监测、土壤监测等）及时预警和告警，推送改良建议信息。通过可视化大屏高分辨率和大尺寸显示实时环境数据和趋势分析，同时显示多个数据流，如空气质量指数、水肥使用情况、病虫害分布等，使得管理者能够一目了然地掌握整个城市或特定区域的环境状况，实现高效的资源调配，降低运营成本。

### 3）能耗调控与成本管理

生态景观增汇减排智慧系统通过实时监测和数据分析，可以精确控制能源的使用，通过能耗监测分析综合系统，实现耗电、耗水监测，并根据监测数据及时预警和告警。例如，在绿地的灌溉系统中，智能系统可以根据土壤湿度、植物需求以及天气条件自动调整灌溉量，避免过度灌溉造成的能源浪费和碳排放。同时，智能系统还可以优化电力使用配比，自动调用太阳能、风能等可再生能源供电，减少化石燃料的消耗和碳排放。

运营成本分析聚焦于评估各项环境管理活动的经济效益。系统收集所有相关成本数据，包括水电消耗、人力投入、设备维护和材料费用。通过对这些数据的综合分析，识别成本节约的机会，优化预算分配，这种分析在节约经济成本的基础上，为环境的可持续性提供了重要支持。通过对这些数据的分析，项目管理者能够发现成本节约的机会。例如，通过调整灌溉系统减少水资源浪费，或者优化修剪计划减少人力需求。这种成本分析使得项目更经济高效，同时保持了城市绿化带的美观和生态健康。

## 3.4.3 生态景观增汇减排智慧系统的规划途径

### 1）增汇减排应用体系的构建

增汇减排智慧系统专为实现生态景观管控开发，提供一站式解决方案，完整地覆盖生态景观规划设计、建设实施、运维管控的全生命周期应用场景，由此形成项目管理、养护管理和高级管理三大核心领域，应用场景体系的构建为智慧系统规划指明方向。

（1）项目管理

聚焦生态景观规划设计与建设实施过程，主要关注物资、人员的调配，包括现场管理、人员管理、设备管理、物料管理、施工计划、基础资料和统计报表等内容，实现对项目的精准管控。

（2）养护管理

聚焦生态景观养护运维过程，包括现场管理、人员管理、设备管理、物料管理、管护计划、基础资料和统计报表等内容，实现对生态景观日常的智能化维护。包括日常性养护（如修剪、施肥、灌溉、除草、保洁）和季节性养护（如病虫害防治），以及临时性养护（如应急养护）。管护计划的制定和执行是精准实施生态景观管控设计的关键，需要根据生态景观的具体情况和季节变化调整。

（3）高级管理

高级管理包括人员管理、财务管理、物资管理以及多项目管理，管理多个生态景观项目，确保各项目之间资源的有效分配和调度，同时保持项目进度和质量，跨项目协调和沟通，解决跨项目的依赖和冲突，实现项目间的协同效应。

### 2）多源异构数据的感知系统构建

研究城市绿地碳汇碳储数据来源广泛，体现出数据的"多源性"。包括在线数据（例如在线卫星影像及地图数据）、遥感数据（例如多光谱遥感影像）、传感器数据（如温湿度等实时传感数据）、人工采集数据（如点云、倾斜摄影等人工采集的数据）与二次解析数据（如NDVI、植被覆盖度等通过原始数据解析的数据）。研究城市绿地碳汇碳储数据包括结构化与非结构化数据两种，体现出数据的"异构性"。结构化数据是具有关系模型的数据，以关系数据库表形式进行数据管理，结合到典型场景中更容易理解，比如植物数据库中的植物数据；非结构数据数据结构不规则或不完整，没有预定义的数据模型，不方便用数据库二维逻辑表来表现的数据，例如图像、视频、语音或文本等，点云数据、传感器传输的各类数据都属于此类。不同类型的数据在形成过程中没有统一的标准，因此造成了数据"异构"的特征。通过物联网（IoT）、云计算平台、移动通信技术与数据流处理技术，自动获取并融合生态景观的多源异构数据，打通数据链，充足的数据量也是基于数据驱动的分析与研判的前提，实现数据实时更新，在智慧系统中至关重要，提高决策的准确性和时效性。

### 3）数字孪生融合与映射系统构建

生态景观增汇减排智慧系统可有效连接碳汇及其数据的物理空间和数字空间。通过底层数据接入，辅以数据溯源、计算存储、物联监测、安全运维等能力，以数智技术促成多场景下的碳汇及其数据应用，释放其数据价值。数字化、智能化的碳汇及其数据形成的数字空间，可通过该平台与其物理空间有效连接。

在物理空间上，碳汇数字平台与山水林田湖草海连接，通过互联网和物联网对碳汇进行数字化、智能化采集和实时化、动态化监测。物理空间包括生态环境和物质要素，其中生态环境包括森林、草原、湿地、农田、土壤、地质、海洋等基本自然环境；物质要素不仅包括水、大气、土壤、岩溶、生物等自然实体，还包括农业、工业、城市、环境监测处理等人工实体设施。通过数智技术辅助物理空间的整治涵养，形成有效的碳汇载体，实现碳汇载体的资源化。

在数字空间上，碳汇数字平台利用物联网、人工智能、区块链等技术实现碳汇数据生命周期追踪，物理空间通过数智技术与碳汇数字平台连接映射形成数字空间。数字空间是具有算力和存力功能的基础设施，可将采集和监测的结构化和非结构化数据以及引入的政务数据等汇聚成碳汇数据资源，实现碳汇数据的资源化。

### 4）智能决策与响应执行系统构建

在数字孪生融合与映射系统构建的基础上，构建智能决策与响应执行系统，重点聚焦生态景观系统增汇减排模型、智能决策支持模型及响应与执行模型，智慧系统借助大数据和机器学习技术，对未来的运维、能源需求等进行预测，并据此调整管理策略。在数字孪生环境中动态模拟、预测不同情景，通过专家系统实现智能决策，并通过物联网驱动物理世界实现设备的响应与控制。

构建生态景观系统增汇减排模型主要包括以下几个方面：①构建生态景观系统的碳收支过程模型，模拟生态系统中碳的固定、储存和释放过程，模拟碳循环的动态平衡过程；②构建局地气象变化模型，模拟气候变化对生态系统的影响，包括温度、降水、风速等参数变化，预测未来气候情景下生态系统的变化；③构建植被生长模型，模拟不同植物种类在不同环境条件下的生长动态，结合遥感数据和地面观测数据，预测植被生长变化。

在此基础上构建智能决策支持模型，可以采用机器学习等方法，建立生态系统变化的预测模型，利用历史数据和实时数据，进行短期和长期预测。应用多目标优化算法（如遗传算法、粒子群优化等），寻找最优的决策方案，寻求生态效益、经济效益和社会效益的平衡。

模拟、预测与决策完成后，可以进一步控制物理世界的一系列设备，在城市绿地中灌溉、施肥、修剪及病虫害防治等都具备相应智能化系统应用的可能。响应执行系统能够通过决策支持模型提供的决策结果，控制自动灌溉系统、自动施肥系统、智能修剪系统与病虫害防治预警系统等，对城市绿地的生境、植被等要素实现精准化、去人化的高效管控。

### 5）碳汇绩效监测与评估系统构建

基于系统采集的大量基础数据，测算不同情景下生态景观增汇量和减排量，通过碳汇绩效模型监测并评估其碳汇绩效，构建城市绿地生态、形态、社会等方面的绩效指标，在系统内自动计算绩效指标进行评估，作为未来城市绿地增汇减排管控的重要依据。

其中，尤其应关注碳汇效能与碳汇价值，确保碳汇评估结果能够作为交易价格参考，推动实现城市绿地碳汇的资产化。在碳汇数字平台上汇聚、登记后形成的碳汇数据资源，通过确权授权、治理运营和资产评估等，形成数据产品、服务或资产，在服务政府、社会，促进企业经营和进入资产市场等具体场景开展应用。碳汇绩效的评估通常分为三个部分，智慧系统能够通过预先设定好的程序快速实现：第一，明确评估的范围，包括地理边界和时间边界；第二，明确评估价值类型，包括碳固定价值、碳蓄积价值和碳汇价值；第三，选取评估方法，根据实际需要选择样地清查法、遥感监测法、模型构建法和碳通量法对碳汇实物量进行评估，进而根据市场法、成本法、收益法、实物期权法、影子价格法等方法对碳汇价值量进行评估。在数智技术与碳汇应用拓展的支持下，创新产业生态推动增汇减排效能与价值评估的智能化。

充分利用碳汇数字平台的海量碳汇数据和丰富应用场景，推动数智技术在增汇减排方面的应用，同时发挥数智技术在绿色经济上的赋能作用，推动碳技术成果转化和绿色产业聚集，赋能传统产业转型升级，促进数智技术与实体经济深度融合，催生新业态、新模式。

# 参考文献

［1］ 贾玲玉. 海绵城市建设的低影响开发技术配置优化与碳减排研究[D]. 天津：天津大学，2024.

［2］ PENG L L H, JIM C Y. Economic evaluation of green-roof environmental benefits in the context of climate change: The case of Hong Kong[J]. Urban Forestry & Urban Greening, 2015, 14(3): 554-561.

［3］ 吴金顺. 屋顶绿化对建筑节能及城市生态环境影响的研究[D]. 邯郸：河北工程大学，2007.

［4］ 赵宝康，刘孟，汤跃. 污水泵站运行能耗测试与分析[J]. 水泵技术，2008（2）：4.

［5］ 马佳星，蒋建男，谢含军，等. 斜拉桥全寿命周期碳排放计算模型[J]. 天津大学学报（自然科学与工程技术版），2024，57（1）：31-41.

［6］ 吴丹，张亮，李晓君，等. 实现碳中和目标的自然生态空间规划策略研究——以深圳国际低碳城为例[C]//中国城市规划学会. 人民城市，规划赋能——2022中国城市规划年会论文集. 北京：中国建筑工业出版社，2023：13.

［7］ 徐俊伟，上海市城市雨水资源利用展望[J]. 城市道桥与防洪，2011（9）：76-79.

［8］ 李晨阳，海绵城市道路雨洪控制及灰-绿结合效果研究[D]. 南京：东南大学，2022.

［9］ 黄焕春，陈逸伦，邓鑫，等. 基于地理设计的城市扩张与生态安全格局的协调优化研究——以天津滨海新区为例[J]. 西部人居环境学刊，2019，34（3）：7.

［10］ TALEBI, ASHKAN B, SCOTT S, et al. Water retention performance of green roof technology: A comparison of canadian climates[J]. Ecological engineering: The Journal of Ecotechnology, 2019, 126.

［11］ JOIMEL S, GRARD B, AUCLERC A, et al. Are Collembola "flying" onto green roofs?[J]. Ecological Engineering, 2018, 111: 117-124.

［12］ 杨洁. 醴陵市城市绿色屋顶生态空间潜力评估及规划策略分析[D]. 长沙：中南林业科技大学，2024.

［13］ 蒋阳瑞. 长沙市河西综合交通枢纽工程屋顶绿化技术[J]. 中国建筑防水，2015（23）：4.

［14］ VELÁZQUEZ J, ANZA P, GUTIÉRREZ J, et al. Planning and selection of green roofs in large urban areas. Application to Madrid metropolitan area[J]. Urban Forestry & Urban Greening, 2019, 40: 323-334.

［15］ LANGEMEYER J, WEDGWOOD D, MCPHEARSON T, et al. Creating urban green infrastructure where it is needed-A spatial ecosystem service-based decision analysis of green roofs in Barcelona[J]. Science of the Total Environment, 2020: 707.

［16］ 董菁，左进，李晨，等. 城市再生视野下高密度城区生态空间规划方法——以厦门本岛立体绿化专项规划为例[J]. 生态学报，2018，38（12）：12.

［17］ 李栋军. 海绵城市技术理论在城市立交景观设计中的应用研究[D]. 西安：西安建筑科技大学，2024.

［18］ ELLEN S, RICHARD H, JEREMY F, et al. The Aurora Bridge mitigationproject[R]. SALMON-SAFE INC, 2017.

［19］ 陈庆泽，茅炜梃，李骏豪. 结合城市立交体系的雨水生态收集利用系统设计——以合肥金寨路高架为例[J]. 安徽建筑，2016，（3）：3.

［20］ 谢明坤，董增川，成玉宁. 基于数字景观的海绵城市研究框架、关键技术与实践案例：从水文分析到智能测控[J]. 中国园林，2023，39（5）：48-54.

［21］ 成玉宁，谢明坤. 相反相成：基于数字技术的城市道路海绵系统实践——以南京天保街生态路为例[J]. 中国园林，2017，33（10）：9.

［22］ 张胜强. 植物多样性对城市化梯度的响应[D]. 武汉：华中农业大学，2013.

［23］ 易慧琳. 南亚热带季风常绿阔叶林群落结构及其对构建"近自然群落"的启示[D]. 广州：仲恺农业工程学院，2016.

［24］ 易逸瑜. 基于地带性植物群落恢复的植物景观设计研究[D]. 长沙：中南林业科技大学，2018.

［25］ 贾熙璇. 上海周边丘陵地带性植物群落优势种与生境特征研究[D]. 长沙：中南林业科技大学，2022.

［26］ 钱小琴，刘喆，赵天祎，等. 基于宫胁造林法的近自然城市森林数字化设计探索——以河北省绿博园邢台林为例[J]. 景观设计学（中英文），2021，9（6）：60-76.

# 第 4 章　高碳汇植物景观规划与设计

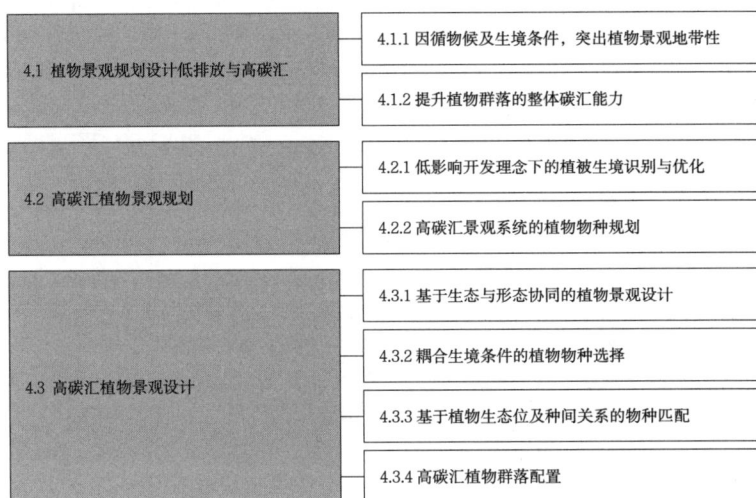

| | |
|---|---|
| 4.1 植物景观规划设计低排放与高碳汇 | 4.1.1 因循物候及生境条件，突出植物景观地带性 |
| | 4.1.2 提升植物群落的整体碳汇能力 |
| 4.2 高碳汇植物景观规划 | 4.2.1 低影响开发理念下的植被生境识别与优化 |
| | 4.2.2 高碳汇景观系统的植物物种规划 |
| 4.3 高碳汇植物景观设计 | 4.3.1 基于生态与形态协同的植物景观设计 |
| | 4.3.2 耦合生境条件的植物物种选择 |
| | 4.3.3 基于植物生态位及种间关系的物种匹配 |
| | 4.3.4 高碳汇植物群落配置 |

高效碳汇的植物景观规划设计需服务可持续的人居环境高质量发展，且要协同考虑形态美观、功能服务等多目标。

基于高效碳汇的总目标，首先基于物候条件和种间生态位关系进行地带性植物的选择，并进行生境的识别，由此引导进行植物景观的规划，得出植被规划策略及分区，并根据规划的人工介入程度以及对应的规划定位和策略选取高碳汇的规划树种。植物景观的设计层面，着重于高碳汇目标下的植物群落组分和结构的设计。

另外，人居环境中的植物景观设计需要考虑整体的空间色彩、形状、季相变化等，以提升景观空间的整体效果。功能服务方面，需考虑面向人性化设计的植物景观功能，例如植物景观的观赏功能和疗愈功能等，以及不同功能空间的植物景观营造，例如集散空间、游览展陈空间、休憩空间等的植物营造。

## 4.1 植物景观规划设计低排放与高碳汇

植物景观作为人居生态系统中发挥碳汇效能的最主要系统要素，以碳汇为总目标的植物景观规划设计需遵循"低碳排""高碳汇"两方面基本法则，能够有效提升其净碳汇做功效能。其中，低排放主要是指植物景观需要以营造类自然的植物群落为主，因循物候及生境条件，突出植物景观地带性，通过应用低干预的规划设计策略、使用地带性植物物种、遵循生态位及种间关系进行群落物种的搭配实现；高碳汇主要通过选择具备高碳汇碳储能力的植物物种，并在设计过程中形成利于高碳汇碳储的植物群落结构以及对应的植物配置范式（图4-1）。

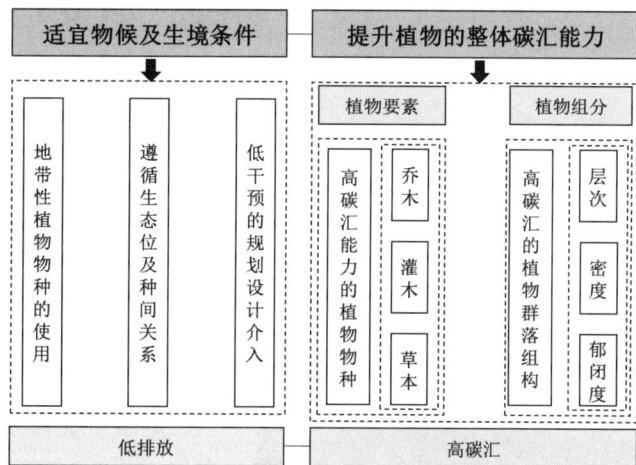

图4-1　植物景观高碳汇低排放理念

## 4.1.1 因循物候及生境条件，突出植物景观地带性

在进行植物景观设计时要因地制宜，结合当地的物候及生境条件，形成持久的类自然植物群落。中国的气候带可分为五大主要类型：热带气候带、亚热带气候带、温带气候带、寒温带气候带和高原气候带。每种气候带具有独特的气候特征，不同的气候和土壤环境使其天然营造的生境各不相同，对植物物种的选择和分布产生显著影响。例如分布在海南岛、雷州半岛及云南南部地区的热带适合种植热带雨林植物，如龙脑香科、桑科以及竹类植物；中国长江以南的广泛地区的亚热带气候带的植物物种选择需考虑对季节性变化的适应性及抗湿能力，植物主要为常绿阔叶林植物，如樟树、枫香树、香樟和毛竹等；华北、东北、黄河流域及西北地区的温带气候带的植物需要具备耐寒性及适应季节变化的能力，例如松树、柏树、杨树和柳树等；位于中国东北部和内蒙古部分地区的寒温带气候带则适宜种植针叶植物，如红松、樟子松和云杉等；主要分布在青藏高原及其周边地区的高原气候带适应种植高山草甸植物和高山灌丛植物，如高山松、雪莲花和箭竹等，植物在此气候带需具备耐寒、耐旱和抗紫外线的特性。

具体而言，可从低干预的规划设计策略、地带性植物物种的使用、遵循生态位及种间关系三个方面实现。

### 1）低干预的规划设计策略

低维护植物群落景观，又称免维护景观，注重在风景园林植物景观规划设计中遵循低影响开发（Low Impact Development，LID）原则。通过"适地适树"的方法和可持续管理，保持植物群落生态系统的稳定性、持久性。适应生境和低干预的植物设计是一种可持续的生态管理方法，通过精心选择和引进植物，最大程度减少对生态系统的干扰，维护自然生态系统的健康和稳定。种植适应当地气候和环境的植物，以此减少后期养护带来的额外碳排放。

低干预的前置条件是根据土地生态敏感性和建设适宜性进行"双评价"，因地制宜地进行规划。土地的生态敏感性通过评价其生态环境，包括土壤类型、植被覆盖、水资源分布和地形等因素来确定。通过这种评价，可以了解土地对人类活动的敏感程度及其对生态景观的潜在影响。对生态敏感性高的区域，应限制干预，尊重其生态特性；在此基础上，选择适应当地环境的植物种类，以促进生态系统的恢复和维护。最终基于"双评价"的结果，制定合理的规划方案（图4-2）。

图4-2　低干预介入下的牛首山风景区（北部景区）植物设计

### 2）地带性植物物种的使用

地带性植物物种是指在某一特定区域自然生长的植物物种，是对自然环境长期适应的结果。地带性植物群落，亦称显域或显性植物群落，指的是在特定区域内，适应当地水热条件并呈现特定分布形态的植物群落，这些群落能够充分反映该地区的气候特征。地带性植物景观的生态效益尤其体现在植物种间的联结、生态系统的多样性、能量和物质的循环、生境资源的调节以及污染物的控制等方面。

地带性植物群落是"自然选择，适者生存"的结果，具有以下特点：一是高度适应当地生境，具备强大的自我恢复能力；二是在自然条件下能够自行繁殖、演化和更新；三是群落结构稳定，具备抗击自然灾害的能力，且易于维护；四是在生态系统的调节和生态环境的恢复方面具有积极作用。

优先选择乡土植物是实现城市园林特色的重要原则之一。这些植物基于当地的气候和生境条件选择，具有较强的适应能力、较少的病虫害，并且具备较高的碳汇能力和释氧效益。通过选择适应力强的乡土树种，可以提高园林的整体碳汇效益，同时减少后期管理费用以及长途运输中所产生的碳排放。相比之下，大量引进不适宜本地生长的外来树种和边缘树种，不仅会增加运输成本和消耗资源，还可能导致植物间的竞争，无法实现可持续的生态改善。乡土树种由于成活率高、抗性强，后期养护成本较低，能够实现大规模绿化，增强城市绿地系统的整体碳汇功能。

### 3）遵循生态位及种间关系

研究植物群落中的物种相互关系是建立稳定的植物群落的核心内容之一，获取植物群落景观的生态位分布，以此理解植物群落的组织结构、稳定性以及生态系统的功能、生态系统中物种的分布、丰富度和生态功能。

植物群落中物种相互关系包括了各类物种之间的各种互动，如共生、竞争、捕食和共存。植物群落中的物种通常会与其他物种竞争有限的资源，如阳光、水分、养分和空间。这种竞争可以导致一些物种在生境中取得优势地位，而其他物种则可能受到排挤或受限制。竞争压力可能导致物种的分布和多样性的格局。共生是指不同物种之间相互依存的互动。例如，植物与土壤中的根际微生物可以建立共生关系，从而改善养分吸收。某些植物还与动物建立共生关系，如传粉动物帮助植物传播花粉。共生关系可以增加物种的适应性和生存机会。在植物群落中，一些动物物种可能以植物为食。这种捕食行为可以对植物群落的结构和物种丰富度产生显著影响，植物可能进化出各种防御机制，以减少被捕食的风险。植物群落中的物种通常会采用各种策略来共存，以避免竞争过于激烈。这包括物种的分布范式、生长速度、资源利用策略等。一些物种可能在时间或空间上避开竞争，从而实现共存。物种相互关系也可能包括互惠关系，即不同物种之间的相互合作。例如，一些植物可能通过根际真菌来获得养分，同时为真菌提供碳源。这种互惠关系以此维持生态系统的平衡。物种相互关系可以导致物种的进化和共适应。物种可能会逐渐适应彼此的存在，以最大程度地从互动中获益。这可以包括形态、生理和行为的适应。另外，物种相互关系在维持植物群落的多样性方面发挥关键作用。一些物种可能通过资源分配、捕食者—被捕食者关系或共生来维持多样性。失去某些物种可能会导致生态系统的不稳定性。

研究植物个体的生态位关系和物种在群落中的种间关系，是高碳汇植物景观规划设计的基础，对信息的整合应最终在植物数据库中得以体现，并在具体的规划设计中应用这些信息进行植物配置。

## 4.1.2　提升植物群落的整体碳汇能力

植物景观一般以植物群落的形式存在在人工组构的生态环境中，需从要素、结构两个层面共同做功提升植物群落的综合碳汇效能。其中，要素层面即为选择碳汇能力强的植物物种，结构层面需探索植物群落的结构、组分等，使植物群落在生态状况稳定的前提下，发挥系统最优碳汇功效。

### 1）选择碳汇能力强的植物物种

在人居生态景观环境的要素层面，选择高碳汇的植物物种能够增加单位面积的碳汇效率，并促进生态系统的健康和碳循环。

树种选择方面，可以根据实际情况考虑速生树种，这类树种具有较快的生长速度，因此能够更迅速地吸收大量$CO_2$，例如，一些杨树和桉树属于速生树种；深根植物以此改善土壤结构，增加土壤有机质，并能够更深层次地储存碳，草本植物中的深根草和一些灌木通常也表现出这种特征；一些多年生草本植物在地下部分能够存储大量的碳，例如，竹类植物生长迅速，对于碳的吸收和固定能力较强，其茎秆主要由纤维素组成，是一种可再生的碳储存形式。另外，对于城市蓝色空间，湿地植物在湿地生态系统中能够有效地吸收和固定碳，湿地植物包括芦苇、香蒲、鹅观草等，此外还有一些植物被称为生态系统工程植物，能够改变生态系统的结构和功能，促进碳储存，例如海藻和一些沙地植物。

### 2）组构高碳汇能力的植物群落

植物群落的不同结构影响着其生长状况及碳汇效能。在实际的规划设计中，需根据城市不同类型的绿地及其植物空间结构、形态、尺度、要素和格局的关系，提出符合场地生境斑块连通性需求的绿地碳汇单元类型和结构。实际设计过程中，应依据场地功能导向及生境因子进行生境分区，进行低碳植物种植设计，配置高碳汇的乔灌植物群落，推动城市绿地设计中的低碳循环。

## 4.2 高碳汇植物景观规划

高碳汇植物景观规划聚焦规划策略的提出与空间落位。首先需要基于低影响开发理念，进行生态本底的识别，在此基础上对植被景观进行规划定性，得出对于不同区域、不同土地的人工干预的强度指引，按照人工介入的强度可分为自然型植被景观、半自然型植被景观、人工型植被景观。针对不同的植被景观类型，在低影响开发的原则下，提出不同的规划策略，能够响应低排放的理念和目标。在此基础上，对不同区域的树种进行规划，确定不同应用场景和碳汇速率目标下的树种，以备植物景观设计选择。

### 4.2.1 低影响开发理念下的植被生境识别与优化

响应低影响开发的理念，需要以全面的、系统性的生态视角来进行规划与实施。在此过程中，对植被生境的精准识别是规划设计的前置条件。在此基础上，可针对不同的生态本底类型，对演替的类型进行识别和判断，对不同的生态本底可采用不同的人工干预程度进行规划策略的制定，以此优化植被生境、依据具体的规划定位创造高碳汇植物景观系统。

**1）顺、逆行植被景观演替下的生态本底识别**

植物景观的演替过程包括顺行演替和逆行演替，分别指的是植物景观的生态系统在不同条件下的演变路径。顺行演替指生态系统从简单到复杂，从不稳定到稳定的自然发展过程；逆行演替则是生态系统在干扰或恶化条件下从复杂退化到简单的过程。植物景观的演替过程涉及人居景观环境生态系统的动态变化和稳定性。理解顺行演替和逆行演替的机制和特征，对于合理规划和设计植物景观生态系统具有重要意义。在此基础上，对生态本底进行识别，其结果包括自然型本底、半自然型本底、人工型本底三种，三种结果分别可以对应不同的演替类型，则可在维护生态系统稳定、提升整体碳汇效能的目标下进行设计。

（1）顺行演替

顺行演替是指生态系统在时间推移下，从初始状态逐渐向更加复杂和稳定状态发展的过程，通常分为初级演替和次级演替。其中，初级演替发生在

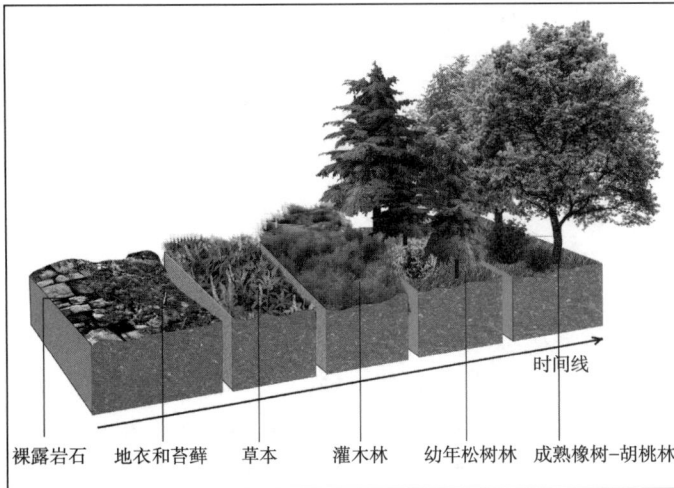

图4-3　顺行演替过程示意图
（来源：Wadsworth Publishing Company/ITP）

裸露岩石　地衣和苔藓　草本　灌木林　幼年松树林　成熟橡树-胡桃林

时间线

新的或裸露的地表，如火山喷发后形成的新岛、冰川退缩后的裸地。初始阶段通常由先锋物种（如地衣、苔藓）开始，这些物种能够在贫瘠的环境中生存，并逐渐改变环境条件。随着土壤形成和养分积累，更多的植物（如草本植物、灌木）会逐步定居，最终达到一个相对稳定的顶级群落（如森林）。次级演替发生在已经存在土壤和种子库的地区，如森林火灾、农业废弃地后的演替。由于土壤和部分生物已经存在，演替过程比初级演替更快。通常从草本植物和灌木开始，然后逐渐发展为森林或其他顶级群落（图4-3）。

（2）逆行演替

逆行演替是指在生态系统中，由于某种原因导致原有生态系统的破坏和退化，然后通过人工干预或自然恢复，逐步恢复原有生态系统的过程。逆行演替也被称为生态修复、生态重建或生态恢复。在受到干扰或恶化条件下，生态系统将从一个复杂和稳定的状态退化为更简单和不稳定状态。这种演替通常由外界因素引起，包括人类活动（如过度放牧、过度砍伐森林、污染）、自然灾害（如火灾、洪水、病虫害）、外来物种的入侵以及气候变化（如长期干旱、温度剧变）。

逆行演替的过程通常包括破坏阶段和裸地阶段。破坏阶段是由于人类活动或其他因素的干扰，导致原有生态系统的破坏和退化。例如，过度开发、污染、火灾等都可能导致生态系统的破坏。裸地阶段是在破坏后，原有的植被被清除，土壤暴露在外，形成裸地（图4-4）。

顺行演替一般始于新裸露地表或被扰动的土地，其过程从简单到复杂，从先锋物种到顶级群落。时间尺度上通常需要较长的发展时间（几年到几百年），最终能够形成稳定的生态系统，生物多样性和生态功能增强。顺行演替一般存在于生态环境较好的原始自然环境区域，未经人类扰动，生态状况稳定，植被丰富。对于生态本底的识别结果而言，一般包括自然型本底、半自然型本底。

逆行演替的特征的前置条件则为现有生态系统受到破坏或退化，并经历从复杂到简单，顶级群落退化为低级群落的全过程。在时间尺度上，可以发生在较短时间内（几年到几十年）。最终形成的结果为生态系统退化，生

图4-4 澳大利亚山火后导致的逆行演替

物多样性和生态功能减弱。在人类对土地不断开发的过程中，建成环境中的硬质下垫面、裸地等均属于逆行演替后的结果。对于生态本底的识别结果而言，一般是人工型本底。

（3）顺、逆行植被景观演替下的生态本底识别

顺、逆行植被景观演替下的生态本底包括自然型、人工型和半自然型。

其中，自然型本底是指未受明显人为干预的自然环境，如森林、湿地、草地等，其一般遵循顺行演替过程。在追求高碳汇和碳储的规划目标下，对这些自然型本底的识别具有重要意义。规划策略可能包括设立生态缓冲区、加强对自然型本底的保护、限制人类活动的干扰等，以确保其作为长期的碳储存和生态系统服务的可持续性。

人工型本底通常原本是城市中的硬质下垫面、裸地、部分棕地等，在规划设计介入前，其一般遵循逆行演替过程。后经人工修复和介入，最终形成以公园绿地和广场绿地为主要构成的人工绿地。在植被景观规划中，需要首先对受损的，可以将这些区域转化为高效的碳汇和碳储区域。

半自然型本底则是半自然型植被景观所在的生境，其绿地类型包括郊野公园、湿地公园、森林公园以及生态保育绿地等多种形式。这些绿地在保留了相对较多的生态本底的同时，展现出较高的生物多样性。半自然型植被景观通常保留了一些自然生态过程，其中包括但不限于自然演替等，这种保留以此维持植被的自然状态，进而提高其对碳的吸收和储存能力。自然演替过程使得植被能够根据环境的变化而逐渐演变，形成更为复杂的生态系统。同时，对于自然灾害的容忍和适应也使得半自然型植被更具有韧性，能够在一些极端条件下维持其生态平衡。

以南京市江宁区为例，通过对下垫面的识别可得，自然型本底则主要包括位于丘陵地带的林地以及长江、秦淮河、溧水河、句容河等水域及其沿岸

湿地，林地主要集中分布于云台山及西北部青龙山、汤山及周边区域，另有部分林地零散分布于东南部及中部。自然及人工林地具有较优的生态本底，有利于生物多样性保护，可以作为资源条件较优的生态林进行低干扰开发。人工型本底主要包括建设用地、裸地、部分草地以及人工坑塘、水库等，人为活动对建设用地的扰动较大，主要分布于江宁街道西北区域、谷里街道西北区域、秣陵街道、东山街道西南区域、禄口街道西北区域、汤山街道东南区域；裸地和未利用地分布较为零散，鲜有植被覆盖，生物多样性较低（图4-5、图4-6）。

图4-5 三江源国家公园的自然型植被景观
（来源：国家林草局官网）

图4-6 南京牛首山中的半自然植被景观

（4）逆行演替下的人工型植被本底

在人为建设和干扰后，需对产生了逆行演替的城市生态环境进行修复和重新规划设计，人工型植被本底则在这一过程中应运而生。

在规划其中的植物景观时，需结合实际情况和规划需求进行高碳汇的植物规划设计，其种类包括但不限于城市公园、附属绿地、防护绿地、广场用地、游园和生产绿地等多个方面。这些绿地不仅为城市居民提供了休闲娱乐的场所，同时也对建成环境中的人居环境发挥重要的生态效能。

城市公园作为城市绿地的核心组成部分，其植被景观的规划应当注重多样性和可持续性。在设计中，要充分考虑植物的选择，需同时兼顾造景效果和生态适应性以及生态效能；附属绿地在城市规划中起到连接和衔接的作用，其植被景观的规划应考虑到其在城市生态系统中的重要性，通过合理的植被布局，可以形成城市绿地网络，促使生态资源在城市中得以较优的流动，提高城市生态系统的韧性；防护绿地作为城市的生态屏障，在形态方面可不作过多的兼顾，其植被景观的规划需要更加注重对生态环境的保护，以抵御自然灾害和改善空气质量，例如提高植被密度和生长状况，在提升整体群落的碳汇量。

相对于自然型植被景观和半自然型植被景观，人工植被景观的净碳汇量的维持需要更为细致的管理。在规划阶段，设计者需要充分考虑植被的种植密度、生长周期和管理措施，以最大限度地降低碳排放，提高景观的净碳吸收能力。此外，在实际管理中还需增强对碳排放的监测和控制，通过科学的手段，确保人工植被景观在碳循环过程中的环保性和可持续性（图4-7）。

图4-7　第十二届江苏省园艺博览会连云港城市展园连云港展园中的人工型植被

### 2）低影响开发理念下的人工介入程度界定植被景观规划

（1）保护和提升生态环境，维系生态源地的生境质量

规划自然型植被景观的过程需要基于对土地的评价与认知。通过进行生态敏感性评价，可以精确了解不同区域的生态价值和脆弱性。以此确定哪

些地区需要低干预的人工介入以及严格的保护，以及哪些地区可以进行适度的人类活动。另外，对现状碳汇能力的评价也能精准识别碳汇潜力较高的区域，为后续的规划提供碳汇优化的基础，从而在生态保护的同时发挥更好的碳吸收和储存功能。

（2）避免过度设计和介入，尽量保留场地原生植物群落演替

在低影响开发的总体理念的引导下，半自然型植被景观的规划策略旨在最大限度地保护和维护原生生境和植物基础，通过优化植被的结构和布局，使其成为高效的碳汇。这一规划理念不仅关注景观的美观，更注重生态系统的健康和可持续性发展。

确定并划定生态保护区域，能够确保半自然型植被景观中的原生生境受到充分的保护。在这些区域内，可采取措施维护和提升植物多样性。这可以通过选择本土植物和当地适应性强的植物来实现，形成类自然植物群落，以保持植物的多样性，提高生态系统的抵抗力和稳定性。

在植被的选择方面，选择具有高生物量积累能力的植物物种。这些植物能够更有效地吸收和储存大量的碳，从而提高植被的碳汇效益。通过科学选取植物，能够最大化地提升景观的生态服务功能，包括空气质量的改善、碳的吸收和储存等方面。此外，优化植被结构还能够增强植被的稳定性，使其能够成为"弹性景观"（图4-8、图4-9）。

图4-8　杭州江洋畈公园利用次生演替进行植物景观设计1

图4-9　杭州江洋畈公园利用次生演替进行植物景观设计2

（3）因地制宜与类自然法则，组构高碳汇植物群落景观

人工型植物景观的规划和建设是一个复杂而综合的过程，以此创造出类似自然植被的多样性，包括常绿植物群落、落叶植物群落、常绿落叶混交植物群落、灌木植物群落和地被等。这些群落的营造不仅需要对生境条件进行改善，还需要精准选择植物，以构建高碳汇植物群落。

人工型植物景观的成功建设依赖于较优的生境条件。对于一些原本不适宜植物生长的区域，需要进行生境条件的改善。比如，在盐碱地的情况下，

可以进行盐碱地的改良，采用合适的土壤改良措施，调整土壤的盐碱度，为植物提供更适宜的生长环境。也可通过种植耐盐碱植物，或其他对不良生境具有抗性的植被，例如在第十二届江苏省园艺博览会连云港城市展园连云港展园的种植设计方案中，采用了盐蒿等植物的种植，以适应盐碱地环境。

在生境改善的基础上，在进行植物选择时，需要全面考虑其在特定生境条件下的适应性。这包括但不限于土壤类型、湿度、温度等因素。不同的植物对于这些条件有着不同的适应性，因此在选择时应该根据具体的生境条件精准挑选植物种类，选择生长迅速的植物品种，以此快速形成植被覆盖，提高碳的吸收速率。同时，具有较强抗逆性的植物能够更好地应对各种环境压力，如气候变化、土壤条件的波动等，保持植被的稳定性。

组构植物群落时，需要形成具有层次结构的植被群落，包括选择不同高度和形态的植物，构建乔木层、灌木层和草本层等多层次的植被结构。通过合理组合植物种类，使得各层次的植被能够相互协调，形成视觉上丰富而自然的景观。同时，这样的结构以此提高植被的覆盖面积，优化景观布局，形成更为稳定和健康的生态系统。

在植被的空间布局方面，应确保各类植被在景观中合理分布，形成连续的植被带。这以此提高生态系统的连通性，促进各种植物之间的相互作用。通过形成连续的植被带，不仅可以增加生物多样性，还以此提高景观的整体生态服务功能。

## 4.2.2　高碳汇景观系统的植物物种规划

树种规划能够确定一个城市或者区域中各类绿地适用的主要植物种类，并同时满足不同的功能属性。第一，基于高碳汇的总体目标，在满足气候条件和适宜人居环境的基础上，选择某个城市或地区可用的树种；第二，在不同的功能需求下（如城市公园的造景需求、防护绿地的防护需求、城市棕地生态环境修复需求等）进一步进行高碳汇碳储树种的选择；第三，依据不同的碳汇目标应用场景，选择不同生长速率的树种。根据以上三个部分，能够形成不同区域树种规划方案。

### 1）高碳汇植物物种规划原则
（1）适应气候条件

将树种的选择与当地气候区域相匹配。考虑到气温、降水、湿度等因素，确保所选树种在该气候环境下能够较好生长。考虑未来气候变化的情况，选择具有适应性的树种，能够适应潜在的气温和降水变化。考虑所选树种提供的其他生态系统服务，如土壤改良、水质保护等，以全面增强植物对当地环境的适应性。另外，考虑到气候变化可能带来的干旱或极端寒冷条件，选择具有较优的耐旱和耐寒性的树种。如果所在地区经常受到强风袭击，选择抗风化能力较强的树种，以防止树木受到风灾的影响。

（2）适宜人居环境

选择具有较优空气净化能力的树种，以提高居住区域的空气质量，促进健康。考虑城市环境中的特殊条件，选择能够适应城市气候、土壤和空间限制的树种，提高其生存和发展的成功率。选择寿命较长的树种，以保持高碳汇效应的持久性，同时为社区提供持久的生态和景观价值。应选择无毛或少毛的植物，以减少过敏源的散发，尤其是在容易引起过敏的环境中，如学校、公园等。避免选择带有尖锐刺的植物，以减少对人体或动物的刺伤风险，特别是在家庭、公共区域或儿童游乐区域。选择对人和动物无害的植物，避免选择有毒性的植物，特别是在儿童易接触到的区域。一些植物可能释放有害的挥发性有机化合物（VOCs）或花粉，可能引起过敏反应或呼吸问题。因此，在植物选择时要考虑这些因素，特别是在室内环境中。选择对植物具有适当的维护需求，确保植物不会因需要过于频繁或过于复杂的护理而成为不便。一些植物可能是病原体的宿主，选择那些不易感染或传播病害的植物，以维护植物群体的整体健康。选择花粉较少或无花粉的植物，以减少对花粉过敏者的不适。避免选择那些可能成为入侵物种的植物，以防止其在规划区域之外传播，对当地生态系统造成不利影响。

（3）高碳汇效能

高碳汇树种规划中，需要遵循一系列高碳汇效能原则，选择具有较高碳储存和碳汇潜力的树种。在设计植物群落时，宜营造多样的植物层次结构。

首先，高碳汇效能的实现离不开对乔木层树种的精准选择，由于乔木层的碳汇能力在整个植物群落中承担着较多的碳汇功能比重，宜选择碳汇能力较强的树种。

同时，在植物群落的设计中，灌木和地被植物作为植物群落的重要组成部分，通过其独特的生长特性和碳汇潜力，对整个生态系统的碳汇效益起到补充和支持的作用。对于灌木，应选择长势较好、生长迅速的树种，以促进植被覆盖的形成，提高碳吸收的速率。对于地被植物，一些木本植物和多年生的宿根花卉植物都具备较强的碳汇能力，能够在地表层形成有机质，为土壤碳储存提供潜力。

在高碳汇树种规划中，需要注意植物的适应性和生态位的多样性。选择适应性强的树种，可以更好地适应当地的土壤和气候条件，提高其生存率和生长速度。同时，在生态位的多样性方面，通过合理搭配不同生态位的植物，能够形成更为复杂和稳定的植物群落结构，提高整个生态系统的韧性。

### 2）适地适树原则下的优势树种选择

从适地适树原则上应当更多地考虑选用本地的乡土树种，由于本地植物具有更好的适应性，相比外来物种，能够在更短的时间内适应场地环境以及一些特殊的生境，也可避免引入外来树种后，发生与本土植物群落不协调而引发降低植物群落碳汇效益等问题。在种植乡土树种时，在设计施工阶段中运输所产生的碳排放要比外来树种更少，在使用和维护管理阶段植物的养护管理频率降低，从而减少了相应的碳排放。

（1）城市绿化树种选择

①公园绿化树种

公园绿化树种规划应当根据公园绿地的功能、性质合理规划树种。以空间场景的营造为导向，因地制宜选择乡土树种，也可搭配少量外地珍贵的驯化后生长习性稳定的树种，选择既具观赏价值，又具较强抗逆性、病虫害少的树种，易于管理，不能选用有浆果和招引病虫的树种。树种的选择通常包括基调树种、骨干树种、一般树种。

②道路绿化树种

城市的道路绿化树种的选择，除了考虑吸尘净化空气、减弱噪声等功能外，最主要的是有利于降低夏季高温，改善环境小气候以及美化市容、塑造道路的景观特色。

③防护林树种

首先应当根据规划区域的气候特点，从地区整体自然单元进行全面规划；其次，应当根据绿地特点，选择具备卫生防护、强滞尘力及强隔声力等功能的乡土树种与引进树种；再次，从维护生物多样性和绿地可持续发展战略考虑，建立各类树木种质资源库，保持植物群落的相对稳定。

以南京市为例，考虑到其碳汇效能，可选择的乔木包括银杏、雪松、火炬松、水杉、池杉、落羽杉、侧柏、圆柏、龙柏、垂柳、旱柳、毛白杨、青冈栎、榔榆、榉树、珊瑚朴、白榆、鹅掌楸等。

（2）山林绿地植物选择

在新开发的郊野公园、风景区的建设过程中，主要选用生长迅速、绿化效果快的速生树种和先锋树种，以快速覆盖山体和形成绿化效果。山林绿地植物树种应以南京所处植被区系中具有代表性植物为主要造林树种，尽量减少或者避免使用外来树种。以南京市为例，具备高碳汇效能的植物主要包括银杏、雪松、白皮松、赤松、火炬松、苦楝、梓树、青檀、栓皮栎等。

（3）抗害抗灾植物选择

抗害抗灾植物包括抗有害气体植物、具有杀菌能力的植物、防火树种、耐盐碱树种、棕地修复树种。工业绿地或有气体污染绿地内的树种有时应选择有特殊抗性的树种。针对不同的抗灾需求，可种植对应的高碳汇树种，以南京地区为例，例如抗$SO_2$的大叶黄杨、珊瑚树、构骨、紫荆、无患子、构树等。

### 3）不同生长速率的高碳汇植物选择

**（1）基于生长速率的植物分类**

速生树种、中生树种和慢生树种在碳汇和碳储能力方面可能表现出一些不同。这些特性可能因植物生长速度、寿命、生物量累积等因素而有所差异。

①速生树种

速生树种具有快速的生长速度，通常在早期生长阶段能够迅速吸收大量$CO_2$，通过光合作用将碳转化为有机物。由于生长迅速，速生树种在中期可能累积了大量的生物量，包括树干、树枝和叶子，这些都是富含碳的有机物质，从而形成了较高的碳储存。速生树种通常寿命较短，因此在晚期可能会有较大比例的碳释放，尤其是在树木凋落和分解的过程中。例如桉树、毛白杨、小黑杨、大叶速生槐、速生楸树等（图4-10）。

②中生树种

中生树种的生长速度一般处于速生和慢生树种之间，早期至中期能够有效吸收$CO_2$，并形成相对较高的碳汇。中生树种在中期至晚期可能形成较为稳定的碳储存，因为其的寿命相对较长，可以在生长过程中逐渐积累生物量。例如国槐、水杉、栓皮栎、楸树、鸡爪槭等（图4-11）。

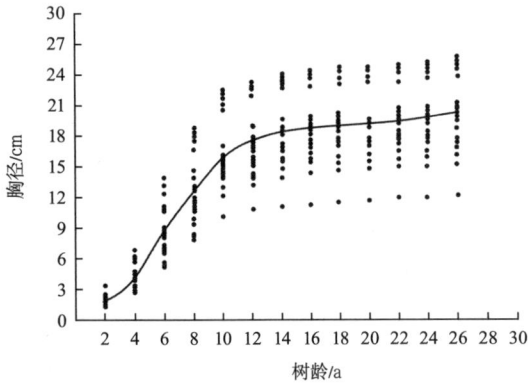

图4-10　小黑杨胸径生长过程曲线与散点图
（来源：冯慧想. 杨树人工林生长特性及生物量研究[D].
北京：中国林业科学研究院，2007.）

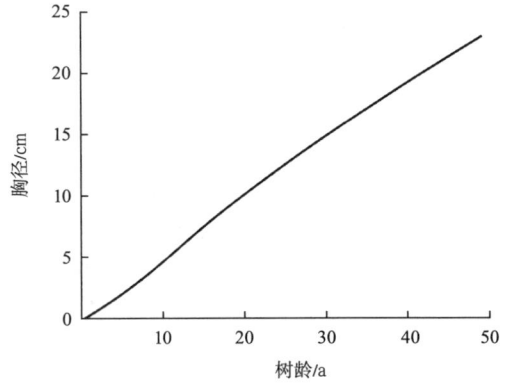

图4-11　国槐胸径生长过程曲线
（来源：郭湧，魏云琦，欧阳翠玉. 基于LIM的城市园林树木碳储量基线情景模拟研究——以北京市某高校绿地为例[J].
北京林业大学学报，2022，44（12）：111-120.）

③慢生树种

慢生树种生长速度较慢，但其通常具有更长的寿命。虽然在早期生长阶段碳汇相对较少，但在整个生命周期内能够持续地吸收$CO_2$。由于生长速

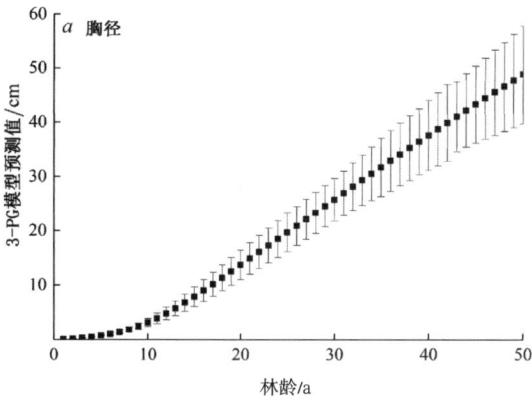

图4-12 银杏胸径生长过程曲线

（来源：刘坤. 银杏人工林结构参数估测及生长过程模拟[D].
南京：南京林业大学，2020.）

度慢，慢生树种在中期至晚期可能形成更为稳定且长期的碳储存，包括木质部分和树木的其他组织。例如红豆杉、银杏、紫檀、香樟、黄檀等（图4-12）。

（2）基于不同需求的植物选择

在实际应用中，根据具体的碳汇应用目标，选择不同生长速度的树种可能以此最大化碳汇和碳储的效益。

速生树种生长速度快，能够在短时间内能够累积大量生物量，但通常寿命相对较短，可能在几十年内到达成熟状态。所以，尽管速生树种在短时间内能够快速累积碳，但由于寿命较短，其总体碳累积量相对中生和慢生树种较低。

中生树种的生长速度介于速生和慢生树种之间。相对于速生树种，中生树种通常寿命较长，可能需要数十年到几个世纪才能达到最大生物量。由于寿命较长，中生树种在整个生命周期内能够累积较高的碳量，相对于速生树种而言，碳累积量更为持久。

慢生树种的生长速度相对较慢，需要较长时间才能达到成熟状态。慢生树种通常寿命较长，可能需要数百年甚至更长时间。尽管生长速度慢，但由于寿命较长，慢生树种在其生命周期内能够累积极大的碳量，形成长期的碳储存。

在选择速生、中生和慢生树种时，需根据具体的碳汇和碳储需求或应用场景来综合考虑各种因素。在实际应用中，可能需要组合使用不同生长速度和寿命的树种，以最大限度地满足特定要求。具体可分为以下几种应用场景：

①碳汇需求较高的应用场景

在需要迅速增加碳汇以缓解气候变化等紧急情况下，可以考虑选择速生树种。这些树种以其快速的生长速度和相对较短的周期内形成的生物量，为短期内的碳汇需求提供了有效的解决方案。速生树种在早期生长阶段能够迅速吸收大量$CO_2$，形成快速的碳汇。这对于需要在较短时间内得到较多碳汇碳储量或紧急需要实施气候变化缓解措施的情况较为有利。

②长期碳储需求较高的应用场景

如果目标是实现长期的碳储存，以保持碳汇效益并减轻气候变化影响，中生和慢生树种是更为合适的选择。中生树种能够在整个生命周期内维持相对平稳的碳储存，形成中期至长期的稳定碳储。由于慢生树种较长的寿命，能够在更长时间尺度上提供持久且稳定的碳储存。这对于需要长期维持碳储存的生态系统服务或气候变化适应策略而言较为合适。

③可持续及适应性需求较高的应用场景

在需要实施可持续城市绿地综合、系统管理情况下，可以选择根据具体情境调整的树种，一般将综合实际情况进行不同类型的树种组合。速生树种适合于需要频繁管理和适应性管理的城市环境，因为其能够迅速适应城市压力，提供生态服务并在短时间内产生效益。中生树种则适合需要较为平稳、可预测的生态服务和管理干预的情境。慢生树种适合需要长期可持续管理的场景，因为其具有长寿命和稳定性，可以减少长期管理成本。

④生态修复及生境维系需求较高的应用场景

在需要进行生态恢复、提高生物多样性或改善栖息地质量的情况下，可以选择速生树种用于快速建立植被覆盖，提供临时的栖息地和防止土壤侵蚀。中生树种适用于在相对短的时间内提供绿化效果，并对生物多样性的恢复有积极作用。慢生树种则适用于长期的生态恢复和生物多样性维护，以此逐步建立复杂而稳定的生态系统。

## 4.3 高碳汇植物景观设计

植物景观设计响应低排放和高碳汇碳储总体法则，最终营造形态优美、功能合理、高碳汇碳储的植物群落。低排放对应的是营造类自然、稳定的植物群落景观，因此，需要从适应生境条件和群落种间关系两个方面考虑进行植物物种的筛选。高碳汇碳储则应从合理的植物群落结构、物种配置等方面提出具体的设计策略，并提供可供参考的高碳汇碳储植物群落类型。

### 4.3.1 基于生态与形态协同的植物景观设计

#### 1）遵循植物景观生态与形态的同步性

在建成环境中，植物要素的生态与形态是同步生成的，二者具有协同性，即生态状况发生改变的同时，其外化形态也发生了改变，反之亦然。

具体表现为三个方面：其一，生长环境能够对形态造成一定的影响，如生境中的土壤质地、水分、阳光等条件，会直接影响植物的生长形态。例如，在干燥环境中生长的植物可能会发展出深深的根系以吸收更多的水分，这塑造了植物的生长形态。同时，生态需求也决定了植物的生长位置和布局，不同植物对于光照、湿度、土壤类型等生态条件有着不同的需求。设计师在规划植物景观时需要考虑到这些生态需求，以确保植物能够生长良好。这样的生态需求就会直接影响植物的布局和配置，进而影响到整体的景观形态。其二，形态的变化同时也能影响生态，植物的形态可以创造出各种生态功能。例如，选择生长茂密的植物可以提供良好的栖息地和遮阴，促进生物多样性；而选择具有深根系的植物可以帮助固定土壤、防止水土流失。其三，植物的形态还可以影响到周围的微气候。比如，高大的树木可以形成风蚀防护，减少风速和风力对植物和土壤的侵蚀；茂密的植被可以降低气温，改善周围的环境舒适度。

植物的形态和生态条件之间形成了同步共生的关系，植物的生长形态受其生态条件影响，而植物的形态又可以反过来影响其周围的生态环境。高碳汇植物景观的设计需考虑到二者的协同关系，以创造既美观又具有生态功能的景观，不仅能够提供美丽的视觉效果，还能够为生物提供良好的生存环境，实现生态与形态的良性循环，响应低影响开发的设计理念。

### 2）基于生态与形态协同的植物景观评价

设计的基础是理解人居生态环境中的生态和形态的协同关系，而从环境中掌握的实证信息则是可信度较高的方法与资料来源。基于构建生态与形态协同的植物景观，可建立生态与形态双评价方法，分别从生态和形态两个维度进行评价。其中，生态评价内容包括植物的生长状况、植物生境条件、植物群落的碳汇总量等内容。形态评价内容包括植物群落样方主要观赏面的二维图像及三维空间数据对植物群落的形态的评价。通过分别对生态、形态的评价，可以根据结果选择形态较优且生态较优的植物群落，分析其生态和形态特征，并由此得出典型的能够协同生态与形态两方面因素的植物景观的常见搭配组合。

## 4.3.2 耦合生境条件的植物物种选择

生境因子包括单因子和复合因子，在进行生境条件的分析时，应综合分析其复合因子，将多个单因子进行叠加分析，以得到综合结果。

### 1）植物景观的单因子生境分析

植物景观的生境因子主要包括光照因子、地形因子和水文因子。对于这三类因子的分析可采取实地调研、软件模拟等方式进行。

（1）光照因子分析

光照因子的分析包括光照强度、光照周期、光照方向、光照时间。光照强度是指植物所接收到的光的强度水平。不同种类的植物对光照的需求不同，一些植物需要更强烈的阳光，而一些植物则更适应较阴暗的环境。通过测量光照强度，可以确定植物所处位置的适宜性，并相应地选择植物。植物对光照的周期性变化也很敏感。一些植物需要日夜交替的光照，以维持其正常生理节律，例如开花和休眠。了解植物对光照周期的需求以此在设计植物生境时提供适宜的光照环境。光照方向影响植物的生长形态。不同的植物对于阳光的喜好可能不同，有些植物更适应直射阳光，而有些则更适应部分阴影。因此，了解光照方向以此选择合适的植物和合理布局。光照时间指的是每天植物所接收到的光照的时间长短。一些植物对于日照时间的需求较为特殊，例如一些植物需要短日照以诱导开花，而另一些则需要长日照。了解光照时间的需求对于合理安排植物的生长环境很重要。

无论是哪种类型的植物，其光合作用速度都与光照强度有着紧密的联系。在光照较弱的情况下，随着光照强度的增加，光合作用速率会提升，合成的糖类物质也随之增加。当植物光合作用的产物恰好抵消呼吸消耗时，这种光照强度被称为光补偿点（Light compensation point）。当光照强度继续增加，光合作用速率的增加会逐渐减缓，直到达到一个极限。当光合作用速度不再随光照强度的增加而增加时，此光照强度被称为植物的光饱和点（Light saturation point）。不同植物的光补偿点和光饱和点有很大差异。一般来说，CAM植物（主要包括景天科植物，独特之处在于它们在夜间进行$CO_2$的固定，能够适应干旱、半干旱环境）的光补偿点最低，C3植物是最常见的植物类型，适用于温和的气候条件。它们在光合作用过程中使用C3途径进行$CO_2$固定）高于CAM植物，而C4植物（C4植物具有一种独特的机制，可以有效地在高温和强光条件下进行光合作用。它们采用C4途径进行$CO_2$固定）的光饱和点较低，C3植物与CAM植物则没有明显的光饱和点。

常用的光照分析软件和平台包括Radiance、Daylighting Analysis Tools（DATs）、Autodesk Insight、Ecotect Analysis、DIVA for Rhino、grasshopper的Ladybug Tools插件等，以应用较多的Ladybug Tools为例，是一组用于环境设计的开源工具，包括Ladybug、Honeybee等，在支持Rhino和Grasshopper环境支持下，能够进行太阳路径分析、天空照明分析等。得到光照分析的量化结果后，可根据光照强度、光照时长等的数值划为不同的区间，并可对应植物的喜光、中性、耐阴等几个等级（图4-13）。

（2）地形因子分析

地形因子包括高程、坡度、坡向等。高程差异影响气温、湿度等环境条件。植物的适应性和生长速率可能受到高程的限制。对于高程较大的区域，需要考虑植物的耐寒性和适应性。坡度对水分流动和土壤侵蚀有显著影响。较陡的坡度可能导致水分迅速流失，而较平缓的坡度则易于水分渗透和保持。分析坡度可以帮助确定植物的适宜位置，并采取适当的土壤保持措施。坡向决定了植物所接受的阳光和阴影的分布。南坡通常更容易获得阳光，而北坡则相对较阴暗。坡向分析以此合理选择植物和规划植物的布局，以最大程度地利用光照资源。

建成环境中的各类地形因子分析可依托多平台和软件实现，常用的软

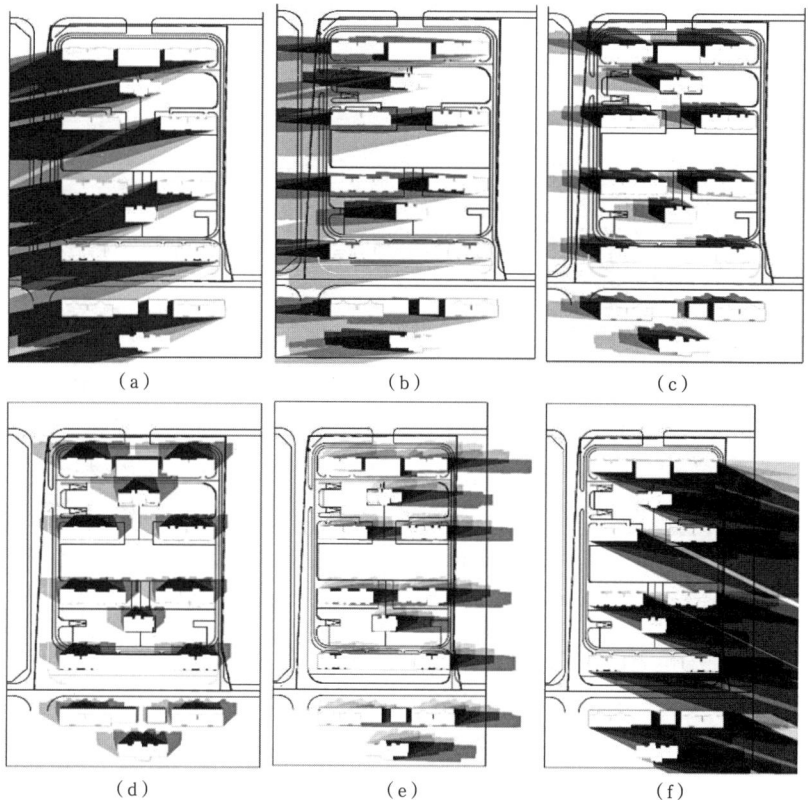

**图4-13 利用Ladybug插件进行光照分析**

（a）5:00～7:00；（b）7:00～9:00；（c）9:00～11:00；（d）11:00～13:00；

（e）13:00～16:00；（f）16:00～19:00

（来源：刘琦，谢云涛，刘兆宇. 高层住区室外活动场地日照环境优化设计[J].

山东建筑大学学报，2023，38（2）：120–126+134.）

件主要包括ArcGIS、Global Mapper等。其中，ArcGIS是一套强大的地理信息系统软件，具有丰富的地形分析工具。通过ArcGIS，可以进行坡度、流域、流向、高程等地形因子的提取和分析。Global Mapper是一款通用的地理信息软件，具有强大的地形分析工具。它支持坡度、流域、高程曲线等分析（图4-14）。

（3）土壤因子分析

土壤类型对植物的生长和根系的发展具有重要意义。不同植物对土壤pH值、质地、养分含量等有不同的要求。分析土壤类型可以帮助选择适宜的植物和进行必要的土壤改良。

土壤因子包括土壤质地，涵盖砂、壤土、黏土的比例。土壤结构是土壤颗粒的排列方式及团聚体的形成。土壤有机质是有机物含量，影响土壤肥力和结构。土壤pH值是土壤酸碱度，影响养分的可用性。土壤养分主要包括氮（N）、磷（P）、钾（K）等元素的含量。土壤含水量是土壤中水分的多

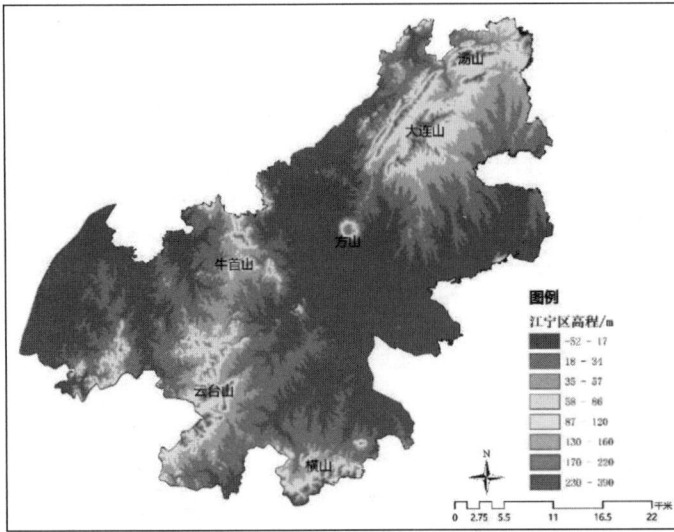

图4-14 利用ArcGIS平台分析高程数据

少，影响植物的水分供应。土壤通气性是土壤中空气的多少，影响根系的呼吸。土壤温度影响植物根系的活动和微生物的代谢。土壤盐分是土壤中可溶性盐的含量，影响植物的水分吸收。在进行土壤因子的分析时，通常会结合多个软件进行数据处理和分析。例如，可以使用ArcGIS进行空间数据的预处理和可视化，然后将数据导出到R或SPSS中进行详细的统计分析和建模。最终，结果可以再次导入ArcGIS进行空间展示和进一步分析。

（4）水文因子分析

水文因子包括降水量、降水分布、降水量、蒸发蒸腾、土壤水分含量、地下水位、排水情况、洪水和涝灾害、水质情况。降水量是指单位时间内降水的量，对植物的生长和土壤水分含量有直接影响。分析降水量可以帮助了解植物所在区域的水分供应情况，从而选择适应性强的植物。降水分布指降水在一年中的季节性分布情况。不同季节的降水情况会影响植物的生长周期、开花时间等。合理分析降水分布以此选择适应当地气候的植物种类。蒸发蒸腾是指水分从植物和土壤表面蒸发的过程。该过程与气温、湿度和风速等因素有关，对植物的水分利用效率和生长具有影响。分析蒸发蒸腾以此了解水分的流失状况，指导合理的灌溉管理。土壤水分含量是指土壤中的水分量。合理分析土壤水分含量可以帮助确定植物生长的适宜区域，以及制定合理的灌溉计划。地下水位是指地下水面距地表的垂直距离。地下水位的高低直接影响植物的根系生长和水分吸收。了解地下水位以此合理规划植物的种植深度和选择适应性强的植物。土壤的排水情况影响着水分在土壤中的流动。较优的排水以此避免水分积聚，防止植物根系腐烂。适当的排水设计可以防范水分相关的问题。对于植物生境，洪水和涝灾害是重要的水文因素。分析当地的洪水和涝灾害的概率和频率，以此选择抗洪抗涝的植物，并在设计中考虑相应的防范措施。水质因素包括土壤中的盐分和其他溶解物质。高盐分土壤可能对某些植物不利，因此分析水质以此选择适应性强的植物，并采取适当的土壤改良措施。

依托多个软件和平台可对生态景观环境中的水文状况进行模拟和分析，以得到相对应的量化结果，并据此筛选可用的植物种类。常用的水文分析软件包括HEC-HMS（Hydrologic Engineering Center-Hydrologic Modeling

图4-15 依托数字孪生平台进行水文分析

System）：由美国军事工程研究与发展中心开发的软件，用于进行流域水文模型的建模和分析；SWMM（Storm Water Management Model）：美国环境保护署（EPA）开发的软件，主要用于城市雨水排放和雨水管理的模拟；HEC-RAS（Hydrologic Engineering Center-River Analysis System）：由美国军事工程研究与发展中心开发，用于河流水文和水力模拟，特别是河道横断面的水流分析；ArcGIS：可利用流域分析、径流分析等工具，模拟环境中的水文状况；利用Grasshopper平台中的使用Ladybug Tools中的组件，如Ladybug Runoff Coefficient，可用于模拟雨水径流分析，并得出雨水在地表的流动情况（图4-15）。

以上因子可以结合实地调研，或依托数字孪生平台，根据相应的传感器终端采集生境数据，形成更加真实可靠的结果。

### 2）植物景观的复合生境因子叠加

根据层次分析法确定的各项权重，可以运用ArcGIS软件平台对各项生态因子进行叠置分析，最后得到复合生境因子的分析结果。

### 3）适应生境条件的植物物种选择

在植物群落景观设计过程中，进行满足生境条件的植物物种初筛是具有重要意义的步骤。这个初筛过程以此确保所选择的植物能够适应特定的环境条件，从而促进生态系统的健康和景观的可持续性。植物的地带性是优先考虑的因素之一。不同物种对气候条件和地理位置的适应性各不相同。因此，首先需要根据植物的气候带约束条件来筛选物种。这可以包括根据寒带、温带、亚热带等气候带的划分来选择适宜的植物。中国地域广阔，地域约束条件也是关键的考虑因素。根据不同地区的特点，如华东地区、华北地区、华南地区、西北地区、东北地区、华中地区等，筛选符合特定地域条件的植物物种。在确定地带性和地域性条件后，建立景园空间的约束条件也具有重要意义。这包括考虑光照条件、水分条件、土壤条件、微气候条件等。根据景观的具体位置和特点，筛选适合生长的植物，确保所选植物能够适应生境条件。根据数据库中的植物编码属性信息，进行满足群落物种间生长条件的物种筛选，以避免种间竞争关系，建立符合植物生态位关系的群落景观。

## 4.3.3 基于植物生态位及种间关系的物种匹配

基于植物生态位及种间关系的物种匹配主要包括基于群落中的生态位与种间关系匹配植物、基于上层植物对生境的影响匹配下层植物两方面内容。

### 1）基于群落中的生态位与种间关系匹配植物

（1）植物群落中的生态位

生态位是指一个物种在其所居住的生态系统中所占据的特定角色或功能。它描述了一个物种如何与其生态系统中的其他生物相互作用，以及如何利用和适应环境资源。植物群落中的生态位涉及植物在该群落中的功能、资源利用和相对于其他植物的位置。

植物群落中的生态位包括以下几个方面：第一，资源利用方面，不同植物物种对水、养分、阳光等资源的需求和利用方式可能不同。一些植物可能更善于利用特定类型的土壤或是特定的水分条件。其的根系结构、生长速率等特征可能使其更适应特定的资源环境。第二，光合作用类型，不同植物采用不同类型的光合作用方式，例如C3植物和C4植物。这些植物对光照和$CO_2$的利用方式有所不同，因此在不同的光照和温度条件下可能有不同的竞争优势。第三，生长形态，植物的生长形态包括株高、根系深度、树冠大小等。不同植物的生长形态决定了其在垂直和水平空间上的利用方式，从而影响了其在群落中的竞争关系。第四，繁殖策略，植物群落中的植物可能采用不同的繁殖策略，包括通过种子传播、克隆繁殖等。这些策略会影响植物在群落中的扩散方式和种群结构。对生境的适应性：植物对于特定生境条件的适应性也是其生态位的一部分。一些植物可能更适应干旱环境，而另一些则更适应湿润环境。植物群落中的生态位差异以此减少资源竞争，维持群落的多样性。通过占据不同的生态位，各种植物能够共同存在，相互之间形成一种平衡。这种平衡以此群落的稳定性和生态系统的健康（图4-16）。

（2）群落中植物的共生关系

群落中植物的共生关系包括互惠共生（Mutualism）和寄主共生（Commensalism），互惠共生是指两种植物种群之间进行互利合作，双方都从中受益。例如，一些植物通过与固氮细菌建立根际共生关系，植物获得了更多的氮源，而细菌则得到了栖息地和碳源。寄主共生是指一方受益而另一方不受益也不受害。例如，一些植物可能提供了其他植物所需的栖息环境，而自身并不受到明显的影响。

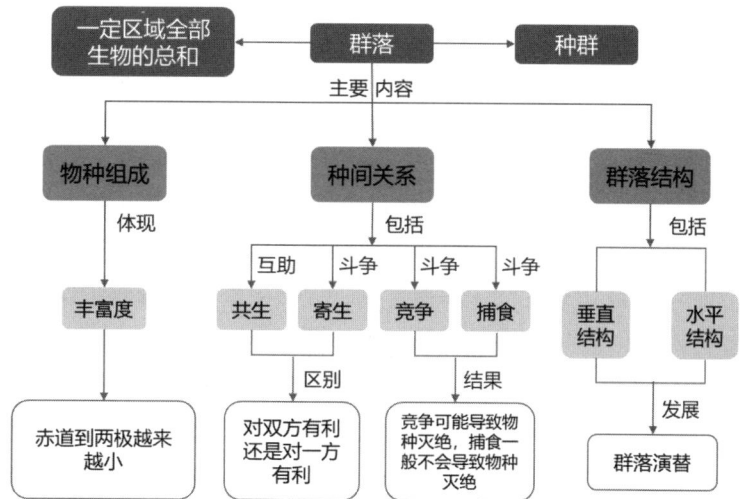

图4-16 植物群落中的生态位关系

（3）群落中植物的竞争关系

植物群落中的植物竞争关系是复杂而精细的生态过程，其中包括资源竞争和空间竞争两个重要方面。这些竞争关系对于植物群落的结构和动态起着关键作用。

首先，资源竞争是植物群落中最为显著的竞争形式之一。不同植物种群可能在生态系统中争夺有限的水、养分和阳光等关键资源。水分是植物生长过程中具有重要意义的要素，而在干旱或季节性干燥的环境中，各个植物种群可能会竞争获取有限的水资源。养分也是植物正常生长所需的必备元素，因此在土壤中，不同植物之间可能存在对养分的竞争。阳光是植物进行光合作用的能源，对于植物的生长具有重要意义，因此在高密度植被中，上层植物可能会阻挡下层植物获取充足阳光的机会，形成激烈的阳光竞争。

其次，空间竞争也是植物群落中一种常见的竞争形式。尤其是在生长空间有限的情况下，植物之间会争夺有限的空间资源。这种竞争可能表现为植物通过快速生长、扩散或竞争性的占领空间来获取更多的生长空间。在一些自然生态系统中，这种空间竞争可能导致一些植物在特定区域占据主导地位，形成优势种。这也与植物的生长速度、繁殖策略以及对环境适应性等因素密切相关。

在植物竞争关系的研究中，科学家们通常运用各种研究方法，包括野外观察、实地测量和实验室模拟等手段。通过这些方法，他们能够深入了解植物在资源和空间方面的相互竞争机制。同时，采用数学模型和计算机模拟也成为研究植物竞争的有效手段，这些模型能够模拟不同植物群落中的竞争过程，帮助科学家更好地理解植物群落的演变趋势和生态系统的动态。

（4）群落中植物的抑制关系

群落中植物的抑制关系包括化感抑制和物理抑制，化感抑制是一些植物可能通过释放特定化合物，如化感物质，来抑制周围植物的生长。这种抑制关系通常是为了减少竞争，提供自身的生长空间。物理抑制是一些植物可能通过大型树木的树冠遮阴效应，限制下层植物的阳光照射，从而抑制下层植物的生长。在生态学和植物群落管理中，有时需要避免具有互斥关系的植物出现在同一群落空间，以确保群落的健康和稳定。在设计前，需进行生境模拟或小规模试验，以评价不同植物组合的相互作用。这可以通过放置小型植物社区，模拟植物相互作用的影响，来预测植物在大规模环境中的表现。互斥关系可能涉及资源竞争、化学物质相互作用、疾病传播等。因此，需要进行群落的生态位分，以了解各个植物种类在生态系统中的角色和资源利用方式。通过深入了解植物的生态位，可以选择在同一生境中引入那些资源利用方式不相互冲突的植物。

### 2）基于上层植物对生境的影响匹配下层植物

深入研究上层植物与下层植物之间的竞争关系是理解其相互影响的关键途径。这种研究能够揭示植物生境变化的根本原因，进而为生态系统的稳定性和可持续性提供基础。通过观察和测量上层植物与下层植物之间的竞争，可以深入了解导致植物群落结构变化的因素。这些竞争关系可能涉及水分、养分、光照等重要资源的争夺，是植物生长和发展的关键驱动力。

水分是植物生长过程中具有重要意义的资源之一，而上层植物通常会争夺土壤中的水分，影响到下层植物的生长状况。养分的有限性也是植物之间竞争的一个方面，因为植物需要吸收土壤中的养分来维持其生命活动。此外，光照是植物进行光合作用的关键因素，上层植物的生长会遮挡下层植物的光照，形成光合作用的竞争。

然而，并非所有的植物关系都是竞争性的。在自然生态系统中，一些植物通过合作或共生关系而不是竞争来影响彼此的生境。例如，一些植物通过根际微生物与其他植物建立共生关系，这种共生关系可以促进生长或提供保护。这种共生关系的存在使得植物群落更加复杂和多样，提高了整个生态系统的稳定性。

对于上层植物和下层植物之间的相互作用，研究者通常使用数学模型和计算机模拟进行深入剖析。这样的模型可以模拟植物群落中的各种相互作用，包括竞争和合作关系。通过这些模拟，研究者能够更好地理解不同因素对植物群落结构和生境的长期影响。数学模型和计算机模拟的使用使科学家们能够模拟植物生态系统的复杂动态，为预测未来植物群落的演变提供了有利工具。

高大乔木下层宜种植耐阴灌木和地被

图4-17　上层植物创造的阴生生境下宜种植耐阴植物

这种深入研究上层植物与下层植物相互关系的方法具有广泛的应用前景。在生态学、环境科学和植物学等领域，这些研究成果不仅能够为植物群落管理提供科学依据，还能够为生态系统保护和恢复提供有益的指导。通过深刻理解植物之间的相互作用，我们可以更好地维护生态平衡，促进生物多样性，实现生态系统的可持续发展（图4-17）。

## 4.3.4　高碳汇植物群落配置

高碳汇植物群落的设计主要以此满足形态和功能的目标下，达到碳汇效能的最大化。在选定了低排放目标下适宜物候条件、生境条件以及种间关系的基础上，对影响群落碳汇能力的植物群落结构特征因子进行分析和总结；在此基础上，提出高碳汇植物群落配置的设计策略，包括合理控制植物群落的栽植密度、增加高碳汇型植物的占比，以及优化植物种植结构；最终结合空间形态和景观效果，搭配上、中、下层植物，并提供乔灌草、灌草、乔草、地被、水生等不同类型的植物群落的配置范式。

### 1）群落结构特征对碳汇能力的影响因素

（1）层次结构

植物群落的种类和结构特征对木本和草本植物的生长速度、物候特征、凋落物产量和质量以及抗病虫害能力有着不同程度的影响，进而影响城市绿地的碳汇能力。优化物种组合可以最大限度地促进物种间的互利共生，减少竞争，从而充分发挥植物群落的整体碳汇效益。

复杂的群落结构层次能够更好地利用环境资源，提高土壤水分和养分的有效性，进而增强植物群落的碳汇能力。合适的栽植密度提高了植被对水分和养分的利用率，增强了植被的地上和地下生产力，有利于凋落物进入土壤，从而提升植被的碳汇能力。

在相同条件下，随着植物群落层次的增加，碳汇能力也相应上升。层次越高的植物群落碳汇能力越强，复层结构的植物群落优于双层群落，双层群落优于单层群落。根据日平均碳汇量的高低，不同植物层次的搭配顺序为乔灌草＞乔灌＞乔草＞乔木＞灌草＞灌木＞草地。不同群落内植物配置的形式和规格也会直接影响碳汇效益。

除了层次结构外，郁闭度、胸径结构、群落密度以及植物本身的碳汇能力也是影响群落碳汇能力的重要因素。在优化提升调研地植物群落碳汇能力的过程中，应综合考虑这些因素及各分区的景观功能需求，借鉴碳汇能力强的群落的植物配置范式，尽量保持复层的群落结构，以全面提升碳汇效益。

（2）郁闭度

研究表明，当植物群落的郁闭度低于35%时，其整体碳汇能力较差；当郁闭度在35%～65%时，植物群落的总碳汇量和单位土地碳汇量会随郁闭度的增加而提高，且在45%～65%的范围内增幅较大，单位面积碳汇能力的增幅大于总碳汇量的增幅；当郁闭度在65%～75%时，植物群落的总碳汇量和单位土地碳汇量则随郁闭度的增加而降低，且单位面积碳汇量的降幅大于总碳汇量的降幅；当郁闭度超过75%时，植物群落的总碳汇量和单位土地碳汇量又会随郁闭度的增加而重新上升，且总碳汇量的增幅较高。由此可见，在优化调研地植物群落时，可以通过适当提高郁闭度来提升群落的碳汇能力，将郁闭度控制在45%～65%或75%以上，配合不同分区的功能和群落特征，可以确保更好的碳汇效益。

（3）生物量

不同生物量的树种在碳汇效益方面存在显著差异。研究表明，随着植物群落胸径等级的提升，整体碳汇量呈现出逐步上升的趋势。以植物胸径作为生物量的表征因子，当胸径在5～13cm时，群落的单位面积碳汇能力随着胸径等级的增加而提高；当胸径处于13～14cm时，单位面积碳汇能力反而随着胸径等级的提升而下降，这可能是因为此胸径范围的树木更容易出现孤植现象；当胸径超过14cm后，群落的碳汇能力又与胸径等级呈现正相关关系。

（4）群落密度

随着植物群落密度的增加，其总碳汇量和单位面积碳汇能力虽然会有一些波动，但总体呈现上升趋势。这表明群落密度与碳汇能力之间存在正相关关系，增加群落密度可以有效提高碳汇效益。

相关研究显示，当群落密度小于1000株/hm²时，随着密度的增加，群落的总碳汇量和单位面积碳汇能力整体上升，单位面积碳汇量呈波动上升趋势；当群落密度在1000～2000株/hm²时，碳汇总量和单位面积碳汇能力反而随密度的增加而下降；而当密度超过2000株/hm²时，碳汇总量继续下降，但单位面积碳汇能力显著提高。

植物群落的郁闭度和群落密度这两者呈正相关关系，密度的增加能直接提升郁闭度，但较低密度的群落也能形成较好的郁密度。一般而言，随着群落密度的增加，碳汇量会提升，但植株间距缩小，密度过高会影响其生长发育，导致碳汇能力下降。在密度达到一定阶段时，增加密度主要依靠灌木数量的增加，密植的灌木可以进一步提升碳汇效益。

（5）高碳汇能力树种比重

高碳汇树种的单株碳汇效益显著，其在群落中的比例与单位面积土地碳汇能力并没有直接关联。然而，随着高碳汇树种比例的增加，单位面积土地碳汇能力整体呈现上升趋势。要提升整个植物群落的碳汇能力，除了增加高碳汇树种的数量外，还应结合群落的实际情况，通过调节群落密度、郁闭度和胸径层次等因素来实现碳汇能力的提升。

### 2）高碳汇植物群落配置优化策略

高碳汇植物群落配置的关键策略有两点：首先是增加高碳汇植被的覆盖率，其次是优化植物群落结构。通过科学设计植物群落，可以实现最佳的碳汇结构，最大化植物群落的碳汇潜力。

一方面，研究表明，垂直复层结构的植物群落碳汇效益比单层群落高出1.2倍。采用乔木、灌木和草本植物的复合结构，能够显著提升植物群落的碳汇效益。另一方面，应控制植物群落的郁闭度在50%～75%。当郁闭度低于75%时，随着郁闭度增加，群落碳汇量也会提升；但当郁闭度超过75%后，碳汇量则开始下降。

此外，保证植物有足够的生长空间也很重要，栽植密度应控制在每100m² 3.75～7.50株。最后，通过增加高碳汇乔木的比例，发挥乔木和灌木的碳汇作用，保持乔灌木比例在0.25～0.5，在确保植物健康生长和景观美观的同时，提高植物群落的碳固能力。

（1）合理控制植物群落栽植密度

在过往一些植物设计中，设计者往往在选择植物时存在盲目性，倾向于采用一些外来树种。这种选择可能导致一系列问题，包括高昂的价格、不适应本地气候环境和土壤，最终导致植物逐渐死亡。此外，为了在短时间内迅速实现绿化效果，施工方通常采用大规格乔木或速生树种。然而，如果在选择和管理过程中处理不当，大规格乔木可能面临大面积死亡的风险。一些项目中为了即时的景观效果，采取了一些不适宜的配置方法，密植的方法可以在短时间内创造出浓密的绿化效果，但实际上存在许多问题。首先，密植导致植物生长受限，阳光和空气无法充分到达底层植物，影响植物的正常发育。这可能导致生长不良、$CO_2$释放量的增加以及阳光利用率的下降。一些需要通风透气的植物由于缺乏足够的生长空间，水汽无法及时蒸发，导致枝叶霉变或腐烂，从而造成植物材料的不必要浪费。

在植物景观规划设计的过程中，不仅要考虑种植当下密度的合理设置，也要考虑到植物动态生长过程中的空间及资源的变化。所以，设计需建立一个动态的植物群落生长模型，根据不同植物的生长速率，预测其未来的生长趋势，在设计阶段为未来植物群落演替至后期的生长预留足够的空间，以此为依据得到群落的种植密度。

（2）增加高碳汇型植物占比

植物选取以本土植物为主，乔木的碳汇能力高于灌木及草本，同时其养护成本及要求较低，不需过多养护。寿命长的树木，其固定碳的能力更强，碳排放较少；相反，寿命短的植物碳排放较多。乡土植物适应性较强，其运输成本及后期养护成本相对较低，碳排放少。合理搭配植物群落，控制植物种植密度，选择高碳汇型植物。

（3）优化植物种植结构

园林绿地的碳汇增加主要来源于植物碳汇，在确保景观观赏效果的前提下，宜选用紫薇、广玉兰、二球悬铃木等碳汇能力强的树种作为骨干树种；栽植多年生草本植物，如鸢尾花、麦冬等，减少养护管理产生的碳排放。增加园林绿地的面积总量，提升高碳汇型植物栽植比例，优化园林绿地植物栽植结构，保持合理的乔、灌比例，选择乡土、易成活、耐干旱、粗放养护的树种，营建高效、可持续的乡土生态群落，在保护现有园林绿地和植被的同时，减少养护管理阶段产生的碳足迹，避免产生过多的碳排放。

### 3）高碳汇植物群落配置范式

本节以南京地区为例，介绍乔灌草、乔草、灌草、地被、水生与湿地五种不同植物群落碳汇碳储的特征，探索绿化养护碳排放少、碳汇量多的植物群落配置范式，为今后的植物群落设计提供新的思路，为构建高效低碳植物群落提供理论依据。

与此同时，考虑形态效果的美观程度，并在具体的设计中配合不同的功能空间进行设计，方能达到设计多目标协同的最大化效果。

（1）乔灌草型高碳汇植物群落配置范式

乔灌草型高碳汇植物群落配置中主要通过丰富植物群落层次提高碳固效率，将植物群落的乔草型垂直结构优化为乔灌草型的结构，如利用紫荆、南天竹等植物丰富群落的灌木层；用年碳汇量高的树种如枫杨、乌桕代替年碳汇量相对较低的银杏、栾树，在更换树种的同时增大树种的平均胸径。

推荐范式（图4-18）：

范式一：乔木：雪松+朴树+榆树+构树+桂花+鸡爪槭，灌木：山茶+红花檵木+洒金桃叶珊瑚，草本：麦冬

范式二：乔木：雪松+栾树+桂花+紫叶李，灌木：蜡梅+云南黄馨+狭叶+大功劳，地被：红花酢浆草+常春藤+结缕草

范式三：乔木：香樟+榉树+栾树，灌木：红花檵木，地被：麦冬+野迎春

图4-18　乔灌草类型配置范式：乔木：香樟+榉树+栾树，灌木：红花檵木，草本：麦冬+野迎春
（来源：成玉宁工作室作品：东南大学九龙湖校区，自绘）

（2）灌草型高碳汇植物群落配置范式

灌草型高碳汇植物群落范式主要分为2种，大灌木层+小灌木层+地被层、大灌木层/小灌木层+地被层。"大灌木层+小灌木层+地被层"范式适用于阳光充足的阳生生境，大灌木层应选择高度在2m以上、叶片较大且稀疏的树种，如紫荆等，为小灌木层和地被层提供较好的光照条件。小灌木层植物应为高度大于1m、叶片较小且密集的常绿灌木，如火棘等。地被层一般选择50cm以下的低矮多年生草本植物，因受到灌木层遮光影响，应选择耐阴、耐涝、适旱的种类，如细叶麦冬等。"大灌木层/小灌木层+地被层"范式适用于阳光不充足的半阳生生境，为了使每株植物接触到更多的阳光，大灌木/小灌木层应选择叶片较稀疏的种类，为地被层提供适宜生长的光照条件。

推荐范式（图4-19）：

范式一：灌木：红花檵木+绣线菊+金银忍冬+蜡梅+红叶石楠+迎春+小蜡，草本：玉簪+麦冬

范式二：灌木：南天竹+栀子花+红叶石楠+大叶女贞，草本：佛甲草+柳叶马鞭草+玉簪+马蔺+金叶络石+鼠尾草

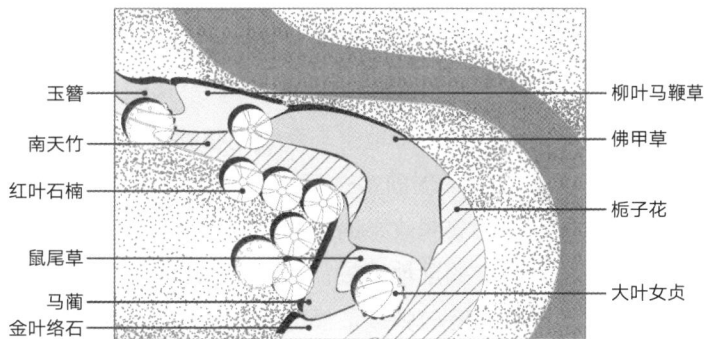

图4-19　灌草类型配置范式：灌木：南天竹+栀子花+红叶石楠+大叶女贞，草本：佛甲草+
柳叶马鞭草+玉簪+马蔺+金叶络石+鼠尾草
（来源：成玉宁工作室作品：江苏省园艺博览会连云港展园，自绘）

（3）乔草型高碳汇植物群落配置范式

乔草型植物群落多为可进入的绿地群落，在这种配置范式中，保证群落可进入空间类型不变的前提下，提高树种的平均胸径，提高群落郁闭度，适当增加群落密度，最终达到提高碳汇效益的目的。

推荐范式（图4-20）：乔木：石榴+乌桕+香樟+榉树，草本：玉簪+大吴风草+黄菖蒲+再力花+千屈菜

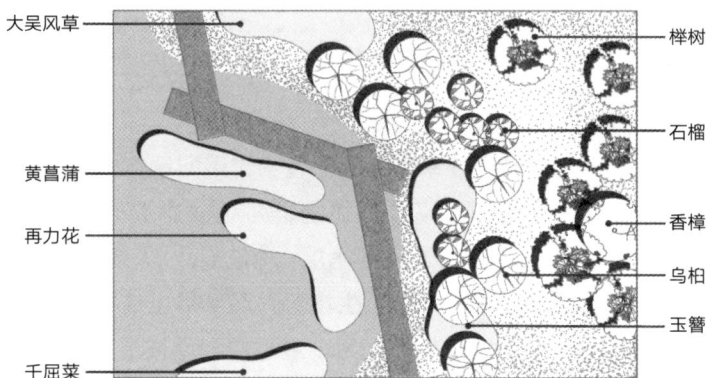

图4-20　乔草类型配置范式：乔木：石榴+乌桕+香樟+榉树，草本：玉簪+大吴风草+黄菖蒲+再力花+千屈菜
（来源：成玉宁工作室作品：大丰五一公园，自绘）

（4）地被型高碳汇植物群落配置范式

地被型高碳汇植物群落设计有两种范式："结构层+季节主题层+地被层"和"结构层/季节主题层+地被层"。第一种范式适用于阳光充足的环境，结构层植物应选择高大且叶片稀疏的种类，如毛地黄和钓钟柳。季节主题层的植物应选择高度在30～60cm，密度较高且叶片较密集的植物，如金鸡菊。地被层植物应选用低矮且能够覆盖土壤的种类，以避免表土裸露，如蓝羊茅和垂盆草。第二种范式适用于半阳生，结构层或季节主题层的植物种植间距不宜过于密集，例如野菊等。

推荐范式：八宝景天+美国薄荷+灯芯草

（5）水生与湿地高碳汇植物群落配置范式

现阶段对湿地生态系统的植物进行配置主要是依据植物本身的形态、特征等结合高碳固水生植物品种进行搭配，使植物在不同时期都能够相互搭配，实现景观效果的提高。关于水生与湿地高碳固植物的研究，国内以淡水作用为主的湿地植被，如芦苇群丛和除芦苇外的其他高草湿地群丛等天然湿地植被具有较强碳汇能力，而盐生湿地植被和水生湿地植被的碳储量较小，碳汇能力较弱。

推荐范式：

范式一：苦楝+乌桕+鹊肾树+芦苇+海芋+毛蓼

范式二：池杉+风车草+小蜡+紫叶李+芦苇+再力花+睡莲

# 参考文献

［1］ 刘琦，谢云涛，刘兆宇. 高层住区室外活动场地日照环境优化设计[J]. 山东建筑大学学报，2023，38（02）：120-126+134.

［2］ 贾熙璇. 上海周边丘陵地带性植物群落优势种与生境特征研究[D]. 长沙：中南林业科技大学，2023.

［3］ 冯慧想. 杨树人工林生长特性及生物量研究[D]. 北京：中国林业科学研究院，2007.

［4］ 郭湧，魏云琦，欧阳翠玉. 基于LIM的城市园林树木碳储量基线情景模拟研究——以北京市某高校绿地为例[J]. 北京林业大学学报，2022，44（12）：111-120.

［5］ 刘坤. 银杏人工林结构参数估测及生长过程模拟[D]. 南京：南京林业大学，2020.

［6］ 魏合义. 基于日照需求的景观植物选择及智能决策方法[D]. 武汉：武汉大学，2016.

［7］ 肖准. 湖南省森林植被的演替研究[D]. 长沙：中南林业科技大学，2012.

［8］ 赵艳玲. 上海社区绿地植物群落固碳效益分析及高固碳植物群落优化[D]. 上海：上海交通大学，2014.

［9］ 王晶懋，范李一璇，韩都，等. "双碳"目标下的西安地区绿地植物碳汇矩阵量化与配置范式研究[J]. 中国园林，2023，39（02）：108-113.

第 5 章

生态景观建设管护与节能减排技术

| | |
|---|---|
| 5.1 生态景观建设、管护与节能减排 | 5.1.1 因地制宜的生态景观建造 |
| | 5.1.2 生态景观的智能化管护 |
| | 5.1.3 可持续能源与节能减排 |
| 5.2 建设阶段的减排技术与设计 | 5.2.1 建设阶段的碳排来源及特征 |
| | 5.2.2 减排技术与应用 |
| 5.3 管护阶段的减排技术与设计 | 5.3.1 管护阶段的碳排来源及特征 |
| | 5.3.2 绿地管护的智能化与精准化 |
| 5.4 能源与可再生资源的应用 | 5.4.1 清洁能源的应用 |
| | 5.4.2 可再生资源的循环利用 |
| | 5.4.3 可再生建材的回收利用 |

生态景观工程减排设计旨在通过科学的规划和技术方法，将减排理念贯穿于人居环境生态景观的规划、设计、生产、运输、建造、运行、维护全过程，具有全周期、系统性、阶段性等特征。初期规划需要综合考虑各种因素，如生态本底分析与保护、景观格局优化布局、自然资源合理利用等；在设计阶段需关注土方就地平衡、绿色交通规划、节能建筑设计、低碳材料应用等；建设过程的节能减排借助数字技术提升精准性和高效性，从而在过程中减少环境扰动和废弃物产生等；运营管护阶段则强调绿地智能管养、能源高效利用、有机物循环利用等，实现节能减排。

生态景观建设管护与节能减排以可持续发展为导向，聚焦全生命周期中的建设阶段、运维阶段以及清洁能源与可再生资源的应用，进行因地制宜的生态景观建造、生态景观的智能化管护和可持续能源与节能减排（图5-1）。其核心在于科学设计、智能建造、精准管控、资源循环，从而减少景观工程中碳排放，最大限度发挥其生态效益，实现人居环境的生态化、节能化和减碳化。

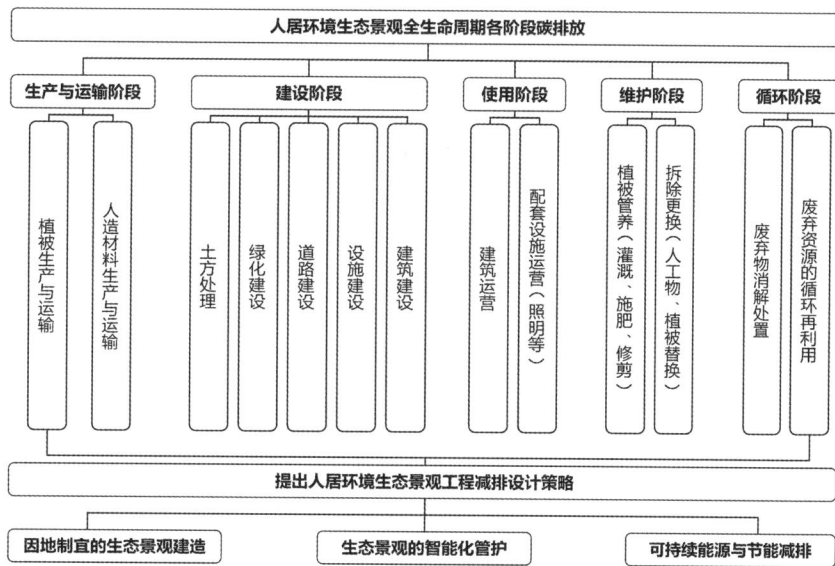

图5-1　人居环境生态景观全生命周期碳排放来源及策略

## 5.1.1　因地制宜的生态景观建造

生态景观设计与建造秉持着尊重自然、顺应自然、保护自然、最小干预的理念和方法，强调场地优先，适地造景。

155

（1）保护绿色基底。有效保护场地内的原有地形、地貌、水系和植被等绿色基底，最大限度地减少对自然环境的扰动，充分利用植被和水体等生态系统的碳汇功能，保护生物多样性，减少碳足迹和排放。

（2）顺应自然地形。尽可能顺应自然地形、地势，通过土方平衡避免大量土方的挖掘、运输和填埋，从而降低园林绿化施工过程中的机械能耗。

（3）保护并利用土壤资源。保留场地内表层适宜植物生长的土壤，优先应用绿化废弃物资源化产品作为土壤改良成分。

（4）应用数字化建造技术。采用包括三维建模与仿真、GPS及无人机等智能化施工设备，实现精准定位、自动测量和远程控制，提高建管精度和效率。

## 5.1.2　生态景观的智能化管护

在管理养护阶段，生态景观注重自然维系和科学养护，充分利用各景观要素之间的内在机理，最大限度地利用自然做功，减少人工干预，实现经济、环境和资源的可持续利用。

（1）低管养植物配置。优选本地适宜苗木，采用耐贫瘠、耐旱、节水的园林植物，综合考虑植物的生长、景观、生态、安全和养护碳排放因子之间的关系，适时适度地进行灌溉、施肥、修剪和病虫害防治等养护工作。

（2）新一代信息技术应用。运用传感器、5G通信、AI高清识别、物联网、大数据、移动互联网、移动控制终端、智能控制平台和机械自动化等新一代信息技术，为现代生态景观赋能。通过实时监控和监测园林植物的生长状态、病虫害情况和生长环境，定量、科学、精准地管理和养护。

## 5.1.3　可持续能源与节能减排

生态景观设计工程秉持着节能高效、环保选材、循环利用、降低碳源的理念和方法，通过优化景观资源配置和利用本地材料，尽量减少能源消耗和环境影响，以实现节能减排的目标。

（1）优选低碳材料和可再生资源。遵循"减量化、再利用、再循环"的原则，在园林设计、施工、养护各阶段优先选用综合能耗低的、可再生、可循环的低碳产品，减少对自然资源的浪费。

（2）清洁能源的应用。通过太阳能、风能、水能和生物质能等技术，实现节能减排和高效管护。包括建设雨水收集系统和高效灌溉系统，利用有机废物处理技术进行资源循环利用等，充分利用便于造景的废旧材料、可分解材料以及经加工后再生的材料等。除此之外，应用智能控制平台和传感器网络可以进行实时监控和管理，优化能源和资源利用效率。清洁能源的应用不仅降低了碳排放和环境污染，还可以减少运行成本，提升生态和经济效益，实现了生态景观的可持续发展。

## 5.2 建设阶段的减排技术与设计

景观工程的建设阶段是指从项目正式开工到竣工验收，形成项目实体的施工建设过程。这一阶段涵盖了材料生产、材料运输和施工建造三个环节。在这个过程中，施工团队会依据设计图纸和规范要求，逐步将景观设计方案转化为实体，从而完成整个景观工程的建设。作为建筑项目生命周期中的关键一环，建设阶段的其减排技术与设计对于实现建筑行业的绿色转型和可持续发展具有重要意义。这一阶段是施工活动最为集中和频繁的时期，蕴藏着巨大的节能减排潜力。综合考虑土方技术、海绵系统构建、绿化种植技术和路面材料与工艺等多个方面的技术（图5-2），通过合理的规划和技术措施的落实，可以有效地降低建设阶段的碳排放。

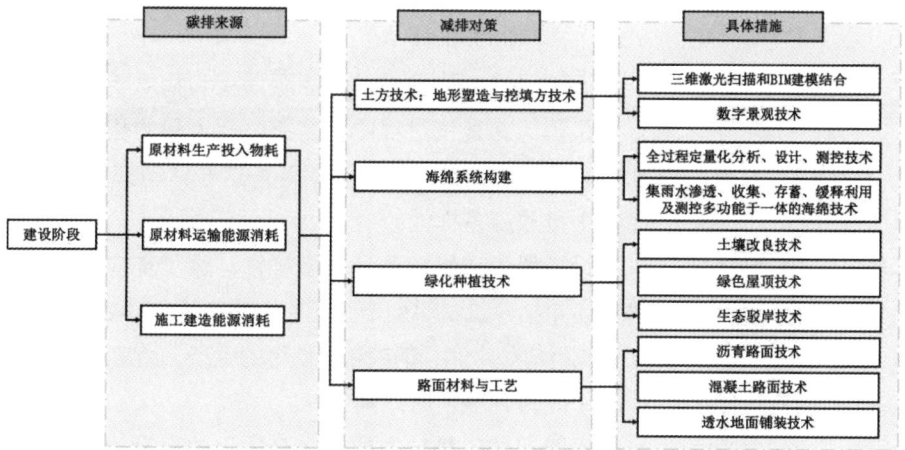

图5-2 建设阶段的主要环节与减排对策

### 5.2.1 建设阶段的碳排来源及特征

**1）建设阶段的碳排来源**

（1）材料生产

建筑过程中需要使用大量的建筑材料，如水泥、钢材、玻璃等。这些材料在生产过程中会排放大量的$CO_2$。例如，水泥生产过程中的$CO_2$排放主要来自燃烧煤炭和石灰石分解；钢材的生产需要消耗大量的煤炭进行冶炼，同样会产生大量的碳排放。

（2）材料运输

建设过程中的材料运输、设备运输以及人员流动等都需要依赖交通运输工具，如卡车、火车和飞机等。这些交通工具的运行同样会消耗化石燃料并产生碳排放。

（3）施工建造

化石燃料的使用：建设过程往往涉及大量的机械设备运行，这些设备主要依赖化石燃料（如煤、石油、天然气等）提供动力。化石燃料在燃烧过程中会产生大量的$CO_2$，这是建设阶段碳排放的主要来源之一。

能源消耗：建设阶段的施工活动，如混凝土浇筑、钢筋加工、设备安装等，都需要消耗大量的电力和热能。这些能源的消耗同样会产生相应的碳排放。

废弃物处理：建设过程中产生的废弃物，如混凝土碎块、钢筋废料等，在处理过程中可能会产生碳排放。例如，一些废弃物可能会被焚烧处理，焚烧过程就会产生$CO_2$。

### 2）建设阶段的碳排主要特征

（1）高强度碳排放

建设阶段通常涉及大量的能源消耗和物质转化，因此碳排放强度相对较高。这是因为在建设过程中，需要消耗大量的化石燃料和电力，用于驱动施工机械、加热和冷却系统、照明等。这些活动都会导致大量的$CO_2$排放。

（2）排放源多样性

建设阶段的碳排放源具有多样性，除了直接的化石燃料燃烧产生的碳排放外，还包括建筑材料生产、运输、废弃物处理等环节产生的间接碳排放。例如，建筑材料如水泥、钢铁和砖块等的生产，通常涉及高能耗和高排放的过程。

（3）阶段性强，时间集中

建设阶段的碳排放主要集中在项目的建设周期内。一旦项目完工，与之相关的碳排放量则会显著减少。

（4）影响因素多

建设阶段的碳排放受到多种因素的影响，包括建筑设计、施工方法、材料选择、能源利用效率、机械运输等。具体影响因素如下：

①建筑设计：建筑设计的合理性对碳排放有直接影响。如果建筑设计不合理，可能会导致建筑能耗增加，从而增加碳排放。

②施工方法：不同的施工方法对能源消耗和碳排放有不同的影响。例如，传统的施工方法可能消耗更多的能源和材料，而先进的施工方法则可能更加节能和环保。

③材料选择：建筑材料的选取对碳排放也有重要影响。低碳、环保的建

筑材料可以降低生产过程中的碳排放，同时在使用过程中也可以减少建筑的能耗和排放。

④能源利用效率：提高能源利用效率可以减少能源消耗和碳排放。例如，采用高效的照明设备、空调设备等可以提高建筑的能源利用效率，从而减少碳排放。

⑤机械运输：在建设过程中，大量的建筑材料、设备、人员等需要进行运输，而交通运输方式的选择和运输效率都会对碳排放产生影响。采用低碳排放的运输方式如电动车辆、氢能源车辆等可以显著降低碳排放。提高运输效率可以减少运输过程中的能源消耗和碳排放。例如，优化运输路线、提高运输设备的装载率、采用先进的物流管理技术等都可以提高运输效率，从而减少碳排放。

## 5.2.2 减排技术与应用

### 1）土方技术：地形塑造与挖填方技术

土方技术是一种高度专业化的工程方法，它涵盖了地形塑造与挖填方技术两方面。这种技术的核心在通过精确计算和高效操作，实现对土方工程的精准控制，从而满足工程设计和建设的需要。运用先进的测量和定位设备进行地形塑造，如全球定位系统（GPS）和激光扫描仪，对地形进行精确测量和分析。根据测量结果，技术人员可以制定出详细的地形修整方案，包括削坡、填沟、平整等，以实现地形的精确调整和优化。

土方技术在填挖方地段强调对开挖范围和深度的精确控制，三维激光扫描和BIM建模结合的方法以及数字景观技术通过精确计算开挖量和开挖顺序，可以减少对周围环境的破坏，同时提高开挖效率，实现减排。

绿地白鹿雅苑项目利用了BIM技术来模拟土方工程的设计和施工，有效提高了建造的精准高效。该场地中山地内部地势复杂、起伏较大，存在诸多陡坎、沟壑。导致高程变化剧烈且零碎无规律（图5-3）。建筑由高层和合院组成且部分高层下满铺地库，建筑间联系紧密，内部采用挡墙来解决高差变化，一个位置高程的改变就可能带来相邻道路及合院和地库高程的变化，项目土方工程量较大。

本项目采用BIM技术配合设计进行土方计算，运用无人机设备将现状地形进行复原拍摄扫描，经信息处理后，形成真实的三维地形信息模型，再结合根据总图设计条件

图5-3 绿地白鹿雅苑项目现状图
（来源：依山就势因地制宜——绿地白鹿山地项目土方工程BIM应用. 预制建筑网：装配式建筑行业平台.）

图5-4 利用无人机航拍及点云三维成像技术形成模型数据
（来源：依山就势因地制宜——绿地白鹿山地项目土方工程BIM应用-预制
建筑网：装配式建筑行业平台.）

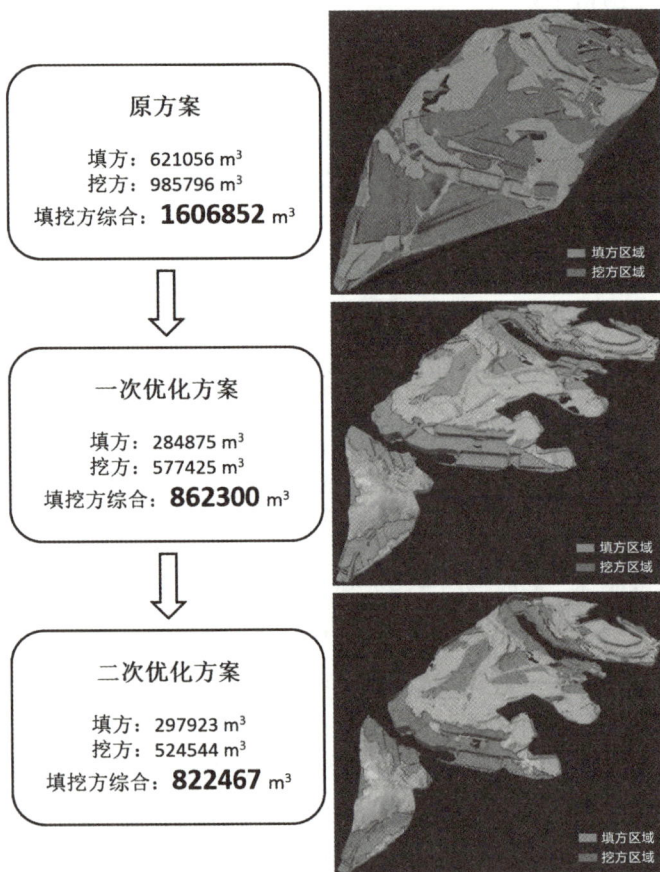

图5-5 利用数字化手段（BIM）进行优化填挖方数据
（来源：依山就势因地制宜——绿地白鹿山地项目土方工程BIM应用.
预制建筑网：装配式建筑行业平台.）

搭建的BIM地形模型，将两种模型结合并进行运算得出相应的土方量。通过精细化设计，将地块的设计标高做到极度贴合原始地形，大大降低了土方填挖量，进而节约土方成本，缩短施工周期，有利于高周转地产项目的顺利推进（图5-4）。

项目通过BIM技术的应用土方填挖量从最初的1 606 852m²减少到822 467m²。直接减少784 385m²土方填挖量，其中，节约填方量323 133m²、挖方量461 252m²，合计节省土方成本约1500万元，缩短施工周期三个月以上（图5-5）。

牛首山北坡道路工程，通过数字定量研究，统调优化既有资源，实现精准化设计与建造（图5-6）。设计充分利用既有竖向、植被、道路等条件，融入新的景观环境之中，控制建设工程量，以最少的人工干预取得最优的景观优化效果。全过程采用数字景观技术，通过定量研究辅助设计决策。包括从环境分析、评价，到设计过程的组织、模拟，以及后期的设计表达、实施均采用全过程数字化、定量化。通过精准的设计并控制建造过程，从而提高设计效益，确保实施效果。数字技术为支撑，以最小的工程量为原则，在控制纵坡度的前提下，以最少的土方扰动量，统筹布局园区一二级道路系统。

### 2）海绵系统构建

海绵系统构建是一个综合性的工程，旨在通过模拟自然水循环过程，实现城市内涝的缓解、水资源的有效

至佛顶宫

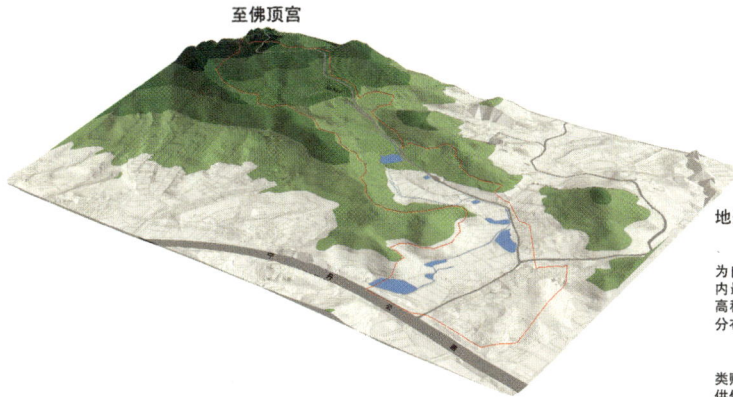

**地形特征说明**

　　本次设计红线范围约为 0.61km²，中部为谷地，东西两侧为自然山体，场地地形整体上呈西南高东北低之势；红线范围内最高海拔 194m，最低海拔 33.3m，最大高差为 160.7m，高程 30-80m 区域占研究区总面积 69.37%，为场地主要高程分布区。

　　运用 GIS 对坡度、坡向、现状水域、植被等因子进行重分类赋值，综合叠加得到适宜建设用地范围，为项目建设布局提供依据。

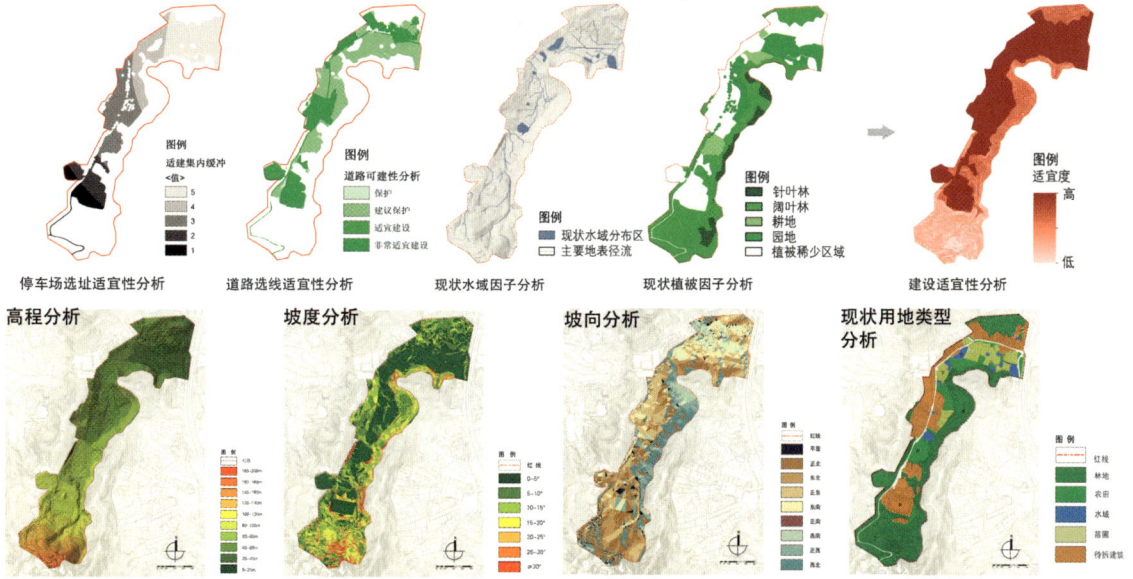

停车场选址适宜性分析　　道路选线适宜性分析　　现状水域因子分析　　现状植被因子分析　　建设适宜性分析

高程分析　　坡度分析　　坡向分析　　现状用地类型分析

图5-6　南京牛首山风景区（北部景区）东片区道路与景观建筑设计（一期）技术图纸

利用和生态环境的改善，即采用渗、滞、蓄、净、用、排等措施，尽可能将降雨就地消纳和利用。包括收集、存储、灌溉三部分。具体的技术有基于数字技术的全过程定量化分析、设计、测控技术和集雨水渗透、收集、存蓄、缓释利用及测控多功能于一体的海绵技术等。建设阶段海绵系统设施的碳排强度如下（表5-1）。

　　基于数字技术的全过程定量化分析、设计、测控技术包括前期评估、测算，中期的模拟、设计和后期的测控、优化（图5-7）。

　　徐州市襄王路节点海绵绿地设计，设计将场地景观、雨水及生态系统整合，使绿地在达到较好景观效果的同时实现场地雨水的自然积蓄、自然渗透、自然净化和自然利用。为尽可能高效使用雨水资源，减少蒸发，设计将收集雨水通过暗埋雨水管缓释滴灌的方式对植物根部进行精细化灌溉，利用

典型雨水基础设施建设阶段碳排放强度[①]　　　　　　　　　表5-1

| 过程 | 混凝土蓄水池/（kg/m³） | PP模块调蓄池/（kg/m³） | 钢筋混凝土调蓄池/（kg/m³） | 雨水花园/（kg/m²） | 下沉式绿地/（kg/m²） | 透水铺装/（kg/m²） | 绿色屋顶/（kg/m²） | 钢筋混凝土管道[②]/（kg/m） |
|---|---|---|---|---|---|---|---|---|
| 材料生产 | 506.64 | 261.62 | 493.94 | 35.11 | 10.61 | 17.68 | 77.87 | 126.70 |
| 材料运输 | 16.79 | 11.53 | 17.06 | 8.07 | 2.28 | 17.68 | 3.35 | 5.17 |
| 施工建造 | 1.97 | 2.33 | 2.32 | 0.66 | 0.21 | 0.19 | 4.37 | 0.49 |
| 合计 | 525.39 | 27.33 | 513.32 | 43.85 | 13.10 | 35.55 | 85.59 | 132.36 |

注：①适用于透水水泥混凝土铺装；②选用1000mm管径

（来源：李俊奇，张希，李惠民. 北京某片区海绵城市建设和运行中的碳排放核算研究[J]. 水资源保护，2023, 39（04）：86-93.）

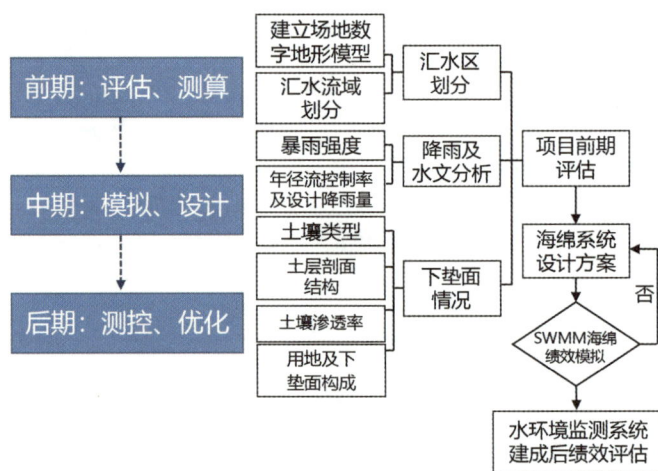

图5-7　基于数字技术的全过程定量化分析、设计、测控技术图

场地竖向实现自主灌溉，解决场地水资源短缺问题（表5-2）。

徐州市襄王路节点海绵绿地中减排设计包括：

（1）顺应原有地形，利用高差分级蓄水，收集场地北侧混凝土坡面汇流，通过透水管将蓄存雨水缓慢渗透至低处土壤植物根部，根据植被种类分类供水，实现雨水自流灌溉。

（2）对场地内建筑废料100%就地消纳和再利用。利用场地既有及周边道路拆迁建筑废料代替传统PP塑料模块作为蓄水自然腔体填料，在达到蓄水功能同时解决废弃建筑材料处理及循环利用，改良场地土壤，提高绿化土壤保水量，降低绿化管养成本。

2016年9～10月，场地内海绵腔体共实现雨水收集约160m²，海绵腔体蓄水量根据场地内土壤水分传感器数值由电磁阀自动控制，根据场地土壤含水

表5-2

徐州市襄王路节点海绵绿地具体数据

| 蓄水区 | 汇水总量 | | | | 汇水总量/m³ | 海绵体吸收水量/m³ | 海绵体面积/m³ | 海绵体平均深度/m |
|---|---|---|---|---|---|---|---|---|
| | 汇水来源 | 汇水面种类 | 径流系数取值 | 汇水量/m³ | | | | |
| 高位蓄水区 | 场地北侧1号汇水区 | 裸岩地 | 0.6 | 1137.8 | 1164 | 911.25 | 2025 | 1.5 |
| | 场地内测 | 草地 | 0.15 | 13.7 | | | | |
| | | 透水铺装 | 0.15 | 13 | | | | |
| 中位置水区 | 场地东侧2号汇水区 | 规划前（裸岩地） | 0.6 | 473.9 | 163.65 | 713.1 | 2377 | 1 |
| | | 规划后（绿地） | 0.15 | 118.47 | | | | |
| | | 设计标准取值 | 0.4 | 315.9 | | | | |
| | 场地内部 | 草地 | 0.15 | 40 | | | | |
| | | 透水铺装 | 0.15 | 5.5 | | | | |
| | 高位蓄水区多余汇水量 | — | — | 292.25 | | | | |

情况实现对场地植被精细化智能灌溉，收集雨水达到100%再利用，海绵系统断面见图5-8。

华侨城CO商业广场的复杂地下空间条件下，景观及低影响开发海绵系统设计主要包括雨水收集、渗排、渗滞、渗蓄、蓄用五部分内容，雨季时通过收集建筑及地表雨水，汇入渗排、渗滞、渗蓄等海绵设施，就地消纳雨水，当雨量较大时，由溢流管将过量雨水排入市政管网，避免场地积涝；非雨季时，设施雨水自然缓释到土壤中，满足绿地植物的日常灌溉要求，也可以用于地面冲洗，充分利用雨水资源。根据地上及地下空间特点，该设计提出了

海绵系统断面示意图

自然蓄水腔体断面示意图

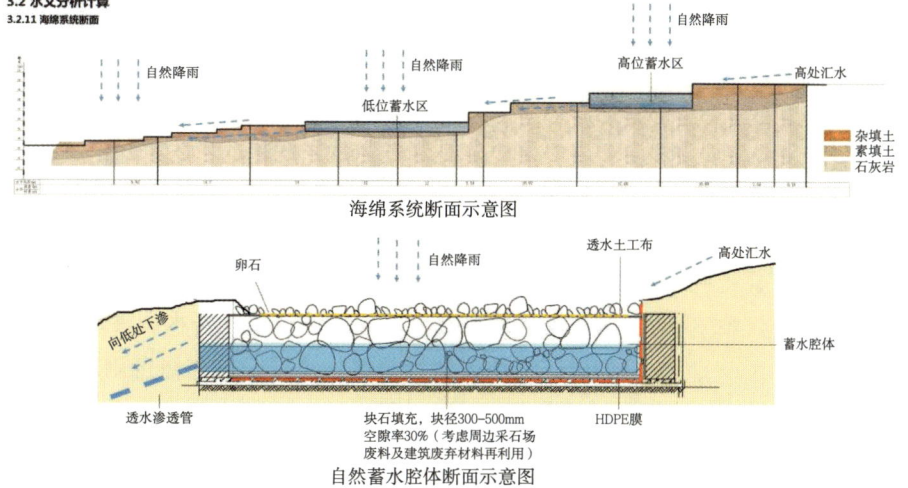

图5-8　徐州市襄王路节点海绵绿地海绵系统断面

四种适应性的海绵系统设计模式。

（1）建筑屋面雨水就近接入雨水渗蓄设施

建筑屋面雨水径流集中，污染物较少，可通过组织屋面雨水径流，经雨水立管就近接入雨水调蓄设施，实现雨水的存蓄和自然入渗。考虑局部餐饮街区会造成地表径流污染，可通过组织地表径流直接接入雨水管网排入市政管网（图5-9）。

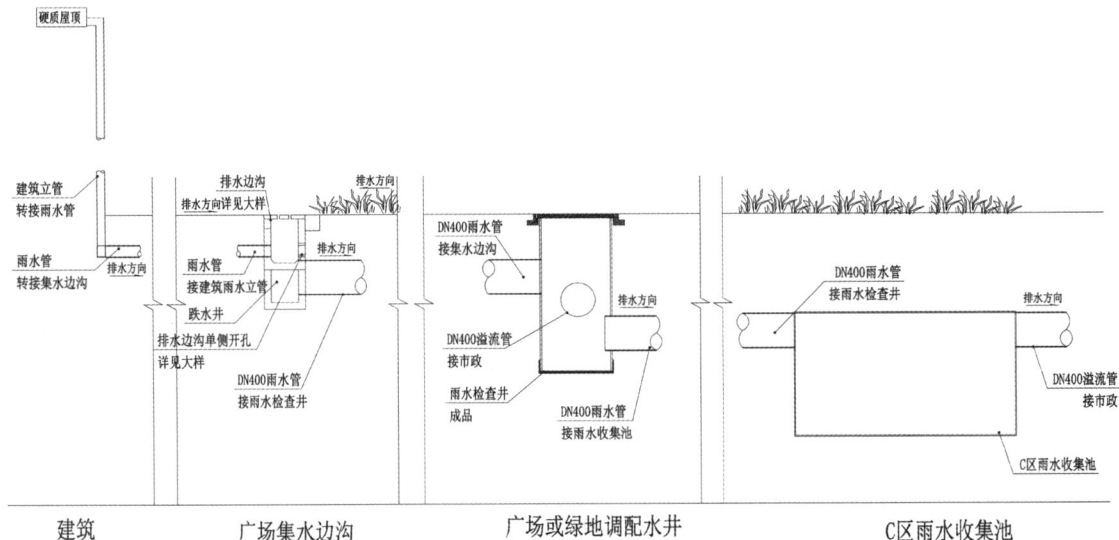

雨水收蓄流程系统图一：建筑屋面雨水——建筑立管——集水边沟——雨水检查井——C区雨水收集池——溢流市政管网

图5-9　建筑屋面雨水就近接入雨水渗蓄设施分析图

（2）地表雨水经线性渗排设施接入雨水调蓄设施

针对地表径流污染较小的街区广场，根据场地特征设置线性渗透式集水边沟于绿地一侧，通过组织地表径流汇入集水边沟，最终接入雨水调蓄设施，在提高雨水收集效率的同时促进雨水的自然入渗。

（3）地表雨水经绿色雨水设施接入雨水调蓄设施

相似情况下，可以根据场地特征结合绿地进行低影响开发雨水设施设计，通过组织地表径流汇入绿地碎石渗透边沟、透水盲管以及渗透式集水井，最终接入雨水调蓄设施，充分发挥绿地的海绵效应。

（4）地表雨水经点状集水设施接入雨水调蓄设施

如局部地块无法设置线性渗排设施与绿色雨水设施，可以通过组织地表径流汇入集水井，通过雨水管、调配水井等灰色雨水设施最终接入雨水调蓄设施（图5-10）。

南京天保街生态路系统采用集道路雨水渗透、收集、存蓄、缓释利用及

**建筑立管**
**转接雨水管**

硬质屋顶

排水方向

雨水管
转接雨水检查井
或直接接入蓄水
模块

雨水管
接建筑雨水立管

DN400溢流管
接市政

雨水检查井
成品

排水方向

DN400雨水管
接PP渗蓄水模块

DN400雨水管
接雨水检查井

清理通道

排水方向

DN400溢流管
接市政

PP渗蓄水模块
成品

级配碎石填充

200g透水土工布

防渗土工膜

建筑          广场或绿地调配水井                    PP渗蓄水模块

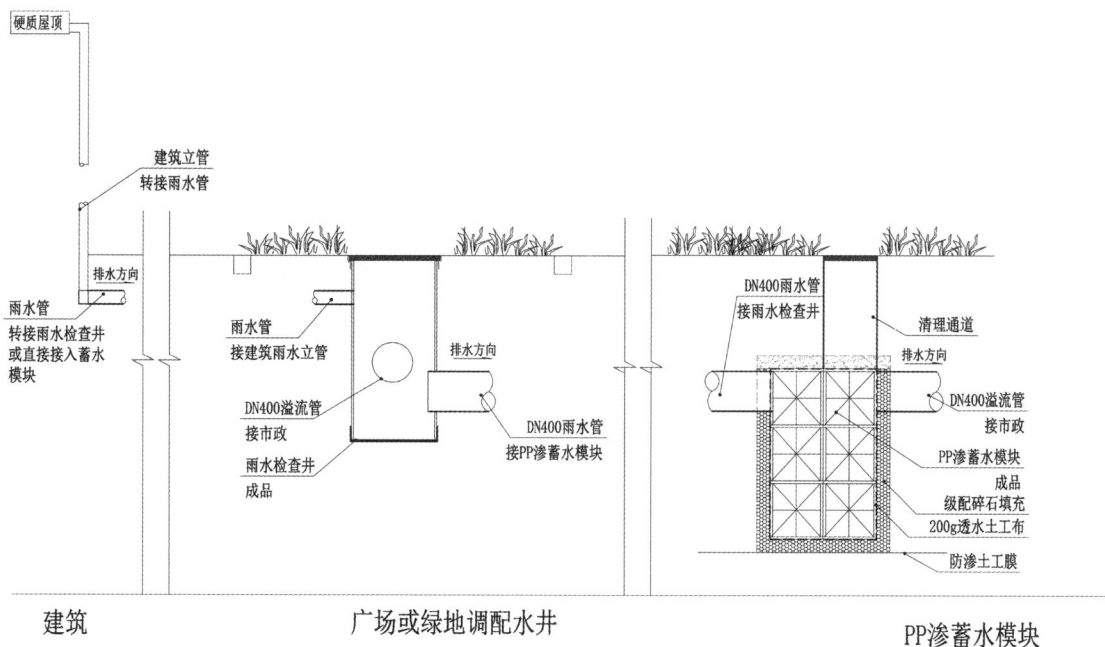

雨水收蓄流程系统图二：建筑屋面雨水——建筑立管——雨水检查井——蓄水模块——溢流市政管网

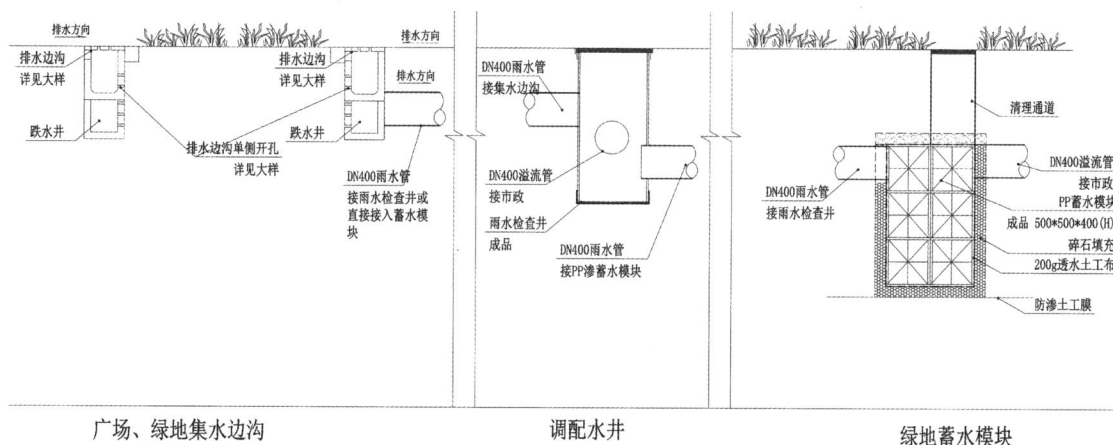

排水方向                    排水方向

排水边沟
详见大样

跌水井

排水边沟
详见大样

跌水井

排水边沟单侧开孔
详见大样

DN400雨水管
接雨水检查井或
直接接入蓄水
模块

DN400雨水管
接集水边沟

DN400溢流管
接市政

雨水检查井
成品

DN400雨水管
接PP渗蓄水模块

DN400雨水管
接雨水检查井

清理通道

DN400溢流管
接市政
PP蓄水模块
成品 500*500*400 (H)

碎石填充

200g透水土工布

防渗土工膜

广场、绿地集水边沟                    调配水井                    绿地蓄水模块

雨水收蓄流程系统图三：广场雨水——集水边沟（绿地透水盲管）——雨水检查井——蓄水模块——溢流至市政管网

图5-10 雨水调蓄设施分析图

测控多功能于一体的道路海绵技术等，其系统由雨水渗透系统、雨水收集分配系统、雨水储存利用系统及海绵绩效监测系统4部分组成（图5-11）。

（1）道路雨水渗透技术：人行道路面采用透水混凝土或预制露骨料混凝土砖，雨水可由孔隙或拼接缝下渗，并通过碎石层渗入两侧绿带土壤中。非机动车道路面采用透水混凝土或透水沥青，雨水由孔隙面层下渗至碎石层，最后渗入绿带土壤中。机动车道路根据道路特征，采用不同材料，如城市快

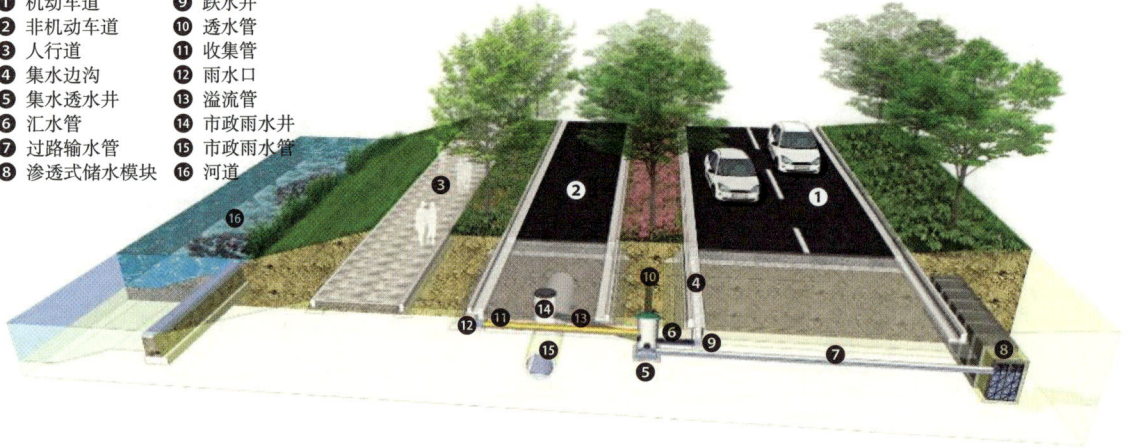

图例：
❶ 机动车道　❾ 跌水井
❷ 非机动车道　❿ 透水管
❸ 人行道　⓫ 收集管
❹ 集水边沟　⓬ 雨水口
❺ 集水透水井　⓭ 溢流管
❻ 汇水管　⓮ 市政雨水井
❼ 过路输水管　⓯ 市政雨水管
❽ 渗透式储水模块　⓰ 河道

图5-11　南京天保街生态路系统海绵系统

速路、既有道路改造保持原有的道路结构以保证道路交通安全；城市支路、街道路面层采用透水混凝土或透水沥青，为保证车辆通行仍采用水稳基层，雨水由透水面层通过边沟盖板侧面的导水孔进入收水边沟（图5-12）。

人行道　人行道绿化带　非机动车道　非机动车道　侧分带　机动车道

预制露骨料混凝土砖
级配碎石
12%灰土
素土夯实

PAC13透水沥青
PAC20透水沥青
升级配碎石
水泥稳定碎石
路基层

PAC13透水沥青
WAC25C混拌沥青
水泥稳定碎石
12%灰土
路基层

图5-12　道路雨水渗透技术分析图

（2）边沟集水技术：集水边沟盖板相互拼接形成导水孔，可将透水面层内的雨水导入集水边沟。边沟每20米设跌水井，集中将雨水通过汇水管汇入集水井。集水井埋设于绿化带内，汇水管及收集管将路面雨水汇入其中。过路输水管将雨水导入中分带储水模块，侧分带透水管用于补充侧分带土壤水分。暴雨时，溢流管可将过量雨水排出至城市雨水管网，以维护系统安全（图5-13）。

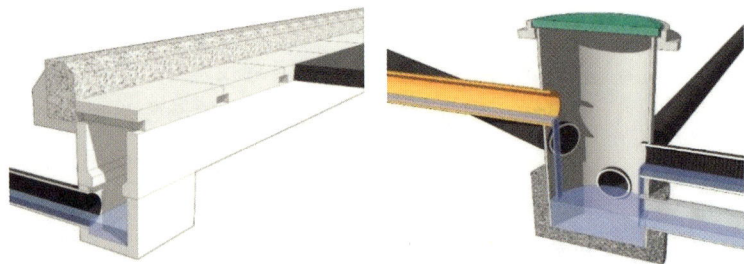

图5-13　边沟集水技术仪器

（3）雨水储蓄与渗透利用技术：渗透式储水模块埋设于绿化带，成品模块可根据容积需求任意组合。模块外侧包裹透水土工布及碎石，利用储水装置与外部土壤含水量的差值导致的水压差，形成自然缓释过程，可将储存的雨水缓释至周围土壤中，用于绿化植被灌溉。

储水装置与电磁阀及传感器结合，采用太阳能供电，智能调控储水装置的开关、缓释速率。当监测到周边土壤实际湿度低于设定值时，电磁阀自动打开进行缓释（图5-14）。

图5-14　雨水储蓄与渗透利用技术仪器

（4）海绵绩效监测及雨水精细化控制技术：

海绵绩效监测及雨水精细化控制技术是一种前沿的城市水管理解决方案，可以促进建设阶段的减排技术与设计优化。该技术通过集成高精度监测设备与智能分析系统，对城市"海绵体"进行全方位、实时的性能监控，确保雨水收集、存储、净化及再利用的各个环节高效运行。其核心在于精细化调控雨水的自然循环过程，不仅能够有效减少城市雨水径流，缓解城市内涝，还能显著提升城市的水资源利用效率。在建设阶段该技术鼓励采用透水铺装、绿色屋顶、生物滞留池等低碳环保的设计元素，结合智能传感器和数据分析平台，实现雨水管理的精准预测与动态调整（图5-15）。这不仅有助于减少建设过程中的碳排放，还能确保项目在长期运营中持续发挥环境效益，为建设低碳、生态、智慧的未来城市奠定坚实基础。

### 3）绿化种植技术

（1）土壤改良技术

土壤改良技术是通过改善土壤结构、增加土壤肥力、改善土壤透气性和透水性以及减少土壤污染等措施，提高土壤的生态功能和碳汇能力。例如添加有机肥料、生物炭等，以增加土壤碳汇能力和改善土壤环境。

云数据中心

路由器　互联网　太阳能供电　GSM/GPRS

LED大屏　平板终端　无线终端　PC终端

水位传感器　水量传感器　土壤传感器　水质传感器

太阳能光伏电板　雨量计　水位传感器

数据采集及信号发射装置　信息采集及发射装置　土壤水分传感器

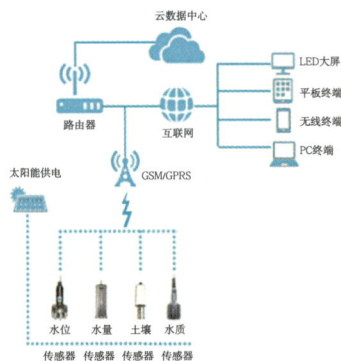

图5-15　海绵绩效监测及雨水精细化控制技术仪器与分析

施用有机肥、泥炭、腐殖酸改善土壤结构，增加土壤有机质和腐殖质，提高土壤团粒结构，从而改善土壤的通气性、透水性以及保水性能；采用排水洗盐、增施有机肥和生物菌肥等方法改良盐碱地情况，降低土壤中的盐分，有效改善土壤的理化性质，使其更适宜作物生长；使用石灰、草木灰等碱性物质改良酸性土壤，中和土壤的酸性，同时增加土壤有机质，进而提高土壤肥力；增施有机肥、加入黏土改良沙质土壤，增加沙质土壤中的黏粒含量，有效改善其疏松的结构；采用物理、化学或生物修复方法，如吸附、降解或植物修复进行土壤污染修复技术，针对重金属污染、农药残留等土壤污染问题，这些技术能降低污染物含量，恢复土壤健康环境。

盐城大丰区二卯酉河景观设计由于土地的盐碱化，自近代著名的实业家张謇以来，开渠灌水、改良土壤以满足农耕需要，形成东西向主渠、南北向支渠的农田沟渠格局。因地制宜克服盐碱，强化绿色景观环境的营造，风光带中大量使用地被物及大乔木，在营造绿量的同时，兼顾城市空间的通透与联系。针对该地段土壤高盐碱这一不利因素，通过选择耐盐碱的榉树、大叶女贞等植物材料，结合局部换土与微地形改造，克服土壤环境不足等不利因素，近两年来实际效果较为理想（图5-16）。

（2）绿色屋顶技术

绿色屋顶是根据种植基质深度和景观复杂程

图5-16　盐城大丰区二卯酉河景观设计图与改造后现状图

度，绿色屋顶又分为简单式和花园式，基质深度根据植物需求及屋顶荷载确定，简单式绿色屋顶的基质深度一般不大于150mm，花园式绿色屋顶在种植乔木时基质深度可超过600mm，绿色屋顶的设计可参与《种植屋面工程技术规程》JGJ 155—2013，可有效节省能源（表5-3）。绿色屋顶技术包括有雨水滞留与净化，建筑物降温，土壤与植物选择与排水，排水与防水层设计和能量回收利用。

绿色屋顶固碳减排节省能源比重与影响因素　　　　　　　　　　表5-3

| 来源 | 绿色屋顶全年可节省能源 | 研究方法 | 影响因素 |
| --- | --- | --- | --- |
| Niachou等 | 2.0%~37.0% | 实验 | 隔热设施与植物种类 |
| Sailor等 | 16.0% | 建模 | 土壤基质深度、叶面积指数 |
| Jaffal等 | 2.9%~50.3% | 建模 | 屋顶隔热层、叶面积指数 |
| Agnoli等 | 2.0%~13.9% | 建模 | 土壤基质深度、叶面积指数 |
| Gagliano等 | 5.0% | 建模 | 植物种类 |
| Refahi等 | 6.6%~9.2% | 建模 | 土壤基质深度 |
| Barreca等 | 18.0% | 建模 | 土壤基质深度、种植密度 |
| Karteris等 | 10.0%~70.0% | 建模 | 土壤基质深度 |
| Boafo等 | 3.7% | 建模 | 土壤基质深度 |
| Foustalieraki等 | 15.1% | 模型与实验结合 | 土壤基质深度、植物种类 |

（来源：曹丹. 绿色屋顶固碳减排潜力研究综述[J]. 建筑与文化，2021，（10）：27-30.）

绿色屋顶上的土壤、植物叶部和根茎可以吸收、滞留部分雨水，即通过雨水滞留与净化技术消减径流量。通过土壤的吸附、微生物降解等作用去除雨水中的污染物，有效减少雨水径流对环境的污染。对于花园型绿色屋顶，仅有降雨量的15%排放，而传统非绿色屋顶则有91%的降雨量排放。绿色屋顶上的植被可以通过蒸腾作用降低屋顶温度，通过降温技术进而减少建筑物内部的热量吸收，降低空调等制冷设备的能耗。绿色屋顶有助于降低"热岛"效应，改善城市微气候。选择适合当地气候和土壤条件的植物，确保绿色屋顶的植被能够健康生长，长期发挥低碳减排的作用。使用轻质土壤和排水良好的介质，减少绿色屋顶的重量，同时保证良好的植物生长环境。合理的排水设计可以确保绿色屋顶在雨季时不会积水，避免对建筑物造成损害。防水层的设计则能防止雨水渗透到建筑物内部，保证建筑物的安全使用。部分绿色屋顶设计中，结合太阳能技术（如太阳能发电板），可以将太阳能转化为电能或热能，为建筑物提供清洁能源，促进能量回收利用。

美国加州科学馆的绿色屋顶设计将周边的自然景观分三层设置，利用这些模型来测试锚固系统和构建植被生长基础的多层土壤排水系统底部纵横交错的石笼网不仅可以充当屋顶的排水渠道，同时又支撑由压缩椰壳做成的种植槽。植被首先在场地外被植入种植槽内，成活之后再运往现场，然后人工放置在石笼网内的防水绝缘材料上。这些种植槽作为支撑结构，随着植物的生长最终降解溶于土壤之中。屋顶灌溉主要依靠自然灌溉，而非机械灌溉，除了采用节水的种植方式外，从屋顶收集的以及流失的雨水都被回收到地下水中（图5-17）。

| 项目 | 具体节能建筑技术 | 提供太阳能 | 节能效率 | 碳排放量 |
|---|---|---|---|---|
| 美国加州科学馆 | 62 000光伏 | 213 000kWh | 20% | 405 000磅 |

绿色屋顶形成了新的广场花园，增加建筑的活动空间。

植物
轻质土壤
过滤层
排水垫
防根系穿透层
防水层

绿色屋顶结构图
植被层耐旱耐湿，抗风耐贫瘠，具有一定抗风属性；轻质透水配方土壤；过滤层防止泥沙污染；排水垫迅速收集输送雨水至雨水管渠；防根系穿透层保护底层结构；防水层保护建筑本体。

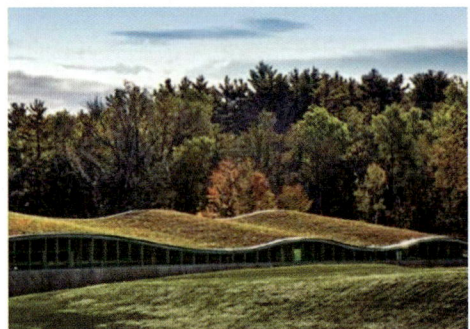

降低建筑室内温度，节能环保。

绿色屋顶与周边景观融合，使建筑融合自然。

开敞型绿色屋顶与周边景观结合设计。

**图5-17　绿色屋顶实景与构造图**
（来源：绿色屋顶：从自然到建筑2/3 | 思璞课堂_雨水. 搜狐网. ）

（3）生态驳岸技术

生态驳岸技术采用自然材料（如石头、木材、土壤等），形成一种可渗透的界面，把滨水区植被和堤内植被连成一体，构成一个完整的河流生态系统。同时，它还对台阶式人工自然驳岸的防洪要求较高，而且腹地较小的河段，在必须建造重力式挡土墙时，也采取台阶式的分层处理。

　　例如：南京市牛首山风景区（北部景区）景观设计，采用循环跌水与生态驳岸（图5-18）。跌水设施通过精心规划的水流路径和落差设计，为游客提供了视觉和听觉上的享受，同时也为景区增添了生机与活力。跌水系统设计时还考虑了水资源的循环利用，通过集水、净化、再循环等步骤，确保了水资源的持续利用和生态的可持续性。生态驳岸的打造则更注重与周围环境的和谐共生。设计师们采用了天然石材、木材等环保材料，构建出既美观又

图5-18　南京市牛首山风景区（北部景区）景观设计之技术图纸和改造后现状图

生态的驳岸景观。跌水系统的运行不仅为游客带来了清凉的感受，更在炎炎夏日中营造出一种宜人的氛围。而生态驳岸的打造则使得景区与自然环境更加融为一体，为游客提供了一个亲近自然、感受生态之美的绝佳场所。

### 4）路面材料与工艺

#### （1）沥青路面技术

温拌沥青技术：温拌沥青混合料相比于热拌沥青混合料，可有效节约燃油消耗20%以上，温室气体量可减少50%以上（表5-4）。

温拌技术与热拌技术排放测试结果对比                                 表5-4

| 测试项目 | 热拌技术 | 温拌技术 | 降幅比例/% |
|---|---|---|---|
| $CO_2$/% | 2.6 | 1 | 61.5 |
| 碳氧化合物/mg·m² | 151 | 40 | 73.5 |
| CO/mg·m$^{-3}$ | 104 | 91.3 | 12.2 |
| $SO_2$/×10⁴mg·m$^{-3}$ | 13 | 3.3 | 74.6 |
| 烟尘/mg·m$^{-3}$ | 5.6 | 2.59 | 53.8 |

（来源：牛凯，朱晓东，张兴宇. 道路建设期碳排放核算方法与减排技术综述[J]. 交通节能与环保，2023，19（1）：23-26.）

在北京妙峰山路的升级改造工程中，成功实现了旧路材料的100%回收再利用，通过引入并融合冷再生和温拌沥青混合料的"三新"创新技术，显著降低了项目的碳排放量，同时燃油消耗也减少了三分之一。深入贯彻环保和低碳理念的，实现了公路建设与环境保护的双赢（图5-19）。

图5-19  妙峰山路12公里弯道
（来源：朱静. 首都公路的绿色探索[J]. 中华环境，2018，（5）：45-48.）

路面再生技术：在再生路面环境效益上，有关学者发现原材料生产占据了沥青路面生命周期能耗与排放的大部分，而当RAP材料掺量增至30%~50%时，每千米沥青路面建设的碳减排量可达$3.8 \times 10^4$~$6.4 \times 10^4$kg，研究结果显示路面再生技术节约能源率可达11.1%，温室气体减排率可达10.5%（表5-5）。

道路减排工艺减排效率对比 表5-5

| 路面减排工艺 | 节约能源率 | 温室气体减排率 |
|---|---|---|
| 温拌沥青技术 | 20%以上 | 50% |
| 路面再生技术 | 11.1% | 10.5% |

（来源：牛凯，朱晓东，张兴宇. 道路建设期碳排放核算方法与减排技术综述[J]. 交通节能与环保，2023，19（1）：23-26.）

兰州国际马拉松赛道治理全程采用英达就地热再生施工工艺，成功实现原路面材料100%原价值循环利用，有效避免了废弃旧石料和开采新石料带来的高污染、高浪费现象。

（2）混凝土路面技术

混凝土路面技术采用低碳混凝土，优化生产工艺，增加再利用率，使用外加剂来实现减排。在混凝土中采用低碳材料，如高炉矿渣、粉煤灰等代替部分水泥，以及纳米二氧化硅、硅灰等高效的混凝土掺合料，提高混凝土的耐久性和强度，降低混凝土的碳排放，可以将混凝土生产过程中的碳排放量减少20%~30%；采用高效的烧结设备，提高热能利用率，降低生产过程中的能源消耗和碳排放；将废混凝土进行回收和再利用，碾碎成颗粒后用于生产新的混凝土，降低新材料的生产量；使用外加剂如减水剂等，可以在减少水泥含量的同时保持混凝土拌合物的坍落度和强度，提高水泥利用效率。

南京江北新区定向河南岸景观设计中的漫步道铺装设计，慢行跑道宽3m，其中跑道2m，自行车道1m，采用彩色透水沥青铺设。根据不同路段特征，可调整路面颜色与铺装形式，极具趣味性（图5-20）。

彩色透水沥青混凝土

- - - - 40厚PAC-13透水沥青混凝土（嵌萤石）
- - - - 60厚PAC-20透水沥青混凝土
- - - - 200厚级配碎石（孔隙率大于10%）
- - - - 防渗土布（渗透系数小于80mL/min）
- - - - 沥青封层
- - - - 路基

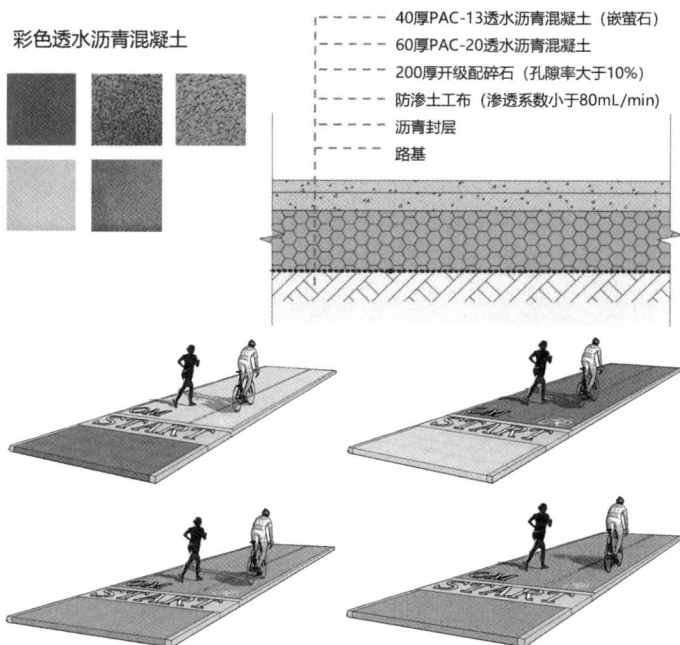

图5-20 南京江北新区定向河南岸景观设计沥青混凝土漫步道设计

透水砖（花岗岩收边）

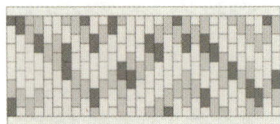

芝麻白水洗面花岗岩收边
30厚1:3干性水泥砂浆
100厚C20细石混凝土
150厚碎石垫层
素土夯实

60厚花岗岩透水砖
30厚干拌灰浆
100厚C20细石混凝土
150厚碎石垫层
素土夯实

100 200 100
400
1200

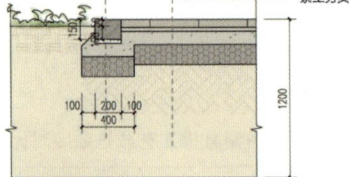

图5-21　南京天保街生态路示范段研究和设计中的透水铺装构造与实景图

（3）透水地面铺装技术

透水地面铺装技术包括材料选择和结构设计，选择具有良好的透水性能的透水砖、透水混凝土、透水沥青等，正确科学设计排水层和透水砖的铺设方式等，以确保雨水能够迅速渗透到地下。

在南京天保街生态路示范段研究和设计中，基于南京天保街生态路海绵绩效监测平台数据分析，当降雨强度为小雨时，南京天保街生态路多孔路面透水沥青及集水边沟基本能将雨水就地消纳，蓄水模块不产生水位上升；当降雨强度为中雨时，雨水模块水位上升量平均为0.1m。当降雨强度等级为大雨时，蓄水模块上升水位平均为0.2～0.3m（图5-21）。

# 5.3 管护阶段的减排技术与设计

景观工程的管护阶段，是指对已建设完成的景观项目进行日常管养、维护的阶段，涵盖绿地的养护与管理、建筑及景观设施的维护、废弃物的收集与处理三大环节（图5-22）。在这一阶段，虽然主要的施工活动已经结束，但是各环节的能源消耗和碳排放仍在持续进行，具有持续时间长、影响因素多、地域分布不均等特征。因此，管护阶段的减排技术与规划仍是值得探讨的重要课题。

传统的景观工程在管护阶段往往缺乏对碳排放问题的充分关注和有效的碳排管理，存在管理粗放、技术落后、缺乏系统规划等一系列问题，导致碳排放量居高不下。为实现管护阶段的全面减排，必须针对各管护环节实施相应的改进措施：推广绿地智能化管护，提高绿地的碳汇能力和管护的能源利用效率；全面开展建筑及景观设施的精细化维护，使用清洁能源，减少对化石燃料的依赖，科学制定水资源节约与管理策略，倡导建筑及景观设施维护过程中使用技术和材料的绿色环保；落实废弃物科学化收集与处理，推行垃圾分类收集，优化废弃物处理方式，实现废弃物资源化利用。这些措施的综合应用有利于推动景观工程管护阶段的低碳化转型，为建设可持续发展的生态环境做出贡献。

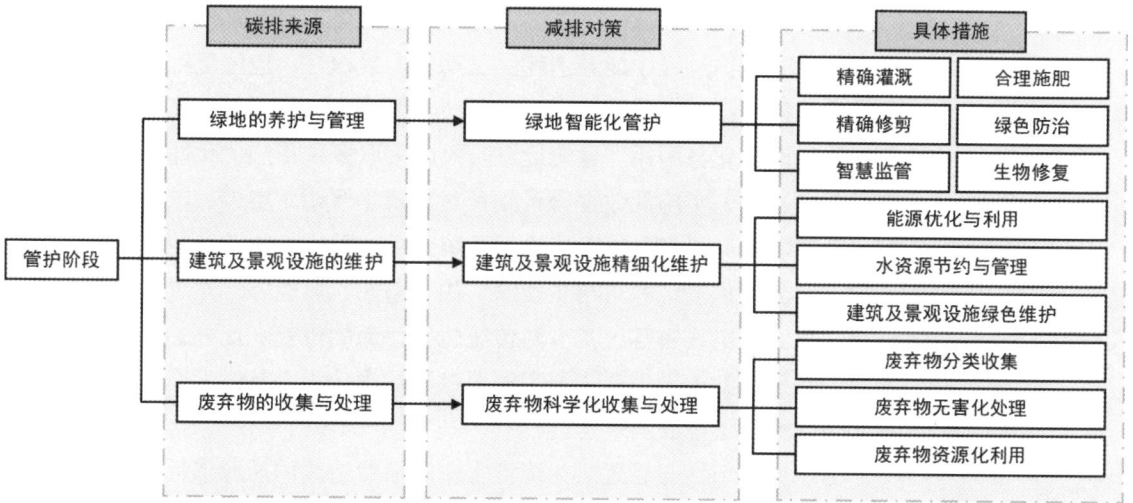

图5-22 管护阶段的主要环节与减排对策

## 5.3.1 管护阶段的碳排来源及特征

### 1）管护阶段的碳排来源

（1）绿地的养护与管理

绿地养护与管理是重要的碳排放来源。一方面，为了保持园林植被的健康生长，需要施用肥料和农药，这些化学物质在生产和使用过程中会产生碳排放。另一方面，需要使用机械等耗能设备进行景观维护，如灌溉设备、修剪设备、施肥设备等。这些设备的运行需要消耗能源，而能源的消耗会产生大量碳排放。此外，绿地养管方式的选择和养管流程的合理性、效率性等因素也会影响植被的生长状态，造成植被碳汇效益的变化。

鉴于此，绿地智能化、精准化管理是减少碳排放的关键，涵盖园林绿地的灌溉、施肥、修剪、防治、监管、修复全流程。通过精准灌溉减少水资源和能源浪费；科学施肥控制污染与排放；精确修剪减少绿化垃圾，促进植被生长，并引入智能设备提效降耗，全面减排增碳；推广绿色防治技术减少农药使用碳排放；构建智慧监管体系优化绿地管理；推广生物修复技术，改善环境质量，全方面提升绿地碳汇能力。

（2）建筑及景观设施的维护

在景观工程中，建筑及路灯、动态水景等景观设施的运营维护需要消耗大量能源，如电力、燃气等。这些能源的日常消耗会直接导致碳排放量的增加，对环境产生一定的负面影响。同时，服务类建筑如公共厕所、餐饮建筑等，在提供便捷服务的同时，也伴随着显著的水资源浪费和废水排放问题，同样增加了碳排放的负担。此外，维护过程中可能需要使用维护设备及材料

175

（如建筑涂料等），在这一过程中也会释放温室气体，增加碳排放。

考虑到维护过程中能源消耗的长期性、累积性，应注重维护过程的精细化，具体包括：

①能源优化与利用。建筑运维阶段应采取多种措施优化能源消耗，降低碳排放。首先，实施能效提升计划，对建筑（照明、空调、电梯）及景观设施（动态水景、路灯）等设施进行系统升级，采用高效节能的设备和系统。其次，充分利用清洁和可再生能源，如太阳能、风能等，通过安装太阳能光伏板、风力发电设备等，减少对传统化石能源的依赖。此外，建立能源管理系统，对建筑的能源消耗进行实时监控和数据分析，及时发现并解决能源浪费问题，降低碳排放。

②水资源节约与管理。为降低水资源浪费造成的能源消耗所引起的碳排放，可推广节水设备和系统的使用，如打造环保节水公厕等，减少日常用水量。其次，建立雨水收集系统，将雨水用于灌溉、冲厕等用途，提高水资源的利用率。此外，从整体上应加强用水管理，提高用水效率。

③建筑及景观设施绿色维护。在维护阶段，优先使用可循环利用的材料，减少对新材料的依赖，降低资源消耗；积极采用绿色建材，如环保涂料、生态砖等，这些建材在生产和使用过程中具有较低的碳排放和环境污染。同时，在维护项目中，可考虑使用具有碳捕捉和储存功能的建材，进一步提高项目的环保性能。

（3）废弃物的收集与处理

在景观工程的管护过程中，会产生大量的废弃物，包括日常的绿化修剪、落叶清扫、及在园林运营过程中产生的各类垃圾。这些废弃物如果不得到充分合理的收集和妥善的后续处理，将会对环境造成污染，增加碳排放量。因此，废弃物资源化利用尤为重要，具体来说：

①废弃物分类收集。在景观废弃物的管理中，首先应当推行严格的分类收集措施。智能分类垃圾桶的应用是实现这一目标的关键。这些智能垃圾桶能够利用图像识别、传感器等技术，自动识别并分类收集不同种类的景观废弃物，如落叶、枯枝、废纸、塑料瓶等。通过智能分类，能够减少人工分拣的成本，同时提高分类的准确性和效率。

②废弃物无害化处理。建立园林废弃物处理中心，对收集到的废弃物进行无害化处理，针对不同种类的废弃物制定特定的处理策略。例如，对于有机废弃物，可以采用堆肥、厌氧消化等技术进行生物降解，转化为有机肥料；对于无机废弃物，则可以通过破碎、筛分、清洗等物理方法进行处理，减少其对环境的潜在危害。此外，还应采用先进的环保技术和设备，确保处理过程符合环保要求，避免二次污染。

③废弃物资源化利用。经过无害化处理的废弃物，可以进一步进行资源

化利用。在可再生资源的循环利用方面，有机肥料可以直接用于园林植物的施肥，提高土壤肥力；而无机废弃物则可以作为再生骨料，用于生产再生混凝土、再生砖等建材产品。在可再生建材的循环利用方面，应鼓励采用绿色建材和生态建材，如使用再生骨料制作的混凝土、砖块等建材，既能够减少天然资源的开采，又能够降低建筑垃圾的产生。

**2）管护阶段的碳排主要特征**

**（1）持续时间长**

相较于建设阶段，管护阶段涉及的活动通常是长期持续的，如设施的日常运行、维护和更新等，这些都需要长期消耗能源，从而产生持续的碳排放。这意味着我们需要制定长期的管理策略，以应对管护阶段碳排放的持续影响。

**（2）影响因素多**

景观工程管护阶段的碳排放受到多种因素的影响，包括能源价格、能源结构、气候条件、管理方式等。这些因素的变化都会对碳排放产生影响，增加了碳排放管理的复杂性和不确定性。因此，我们需要密切关注这些因素的变化，并适时调整管理策略，以实现有效的碳排放控制。

**（3）地域分布不均**

景观工程的管护阶段的碳排放往往集中在城市和人口密集的地区。这些地区由于对管护精细化程度的要求较高，对能源消耗和材料的使用量更大，会产生较多的碳排放。相比之下，偏远地区或乡村地区的管护碳排放相对较少。这种地域分布的不均衡性要求我们在制定碳排放管理策略时，要充分考虑地区差异，采取有针对性的措施。

## 5.3.2　绿地管护的智能化与精准化

当前，绿地管护的精准性欠佳问题日益凸显，这不仅严重影响了植被的健康生长，还导致了能源的过度消耗和碳排放量的增加。由于缺乏科学有效的管理措施，绿地养护工作往往无法精准满足植被生长的需求，使得灌溉、施肥、修剪等关键环节存在诸多不足。水资源、肥料等资源得不到充分利用，还可能导致植被生长受阻，降低其生态功能和碳汇效益。同时，粗放的绿地管护方式还加剧了能源浪费和碳排放问题。传统的绿地养护手段往往依赖于高能耗的机械设备和化学物质，而这些设备的运行和化学物质的生产、使用都会产生大量的碳排放。此外，由于养护措施不当，植被生长不良，也可能导致土壤碳库的损失，进一步增加碳排放量。

因此，推动绿地管护的精准化与智能化成为当前亟待解决的问题。科技的进步和相关研究的发展为绿地管护的精准化发展创造了良好的条件，通过引入先进的技术手段和管理理念，能够实现对绿地养护工作的精确控制和科学决策，提高养护效率和质量，减少能源浪费和碳排放。具体来说，可以从精准灌溉、合理施肥、精确修剪、病虫害绿色防治、智慧监管和生物修复六方面入手，制定具体的措施和方案，推动绿地管护向精准化、智能化方向发展。

### 1）精准灌溉技术

在不同的灌溉模式下，能源消耗和碳排放存在显著差异：传统的漫灌模式对水资源消耗强度较大，且能源消耗量相对较高（主要表现于抽水过程中电量消耗的明显增加）。相较之下，滴灌和微喷灌模式则极大提升了灌溉过程的精准性，在减少灌溉用水量、提高水资源利用效率的同时（表5-6），降低了灌溉过程能源消耗强度，一定程度上有助于碳减排目标的实现（图5-23）。

各节水灌溉措施节水量/亿m³                                      表5-6

|  | 喷灌 | 微灌 | 低压灌溉 | 防渗渠道 | 其他节水措施 |
|---|---|---|---|---|---|
| 平均 | 66.03 | 53.72 | 94.62 | 136.70 | 46.29 |
| 高值 | 82.6 | 62.7 | 113.7 | 164.0 | 55.6 |
| 低值 | 49.5 | 44.8 | 75.8 | 109.4 | 37.1 |

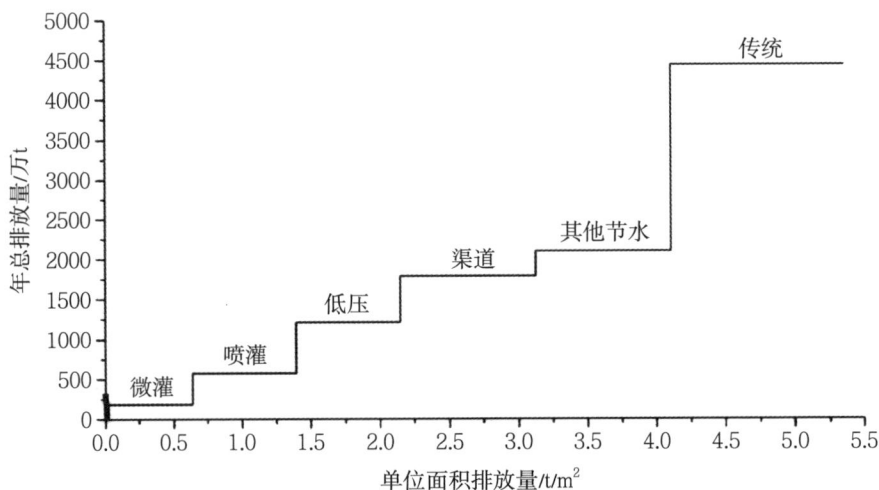

图5-23  不同灌溉措施灌溉排放曲线
（来源：邹晓霞. 节水灌溉与保护性耕作应对气候变化效果分析[D]. 北京：中国农业科学院，2013）
注：图中每一条横线代表一种措施，每条横线长度对应的横坐标范围为相应措施单位面积的排放量（即横线的长短表示措施单位面积碳排放的高低），纵线对应的纵坐标范围为相应措施的年总排放量（即纵线的长短表示措施总排放的高低）

在滴灌和微喷灌模式得到广泛应用的基础上，如今的精准灌溉技术融入物联网、大数据、人工智能等新一代信息技术，形成一套结构完整的智慧灌溉系统，实现对绿地的智能化、精准化管理（图5-24）。具体来说，与传统灌溉方式相比，智慧灌溉技术在减排固碳方面具有节水节能、智能化管理、提升绿地固碳能力等优势。如东南大学九龙湖校区大草坪的智能喷灌系统

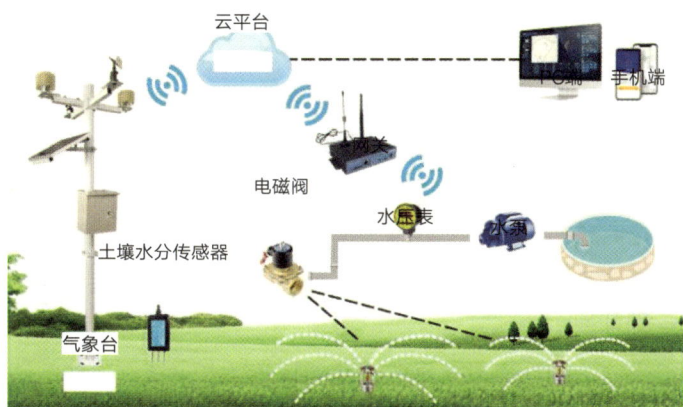

图5-24 智慧灌溉系统示意图
（来源：湖南智能园林灌溉. 精讯畅通电子科技网站.）

图5-25 东南大学九龙湖校区大草坪智能灌溉系统作业图
（来源：东南大学媒体平台）

（图5-25），结合环境的温湿度感应器、土壤的温湿度传感器、天气预报，通过云计算，推出喷灌的时间和次数，预测最佳的浇灌时间，围绕草坪全生命周期管理，进行自适应调度和智能灌溉。同时，系统还可以根据植被的生长情况和环境因素自动调节灌溉量、灌溉时间等参数，实现智能化管理。一方面，避免了水资源的浪费和能源的过度消耗，从根本上降低碳排量；另一方面，也能够更好地满足植被的生长需求，保持植被的健康持续生长，提升绿地的碳汇能力。

2008年建成的北京奥林匹克森林公园，较早地将全智能化浇灌系统（图5-25）全面应用于全园的植被管护中，实现对土壤湿度及植物生长、蒸发和蒸腾等各项生态指标的动态收集，并将信息实时反馈给中央计算机。计算机通过精确计算、判断，自动控制灌溉系统运行和关闭（图5-26）。与手动或半自动灌溉方式相比，该系统每年节约用水量超过100万$m^3$，为公园的可持续发展做出了重要贡献。

近年来，随着全球对节能减排的迫切需求以及纳米科技的飞速进步，纳米灌溉系统在国内的关注度和应用范围逐渐扩大。这种系统不仅代表了智慧灌溉的新高度，更是

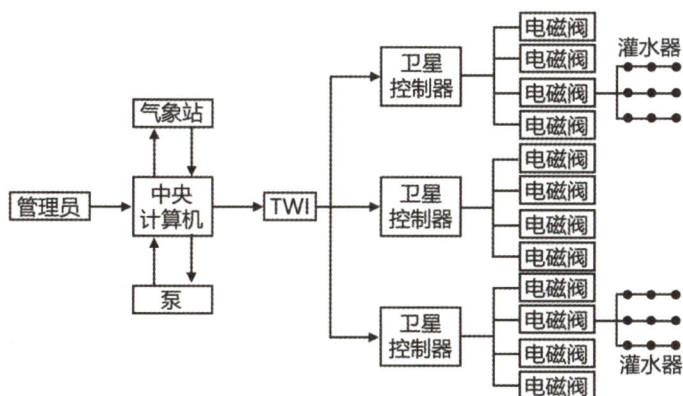

图5-26 北京奥林匹克森林公园灌溉系统控制工作原理图
（来源：郑克白，吕露，田进冬等. 北京奥林匹克公园中心区节水型绿化灌溉系统设计（下）[J]. 给水排水，2008（12）：95-98.）

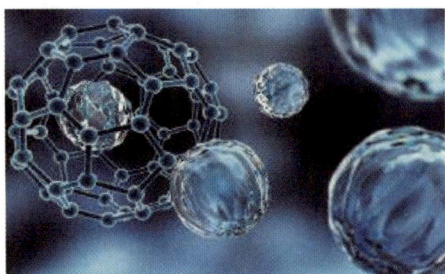

图5-27　纳米材料结构

图5-28　深圳甘泉路近零碳示范社区
（来源：李斌. 获联合国点赞！解密深圳甘泉路
近零碳示范社区. 南方+_南方plus.）

节能减排、绿色发展的有力实践。纳米灌溉系统采用纳米材料（图5-27）制备的传感器，其感知元件的尺寸达到纳米尺度，使得系统对微观环境变化的感知更为灵敏和精确。这种高灵敏度和高精度的监测能力，不仅极大地提升了植被的生长监测质量，还加快了灌溉反应速率，确保植物在最佳生长状态下接收到所需的水分和养分，从而有效减少了水资源的浪费。同时，这种材料赋予了传感器更强的抗腐蚀、抗老化能力，确保了系统在各种恶劣环境条件下的稳定运行，延长了设备的使用寿命，还降低了因频繁维修和更换设备而产生的成本。这种低成本、高效率的运营模式，不仅为灌溉系统带来了显著的经济效益，更为节能减排、绿色可持续发展贡献了力量。

以2022年启动建设的深圳甘泉路近零碳示范社区项目为例，该项目采用了高分子纳米精准灌溉系统，成为当前高效节水灌溉的最精准模式。通过纳米灌溉系统的应用，该项目成功实现了节水、节能、省工、省肥、长效、环保的多重目标（图5-28），为社区级近零碳排放示范工程树立了典范，成为国内领先、国际一流的绿色工程标杆。

然而，纳米灌溉系统的技术和设备成本相对较高，这在一定程度上制约了其在国内的大规模推广和应用。因此，未来需要加大科研投入，降低生产成本，提高纳米灌溉系统的性价比，以推动其在更多领域和更广范围内的应用，为实现节能减排、绿色发展的目标贡献更大力量。

### 2）合理施肥技术

当前的施肥阶段存在不合理问题：一方面，盲目使用化肥和过量施肥现象普遍，这不仅导致了土壤板结、水体污染等环境问题，还增加了温室气体的排放。另一方面，缺乏科学的施用规划，使得施肥时间、频率和用量等安排都缺乏科学依据，极容易造成资源的浪费和环境污染。相比之下，合理施肥技术则能够根据土壤条件、植物需求以及环境因素，进行科学的肥料选取和合理的施用规划，不仅关注植物的健康生长，更着眼于环境的可持续性和碳排放的控制，在减排增汇方面具有显著优势。通过科学的肥料选取和施用规划，可以有效减少肥料生产和施用过程中的碳排放。同时，合理的施肥还能改善土壤结构，提高土壤碳汇能力，促进植物的光合作用和碳吸收，从而进一步增强绿地的碳汇功能。

（1）肥料选取

在减排增汇的导向下，推广和利用有机肥具有多重优势。有机肥是由动植物残体或排泄物等经过微生物分解发酵后形成的"天然肥料"，其历史可追溯到古代中国。当时的农民们就已懂得利用畜禽粪便、农作物秸秆等有机物质进行堆肥，以此作为农田的养分来源。相关研究表明，长期施用有机肥有助于显著增加双季稻田土壤的固碳速率，强化其碳汇效应（表5-7）；同时，土壤质量的提升也能为作物的生长提供充足的养分支持。

在绿地景观管护方面，有机肥同样发挥着重要作用。传统的公园管理中，化学肥料的使用较为普遍，这些物质能耗大、污染高、排放多，对环境和生态系统造成了不小的压力。据研究，生产1吨复合肥料所产生的碳排放为308.53kg，而合成1t有机肥料所产生的碳排放仅为72.77kg，其碳排放量仅为无机肥料的23.6%。因此，采用以有机肥料为主的施肥模式，结合生物药剂等绿色管控手段，能够促进绿地植被的健康生长，提升绿地的生态功能和景观效果，有效减缓公园因施肥产生的碳排放。

2020年长期不同施肥处理对土壤固碳速率的影响 表5-7

| 处理 Treatment | 土壤密度Soil bulk density（g·cm$^{-3}$） | 耕层厚度Depth of plough layer（cm） | 有机碳库Organic C sink（kg·hm$^{-2}$） | 固碳速率C sequence rate（kg·hm$^{-2}$·a$^{-1}$） |
|---|---|---|---|---|
| MF | 1.41 ± 0.04ab | 20.0 ± 0.05a | 57 443 ± 1764c | 51.5 ± 10.8c |
| RF | 1.37 ± 0.04b | 20.0 ± 0.05a | 65 075 ± 1879b | 269.5 ± 13.8b |
| OM | 1.34 ± 0.03b | 20.0 ± 0.05a | 78 417 ± 1658a | 650.7 ± 15.5a |
| CK | 1.44 ± 0.04a | 20.0 ± 0.05a | 55 642 ± 1606d | — |

（来源：石丽红，唐海明，文丽等. 长期不同施肥模式对南方双季稻田生态系统净碳汇效应和经济收益的影响[J]. 应用生态学报，2022，33（09）：2450-2456.）
MF：单独施用化肥；RF：秸秆还田+化肥；OM：30%有机肥+70%化肥；CK：无肥对照；同列不同字母表示不同施肥处理间差异显著（P＜0.05）；下同。

图5-29 社区堆肥箱实景图
（来源：开启自然生态幼儿园朴门永续实践奥秘_堆肥搜狐网.）

有机肥在各类尺度的景观空间中均得到了广泛运用。在社区花园、街心公园等小微绿地，堆肥箱的应用最为广泛，用于集中收集落叶、宠物粪便等有机废弃物。落叶堆肥（图5-29）是一个持续的有氧发酵过程，新的废弃物不断从上方投入，而堆积物则逐渐下沉。在此过程中，底部的废弃物更早地达到成熟状态，熟化的部分可以便捷地抽出作为优质肥料使用，这一过程仅需一周时间，且不会产生任何难闻气味，极大地提升了肥料的使用效率和便利性。此外，部分方形设计的堆肥箱还配备了取肥口，使得用户无需翻动堆肥箱，即可轻松获取底部的熟土。这种设计不仅进一步简化了肥料的管理和使用流程，还有助于减少人为干预和翻动带来的碳排放，从而在实现了在合理施肥的同时，也达到了减排固碳的目的。

在北京奥林匹克森林公园中，还有一种独特的环保措施引人瞩目。沿着公园的排水沟和主湖岸边，可以看到一种米黄色的网状覆盖物——椰绒毯（图5-30），它完全由椰子壳打碎后精心加工而成，不仅能在很大程度上防止水土流失，保护土壤结构，还能为排水沟和湖岸边的绿色植被提供稳定的生长环境，辅助植物根系的生长（图5-31）。随着时间的推移，椰绒毯会经历风化过程，但与其他不可降解材料不同，它能够自然降解。这种降解过程不仅不会对环境造成污染、增加碳排量，反而会产生有益的肥料，养护土地和植物。这种自然的循环过程，既减少了垃圾的产生，又促进了土壤肥力的提升。

图5-30　椰绒毯覆盖物实景图

图5-31　椰绒毯覆盖物应用
（来源：新华网.）

（2）施用规划

在施用规划方面，合理施肥技术注重"量时频"的精准控制。即根据植物的生长阶段和营养需求，精确计算每次施肥的用量，并确定最佳的施肥时间和频率，确保每一粒肥料都能发挥最大效用，既充分满足了植物的生长需要，又避免了过量施肥造成的资源浪费和环境污染。

在农业领域，针对特定农作物的智能施肥技术，已经凭借其卓越的性能得到了广泛的应用，如水稻全程绿色智慧施肥技术、小麦绿色智慧施肥技术等。该类技术集成了传感器、控制系统和数据分析等先进技术，能够实时监测土壤养分状况和作物生长情况，并能够基于这些监测数据自动调整施肥方案，确保作物获得及时足量的营养供给。这种智能化的施肥模式，不仅显著提高了施肥的效率和精准度，还大幅降低了人力成本，为农业生产带来了可观的效益。

目前，智能施肥系统在景观领域的应用还相对较少，但其所采用的实时传感、智能控制等理念和技术手段，为景观工程的运维阶段智能化管护提供了宝贵的方向和路径。具体而言，可基于景观绿化的特征和植被类型，量身定制针对特定园林绿地的智能施肥系统（图5-32），确保每一片绿地都能得到恰到好处的营养供给，而且能够最大限度地发挥固碳减排的优势。

图5-32 智慧水肥管控系统

### 3）精确修剪技术

相较于粗放式修剪，精确修剪技术的减排优势尤为突出。首先，精确修剪技术通过科学的修剪方案和合理的修剪频率，有效减少了修剪过程中产生的废弃物。相比之下，粗放式修剪往往产生大量的植物残渣和废弃物，这些残渣的处理和运输不仅消耗大量能源，还可能增加碳排放量。其次，精确修剪技术强调环保的修剪工具和方式。传统粗放式修剪可能使用高能耗、高排放的机械设备，而精确修剪技术则倾向于采用更加环保、低碳的修剪工具，如电动工具或手工工具，减少了对化石燃料的依赖，进而降低了碳排放。此外，精确修剪技术通过对植物的健康管理和优化生长，提升了绿地的碳汇能力。通过科学地修剪，植物能够更好地进行光合作用，吸收更多的$CO_2$，并将其转化为有机物储存在体内，不仅能够有效减少碳排放，还能增加碳吸收，提升绿地的碳汇效益。

（1）修剪措施

修剪措施的选择至关重要，这并非仅仅是对植物的简单剪裁，而是对植物生长的深入理解和科学规划。针对不同植被类型和生长阶段，需要制定个性化的修剪方案（包括修剪强度、频率等）。已有研究表明，修剪强度过高不利于植被枝条的分蘖与再生，轻度修剪下植被的生物量和碳储量增加更快

（表5-8）；同时，不同修剪频率下植被生物量和碳储量也存在差异，适度修剪将有利于植被碳储量的增加（表5-9）。因此，在实际操作中，应综合考虑植物的生长特性、环境条件以及管理目标，合理控制修剪量和修剪频率。通过科学的修剪措施，不仅能够提高修剪效率，保持植被的健康生长，还能有效促进植被的碳汇能力，为园林绿化的低碳发展贡献力量。

不同修剪频率下绿化树木生物量与碳储量变化　　　　　　　　表5-8

| 频率 | 修剪时间 | 整株生物量/kg | 整株碳储量/kg |
|---|---|---|---|
| 对照 | 第一年 | 155 | 77 |
| | 第二年 | 168 | 84 |
| 每年修剪1次 | 第一年 | 158 | 78 |
| | 第二年 | 170 | 85 |
| 每年修剪2次 | 第一年 | 157 | 78 |
| | 第二年 | 166 | 83 |

不同修剪强度下对绿化树木的生物量和碳储量变化　　　　　　表5-9

| 强度 | 修剪时间 | 整株生物量/kg | 整株碳储量/kg |
|---|---|---|---|
| 对照 | 第一年 | 163 | 81 |
| | 第二年 | 174 | 87 |
| 轻度修剪 | 第一年 | 156 | 78 |
| | 第二年 | 169 | 85 |
| 中度修剪 | 第一年 | 159 | 79 |
| | 第二年 | 171 | 86 |
| 重度修剪 | 第一年 | 158 | 79 |
| | 第二年 | 167 | 84 |

（表5-8、表5-9来源：唐琳. 城市园林绿化植物固碳效益研究[D]. 呼和浩特：内蒙古农业大学，2020.）

（2）修剪工具

在修剪工具方面，传统的高能耗、高排放机械设备已逐渐被淘汰，取而代之的是环保、低碳的修剪工具。电动工具以其高效、节能的特点成为首选，它们以电力为动力源，显著降低了碳排放。同时，电动工具通常具备更高的能效，能够更高效地完成修剪任务，减少能源消耗。此外，手工工具在适当场景下也发挥着重要作用，特别是在小范围修剪或精细修剪中，它们无需电力或燃油，完全依靠人力操作，实现了真正的零排放。

随着智能化技术的快速发展，智能化修剪技术应运而生。以剪草机器人（如iSward剪草机器人）为例（图5-33），它是一款集智能导航、自主修剪、

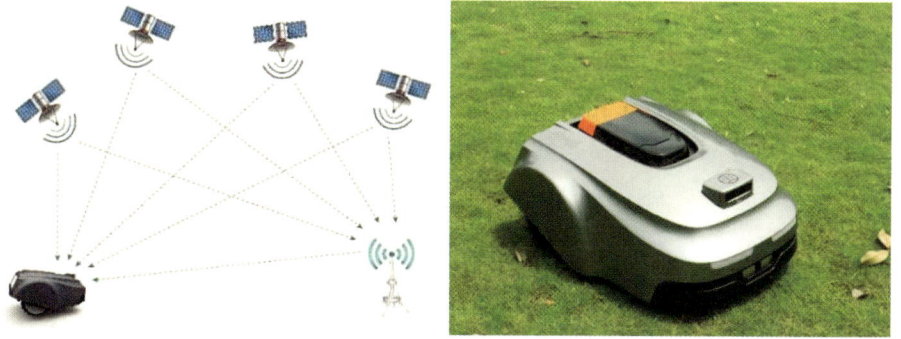

图5-33　iSward剪草机器人
（来源：太强大！iSward智能剪草机器人超级机智过"人". 知乎网.)

避障等功能于一体的智能化修剪工具，通过内置的传感器和算法，剪草机器人能够精准感知周围环境，自动规划修剪路径，并在遇到障碍物时自动调整方向或停止工作。这种全智能的修剪工具显著提高了修剪效率，降低了人为因素导致的误差和浪费；且能够通过优化修剪路径，减少不必要的移动，在保证修剪质量的同时，降低能源消耗和碳排放。如今，随着人工智能技术的不断进步和普及，智能化修剪工具的成本也将逐渐降低，使得更多的园林管理者能够采用这种环保、高效的修剪方式。

### 4）绿色防治技术

病虫害绿色防治技术是一种注重环境保护和生态平衡的防治方法，旨在通过非化学手段有效控制病虫害的发生和蔓延。一般性防治技术通常依赖于大量使用化学农药来对抗病虫害。这种方法虽然短期内可能取得一定的效果，但长期来看，化学农药的使用不仅会对土壤和水源造成污染，还会对生态系统中的其他生物产生不利影响，破坏生态平衡。此外，长期大量使用农药还会使病虫害产生抗药性，导致防治效果逐渐下降，形成恶性循环。相较之下，病虫害绿色防治技术则注重采用生物防治、物理防治和农业防治等综合手段，旨在构建一个健康的生态系统，使病虫害在自然条件下得到控制。例如利用天敌昆虫、微生物制剂等生物防治手段，可以有效控制病虫害的发生，同时不会破坏生态环境。物理防治手段如灯光诱杀、色板诱捕等，也能够减少对化学农药的依赖。

病虫害绿色防治技术在减排增汇方面的优势尤为明显。一方面，减少化学农药的使用意味着降低了农药生产、运输和使用过程中的碳排放量。另一方面，绿色防治技术强调生态平衡和生物多样性，有助于提升生态系统的碳汇能力。

上海市普陀区开展的公园病虫害防治工作中，积极采用了绿色防治技术，针对不同植物种类的病虫害特点，制定精细化的对标防治方案。对于常见的植物病虫害，使用生物药剂喷施；同时，还广泛运用了物理防治手段，如黄板诱捕、实蝇诱捕器和频振式杀虫灯等，在消灭害虫的基础上，大幅降低了化学农药的使用量。针对钻蛀性害虫如天牛，采取人工捕捉的方式，管理人员定期巡查，一旦发现害虫便及时捕捉，实时保护公园植被的生长。此外，公园还注重保护有益生物，通过投放天敌（如捕食螨）等方式，充分发挥自然天敌对害虫的控制作用，进一步维护了生态系统的平衡。综合性防治措施的有效实施，使上海市普陀区的公园病虫害防治工作取得显著成效，病虫害发生率显著降低，植物的生长活力与观赏效果也得到了极大提升。尤为重要的是，这些绿色防治技术的广泛应用显著减少了化学农药的使用量，从而极大降低了碳排放对环境的污染和破坏，为城市的可持续发展和居民的健康生活作出了积极的贡献。

### 5）智慧监管技术

植被智慧监管技术是一种集成了遥感、大数据和物联网等先进技术的综合性管理方法，能实时监测植被生长、分布与变化，实现数据的精准分析与决策支持。该技术不仅提高了植被管理的效率和针对性，还促进了生态系统的健康与稳定，通过优化植被分布和结构，及时发现并应对碳排放风险，显著增强了生态系统的固碳能力。

首先，植被智慧监管技术能够模拟植被生长环境的变化，以场地生态环境现状为基础，实现24小时昼夜交替和天气变化的模拟，对植被生长状况进行预演，让管理者能够实时查看空气、土壤、水质、植被生长状态等数据，还能进行自然灾害预警。这种全方位、多角度的监测与预警机制，使得管理者能够提前发现潜在的生态风险，采取针对性措施，有效保障生态系统的健康与稳定。同时，平台可对绿地管护日常业务流程进行系统化、智能化管理，涵盖病虫害防治、环境质量监控、人车监管、巡查工单处理等多个方面。这种系统化的管理方式使得管理者能够全面掌握园林的运行状况，及时发现并解决各类问题，提升管理效率。除上述功能外，植被智慧监管技术还具有强大的可扩展性和可定制性。根据不同地区、不同园林的实际情况和需求，可进行相应的调整和优化，以满足特定的管理需求。这种灵活性使得植被智慧监管技术能够广泛应用于各种类型和规模的园林中，为生态系统的保护和可持续发展提供有力支持。

南京市江宁区杨家圩市民中心公园引入了智能墒情监测设备，安装在草坪、灌草、树木等植被附近，能够现场感知植物的真实需求，实时反映土壤的水分状况及其变化、地表和地下的温度、植物活跃根系的位置及比例，以及气象数据等诸多对植物需水及生长环境产生影响的因素（图5-34）。同时，设备后台还基于当地38年的$ET_0$历史数据，融入未来5天的降雨预测数据，制

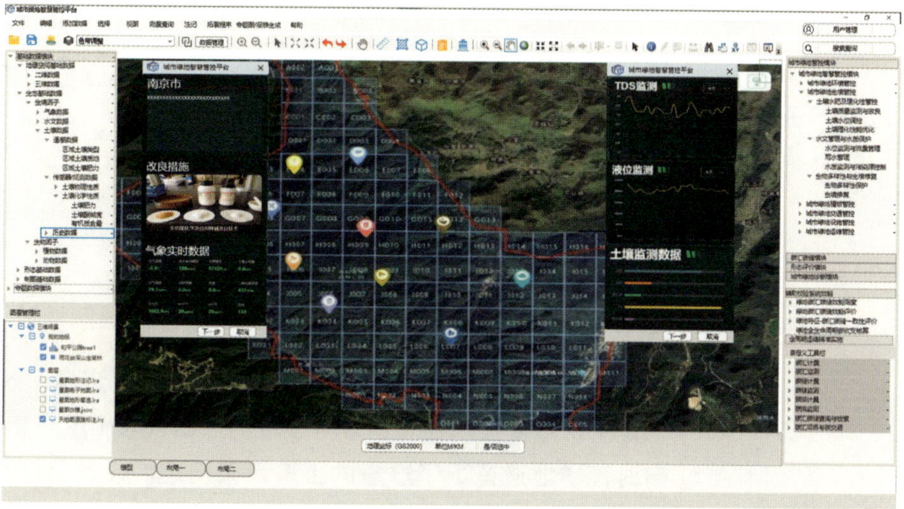

图5-34 城市绿地管控平台

定出更适合地域植被生长规律的科学灌溉策略，包括灌溉时间、灌溉深度、灌溉定额及灌溉周期等。

### 6）生物修复技术

生物修复技术的核心在于利用植物和微生物的自然生长与代谢过程，来修复受损的生态系统并改善环境质量。该技术通过恢复植被、改善土壤质量等手段，显著提升了景观的碳汇功能，在减排固碳方面发挥着至关重要的作用。与人工干预较多的绿地修复技术相比，生物修复技术的优势在于其综合性和自然性。它不仅关注污染物的去除，更着眼于整个生态系统的恢复和稳定。该技术通过重建植被和恢复土壤生物群落，为动植物提供适宜的栖息地，从而增强生态系统的稳定性和生物多样性，长期维持生态平衡；通过植物的光合作用和微生物的分解作用，有效减少大气中$CO_2$等温室气体的含量的同时，也能增加土壤中的碳储量。此外，生物修复技术还能针对性地应对湿地退化和淹没等环境问题，恢复湿地的生态功能，提升其碳汇能力，有效减少$CH_4$等温室气体的排放。土壤修复部分技术案例碳排放对比如下（表5-10）。

土壤修复部分技术案例碳排放对比　　　　　　表5-10

| 修复技术 | 成本 | 碳排放量/（kg/t土） |
|---|---|---|
| 热脱附技术 | 600～2000元/m³ | 200 |
| 气相抽提技术 | 400元/kg NAPL | 500 |
| 水泥窑协同处置 | 800～1000元/m³ | 230～460 |
| 化学淋洗技术 | — | 64.5 |

| 修复技术 | 成本 | 碳排放量/（kg/t土） |
|---|---|---|
| 固化/稳定化技术 | 500～2000元/m³ | 44.9 |
| 化学氧化/还原技术 | 500～1500元/m³ | 50 |
| 生物修复技术 | 500～1000元/m³ | −10～30 |

注：NAPL为非水相液体

（来源：薛成杰，方战强. 土壤修复产业碳达峰碳中和路径研究[J]. 环境工程，2022，40（8）：231-238.）

　　美国西雅图煤气厂公园是世界上第一个以资源回收方式改建的公园，也是生物修复技术在环境修复领域的杰出代表（图5-35）。1956年煤气厂关闭时，场地遗留下了严重的土壤污染问题。设计师理查德·哈格（Richard Hag）率先提出将自然的力量与人类的智慧相结合，使用生物修复技术改善土壤质量，在清理表层污染土壤的基础上，巧妙掺入腐殖质和适应性强的草籽，通过这些植物的自然生长及其与微生物的共同作用，逐渐净化土壤污染，提升土壤肥力。如今，西雅图煤气厂公园已经成为一个绿意盎然的公共空间（图5-36），各种植物和生物在其中和谐共生。这片曾经被污染的场地已经彻底治愈，并成为城市中的一片绿洲。

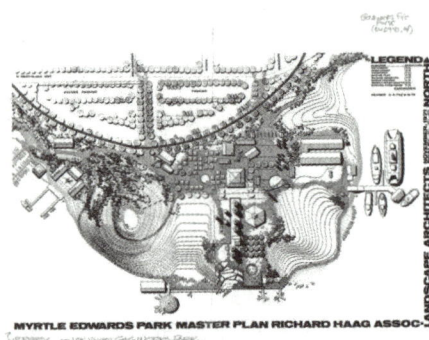

图5-35　西雅图煤气厂公园平面图　　　　　　图5-36　西雅图煤气厂公园实景图

（来源：SHANNON S. Gas Works Park（Seattle）[EB/OL]. /2024-06-12. https://historylink.org/File/20978.）

　　成都活水公园（图5-37）是国内较早应用生物修复技术的典范，通过构建包括厌氧沉淀池、塘床生态系统和养鱼塘在内的全面净水系统，模拟并加速了自然水体的净化过程（图5-38）。从府河引入的浊水经过一系列的生态处理，变得清澈，实现了从"死水"到"活水"的转变。在这一过程中，不仅水质得到了显著提升，达到了3类水域标准，而且在自然条件下逐步形成了丰富多样的水生生物群落，包括藻类、细菌、线虫、甲壳类、软体类、水生昆虫、蛙类和非人工放养鱼类等。这些生物的生长状态直观地反映了水质的改善，进一步证明了生物修复技术在改善环境质量和恢复生态系统方面的显著成效。

图5-37 人工湿地塘床生态系统

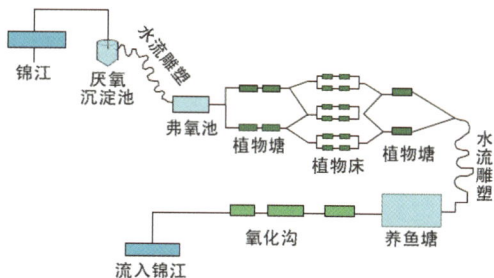

图5-38 人工湿地塘床生态系统运行流程图

（来源：独家探秘｜成都这个"世界第一"的公园要重装上阵了. 百家号.）

## 资源的应用

## 能源与可再生

景观绿地中能源与可再生资源的应用正逐渐成为主流。在能源方面，清洁能源的利用相较于传统能源展现出了显著的减碳效益。太阳能、风能等可再生能源的引入，为景观绿地提供了清洁、可再生的能源供应，大幅降低了化石燃料的消耗和$CO_2$的排放。

可再生资源循环利用方面，首先是对有机废弃物资源的循环利用。如园林绿化废弃物的堆肥和生物降解，有效减少了垃圾堆积及不恰当处理产生的碳排放，促进了土壤改良和植被生长；通过收集和处理雨水、废水等可再生水资源，减少了对自来水的依赖，实现了水资源的循环利用。此外，可再生建材的回收利用也是景观绿地减排的重要途径。通过回收利用混凝土、金属、玻璃、木材等材料，不仅减少了新建材的生产和能源消耗，还降低了建筑废弃物的处置压力。

清洁能源和可再生资源、材料的回收及循环利用，实现了对传统能源的稳步替代和废弃物的资源化利用，有效降低了景观碳排放，推动了城市的绿色可持续发展。

### 5.4.1 清洁能源的应用

#### 1）景观绿地的传统耗能

景观绿地作为城市生态系统的重要组成部分，其能源消耗与碳排放问题日益受到关注。景观绿地中的能源消耗主要来自日常运行以及管理养护的设备用电。如灌溉设备、照明设备、维护设备（植被修剪工具、设施维护工具等）、景观设施（喷泉、音乐播放设备、游览交互设备等）以及其他设施等。这些设备的日常运行需要消耗大量的能源，也是景观绿地碳排放的主要来源。

大部分景观绿地设施设备依靠电能供能，而其电能主要来源于化石燃料的燃烧，如煤炭、石油、天然气等。这些燃料均为不可再生能源，消耗过程中会产生大量碳排放以及污染物。

### 2）清洁能源的减排作用

在全球迎来能源变革（Energy Transition）及我国不断探索能源结构调整的大背景下，将可再生清洁能源应用于景观绿地中尤为重要。清洁能源，如太阳能、风能等，具有零排放或低排放的特性，其环保、可再生的优势能够有效替代传统能源输出中占比较高的煤炭、石油、天然气等化石燃料。例如，1MW常规煤热发电站如果转化为光伏发电方式，其每年的$CO_2$的减排比例能够达到97.72%。若通过设计和工程技术，使清洁能源能够长期持续地为景观绿地提供能源支持，将显著降低景观碳排。

### 3）清洁能源的应用技术

清洁能源在景观绿地中的应用技术展现了卓越的创新能力与环保理念。这些技术，如太阳能发电、风能发电和人体动能发电，通过将高效的能量转化装置巧妙地融入景观设施、小品及互动装置中，不仅实现了低碳节能的目标，更赋予了绿地空间独特的观赏性、互动性和科普价值。

（1）景观设施太阳能发电技术

太阳能光伏板具有直接将太阳能转化为电能的能力。与常规煤热发电站相比，1MW的光伏发电站每年可节省的标准煤量在405~630t，减排$CO_2$量在1036~1600t，减排$SO_2$量在9.7~15.0t，减排$NO_x$量在2.8~4.4t。

景观绿地的各种设施设备、景观小品可以通过搭载太阳能光伏板将太阳光能转化为电能，为日常的使用供电。通过设备设计的景观化、艺术化也有助于营造现代园林景观，进行科普互动活动等。

北京奥林匹克森林公园南入口的太阳能光电板景观廊架的设计是国内大型城市公园中的首创，如图5-39所示。太阳能光电板可将太阳光辐射能直接转换为电能，经技术转换后送入低压电网供公园日常使用。廊架面积为950m²，功率为80kW，年发电能力约8万度。

现今太阳能光电板景观廊架已经广泛应用于公园项目的建设中，如南京市和平河河长制主题公园、扬中市滨江生态湿地公园等，如图5-40所示。

此外，光电板也被应用到其他景观设施中为设施的日常运行供能。如图5-41的智能座椅，它自身携带的太阳能光伏板及

图5-39　南京市和平河河长制主题公园光伏景观廊架

图5-40 扬中滨江湿地公园光伏构筑物
（来源：扬中市滨江公园借助"光伏+储能"成为江苏首个"零碳公园".中国江苏网.）

蓄电池保证了座椅自身用电需求，同时实现USB充电、无线充电、蓝牙音箱等功能。

（2）景观设施风能发电技术

风能发电的主要原理是利用风力带动风车叶片旋转，通过增速机将旋转的速度提升，促使发电机发电；从而将风的动能转化为机械能，再将机械能转化为电能。在风力资源丰富的地区，利用风能发电设备可以减少对化石燃料的依赖。风力发电设施在景观工程中一般以风扇、墙体形式为主，其作用主要是集中风源，推动内置风扇发电。

图5-41 智能座椅
（来源：江苏省首个零碳公园！"光伏+储能"让零碳城市不再遥远.手机搜狐网.）

需要注意的是，在风能发电与景观的融合过程中，要充分考虑当地的环境和资源条件，选择适合的风力发电机类型和布局方式；其次要确保风力发电设施的安全性和可靠性，避免对环境和人类造成负面影响。

风光互补太阳能路灯是一种结合了风能和太阳能的绿色环保路灯，改变了传统的路灯需要依赖市电的模式，如图5-42所示。主要由灯杆、太阳能光伏模块、风力涡轮机、LED光源、电池、街道智能控制系统等组成。其中，太阳能光伏模块和风力涡轮机负责将风能和太阳能转化为电能，电池负责储存电能，街道智能控制系统负责控制路灯的开关和亮度。

（3）人体动能发电技术

人体动能发电技术是通过特定的设备设施，将人体在行走、运动等活动中产生的动能转化为电能。这种电能可以用于各种电力需求，如照明、电子设备供电等，从而减少了对传统电力，尤其是那些依赖于化石燃料的电力的需求。这种技术不仅具有创新性和环保性，还为景观的能源供应提供了一种

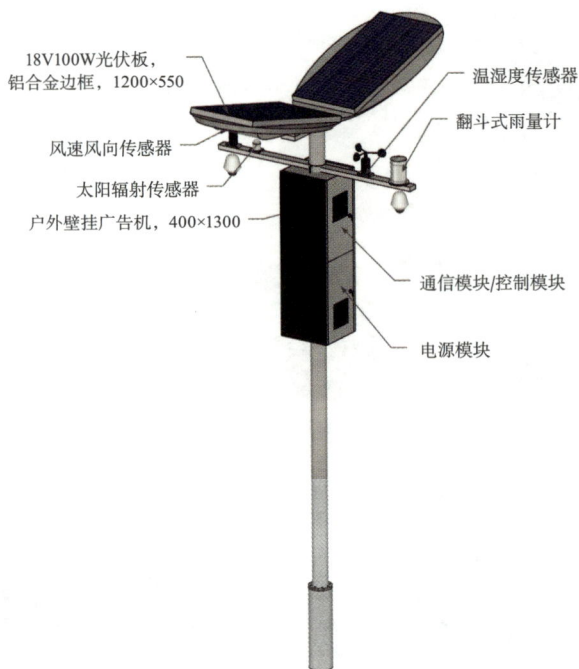

图5-42　风光互补太阳能路灯兼传感器监测系统

新颖的解决方案。

　　人体动能发电技术可用于多种场景，与景观设计相结合，创造出独特的互动装置或景观小品。例如，北京海淀光合公园采用一种新型的集电地板作为园路铺装，人踩踏在地板上时挤压发电，储存起来的电能应用于全园各项设施的运行。如图5-43所示，当人们在集电板上踩踏跳跃时，多层次的面板模块捕获动力并将其转换为电力，存储在中央集线器中，之后转移到喷水

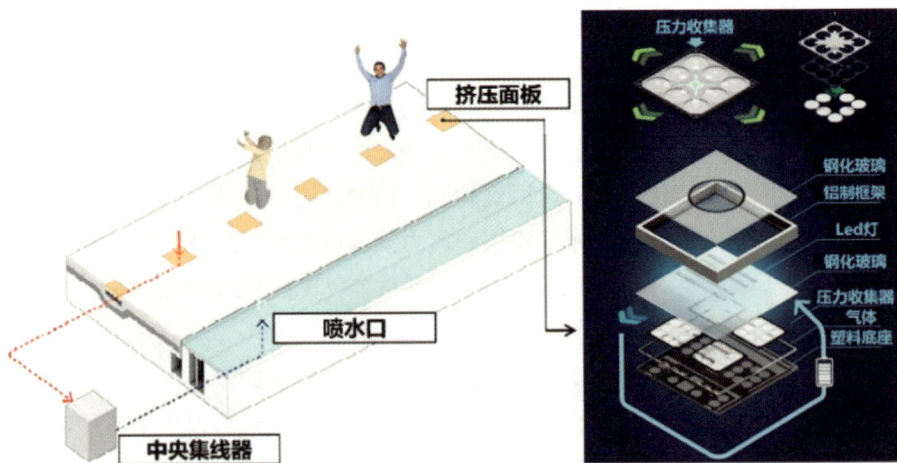

图5-43　人体动能集电地板结构图
（来源：Haidian Photosynthesis Park by Instinct Fabrication.mooool.）

口，从而引发水景观的喷射。运动健身器材也可以被设计为人体动能的集能装置，如图5-44所示，公园中的互动骑行装置中配备发电机或其他电力转换设备，人体通过骑行来压缩弹簧或转动飞轮，产生动能，通过设备捕捉进而转换为电能。

图5-44　互动骑行装置
（来源：Haidian Photosynthesis Park by Instinct Fabrication.mooool.）

## 5.4.2　可再生资源的循环利用

### 1）景观绿地可再生资源的来源

景观绿地中产生的大量废弃有机、无机质均可以通过循环利用以实现资源的再生，从而提高资源的利用率以实现节能减排。景观绿地中可再生资源的主要来源是有机废弃物资源和水资源两类。其中可再生有机废弃物资源有：园林绿化废弃物，包括植物修剪衰老产生的枯枝落叶、草屑等；生活垃圾，包括食物残渣、废纸等；以及生物排泄物，如粪便等。景观环境中的可再生水资源主要来源于自然降水和生活废水两类。

通过合理利用和管理这些可再生资源，不仅可以降低景观绿地的运营成本，提高资源利用效率，还可以减少对环境的影响，实现节能减排的目标。因此，在景观绿地的规划和设计中，应积极践行可再生资源的利用和循环利用策略，推动绿色、可持续的景观建设。

### 2）可再生资源循环利用的减排作用

景观可再生资源的循环利用能够降低废弃物的处置压力，减少污染物排放。传统的废弃资源处理方式往往伴随大量的污染物排放，通过循环利用可再生资源，我们可以有效减少污染物的排放。

（1）能够显著减少资源的消耗和对新资源的需求。通过循环利用有机废弃物能源和水资源，我们可以降低对新的能源、材料、水资源的需求，减少不可再生资源的消耗。

（2）有助于促进碳循环与生态系统的稳定平衡。有机废弃物资源的生产和转化过程中，碳元素在生物体内循环流动，实现了碳的固定和转化。循环利用有机废弃物资源，可以加速碳循环过程，通过合理利用和管理景观环境中的可再生资源，有助于维持生态系统的完整性和稳定性，增强生态系统的服务功能。

### 3）可再生资源的循环利用技术

有机废弃物资源的循环利用是景观生态可持续发展重要一环，它涵盖了园林绿化废弃物、排泄物等的回收与再利用。同时，水资源的回收及循环利用也是可再生资源循环利用的关键技术之一，涉及水资源回收技术、水循环技术、水势能回收技术等。这些技术的综合应用，不仅提升了景观的生态价值，也为构建绿色、低碳、循环的生态环境提供了有力支撑。

（1）有机废弃物资源的循环利用

①回收再加工

首先，对于园林绿化废弃物以及生活垃圾等资源可以进行集中回收，通过破碎、清理、加工等形式制作成景观设施，如棕皮、透水铺装、景观小品等，用于功能性设施或是景观美化。例如，利用园林废弃物树皮、棕皮等铺设树木种植池，也可以达到较为美观且环保的景观效果。

②回收转化为有机物

部分生活垃圾、园林绿化废弃物可以通过资源化利用技术，如堆肥、制作生物炭等，转化为有机肥料、土壤改良剂等，降低对化学肥和调理剂的依赖，从而减少其所产生的环境污染。

2009年，香山公园建立了北京第一家公园内的堆肥场。公园利用生物处理将园林废弃物转化成为有机肥料，减少填埋和焚烧垃圾产生的碳排放。利用自然界广泛存在的微生物进行发酵处理，有控制地促进固体废物中可降解有机物转化为稳定的腐殖质，所得肥料含营养物质比较丰富，且肥效长而稳定，如图5-45所示。

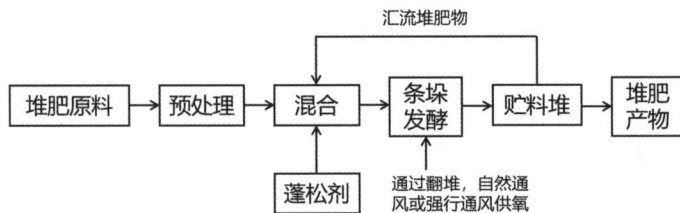

图5-45　垃圾堆肥流程图

在公园边建立废弃物资源化利用中心具有实现废弃物就近处理的功能，有着提升公园环保形象和吸引力、推动循环经济发展以及减少环境污染等多重优势。

如广州越秀公园碳中和主题园建立的园林废弃物资源化利用展示中心，该中心实施"园林废弃物不出园、源头处置、数字化、可溯源的资源化利用"的新模式，如图5-46所示。首先，通过源头收集分类，准确计量，把园林废弃物分类。其中，草屑、树叶、茎秆、花卉在粉碎后利用集成式生物好氧发酵处理技术转化为土壤改良剂，回归田地实现有机基质的再次利用；粗壮的丫枝粉碎后用来做菌包、RDF燃料棒板材原料、有机覆盖物等，最终实现园林废弃物不出园，减少了废弃物运输、处理的碳排放。

图5-46 广州越秀公园废弃物资源化利用中心
（来源：园林废弃物不出园+资源化利用，广州越秀公园探索减碳新模式. 搜狐网.）

此外，在垃圾资源化利用方面，草木灰也是一种具有潜力的材料。草木灰是植物（草本和木本植物）燃烧后的残余物，含有丰富的矿物质和微量元素。通过将有机废弃物与草木灰混合，经过高温燃烧处理，可以将有机废弃物转化为草木灰和热量。这种处理方式可以将有机废弃物中的有害物质进行有效分解，同时利用草木灰的肥料作用，提高土壤肥力和植物的生长效果。

但需要注意的是，草木灰在垃圾资源化利用方面的应用需要根据具体情况进行评估和选择，遵循科学合理的原则。在某些情况下，过度使用或不当使用草木灰可能会对植物生长和土壤环境造成负面影响。

③排泄物的资源化利用

对于生物排泄物这类有机废弃物垃圾，如畜禽的排泄物和人类的排泄物，经过适当的处理后，可以转化为有机肥料。排泄物的景观资源化利用还可以与景观设计相结合，例如生态厕所、生态科普展示等，为景观设施增添趣味性和教育性。需要注意的是，排泄物的景观资源化利用需要遵循严格的卫生和安全标准。处理过程中要确保无害化处理，避免对环境和人体造成危害。同时，还需要考虑排泄物的来源、处理量、处理方式等因素，确保资源化利用的可行性和经济性。

荷兰阿姆斯特丹"洁舟"浮动社区（Schoonschip）通过堆肥厕所与废水及有机废物处理系统（Wastewater and Organic Waste Utilization System）的应用，可将社区的生活污水与代谢废物转化为可被社区重新利用的清洁水、沼气、液体肥料与化肥等资源。"堆肥厕所"又被称为"干式厕所"，其使用过程中无需用水冲洗，通过将粪便与尿液单独收集后输送至废物处理系统从而降低资源消耗提高养分回收效率，同时也实现了水资源的节约，如图5-47所示。

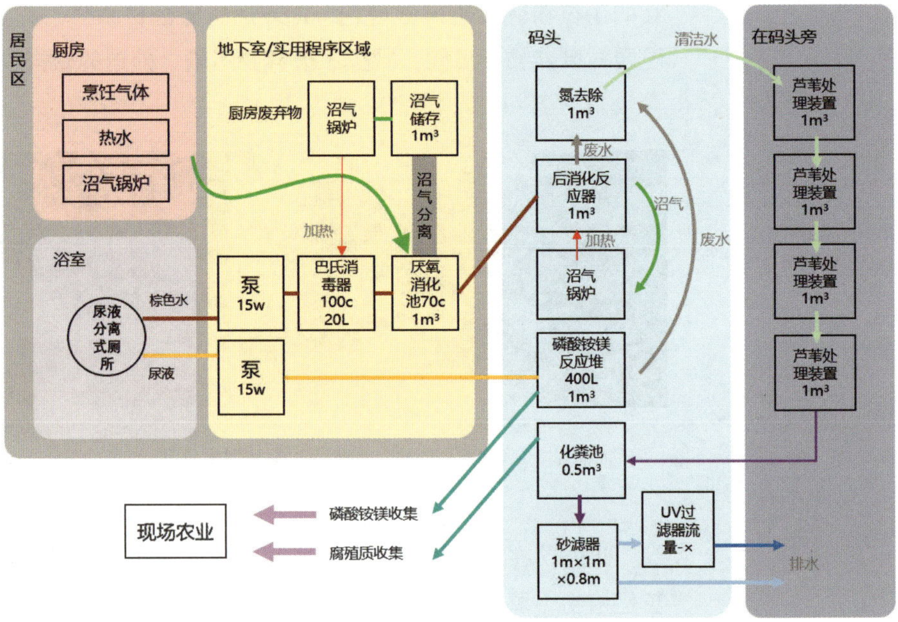

图5-47　废水和有机废物处理系统
（来源：阎如云. 基于有机废弃物微循环的城市住区设计策略研究[D]. 济南：山东建筑大学，2020. ）

（2）水资源的回收及循环利用

在景观环境中，水资源发挥着多重不可或缺的作用。在当今日益严峻的环境和资源挑战面前，水资源的回收及循环利用显得尤为重要。这一领域不仅涉及技术层面的创新，更是对可持续发展理念的深入实践。通过景观环境水资源回收利用技术，我们能够将雨水、废水等回收并经过水质修复处理，再次转化为可用的水资源，用于景观灌溉、冲厕等用途，极大地减少了水资源的浪费，同时也降低了对环境的压力。

水循环技术的应用，能够促进景观水体的循环流动，有效防止水体静止造成的水质恶化。这不仅为景观环境带来了活力，也为城市居民提供了更为健康、舒适的休闲空间。

此外，能量回收和能量守恒的概念在景观水环境中也得到了充分体现。

通过水势能回收技术，如水力发电装置，我们能够将水流中的能量转化为电能，实现能源的再生利用。这一过程中，不仅减少了能源消耗，也降低了绿地日常使用维护的碳排放。

①水资源回收技术

景观环境中水资源回收利用的路径主要为"水资源回收——水质修复——再利用"，形成完整闭环。

水资源回收过程主要涉及雨水、污水、废水等水资源的回收。通过灰色基础设施或蓝绿基础设施，可以有效地收集并利用景观环境中的水资源。

水质修复是确保回收的水资源能够安全再利用的关键步骤。可以通过工程措施和生态措施来实现。工程措施通常包括物理处理、化学处理等技术手段，旨在高效去除水中的杂质、悬浮物、重金属等有害物质，提升水质增加含氧量等。而生态措施则借助水生植物、微生物等自然净化力量，通过生态过滤、生物降解等方式改善水质。这些措施的综合运用，可以显著提升回收水资源的质量，使其满足再利用的要求。

再利用是水资源循环的终点。经过回收和水质修复后的水资源可以广泛应用于景观灌溉、水体补充、清洁等非饮用水领域。通过合理的规划和设计，这些再生水资源可以在景观环境中得到充分利用，降低了水资源的消耗和浪费，有效地实现了减排。

A. 雨水回收利用技术

a. 灰色基础设施对于雨水资源的回收

灰色基础设施，即传统意义上的市政基础设施，包括道路、管道等公共设施，其在水资源回收中发挥着重要作用。具体来说，灰色基础设施通过构建排水系统、水处理设施等，为雨水、废水的收集、处理和回用提供了物质基础。灰色基础设施还可以与其他水资源回收技术相结合，形成综合的水资源回收体系。

首尔清溪川修复工程中，为解决日常及暴雨时周边市政污水排入河道，采取了多项截污清淤工程技术。通过铺设截污管道，从源头减少污染物的直接排放；清淤疏浚，减少底部污染物向水体释放。排水设计采用截流式合流制，晴天时，管道收集和输送污水至污水处理厂，经处理后排放；降雨时，污水和雨水合流，当雨水流量增加到设计流量时，经溢流井排出至清溪川，其余部分输送至污水处理厂，如图5-48所示。

海淀光合公园设计了可持续水系统设施，公园的蓄水模块将公园表面的雨水收集到地下蓄水装置，回收水进一步用于公园灌溉和其他用水，如图5-49所示。

b. 蓝绿基础设施对于雨水资源的回收

蓝绿基础设施，包括湿地、湖泊、河流等自然水体以及绿色植被覆盖的

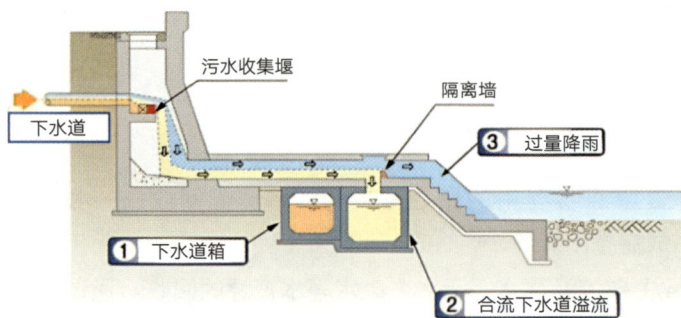

图5-48 截流式合流制排水

（来源：他山之石丨美丽河湖经典案例：韩国清溪川修复项目. 众智澄城.）

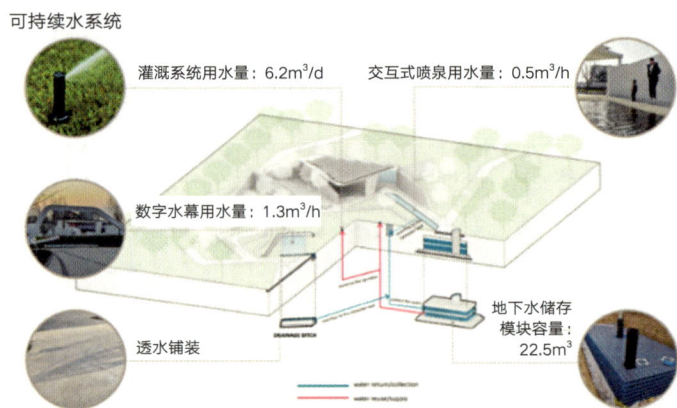

图5-49 水可持续系统分析图

（来源：生长中的海淀光合公园/本色营造. mooool.）

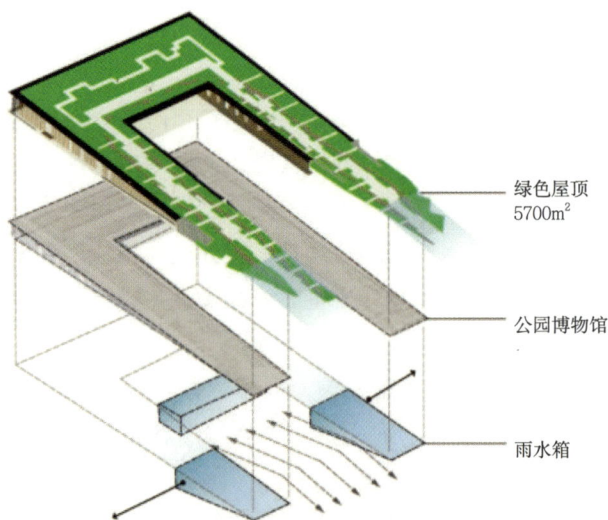

图5-50 朱拉隆功百年纪念公园弹性屋顶

（来源：朱拉隆功大学百年纪念公园. hhlloo.）

区域，是景观设计中实现水资源回收和可持续利用的关键组成部分。湿地、湖泊等自然水体能够自然渗透、储存和净化雨水，减少径流和洪涝风险。同时，植被覆盖的区域通过根系吸收和蒸腾作用，能够调节水循环，促进水分再利用。

朱拉隆功百年纪念公园弹性屋顶项目位于曼谷商业中心，面临严峻的防洪问题。设计者首先将屋顶平面整体朝一侧倾斜了3°，这不仅可以提供良好的竖向空间，还可以快速聚集雨水，缓解城市洪涝。屋顶内部被分为了三层结构，上层无缝衔接公园的步行观景空间，为游人提供曼谷优美的天际线视野，中层为公园博物馆，下层是雨水箱，三个位于地下的蓄水箱用于储存从屋顶吸收的雨水，在旱季时能够为公园提供一个月的灌溉量，如图5-50所示。

公园最低处的蓄水池在洪水期间面积几乎可以扩大一倍，一直延伸到公园倾斜的草坪上。池塘边设有水上自行车，游客们可以在玩乐的同时为水注入氧气，帮助完成水的清洁，从而成为公园水处理系统中的积极一环，如图5-51所示。

c. 污水回收利用技术

对于生活污水、城市污水，需要采用多种专业技术组合的方法进行深度处理，以达到再生水标准，并回用于景观环境。在实际应用中需要根据具体情况选择合适的处理技术和工艺组合，并加强系统的设计和运行管理。同时建立水质监测

图5-51 朱拉隆功百年纪念公园蓄水池
（来源：朱拉隆功大学百年纪念公园. hhlloo. ）

系统，定期对景观水体的水质进行监测和评估，确保水质符合标准。

中国义乌市义亭污水处理厂尾水深度处理复合生态湿地是再生污水景观利用的典范，湿地面积12万m²，可综合日处理污水35 000t。尾水湿地能削减污水处理厂尾水中污染物含量，改善尾水水质，提升尾水排放的质量和标准，经过净化的水质外排水主要污染物指标达到地表水三类水质标准，进而改善下游水体的生态环境。

B. 水质修复技术

a. 物理工程技术

在景观设计中，水质修复技术的工程措施与生态措施相互融合，共同致力于水体的净化和生态平衡的恢复。物理工程措施技术如沉淀过滤和曝气增氧等，通过物理和化学手段迅速去除水体中的污染物，提高水质透明度。

首尔清溪川工程中为提高水中的含氧量，提高水质，利用水流高差、自然石材产生自然曝气，同时结合电动曝气（喷泉瀑布），搭建功能性与景观性于一体的完整生态系统，如图5-52所示。

b. 生态技术

生态措施强调利用土壤、微生物和植物等自然元素，通过土壤下渗、微生物降解和植物吸收等过程，实现水体的自然净化和生态恢复。工程措施、生态措施两种措施相互补充，形成综合的水质修复系统。

潍坊学院滨海校区水系规划设计项目选择耐盐碱的盐地植物，打造特色盐碱地植物景观并利用植物净化雨水的作用，如图5-53所示。

图5-52 首尔清溪川
（来源：他山之石｜美丽河湖经典案例：韩国清溪川修复项目. 众智澄城. ）

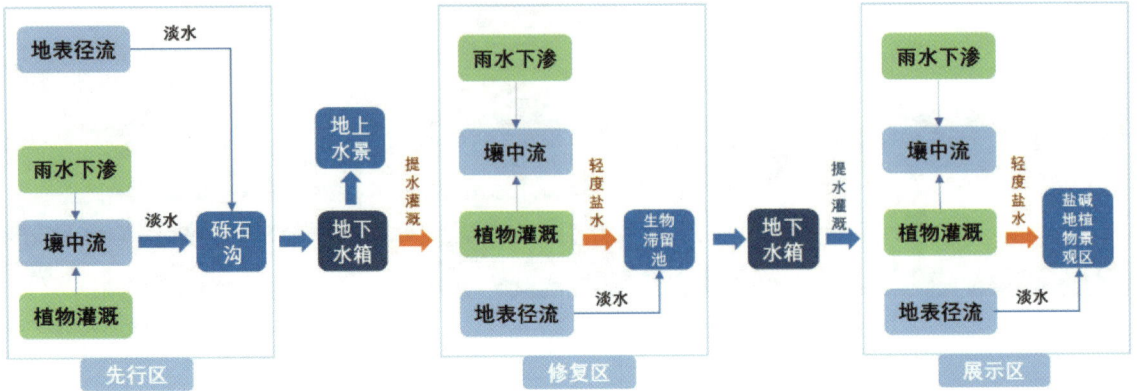

**图5-53 潍坊学院滨海校区水资源回收利用**
（来源：杨冬冬，冯战华，杨义，等. 结合雨洪管理的盐碱地水系景观设计方法——以潍坊学院滨海校区水系规划设计为例[J]. 景观设计，2023，（3）：4-7.）

通过砾石沟等景观设施，收集地表径流雨水、土壤下渗雨水，并进一步通过生物滞留池进行净化和再利用。砾石沟收集地表径流，实现快速排水。通过生物滞留池植物滞留、过滤、净化后，下渗或汇入中心水体，实现了雨水的净化。

哈尔滨文化中心由于有大面积的硬质广场，使得雨季时周边被污染的雨水大量排入松花江，同时周边新建的自来水厂每天也向河道排放废水，导致松花江的水质下降。设计师提出修复这片退化的湿地生境，改造为雨洪及自来水尾水的净化区，如图5-54所示。改造后的湿地系统能够降低排入雨水的泥沙含量、拦截营养物及重金属。湿地在雨季日均可处理2万$m^3$的水量。除此，附近自来水厂排放的1500$m^3$的尾水也将首先进入这片湿地进行净化，以免污染河道。

**图5-54 哈尔滨文化中心湿地修复前后**
（来源：哈尔滨文化中心湿地公园.）

②水循环技术

水循环技术通过设计合理的循环流动系统，使景观水体保持流动状态，防止水质变坏。这通常包括水泵、管道、过滤设备等组成的水循环系统。除了传统依赖电能的循环水泵外，还有一些新型的水循环装置，如光伏驱动水循环装置，利用太阳能作为动力源，驱动水泵进行水循环，既环保又节能这不仅降低运行成本，还可以减少对环境的负面影响。

例如基于光伏太阳能板的清洁能源景观水循环装置，设计主要包括以下结构，如图5-55所示：水景池；喷水主管、喷水支管和喷头；供水主管；集水槽；回水主管；第一、第二水泵；第一蓄电池；太阳能组件，包括太阳能板和第二蓄电池等。系统在白天通过太阳能板收集太阳能并转化为电能，存储在第二蓄电池中。当需要运行水景时，第二蓄电池通过电路向第一蓄电池供电，驱动水泵进行工作。供水主管从景观水源中取水，通过第一水泵将水送入喷水主管。喷头将水喷出形成水景，落下的水被集水槽收集。第二水泵从集水槽中抽水，通过回水主管将水重新送回喷水主管，实现水的循环利用。此发明相较于现有技术，有效保证循环水景的水质，无需因为清洁维护导致水景无法正常工作，并且节能环保。

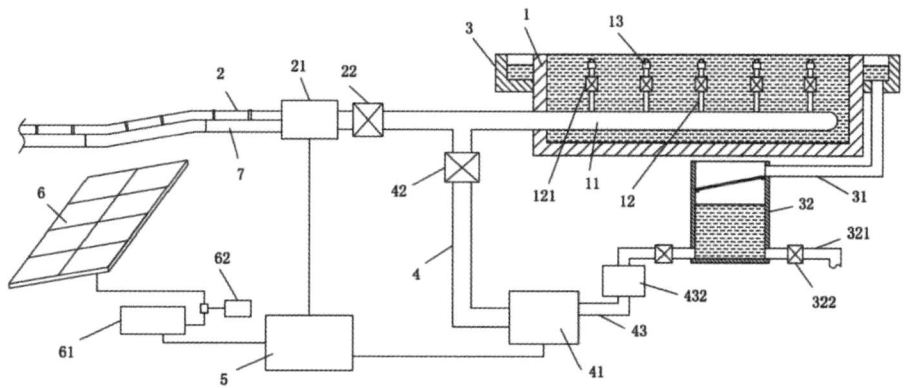

1—水景池；11—喷水主管；12—喷水支管；121—第一增压部件；13—喷头；2—供水主管；21—第一水泵；
22—第一电磁阀；3—集水槽；31—第一回水管；32—集水井；321—排水管路；322—第一回水控制阀；
4—回水主管；41—第二水泵；42—第二电磁阀；43—第二回水管；432—过滤装置；5—第一蓄电池；
6—太阳能板；61—第二蓄电池；62—控制器；7—漏水收集器

**图5-55 光伏太阳能板水循环装置**
（来源：方加新，崔文昊，刘琦，等. 一种基于光伏太阳能板的绿色循环水景设计结构：
CN202410073620.1[P]. 2024-04-05.）

③水势能回收技术

在景观环境中，可以利用水的势能进行能量回收。例如，水轮机、水轮发电机等设备，利用水流驱动水轮机转动，进而带动发电机发电。这样既可以回收水的势能，又可以产生电能供景观环境使用。

例如，可应用于建筑顶端的智慧城市景观用水力发电装置，通过建筑高差及跌水产生水势能并将其转化为电能，如图5-56所示。装置包括雨水收集过滤系统，能量供应系统和循环系统。在景观瀑布最底端设置水力涡轮，使得高势能的水体在最底端将高动能瞬间转化为水力涡轮转动的动能并进一步

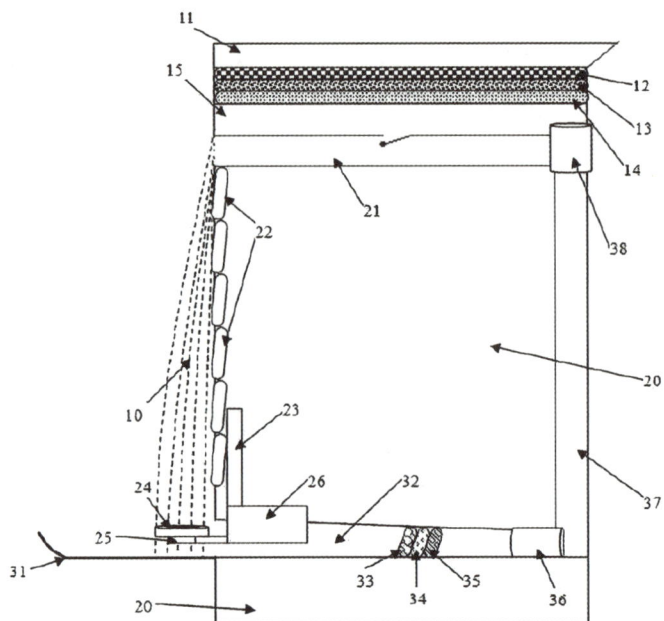

10—景观瀑布；11—集雨槽；12—第一过滤层；13—第二过滤层；
14—第三过滤层；15—储水箱；20—景观楼宇建筑；21—放水通道；
22—太阳能板；23—蓄电部件；24—水力涡轮；25—传动部件；26—发电机组；
31—外部挡板；32—回水槽；33—回水第一过滤板；34—回水第二过滤板；
35—回水第三过滤板；36—第一水泵；37—回水管道；38—第二水泵

**图5-56  智慧城市景观用水力发电装置**
（来源：张有明. 一种智慧城市景观用水力发电装置：
CN201810861119.6[P]. 2018-11-30.）

转化为电能。整个装置利用水力发电和太阳能发电装置，运行无需外部能源
供给，并且景观所用水体采用雨水供应，也基本无需外部水体供给，真正的
实现了能源和资源的循环利用。

义乌市义亭污水处理厂尾水深度处理复合生态湿地，有效地利用处理尾
水发电，目前每天能发80～100度电，全年产能达3万多度，既能发挥生态效
益又能产生经济效益，如图5-57所示。

**图5-57  利用湿地高差的水电发电设备**
（来源：哈尔滨文化中心湿地公园. 土人设计.）

202

### 5.4.3 可再生建材的回收利用

#### 1）景观建材生产与制作的碳排放来源

景观材料生产与制作的碳排放过程包括以下四个方面内容（依据《建筑碳排放计算标准》GB/T 51366—2019）：

（1）原材料开采、生产过程的碳排放。在开采和生产景观材料的原材料过程中会产生大量碳排放。例如，开采石头、沙子等原材料时，需要使用机械和能源而产生碳排放。此外，一些原材料的生产过程中，如水泥的生产，也会产生大量的碳排放。

（2）生产涉及的能源开采、生产过程的碳排放。景观材料在生产过程中需要使用各种能源。这些能源的开采和生产过程中也会产生大量的碳排放。例如，煤电、燃气等能源的生产。

（3）原材料、能源运输过程的碳排放。将原材料和能源从产地运输到生产地的过程中，会产生碳排放。此外，在景观材料的生产过程中，还可能需要将半成品运输到生产车间，这些过程也会产生碳排放。

（4）材料生产过程的直接碳排放。在景观材料生产过程中，直接产生的碳排放主要来自燃烧过程和化学反应。例如，钢筋、混凝土等材料的生产过程中燃烧过程会释放地大量碳排放。一些化学反应过程中也会产生碳排放，如一些塑料制品的生产过程。

以景观建筑中常用的混凝土结构为例，正在运行中的混凝土结构的总碳排放量主要来自材料生产与制备过程（75%～85%）、运输过程（10%～18%）和施工过程（5%～10%）。目前，全球有约68%的水泥与23%的钢材被用于混凝土结构的建造中，产生了较大的碳排放。

#### 2）可再生建材回收利用的减排原理

对于可再生景观材料的回收利用能够有效减少传统材料生产加工以及使用维护阶段的碳排放。包括对资源、能源消耗的减少，产生污染物的减少。

（1）材料回收阶段对于资源消耗以及环境污染的减少。

资源消耗减少：通过回收利用废弃的可再生材料，可以避免从自然界中开采新的资源，从而显著减少资源消耗。例如，回收1t废钢铁可以节省约1.6t铁矿石的开采，这直接减少了采矿过程中的能源消耗和碳排放。

环境污染减少：对废弃物进行回收利用而不是进行焚烧处理或将其丢弃到自然环境中，能够减少对土壤、水和空气的污染。

（2）再加工阶段对于能源消耗的减少。与从原材料开始生产新产品相比，对回收的材料进行再加工所需的能源要少得多。回收材料已经过了初步的加工和处理，不需要再进行高强度的加工。

例如，再生铝的生产仅需5%的能源消耗，相比之下，从铝土矿中提炼原生铝需要95%的能源。另以再生混凝土为例，通过工业固体废弃物（如高炉矿渣）替代部分水泥以及精细化利用，不仅能够提升混凝土的施工性能、强度和耐久性，同时显著降低碳排放。相关统计结果也显示，用粉煤灰替代25%水泥可减少9.8%的碳排放；用矿粉替代70%的普通硅酸盐水泥，可以最大限度地减少47.5%的碳排放。

（3）使用维护阶段材料使用寿命的增长以及污染物产生的减少。

材料使用寿命增长：通过对可再生材料的回收利用、再加工延长材料的使用寿命。可以减少频繁更换和废弃带来的环境压力。例如，以回收利用的木纤维进行再加工生成的塑木复合材料，提高了木材的机械性能以及耐候性，延长了材料的使用寿命。

使用维护阶段产生污染物减少：可再生材料在生产和使用过程中产生的污染物通常较少。例如，某些生物基塑料在生产过程中产生的碳排放较少，同时在使用后可以更容易地降解。

现阶段，我国整体上节能减排工作取得了一定的成效，总能源消耗水平呈现下降趋势。但目前我国对建筑废料的回收利用尚处于起步阶段，相较于其他国家与地区再生循环利用率较低，见表5-11。

不同国家和地区建筑废料回收利用现状对比表　　　表5-11

| 国家（地区） | 韩国 | 日本 | 德国 | 荷兰 | 丹麦 | 美国 | 新加坡 | 英国 | 中国香港 | 中国台湾 | 中国大陆 |
|---|---|---|---|---|---|---|---|---|---|---|---|
| 回收率（%） | 97 | 95 | 95 | 90 | 90 | 75 | 70 | / | 80 | 50 | 5 |
| 高级利用率（%） | 83.4 | 65 | / | 70 | / | / | 63 | 48 | / | / | / |

（来源：段海燕. 我国矿产资源循环利用研究[D]. 吉林：吉林大学，2009.）

### 3）可再生建材的选择与分类

对于可再生景观材料的回收利用能够有效减少传统材料生产加工以及使用维护阶段的碳排放。包括资源、能源消耗以及污染物产生的减少。

（1）可再生建材的选择

①选择阶段

在设计施工阶段尽可能选择低碳、可再生材料，减少对于资源环境的破坏以及提高废弃物的再利用率。再利用阶段选择可再生的废弃材料进行回收利用，并尽可能通过再加工等手段保证其与普通材料具有相当的基本功能性质。

②选择原则

材料的来源：选择可回收利用、可降解的可再生材料。可再生材料是指制造过程中的剩余材料，或者从报废物中发现的具有回收价值的物品、材料，并且是可以循环利用的无害材料。景观中的可回收建筑材料主要类型有混凝土、金属、木材、砖石、塑料等。

材料的性能和质量：可再生材料应该具有与非可再生材料相当或更好的性能和质量。

材料的生命周期减碳效益：包括其生产、使用和处理过程是否低碳，与普通材料相比能否实现减碳效益。以及可再生材料的生产和使用过程应该具有可持续性，不会对环境造成负面影响。

材料的价格和成本：可回收材料的回收价格和成本通常应当低于传统材料。

（2）可再生建材的分类

可再生景观建筑材料的主要类型有混凝土、金属、砖石、木材、高分子材料、工业废物等，表5-12。基于各类材料的性质和生产工艺，其再生利用的潜力和方法均有所不同。

常见可再生景观建筑材料表                    表5-12

| 名称 | 景观常见可再生材料种类 | 材料特性 |
|---|---|---|
| 混凝土材料 | 混凝土 | 强度高、耐久性强、防火 |
| | 再生混凝土 | |
| 金属材料 | 铸铁 | 耐候性、耐久性、易加工性、易维护性，部分具有较好的承载能力和稳定性，合金材料还具有防腐性 |
| | 钢材 | |
| | 铜 | |
| | 铝 | |
| | 合金 | |
| 砖石材料 | 天然石材（花岗石、大理石等） | 耐久性、耐候性、耐腐蚀，有一定承载力 |
| | 砖（标准砖、透水砖等） | |
| | 瓦（黏土瓦、水泥彩瓦等） | |
| 玻璃材料 | 钢化玻璃 | 透光性、耐候性，钢化玻璃具有一定机械性能 |
| | 夹胶玻璃 | |
| | 镀膜玻璃 | |
| | 中空玻璃 | |
| | 玻璃砖 | |
| 竹木材料 | 木材 | 良好的热性能、机械弹性、易加工性 |
| | 竹材 | |
| | 复合材料（塑木等） | |

| 名称 | 景观常见可再生材料种类 | 材料特性 |
|---|---|---|
| 高分子材料 | 聚乙烯（PE） | 轻质高强、化学性能稳定、自洁性好、易加工、易施工 |
| | 聚碳酸酯（PC） | |
| | 聚氯乙烯（PVC） | |
| | ETFE薄膜 | |
| | 有机玻璃 | |
| | 橡胶（天然橡胶、人工橡胶） | |
| 工业废物 | 铁矿尾矿 | 工业废物可进行资源化利用转化为再生建材 |
| | 炉渣 | |
| | 煤矸石 | |
| | 粉煤灰 | |

①混凝土材料

混凝土，是由胶结材料（主要是水泥）、粗细骨料（又称集料）和水按照一定比例配合、拌合、浇捣制成的混合物，经一定时间、在一定条件下硬化形成的人造石材。再生混凝土，是将废弃的混凝土块经过破碎、清洗、分级后，按一定比例与级配混合，部分或全部代替砂石等天然集料，再加入水泥、水等配而成的新混凝土。

混凝土主要的材料优势有强度高、耐久性强、防火等。在风景园林中的用途主要有建造铺装及道路垫层、钢筋混凝土墙体、墙体基础垫层等，混凝土强度等级通常采用C25、C20、C15。

混凝土材料的生产工艺较为复杂，碳排放来源主要为原料制备、原料运输以及混合搅拌三个阶段，如图5-58所示。其中，原料制备过程为混凝土生产阶段碳排放的主要来源。混凝土主要原材料包括水泥、粉煤灰、高炉矿渣粉、砂、石和水。其中，水泥生产所产生的碳排放又占到了最大的比例。

建筑垃圾中的废弃混凝土含量巨大，框架结构建筑拆除产生的建筑垃圾

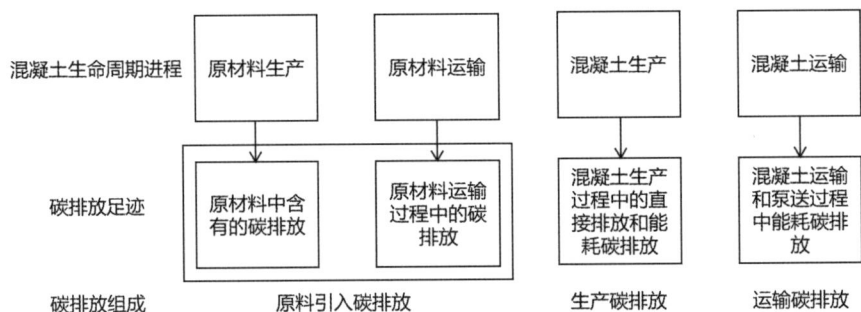

图5-58 混凝土材料生命周期进程及碳排放足迹

中，废弃混凝土占其质量比的15%~35%，全球每年产生的废弃混凝土总量约为$28 \times 10^8 m^3$。利用粉煤灰、高炉矿渣粉为水泥的替代掺料，能够有效减少碳排。在保证混凝土的各项性能的前提下，使用高炉矿渣粉作为替代掺料也能有效减少水泥用量，减少约15.2%的水泥碳排放占比。以C30混凝土为例，65%水泥+35%粉煤灰、75%水泥+25%高炉矿渣的再生混凝土碳排放因子均显著低于100%水泥的混凝土，见表5-13。

废弃混凝土块来源不同、强度不同、尺寸不同，通常废弃混凝土强度等级在C15以上，回收利用时首先要进行区分，因材利用。混凝土的再生利用途径主要有：

通过破碎处理制作再生骨料。通过对废弃混凝土碎块进行科学处理，再将其进行重新混合，从而制作出新型骨料，能够显著减少混凝土材料碳排放。再生骨料作为景观材料有很多优势，其具有更强的吸水性，空隙更大，压缩性能更好，但强度低于天然骨料，粘结力也比天然骨料小。因此再生骨料在实际应用过程中，只能应用在一些强度较低的混凝土制作当中，例如道路砖石、非承重建筑墙板等，不建议受力结构使用。假设混凝土中骨料均采用再生骨料，再生骨料的生产能耗约为天然骨料的50%，见表5-13。

混凝土材料碳排放因子对比表 表5-13

| 混凝土 | C30混凝土 | C30粉煤灰掺料 | C30高炉矿渣掺料 | C30再生骨料混凝土 |
| --- | --- | --- | --- | --- |
| 碳排放（因子） | $295 \pm 30 kgCO_2 e/m^3$ | $200 \pm 19 kgCO_2 e/m^3$ | $108 \pm 9 kgCO_2 e/m^3$ | $189 kgCO_2 e/m^3$ |

（来源：罗智星. 建筑生命周期二氧化碳排放计算方法与减排策略研究[D]. 西安：西安建筑科技大学，2016. 王载. 高层结构全生命周期碳排放评估及低碳设计方法研究[D]. 哈尔滨：哈尔滨工业大学，2021.）

通过回收处理作为非结构性材料。可再生混凝土在工程中作为主体结构混凝土实际应用有局限性，但对混凝土废料进行非结构用途回收利用也能在一定程度上节省原材料从而减少碳排，例如填筑堤岸、填充海绵结构、作为面层等。

②金属材料

景观中常用的金属材料包括铸铁、钢材、铜、铝、合金等，其中钢材的使用最为普遍。目前全世界金属材料的再利用率已经达到了90%~100%，铝的建材回收率达到80%，铜的建材回收率达到了90%，回收技术已经比较成熟。

金属材料具有耐候性、耐久性、易加工性、易维护性等优势。大部分金属材料耐候耐久性强，合金材料同时具有防腐性，管养过程也较易维护。部分金属材料具有较好的承载能力和稳定性，可以直接用于结构支持。

金属材料在工程建筑行业中作为结构材料，用量大，其中的生产阶段碳

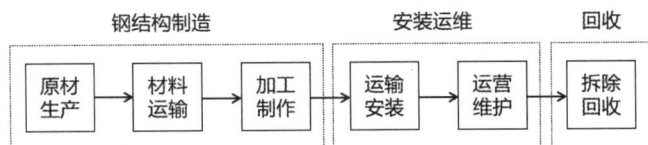

图5-59 钢结构全生命周期

排量最大。以钢材为例，主要包括开采、生产工艺、运输至深加工厂、深加工、防火涂料和防腐涂料产生的碳排，如图5-59所示。

金属材料的再生利用途径包括：

废弃金属重新熔炉冶炼。再熔炼后的钢材可以保持其原有的强度和耐久性，满足景观工程的需求，但加工过程的耗能仍然比较大。钢材生产根据使用的原材料可以划分为两种工艺流程：高炉氧气顶吹转炉（BF-BOF）和电弧炉炼钢（EAF）。电弧炉炼钢是废钢回收利用的主要工艺。电弧炉炼钢碳排显著低于高炉氧气顶吹转炉，见表5-14。利用废钢作原料直接投入炼钢炉进行冶炼，每1.1t废钢可再炼成1t钢。通过计算原生铝、再生铝、火法炼铜、再生铜的碳足迹因子，也可以发现再生回收的金属材料可以有效减少生产加工的碳排放，见表5-15。因此金属材料回收利用对于低碳建设过程十分必要。

钢（钢筋、钢材）回收再利用的减碳效益ESIM　　　　　　表5-14

| 钢 | $E_S$ | | $E_S^{IM}$ |
| --- | --- | --- | --- |
| | 高炉—氧气顶吹转炉 | 电弧炉炼钢 | |
| 钢筋 | 1.467 | 0.260 | −1.207 |
| 钢材 | 1.475 | 0.268 | −1.207 |

（来源：王载. 高层结构全生命周期碳排放评估及低碳设计方法研究[D]. 哈尔滨：哈尔滨工业大学，2021.）

金属材料原料生产与再生利用碳排对比表　　　　　　表5-15

| 金属 | 原材料炼钢 | 废钢回收熔炼 | 原生铝 | 再生铝 | 火法炼铜 | 再生铜 |
| --- | --- | --- | --- | --- | --- | --- |
| 碳排放 | 1.475 $kgCO_2e/kg$ | 0.260 $kgCO_2e/kg$ | 5.11 $kgCO_2e/kg$ | 1.41 $kgCO_2e/kg$ | 15.3 $kgCO_2e/kg$ | 3.4 $kgCO_2e/kg$ |

（来源：罗智星. 建筑生命周期二氧化碳排放计算方法与减排策略研究[D]. 西安：西安建筑科技大学，2016.
王载. 高层结构全生命周期碳排放评估及低碳设计方法研究[D]. 哈尔滨：哈尔滨工业大学，2021.）

直接打磨加工作为装饰性材料或低强度结构材料。一些金属复合材料，如钢筋混凝土结构中的钢筋，可以通过适当的处理方式进行再利用，制作钢筋石笼挡墙或堤岸。

③砖石材料

园林中应用的砖石材料类型有天然石材、砖、瓦等。砖石材料耐久、耐候性；耐腐蚀，使用中不需要过多的维护，有较长寿命。

砖石材料的原材料获取和生产过程是产生碳排的主要来源。尤其是天然石材，如大理石、花岗石等，在开采、加工和运输过程中需要消耗大量的能源。此外，砖材料的生产过程中需要使用大量的石灰石、石膏等原材料，这些原材料的加工和运输也耗能巨大。因此对砖石材料进行回收利用减少资源消耗十分有必要。

砖石材料的再利用途径有：

对废旧石材、砖瓦直接或进行打磨破碎修整后再利用。进行面层修饰或是直接作为墙体、道路的面层、基层材料使用。通过这种方式将废弃砖石直接在原场地利用。石材加工过程中产生的大量毛边和废料也可以作为园林材料回收利用。以山东莱州某石材加工厂为例，每年能够产生的石材毛边约为3万～3.5万㎡。目前这些石材废料大多数按照其尺寸大小被用于填海或者回填路基所用，如果回收利用作为园林铺装、面饰材料也有较好的景观效果，并且提高了石材开采加工过程的利用率。

通过破碎处理制作成再生骨料。将废弃砖瓦进行分拣后，用破碎机破碎作为骨料，可以制作成不同强度的再生骨料砖、砌块。

④玻璃材料

玻璃材料在景观中的应用主要为围护构件，类型包括钢化玻璃、夹胶玻璃、镀膜玻璃、中空玻璃、玻璃砖等。大部分玻璃材料具有透光性、耐候性等优良性状。钢化玻璃具有一定的机械性能，因此也能够作为承重构件使用。

玻璃生产过程产生的碳排放主要源于提供高温熔融环境时燃料的燃烧，这一过程产生的$CO_2$占整体的60%以上，其次是与碳酸盐原料分解有关的过程排放，占总排放量的20%左右。

对于玻璃制品的回收利用十分必要，每回收1t玻璃制品约节约700～800kg石英砂、100～200kg纯碱，此外也节约热能原料煤10t、电400°等。玻璃材料的回收来源广泛，城市固体废物中废玻璃的总量约占4%～8%，废弃玻璃约占玻璃生产总量的15%～25%，这部分废弃玻璃的产生较为集中，方便回收。

玻璃的再生利用途径包括：

重新熔炼制新的玻璃制品。将废弃的玻璃制品、玻璃板等材料进行高温熔化，重新制作成新的玻璃制品。

经过打磨破碎等加工工艺直接进行利用。例如加工成碎片颗粒应用于地面墙体铺装；或经过打磨破碎嵌入混凝土形成复合材料。

⑤竹木材料

竹木材料有良好的热性能、机械弹性、易加工性。从资源的再生性与环境保护的观点看，竹木材料具有可持续、可再生的特性。

植物材料在生长过程中都有固碳能力，原材料可以持续生产，因此提高木、竹材料的再利用率，也有利于减少对于植物资源的消耗。与其他材料相比，生产竹木类建材能耗少，不需要大量能源来提取加工。同时废弃物的最终处理不会造成环境污染。然而大部分天然木材使用寿命短，需要做好材料防腐，及时更换。

但是，木材料也有较难维护且寿命较短的缺陷。可以通过回收利用废旧木材制造，强度更高、耐用的新材料，如塑木，以减少对植物资源的消耗并且延长使用寿命，减少碳足迹。

⑥塑料等高分子材料

高分子材料可以分为天然高分子材料和合成高分子材料。常用园林高分子材料包括有机玻璃、PC板、ETFE薄膜；天然橡胶、人工橡胶等。大部分材料具有轻质高强、化学性能稳定、自洁性好、易加工、易施工的优良特性。

如图5-60所示，印度Udaan公园中的轮胎种植池，回收的轮胎被制成了花盆、秋千、游乐隧道和入口迷宫，体现了人工橡胶材质的耐腐蚀性。

图5-60　印度Udaan公园轮胎种植池
（来源：Udaan公园，印度/ Studio Saar. 谷德设计网.）

但是塑料等材料也存在热性能差、易老化的劣势，其生产过程中需要消耗大量的能源。根据联合国环境规划署（UNEP）的研究，全球仅14%的塑料在使用后被收集回收。我国每年塑料废弃量达到3000多万t，如果直接焚烧处理废弃塑料材料会产生大量$CO_2$和有毒气体，因此需要通过回收再利用来减少塑料材料的碳排放。

对废旧塑料的再利用途径主要为熔融回收，如图5-61所示，每回收利用1kg废塑料，相当于减少使用2～3kg原油，可减少固体废弃物填埋0.53kg，可使炼制乙烯时$CO_2$排放量减少50%，$SO_2$减少80%。通过熔融与其他材料相结合生成新型复合材料，如复合塑胶材料，又有较强的耐久性和透水性，应用于场地铺装等。

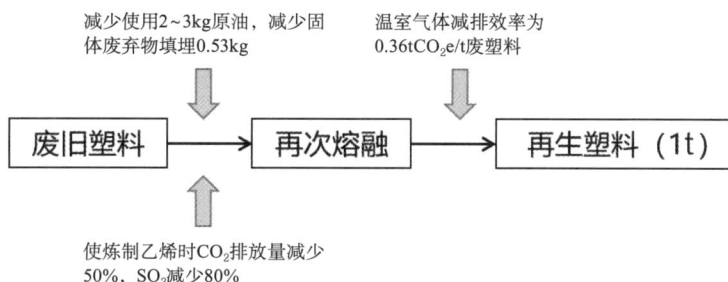

图5-61　废旧塑料回收利用的减排效率

（来源：戴铁军，潘永刚，张智愚，等. 再生资源回收利用与碳减排的定量分析研究[J]. 资源再生，2021，（3）：15-20.）

⑦工业废物

根据《中国环境统计年报2012》统计，全国一般工业固体废物产生量为32.9亿t，其中可回收利用的工业固体废物占比巨大。截至2022年，《中国生态环境统计年报2022》统计，全国一般工业固体废物产生量为41.1亿t，综合利用量为23.7亿t，处置量为8.9亿t，对于工业废弃物的回收利用率仍较低。

进行生态利用可以消解一部分工业废弃物，比如在粉煤灰的利用方面，但是生态利用的方式效果比较慢，化解废弃物的数量有限，而且需要对环境的承载力做出评估。对工业废物进行资源化利用则是一种更为可行的办法，在建筑和市政道路工程中，大量固体废物已经转化为了再生建材，并且能够适应工程建设中的要求，而对于工业固体废物进行资源化景观化利用是景观工程领域的重要举措。

可进行资源回收利用的工业废物类型有：

铁矿尾矿：是在选矿作业中分离出的矿脉石、矿砂等废物。铁矿尾矿中经常含有一些页岩成分，软质页岩可用来生产建筑工程中的陶粒和凝胶材料。

炉渣：高炉炉渣是铁矿石、焦炭和石灰石等熔化制造生铁过程中分离出生铁后的冷却炉渣。高炉炉渣冷却后可得到矿渣，其强度与天然石料相当，经破碎、磁选和剔分后可以作为混凝土的骨料或填充路基、地基的材料。高炉炉渣与粉煤灰、石灰等材料混合也可以用于制造免烧砖和砌块。

煤矸石：煤矸石是煤炭生产和加工过程中产生的固体废弃物，在采煤和洗煤过程中分离出的废渣。在建筑行业中，煤矸石已大量用于生产水泥。部分煤矸石还可以用于烧制空心砖等建材。

粉煤灰：粉煤灰是利用燃烧煤进行火力发电过程中产生的废弃物，产量极大。目前回收利用的粉煤灰主要用于水泥制作原料、混凝土细集料、沥青煤灰填充料等。

### 4）可再生建材的回收利用

（1）材料回收阶段

对于可再生建筑废弃材料进行勘查，其主要的回收来源有：城市建设用地废弃物、工业用地废弃物、生产生活废弃物。

①城市建设用地废弃物

随着城市的发展，许多城市建设因为拆迁、改造等原因产生大量废弃物。城市建设用地废弃物主要包括砖瓦、混凝土块、金属材料和钢筋结构材料等。通过对于现状及周围场地勘查，合理回收并设计利用，这些废弃物可以转化为新的景观材料和元素。

天津南翠屏公园利用原址建筑垃圾堆筑地形，如图5-62所示，其原址是建于1986年的垃圾填埋场。设计将大量的废弃石块、混凝土块、沙土等经过简单地处理后，摊平堆砌，构成了整个假山的骨架。之后在山体骨架之上设置了防渗、防沥液收集系统和沼气排放系统后，又在外层铺上了土工排水网、无纺土工布、耕土层。整个造山工程利用了500万 $m^3$ 的建筑垃圾。

在徐州市三环西路绿化海绵城市试点项目中，利用场地建筑废料填充海绵蓄水腔体。其结构包括透水层、防渗层、固体废弃建材以及透水管，如图5-63、图5-64所示。固体废弃建材填充于腔室内并形成海绵蓄水体。该雨水海绵体在满足海绵系

图5-62 天津南翠屏公园利用建筑垃圾堆筑地形
（来源：杨慧忠. 废弃材料在园林中的应用研究[D].
福州：福建农林大学，2010.）

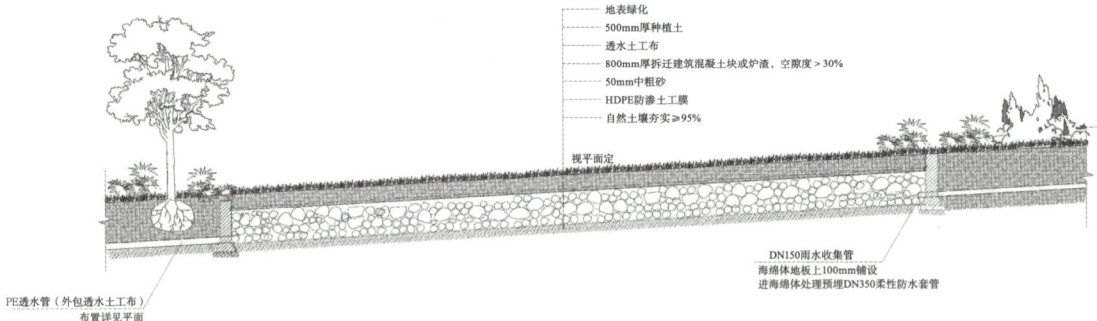

地表绿化
500mm厚种植土
透水土工布
800mm厚拆迁建筑混凝土块或炉渣，空隙度＞30%
50mm中粗砂
HDPE防渗土工膜
自然土壤夯实≥95%

视平面定

DN150雨水收集管
海绵体地板上100mm铺设
进海绵体处理预埋DN350柔性防水套管

PE透水管（外包透水土工布）
布置详见平面

图5-63 建筑废料填充海绵腔体构造图

原始地貌 - - - - - - - - - - - - - - - -▶ 雨水花园开挖 - - - - - - - - - - - - - - - -▶ 海绵腔体填充 - - - - - - - - - - - - - - - -▶

季节性雨水花园蓄水实景　　　　　　　季节性雨水花园蓄水实景　　　　　　　季节性雨水花园透水路面

图5-64　徐州市三环西路绿化海绵城市试点项目

统基本功能的前提下实现了建筑废料的循环再利用，解决了建筑废料处理及功能化利用问题，实现了对城市绿地的无动力自流灌溉。

烟台市夹河生态郊野公园在施工时对于周边棚户区拆迁的方钢进行了回收利用。施工前，施工方无意中发现了周边棚户区中的这些方钢，方钢的尺寸与设计要求的规格非常接近。由于夹河生态郊野公园中的方钢用量较小，导致了价格偏高，运输过程中也无法拼车，导致运费的升高。因此回收旧方钢降低了工程的造价，增加了施工方的利润。回收的方钢会有一些锈蚀的现象出现，因此使用前施工方进行了除锈打磨工作，并将方钢涂上了防锈漆。

②工业用地废弃物

工业用地废弃物包括废弃的建筑、工业设施以及废弃的生产材料。可回收废弃建筑、设施材料包括金属构件、木材、塑料等。废弃的生产材料例如炉渣、尾矿等工业生产废弃物。

图5-65　杜伊斯堡北部风景园
（来源：北杜伊斯堡风景公园，
德国/Latz + Partner. 谷德设计网.）

杜伊斯堡北部风景园用高炉炉渣作为林荫广场和很多园路的软质铺装，将工厂内的高炉炉渣就地消解，如图5-65所示。利用高炉炉渣作为园路和场地的面层，透水透气的同时也会让野草蔓延到铺装中，借助自然的力量完成生态修复。在降低造价的同时保证了场地的生态性。

迁安市五里山佛教文化主题公园中，将高炉炉渣用于瓦片立砌铺装中。公园中设计了大量的小青瓦立砌的做法，施工过程中，为了使青瓦彼此间不松动，需要进行灌水沉砂。由于迁安市是能源型城市，有很

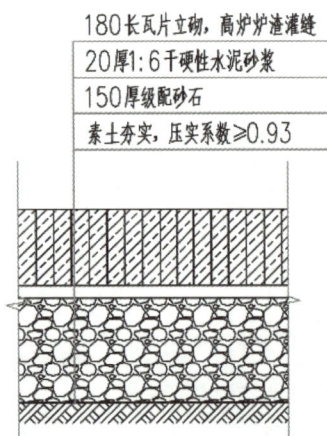

180长瓦片立砌，高炉炉渣灌缝
20厚1:6干硬性水泥砂浆
150厚级配砂石
素土夯实，压实系数≥0.93

图5-66　高炉炉渣用于瓦片立砌

图5-67　辰山植物园虎皮石墙
（来源：初夏的辰山植物园．美篇.）

多钢铁冶炼企业，产生了大量的高炉炉渣，设计者将砂替换成粒径小于1mm的高炉炉渣，利用其疏松的质地和透水透气的特性，这样既能保证瓦片彼此契合稳固，又能使铺装整体透水，如图5-66所示。

辰山植物园回收利用铁矿尾矿制造挡土墙。铁矿尾矿通常为灰黑色的自然石，由于含铁量较高，经常出现偏黄色、棕色的石材，三种颜色经过挑选可以用来建造黑（灰）、黄、红（棕）相间的毛石墙，也就是民间传统建造工艺中的虎皮石墙，如图5-67所示。

（2）材料再加工阶段

主要包括直接回收、物理改性、化学改性三类再加工方法。尽可能选择能源消耗低、废弃物产生少、回收率高的再加工方法，减少加工耗能。

①直接回收利用

直接回收指通过清洗、分离和破碎等工序后进行利用。由于材料已经经过了清洗、分离和破碎等处理，可以直接使用，避免了重新加工和制造的过程，从而降低了成本。直接回收利用还可以保留材料的原始特征，如颜色、纹理等。一些景观材料，如砖、石等，具有特殊的肌理和质感，这些特点在直接回收利用的过程中得以保留，可以为景观设计提供特色风貌。

混凝土材料

混凝土材料的直接利用主要通过破碎、打磨，破碎后的混凝土可以用于填筑堤岸、充当道路和建筑物的基础垫层、面层，土地平整等。

如美国宾夕法尼亚州费城都市供应商海军总部庭院改造项目，将场地中拆除下来的混凝土经过破碎、打磨进行再利用，形成了独特的表面，如图5-68所示。

金属材料

金属材料的直接回收利用将废弃金属制品进行拆解和分离，从而进行结构功能上或是景观营造上的利用。

上海钢雕公园原为上海市铁合金厂，废弃后被改造成一处城市公园，公园建设中应用了很多场地中遗留的废弃金属，如图5-69所示。工厂中废弃的钢筋被焊接成石笼，场地破碎后存留的混凝土块被填充在钢筋笼中，形成别样的景观。

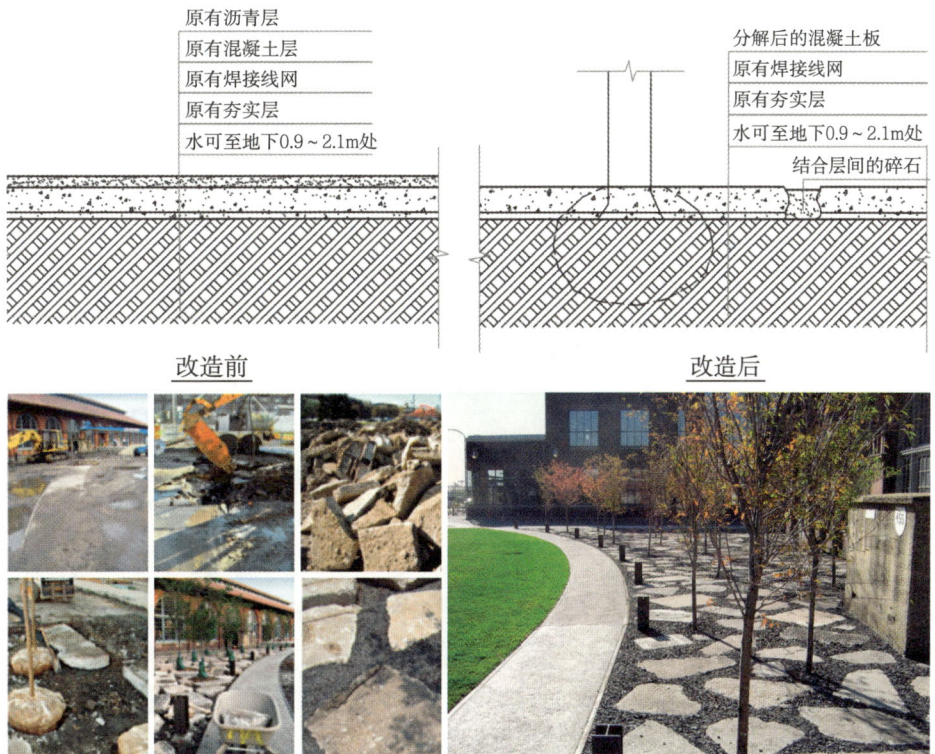

原有沥青层
原有混凝土层
原有焊接线网
原有夯实层
水可至地下0.9~2.1m处

分解后的混凝土板
原有焊接线网
原有夯实层
水可至地下0.9~2.1m处
结合层间的碎石

改造前　　　　　　　　　　　　　改造后

图5-68　海军总部庭院
（来源：LIAT M, Alexander Robinson. Living Systems [M]. Berlin: Birkhauser Architecture, 2007: 115）

图5-69　上海钢雕公园钢筋石笼
（来源：浅谈如何再利用建筑垃圾造景. 风景园林网.）

砖石材料

砖石材料的直接利用主要通过打磨、切割等方法，用作墙体道路的结构、面层铺设。废弃砖瓦在应用于园路、场地铺装的过程中，可以采用透水透气的基层和结合层做法，增加铺装的生态性。

例如，可以通过回收利用废弃砖铺地、砌墙营造独特历史景观，并提高了硬质空间的生态性，如图5-70、图5-71所示。

图5-70　天保街生态路废弃露骨料路牙石及混凝土砖铺地

60～100厚废弃砖块立铺

20～60厚1：6干硬性水泥砂浆或粗砂

150厚级配砂石

素土夯实，压实系数≥0.93

图5-71　东南大学沙塘园宿舍区砖砌景墙

玻璃材料

玻璃材料的直接回收主要进行材料的破碎、筛选等过程，用于道路、场地的面层铺设等。

美国洛杉矶市回音公园玻璃花园中，设计师用了45t回收玻璃碎粒，将废弃玻璃根据颜色分类后进行粉碎处理，作为散铺的材料直接应用于园林中，为园林增加艺术感和色彩感，如图5-72所示。这些玻璃作为覆盖地面的材料还能够限制外来杂草的滋生，并且降低土壤水分的蒸散作用。

木材

木材的直接回收利用，是将废旧木材进行切割、打磨等处理，制成新的木材产品，如木板、木条等。

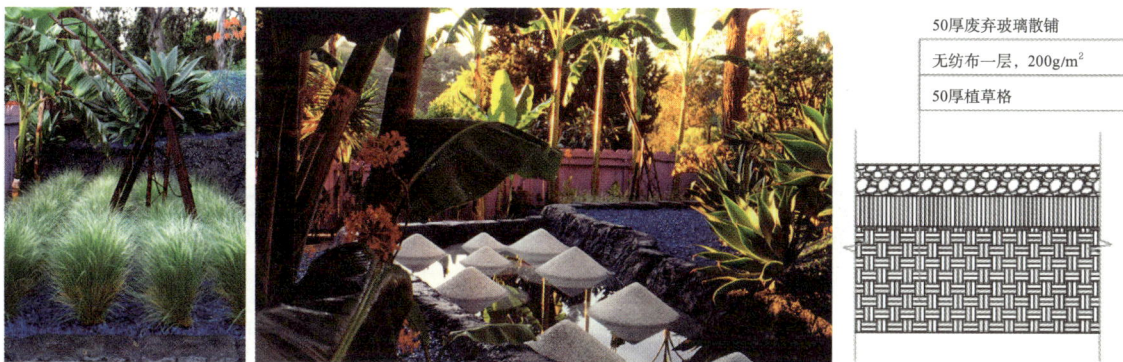

图5-72　美国洛杉矶市回音公园玻璃花园

（来源：度本图书Dopress Books. 当代生态景观：全球可持续景观佳作1[M]. 北京：中国林业出版社，2012.7：254）

纽约龙门广场州立公园场地原址是一处码头，码头上原有的栏板和铺地木板在设计时被保留下来，制成了很多公园中的躺椅，如图5-73所示。原有的木板上有很多涂鸦的痕迹，也形成了躺椅独特的表面。

图5-73　纽约龙门广场州立公园废旧木材座椅

橡胶材料

对于磨损不严重、性能下降的废旧橡胶制品，可以通过回收处理，再次投入使用。

例如，使用废弃轮胎作为挡土墙和护坡，以及利用废旧轮胎设计儿童游戏设施等利用方式，如图5-74、图5-75所示。

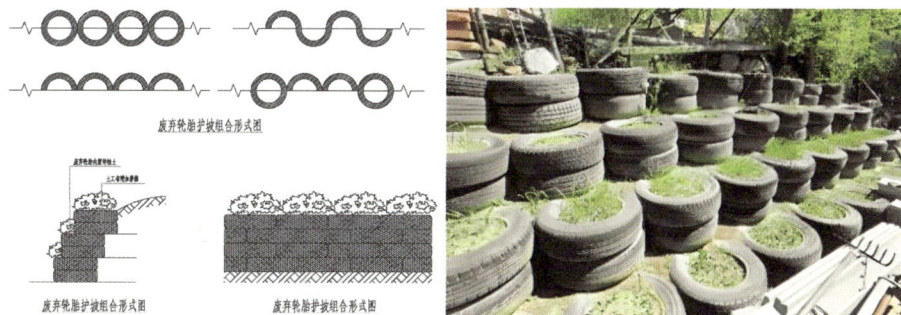

图5-74　废弃轮胎作为挡土墙和护坡

（来源：张雯. 节约型园林背景下城市废弃物在景观中的应用研究[D]. 西安：西安建筑科技大学，2018.）

图5-75　日本轮胎公园废弃轮胎游戏设施
（来源：特色儿童主题游乐园：全球10大创意儿童游乐园. 爱玩科技. ）

②物理改性

物理改性是通过机械共混，将再生料与其他聚合物或助剂混合，以改善再生制品的力学性能或其他特性。能够通过物理方法提高材料的优良性状，或是通过物理方法将不同材料的优点融合。

混凝土材料

再生骨料混凝土是对于废弃混凝土材料的典型物理改性利用方法。将废弃混凝土中的骨料分离出来，生产出再生骨料。这些再生骨料可以替代天然骨料用于生产新的混凝土，从而实现废弃混凝土的100%利用。再生骨料混凝土还可以制作实心砖或透水砖，如图5-76所示。再生骨料混凝土透水砖面层的单粒径骨料粒径通常为2.36～4.75mm，其透水性能较好。同时，应当注意再生混凝土的强度通常小于普通混凝土材料，其合理的适用范围如表5-16、表5-17所示。

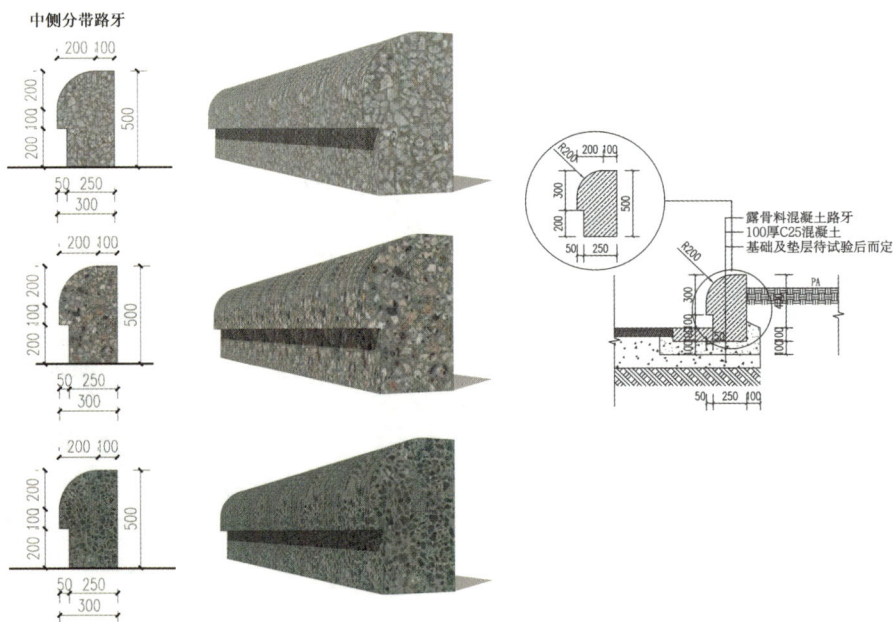

图5-76　天保街生态路示范段研究和设计研究中再生骨料混凝土路砖

图5-76 天保街生态路示范段研究和设计研究中再生骨料混凝土路砖（续）

再生骨料混凝土强度等级合理使用范围 表5-16

| 类别名称 | 强度等级 | 用途 |
|---|---|---|
| 砌体用再生骨料混凝土 | C20，C25，C30 | 主要用于再生骨料混凝土制品 |
| 道路用再生骨料混凝土 | C30，C35，C40 | 主要用于道路路面 |
| 结构用再生骨料混凝土 | C15，C20，C25，C30，C35，C40 | 主要用于承重构件 |

注：C15只用于素再生骨料混凝土结构

（来源：戈晓宇. 节约型园林背景下废弃物和再生建材的应用研究[D]. 北京：北京林业大学，2014.）

再生混凝土在风景园林中的应用 表5-17

| 应用途径 | 混凝土等级 | 再生骨料等级 | 备注 |
|---|---|---|---|
| 铺装及道路垫层（人行） | C15 | Ⅲ类再生骨料 | 无法满足抗冻要求 |
| 铺装及道路垫层（车行） | C20 | Ⅲ类再生骨料 | 无法满足抗冻要求 |
| 墙体基础下垫层 | C15 | Ⅱ类再生骨料 | 无法满足抗冻要求 |
| 钢筋混凝土墙体 | C20、C25 | Ⅱ类再生骨料 | |
| 景观水池池底池壁 | C20、C25 | Ⅱ类再生骨料 | |

（来源：戈晓宇. 节约型园林背景下废弃物和再生建材的应用研究[D]. 北京：北京林业大学，2014.）

玻璃材料

再生玻璃空心砖是将回收玻璃材料破碎、蹄选、粉碎成粉，添加重量比为5%～20%的黏土料、1%～5%的发泡剂混合后研磨成粉料，用成型机利用模具制成砖坯，放入窑炉中烧制，冷却后出制成的，如图5-77所示。是玻璃材料回收利用的常见技术。

图5-77 再生空心玻璃砖景墙
（来源：光学玻璃砖砌成的"透明屋"/ Hiroshi Nakamura & NAP. ArchDaily.）

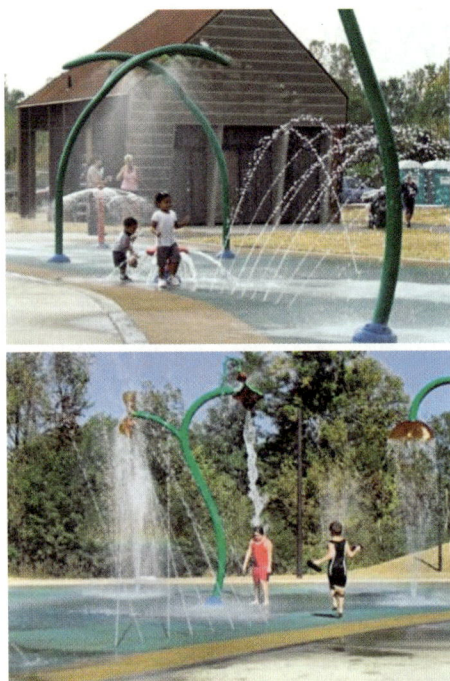

图5-78 路易斯维尔城市滨水公园中软质橡胶混合物
铺装
（来源：乔治·哈格里夫斯作品（四）：路易斯维尔
市河滨公园（图）. 风景园林网.）

橡胶材料

橡胶材料的物理改性回收利用，主要通过加热和剪切作用将废旧橡胶转化为塑性橡胶，再进行加工成型。这种方法可以使废旧橡胶制品重新具有弹性，可以再次使用。加工时与其他材料混合也可以进一步提高其性能。

路易斯维尔城市滨水公园中软质橡胶混合物作为儿童活动区的铺装，如图5-78所示。软质橡胶铺装的面层和沥青、稻秆混合物结合层共同为铺装提供弹性。由于儿童活动区本身常处于水环境之中，软质橡胶铺装面层和沥青、麦秆的混合物都能够保证在水的浸泡下不变质不腐烂。

加拿大魁北克里弗德公园"安全地带"铺装的设计也使用了软质橡胶，如图5-79所示。此软质橡胶铺装利用了可回收废物材料，由粉碎的轮胎和聚亚氨酯聚合物合成，混合后形成铺装面层。

③化学改性

化学改性是通过引入新的官能团或元素来改变回收材料的分子结构，从而赋予其新的性能。能够通过化学作用赋予材料新的优良性能；但是工序相对复杂，成本高。

竞赛大街码头公园中使用的塑木复合材料，是一种木材与塑料复合生成的可持续性铺装。由于场地的原址为码头，铺装面层下部全部为钢梁，塑木材料与钢梁能够快速便捷地连接，因此整个公园的地面几乎全部采用了塑木铺装，如图5-80所示。

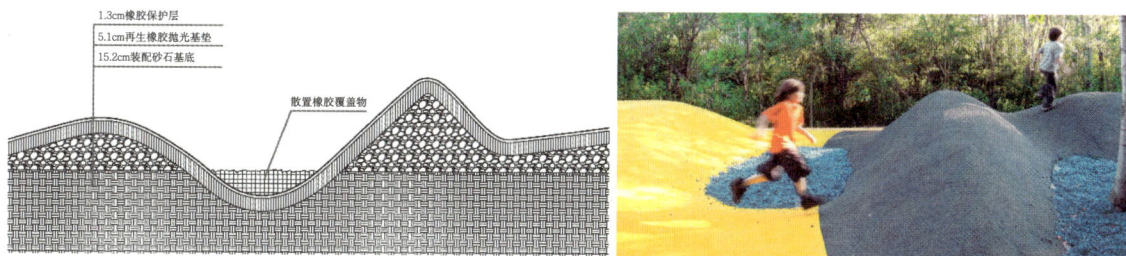

图5-79 加拿大魁北克里弗德公园再生软质橡胶铺装
（来源：LIAT M, Alexander Robinson. Living Systems[M]. Berlin: Birkhauser Architecture, 2007: 115）

图5-80 竞赛大街码头公园塑木复合材料铺装
（来源：Race街的码头，费城/ James Corner Field Operations. 谷德设计网. ）

石英塑材料与塑木材料相似，与塑木相比，石英塑是对于粉煤灰回收利用的化学方法，用工业固体废物代替了自然资源。粉煤灰回收加工后的石英塑材料具有很高的强度和抗冲击能力，硬度、韧性、载荷力、抗变形等物理指标大大优于传统材料。此外，还具有良好的防水性，可用于铺设滨水栈道。

（3）使用维护阶段

通过高效低能的维护方式延长使用寿命，例如对于易腐蚀的金属材料、木材进行涂漆保护；定期清洁、检查和维护；通过物联网、传感器等进行智能化维护。具体来说，要达到以下三点主要目标：

①提高维护效率：采用科学的维护方法和高效的维护工具，提高维护效率，减少维护过程中产生的碳排放。例如，使用电动或氢能源的维护设备，减少对化石燃料的依赖。

②采用生态维护：采用生态友好的维护方式，如自然清洁、环保防腐用漆，降低维护过程中对环境的负面影响。

③建立材料回收和再利用程序：对于损坏或过期的可再生材料，及时进行分类回收和再利用。对于园林绿化垃圾通过处理应用于能源再生和绿肥。

# 参考文献

［1］ 王贞，万敏. 低碳风景园林营造的功能特点及要则探讨[J]. 中国园林，2010，26（6）：35-38.

［2］ 颜玉璞. "双碳"背景下全生命周期绿色低碳景观建设研究[J]. 城市建筑空间，2023，30（7）：53-55.

［3］ 曹雨. 建筑景观园林工程生命周期二氧化碳排放计算方法研究[D]. 西安：西安建筑科技大学，2023.

［4］ ZHANG Y, MENG W, YUN H, et al. Is urban green space a carbon sink or source? – A case study of China based on LCA method[J]. Environmental Impact Assessment Review, 2022, 94: 106766.

［5］ 牛凯，朱晓东，张兴宇. 道路建设期碳排放核算方法与减排技术综述[J]. 交通节能与环保，2023，19（1）：23-26.

［6］ 王洪成，杨宁. 低碳发展与合作创新——天津低碳创意花园的建设与管理运营[J]. 中国园林，2018，34（S2）：34-38.

［7］ 王洪成. 探索城市生态修复的低碳园林途径[J]. 风景园林，2017，（11）：80-85.

［8］ 依兰，王洪成. 城市公园植物群落的固碳效益核算及其优化探讨[J]. 景观设计，2019，（3）：36-43.

［9］ 王洪成，李佳滢. 探索以低碳为导向的城市公园更新路径[J]. 景观设计，2021，（04）：30-35.

［10］ 杨菲，王洪成. 规划设计实践视角下城市绿地碳汇与碳排研究成果可用性述评[J]. 园林，2023，40（3）：71-78.

［11］ 周小梅，李曦蕊. 高校校园绿地植物群落固碳效益分析及高固碳植物群落优化对策——以湖南城市学院为例[J]. 农业与技术，2023，43（11）：123-128.

［12］ 曹丹. 绿色屋顶固碳减排潜力研究综述[J]. 建筑与文化，2021，（10）：27-30.

［13］ 刘春娥. 加州科学院绿色屋顶探析[J]. 黑龙江工业学院学报（综合版），2018，18（4）：62-64.

［14］ 万丹丹. 大型体育场馆及其综合附属设施碳排放研究[D]. 北京：北京工业大学，2022.

［15］ 赵彩君，刘晓明. 城市绿地系统对于低碳城市的作用[J]. 中国园林，2010，26（6）：23-26.

［16］ 张希. 城市雨水系统全生命周期碳排放核算方法及应用研究[D]. 北京：北京建筑大学，2023.

［17］ 马莹. 建筑工程施工阶段碳排放研究进展[J]. 山西建筑，2023，49（23）：23-28.

［18］ 张慧芳，赵荣钦，肖连刚，等. 不同灌溉模式下农业水能消耗及碳排放研究[J]. 灌溉排水学报，2021，40（12）：119-126.

［19］ 郑克白，吕露，田进冬，等. 北京奥林匹克公园中心区节水型绿化灌溉系统设计（下）[J]. 给水排水，2008，（12）：95-98.

［20］ 吴灵辉. 纳米技术在精准农业中的应用研究进展[J]. 陕西农业科学，2021，67（09）：80-85.

［21］ LU J, YANG J, KEITEL C, et al. Rhizosphere priming effects of Lolium perenne and Trifolium repens depend on phosphorus fertilization and biological nitrogen fixation[J]. Soil Biology and Biochemistry, 2020, 150.

［22］ 张福锁，申建波，危常州，等. 绿色智能肥料：从原理创新到产业化实现[J]. 土壤学报，2022，59（4）：873-887.

［23］ 萧箫，陈彤，郑中华，杨学军，等. 上海公园绿化养护碳排放量计算研究[J]. 上海交大学学报. 2013，31（1）：67-71.

［24］ 石丽红，唐海明，文丽，等. 长期不同施肥模式对南方双季稻田生态系统净碳汇效应和

经济收益的影响[J]. 应用生态学报，2022，33（9）：2450-2456.

［25］唐琳. 城市园林绿化植物固碳效益研究[D]. 呼和浩特：内蒙古农业大学，2020.

［26］薛成杰，方战强. 土壤修复产业碳达峰碳中和路径研究[J]. 环境工程，2022，40（8）：231-238.

［27］阎如云. 基于有机废弃物微循环的城市住区设计策略研究[D]. 济南：山东建筑大学，2020.

［28］王少林. 波特兰雨水园——人工景观与生态景观的完美结合[J]. 技术与市场. 园林工程，2005，（5）：26-29.

［29］杨冬冬，冯战华，杨义，等. 结合雨洪管理的盐碱地水系景观设计方法——以潍坊学院滨海校区水系规划设计为例[J]. 景观设计，2023，（3）：4-7.

［30］张有明. 一种智慧城市景观用水力发电装置：CN201810861119.6[P]. 2018-11-30.

［31］方加新，崔文昊，刘琦，等. 一种基于光伏太阳能板的绿色循环水景设计结构：CN202410073620.1[P]. 2024-04-05.

［32］王界贤. 污水处理导向下的湿地公园景观规划设计[D]. 北京：北京林业大学，2020.

［33］刘德雨. 弹性景观理念下的湿地公园规划设计研究[D]. 济南：山东建筑大学，2022.

［34］FRIEDLINGSTEIN P, JONES M W, SULLIVAN O M, et al. Global carbon budget 2021[J]. Earth System Science Data, 2022, 14(4): 1917-2005.

［35］曹雨. 建筑景观园林工程生命周期二氧化碳排放计算方法研究[D]. 西安：西安建筑科技大学，2023.

［36］赵羽习，张大伟，夏晋，等. 混凝土结构全寿命减碳技术研究进展[J]. 建筑结构学报，2024，45（3）：1-14.

［37］段海燕. 我国矿产资源循环利用研究[D]. 吉林：吉林大学，2009.

［38］王家远，康香萍，申立银，等. 建筑废料减量化管理措施研究[J]. 建筑技术，2004，（10）：732-734.

［39］张曦文. 可再生材料在室内设计中的应用研究[D]. 长沙：中南林业科技大学，2013.

［40］戈晓宇. 节约型园林背景下废弃物和再生建材的应用研究[D]. 北京：北京林业大学，2014.

［41］罗智星. 建筑生命周期二氧化碳排放计算方法与减排策略研究[D]. 西安：西安建筑科技大学，2016.

［42］王载. 高层结构全生命周期碳排放评估及低碳设计方法研究[D]. 哈尔滨：哈尔滨工业大学，2021.

［43］李庆伟，陈振明，岳清瑞，等. 钢结构制造全过程碳排放与碳减排研究[J]. 建筑结构，2023，53（17）：8-13.

［44］贾子强，方广，牛晨晨，等. 玻璃材料对我国碳中和目标实现的贡献浅析[J]. 硅酸盐通报，2022，41（2）：367-375.

［45］戴铁军，潘永刚，张智愚，等. 再生资源回收利用与碳减排的定量分析研究[J]. 资源再生，2021，（3）：15-20.

［46］杨慧忠. 废弃材料在园林中的应用研究[D]. 福州：福建农林大学，2010.

［47］成玉宁，谢明坤. 利用固体废弃建材构建的雨水海绵体及其构建方法：CN201910370563.2[P]. 2019-08-20.

［48］Liat Margolis, Alexander Robinson. LivingSystems[M]. Berlin: Birkhauser Architecture, 2007: 115.

［49］度本图书Dopress Books. 当代生态景观：全球可持续景观佳作1[M]. 北京：中国林业出版社，2012.

［50］张雯. 节约型园林背景下城市废弃物在景观中的应用研究[D]. 西安：西安建筑科技大学，2018.

［51］罗理达，刘勇. 一种用回收玻璃再造轻质玻璃砖的方法：CN201010117260.9[P]. 2011-09-21.

第
6
章

# 生态景观的碳汇碳储测算与绩效评价

| | |
|---|---|
| 6.1 城市绿地碳汇与碳储能力测算 | 6.1.1 城市绿地碳汇与碳储能力测算 |
| | 6.1.2 城市绿地既有碳汇与碳储测算方法 |
| | 6.1.3 融合遥感与点云技术的城市尺度绿地碳汇与碳储测算路径 |
| 6.2 蓝绿空间生态系统碳汇及碳储测算 | 6.2.1 常见绿地类型碳汇与碳储测算比较 |
| | 6.2.2 土壤及水体碳汇与碳储测算 |
| 6.3 生态景观全生命周期碳排测算 | 6.3.1 生态景观全生命周期碳排测算方法 |
| | 6.3.2 生态景观全生命周期碳排数据清单 |
| | 6.3.3 生态景观全生命周期碳排量计算 |
| 6.4 生态景观碳汇与减排绩效评估 | 6.4.1 生态景观碳汇与碳排绩效评估原则 |
| | 6.4.2 增汇减排绩效评价体系构建 |

碳汇、碳储与碳排是人居环境生态景观系统碳循环的重要过程与测度指标，定量测算是研究评价绿地碳汇、碳储的关键，也是比较和评价生态环境生态绩效的重要依据，为研究、评价和推动高碳汇生态景观规划设计提供有证可循的数据和技术支撑。建成环境生态景观碳汇、碳储与碳排的测算和统计方法是定量研究的基础，全方位的绩效评价体系和相关评价指标可以支持设计前后碳汇、碳储和碳排的比较和分析，形成对应的评估分类分级指导，进一步揭示生态景观系统及各类构成要素的分布特征和对应的碳汇、碳储、减排效益，以此作为评价规划设计、建造管理等的相关依据。

首先从园林绿地碳汇与碳储能力测算方法入手，探讨不同尺度园林绿地碳汇与碳储测算的具体方法和关键指标，提出基于遥感影像和样方点云数据的生态景观碳汇与碳储测算方法，从而实现统计各类绿地、区划碳汇碳储效能的目的。由此，比较各类绿地碳汇及固碳能力，作为生态景观规划与设计的依据。其次，基于生态景观全生命周期的各个阶段，详细梳理绿地的碳排数据清单、条目和碳排转换系数等，并结合地带性因素分析其对碳排的影响，进而形成一套城市绿地全生命周期碳排量的计算方法。再次，在定量测算统计碳汇量、计量分析碳排量的基础上，结合多种测算方法与参变量矫正，形成城市绿地的碳汇碳储及碳排绩效评价体系。

全面系统的碳汇、碳储及碳排测算方法与技术可以广泛地应用于城市绿地测算、碳量估算、生态效益评价以及碳交易等实践，更有助于辅助景观规划设计有的放矢，提升存量时代城市绿地碳汇碳储效能，减少碳排效应。全过程的数字景观方法与技术为调查评价、设计施工及日常维护提供定量及可视化的支持。而绩效评价体系还可以从系统的视角比较和评价不同设计方案以及实施建造前后生态环境的碳储碳汇变化，推动现代景观设计的科学化进程。

## 6.1 城市绿地碳汇与碳储能力测算

针对城市不同尺度的绿地以及不同类型的植物群落及单木需要采用针对性的方法与技术措施，并且采用两种及以上的方法互为校验，以提升测算的精度。目前城市尺度绿地碳汇与碳储测算路径主要为：通过遥感数据获取城市及片区绿地面积、类型等数据，结合城市规划的边界识别与绿地提取，通过划定样方应用点云测绘技术对不同绿地类型、植被类型与组分、典型物种等开展精准化建模研究。通过大尺度估测与典型样方校验相结合，构建城市绿地碳储碳汇基础数据库，提升我国城市绿地碳汇与碳储的测算精度。

### 6.1.1　城市绿地碳汇与碳储能力测算

**1）城市绿地碳汇**

（1）城市绿地碳汇及其组成

碳汇是指生态系统从大气中吸收的碳多于释放的碳的碳循环介质（或自然过程）。城市绿地碳汇，即城市绿地的自然固碳，是指城市绿地中的绿色植物通过光合作用吸收大气中的$CO_2$，将其转化为糖和其他碳分子，通过根系和枯枝落叶等将碳传递给土壤，然后，土壤通过根系、微生物、土壤动物等的呼吸作用以及含碳物质的化学氧化作用，产生$CO_2$返还大气的过程。由于这一过程、活动或机制中，吸收的碳多于释放的碳，故而大气中$CO_2$浓度降低。城市绿地碳汇能力主要是指城市绿地植被吸收并储存$CO_2$的能力。

（2）测算指标

城市绿地植被作为生态系统的初级生产者，具有固碳释氧的天然生理机能。固碳（Carbon sequestration），也叫碳封存，指以捕获碳并安全封存的方式来取代直接向大气中排放$CO_2$的过程。释氧（Oxygen Release）指某物质经过复杂的化学变化释放出$O_2$的过程。碳汇能力测算定量指标可以细化为固碳量和释氧量两个指标，碳汇量可用固碳量减去释氧量进行计算，即净生态系统生产力（Net Ecosystem Productivity，NEP）。

净生态系统生产力为植被一定时间内光合作用形成的光合产物扣除自养呼吸、异养呼吸以及自然或人为干扰排放后剩余的储碳量净变化量，为流量；其碳储量净变化量为正值时，表现为碳汇功能，反之则为碳源功能。净生态系统生产力即净初级生产力（$NPP$）中再减去异养生物（土壤）的呼吸作用所消耗的光合作用产物之后的生物量。

具体计算公式为：

$$NEP = NPP - Rh$$

式中，$NEP$——净生态系统生产力；

　　　$NPP$——净初级生产力；

　　　$Rh$——生态系统异养生物（土壤）的呼吸作用速率。

（3）测算方法

近年来，相关学者对城市绿地碳汇的计量监测已开展了许多研究，研究对象多为森林碳汇，而对于城市绿地的测算研究大多借用森林碳汇的计量监测方法，对于城市特定条件下的绿地碳汇测算技术标准，仍然有一定的缺失。针对现状局限，已有不少专家学者探索适用于城市绿地的碳汇能力测算方法，根据方法适用尺度，可分为适用于区域尺度的碳汇能力测算方法和适用于群落和单木尺度的碳汇能力测算方法。区域尺度采用微气象学的涡度协方差法，群落及单木尺度可采用同化量法、涡度相关法和箱式法。

（4）测算意义

城市绿地作为城市生态系统的重要组成部分，是城市生态环境可持续发展的基础。作为城市范围内唯一直接增汇、间接减排要素，城市绿地不仅能够通过植物群落进行自然固碳，还可以通过调节小气候、涵养水源、吸收污染物等生态效益的发挥减少城市的总体能耗，间接降低城市碳排放。准确监测城市绿地碳汇的时空分布，分析其影响因素，对于增强城市绿地碳汇功能，促进城市生态可持续发展，直观反映城市绿地应对气候变化价值具有重要的指导作用。

### 2）城市绿地碳储

（1）城市绿地碳储及其组成

森林碳储量是指某个时间点森林生态系统各碳库中碳元素的储备量（或质量），是森林生态系统多年累积的结果，属于存量。

森林的碳储存库包括地上和地下生物量、凋落物和枯死木等死有机质以及土壤有机碳库5大碳库。

（2）测算指标

碳储定量测算指标为碳储量，其基本原理为生物量乘以含碳率。其中，含碳率由IPCC向全世界公布，通常为0.5或0.45；而在城市绿地园林植物单木和群落尺度，生物量的计算不考虑凋落物、枯死木和土壤碳库且地下生物量可以通过地上生物量反演计算得出，因此地上生物量AGB的计算至关重要。

（3）测算方法

园林植物根据测算方法的不同可以分为乔灌类、竹类和草本地被类。乔灌木计算逻辑如下：①单木和群落尺度园林植物性状参数提取；②树木材积计算；③单木生物量计算（包括地上生物量计算和地下生物量计算）；④群落生物量计算（将平均标准木的单株生物量作为本树种的单株生物量，将类型中的多株平均标准木的生物量进行平均得到各类型的平均单株植物生物量，以此测算群落或样方尺度现有植物生物量）；⑤碳储量和密度测算（带入含碳率0.5/0.45和样地绿化面积计算）；⑥净生产力估算（生物量与生产力转换函数）；⑦碳储效益评估（碳税法和市场价值法）。由于竹类的特殊性，不适用乔灌木生物量计算公式，故以全国平均单株生物量22.5kg/株计算某群落竹类植物总生物量。对于草本地被而言，草本层地上部分碳储量应根据林地草本地上部分平均单位面积生物量、草本植物平均含碳率及林分面积采用公式获得。

（4）测算意义

通过对城市绿地园林植物碳储能力的定量研究，筛选适应环境且生态功能强的植物种类，为今后林业上的植树造林以及城市中的园林绿化建设提供一些理论上的参考，为城市绿地中低碳树种选择及其群落配置提供科学依据，进而达到降低大气中$CO_2$浓度，缓解城市热岛效应，改善生态环境的目的。

## 6.1.2 城市绿地既有碳汇与碳储测算方法

本节研究梳理了多种城市绿地碳汇碳储计量监测方法，分析不同方法针对不同尺度、类型城市绿地进行碳汇碳储计量的适配程度，总结各方法的适用范围与尺度、优势与不足。以期推进城市绿地碳汇碳储的精确评估，为城市精细化管理、碳中和目标的实现提供理论和技术支撑（表6-1）。

园林绿地既有碳汇与碳储测算方法及技术 表6-1

| 方法 | | 适用范围或尺度 | 所需数据 | 方法或模型 | 优势 | 不足 |
|---|---|---|---|---|---|---|
| 碳汇 | 微气象学法 | 区域尺度 | $CO_2$通量数据 | 涡度相关技术等 | 可获取连续、准确的观测数据 | 须考虑城市绿地下垫面是否均匀、观测辐射范围、通量塔或移动通量站布设等问题 |
| | 模型模拟法 | | 遥感影像数据、气象数据、生理生态参数等 | CASA、BEPS、BIOME-BGC等 | 快速、实时实现大范围碳汇估算 | 需进行城市绿地提取及分类，考虑高分、高光谱遥感数据的应用 |
| | 同化量法 | 群落及单木尺度 | 净光合速率、蒸腾速率、胞间$CO_2$浓度、气孔导度、叶面积、绿量等 | 便携式光合仪、叶面积仪等 | 可用于评价不同植物固碳能力强弱、筛选高碳汇物种、分析植物光合作用影响因子等 | 存在碳汇量估算上的不确定性 |
| | 涡度相关法 | | $CO_2$浓度及垂直风速 | 涡度相关技术 | 可精准、直接、连续地观测；对生态系统类型接纳性强；用作监督和检验其他估算模型 | 受下垫面、地形、气压因素影响大；在某点测算的结果难推到其他点；对数据原始度、完整性要求高；专业性较强 |
| | 箱式法 | | 特制箱子及植物根、茎、叶部位 | 人工模拟碳通量 | 方法简单，了解生态系统的能量流动 | 无法自动观测、外界影响因素大 |
| 碳储 | 遥感估算法 | 区域尺度 | 多源遥感数据、碳储实测数据 | 不同拟合方法（线性回归、机器学习等）构建拟合模型 | 可实现城市绿地碳储量、碳动态的估算。研究多采用不同拟合方法构建拟合模型，以实现多源遥感数据和碳汇实测数据的校验拟合，反演估算 | 需进行城市绿地提取及分类，考虑高分、高光谱遥感数据的应用 |
| | 生物量转换因子法 | | 蓄积量、生物量转换因子参数 | 森林资源清查数据等 | 方法相对成熟 | 不同地区、不同物种的转换因子存在差异，且需考虑树木树龄等差异化参数 |
| | 模型测算法 | | 植被类型属性、植被数量或面积、植被周边环境等 | CITYgreen、i-Tree、InVEST等 | 操作简单，计算快捷，估算全面 | 部分模型不能针对不同树种设定不同参数，需要根据本土情况进行参数修正 |

| 方法 | | 适用范围或尺度 | 所需数据 | 方法或模型 | 优势 | 不足 |
|---|---|---|---|---|---|---|
| 碳储 | 干烧法 | 群落及单木尺度 | 植物样本含碳百分比 | 元素分析仪 | 精度很高 | 属于破坏性测定法且成本较高，受实验设备限制较大 |
| | 湿烧法 | | 植物样本碳含量 | 重铬酸钾硫酸溶液 | 操作简单快捷 | 属于破坏性测定法，需要一定的设备和实验技术 |
| | 平均生物量法 | | 单棵树木的株高、胸径、绿地面积 | 生物量回归方程模型 | 准确度高，生物量回归方程模型方便快捷 | 生物量回归方程模型需大量实测数据，同时需考虑树种生长阶段性、地域性差异 |

（来源：张桂莲，邢璐琪，张浪，等. 城市绿地碳汇计量监测方法研究进展[J]. 园林，2022，39（1）：4-9+49. 张岚，宋钰红，张慧琳，等. 城市森林碳汇及估算方法比较[J]. 现代园艺，2023，46（11）：73-78. ）

### 1）区域尺度城市绿地碳汇测算方法

区域尺度城市绿地碳汇测算主要分为微气象学法和模型模拟法两大类。

（1）微气象学法

利用微气象学原理的涡度协方差技术，以较坚实的物理理论为基础，通过监测获取高分辨率的时间序列数据，包括气象和微气象（如光照、降水、土壤水分、气温、土温等）、水通量和能量通量（如蒸发散、显热、潜热、降雨、土壤水分）、生态系统碳通量（又可被分为GPP和ER）等，作为一种非破坏性的微气象通量测定技术，被认为是现今唯一能直接测量生物圈和大气间能量和物质交换的标准方法。成为国际通量观测网络的主要技术。

该方法需要在测定范围内布置$CO_2$通量及气象数据观测塔，配有CSAT3三维超声风速仪测量水平与垂直方向上风速和温度的瞬时脉动量，LI-7500红外$CO_2$和水分析仪测量$CO_2$的瞬时脉动量，HMP45C空气温湿度计测量空气温度和湿度，CNR-1净辐射仪，测量向上、向下短波辐射与向上、向下长波辐射。

主要测定路径为对研究样方进行选择与观测塔布置，进行相关数据收集以计算碳汇量。

具体计算公式为：

$$NEE = Fc + Fs + Vc$$

其中，$NEE$为生态系统净碳交换；$Fc$为通量观测塔在植被上部所观测到的$CO_2$通量；$Fs$为涡度相关系统安装高度下冠层内储存通量；$Vc$为垂直和水平平流效应。在地势平坦，植被类型空间分布均匀的植被下垫面，$Vc$可忽略不计。

$$NEP = NEE = GEP - ER$$

其中，$NEP$为净生态系统生产力；$NEE$为生态系统净碳交换；$GEP$为总生态系统生产力（植物光合作用固定）；$ER$为生态系统呼吸。

微气象学原理的涡度协方差法，具有直接对绿地与大气之间的$CO_2$通量进行精准、连续、直接、动态的观测的优势，对生态系统类型接纳性较强，常用作监督和检验其他各类估算模型的校验。但该方法对绿地下垫面要求很高，地形、气压等自然因素对其测算结果影响较大，对于空间异质性较高的城市区域及城市绿地而言，需考虑城市绿地下垫面是否均匀，观测辐射范围、通量塔或移动通量站布设等问题，从而进一步开展基于涡度相关的城市绿地碳汇能力监测与测算。除此之外，该方法在某点测算的结果较难延推到其他点，对数据原始度以及完整度要求较高，专业性较强。

（2）模型模拟法

模型模拟法分为参数模型（半经验模型）或过程模型。参数模型测定原理为在收集到各类相关参数的基础上，利用经验公式来求解碳通量大小；过程模型测定原理是从机理上模拟植被光合作用、蒸腾作用和呼吸作用，以及它们与环境之间的物质和能量交换过程，从而实现生态系统碳循环及其对气候环境变化和对人为干扰响应过程的模拟与计算。

①参数模型

该方法可采用光能利用模型CASA和遥感影像数据获得城市绿地生态系统NPP，并根据植被光合作用合成有机物质与其吸收$CO_2$和释放$O_2$之间的关系，计算出研究区的固碳量和释氧量。

CASA模型的基本思想是认为植被*NPP*由植被吸收的光合有效辐射（The Absorbed Photosynthetically Active Radiation，APAR）及其光能利用率（$\varepsilon$）共同决定：

$$NPP = APAR \cdot \varepsilon$$

具体流程可参考CASA模型基本框架（图6-1）：

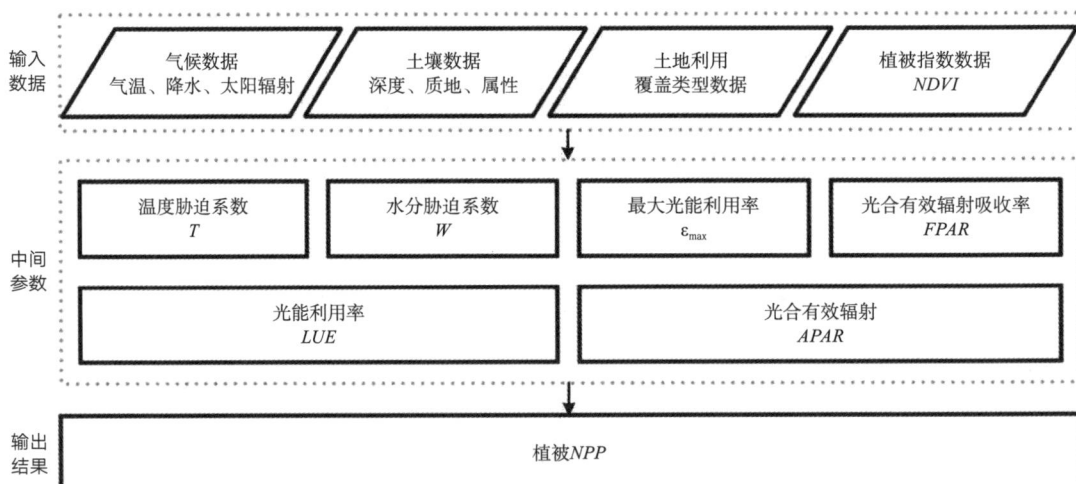

图6-1 CASA模型的基本框架

（来源：温宥越，孙强，燕玉超，等. 粤港澳大湾区陆地生态系统演变对固碳释氧服务的影响[J]. 生态学报，2020，40（23）：8482-8493.）

固碳释氧量的计算，根据光合作用机制对植被NPP进行转换，研究表明1kg碳元素相当于2.2kg的有机物质，而根据绿色植被光合作用化学方程式（$6CO_2+6H_2O\rightarrow C_6H_{12}O_6+6O_2$），可知植被每生产1.00kg有机物质能固定1.63kg$CO_2$并释放1.19kg的$O_2$，且1kg$CO_2$中包含0.27kg的碳元素。据此关系，可进行固碳量与释氧量计算。

$$W_{CO_2} = NPP \times 2.2 \times 1.63$$
$$W_C = W_{CO_2} \times 0.27$$
$$W_O = NPP \times 2.2 \times 1.19$$

式中，$W_{CO_2}$表示某生态系统单位面积固定的$CO_2$量（g/m$^2$），$W_C$表示该生态系统单位面积固碳量（g/m$^2$），$NPP$表示该生态系统每年单位面积植被$NPP$（g C/m$^2$），$W_O$表示该生态系统单位面积释氧量（g/m$^2$）。

②过程模型

该方法包括BEPS、BIOME-BGC等模型，其中北部生态系统生产力模拟模型BEPS（Boreal Ecosystem Productivity Simulator）作为经典过程模型，属于遥感机理模型，主要由土壤水分平衡模型、气孔导度模型、光合作用模型、呼吸作用模型四个子模型组成；其融合了多源数据作为模型的输入，并耦合了碳水过程，是较大空间尺度模型陆地生态系统净初级生产力很好的选择。

模型输入需要有遥感数据提取的LAI和土地覆盖类型数据，每日的气象数据，模型的输出数据包括站点尺度和区域尺度的年际NPP、日NPP、GPP、NEP和蒸散。

具体流程可参考（图6-2）：

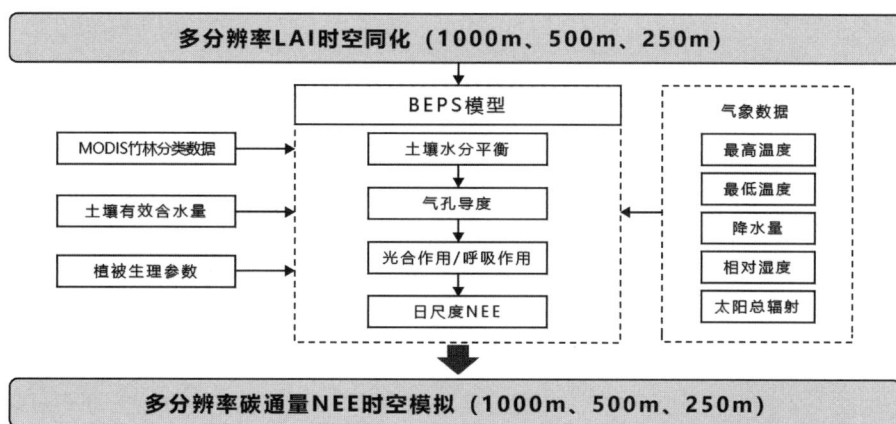

图6-2 BEPS模型的基本框架

（来源：邢璐琪. 基于多源遥感数据的竹林LAI多尺度同化及在碳循环模拟中的应用[D]. 杭州：浙江农林大学，2019.）

总体而言，过程模型基于生理生态机理建模，在碳循环模拟中可快速、实时实现大范围模拟，但因其研究模型本身的复杂性和不确定性、驱动数据的多样性、遥感数据的标准化问题，以及适用于大尺度模拟的局限性，相关基于过程模型的城市尺度绿地的碳储研究较少。

### 2）群落及单木尺度绿地碳汇测算方法

#### （1）同化量法

划定碳汇定量测算指标为固碳量和释氧量并引入了绿量这一概念，从二维和三维角度分别结合叶面积指数和三维绿色空间体积进行了绿量计算，绿量进而乘以不同植物的固碳、释氧标准换算量即为其固碳、释氧量。同类植物多株求取平均值，得到标准木的固碳、释氧量，群落由标准木累加而得。根据植物光合作用原理，固碳量和释氧量的计算依据是对树种光合速率的测定。在光合作用变化曲线中，其净同化量是净光合速率曲线和时间横轴围合的面积。根据光合作用的反应方程，在群落和单木层面释氧量可以由固碳量转化。其优点是可用于评价不同植物固碳能力强弱、筛选高碳汇物种、分析植物光合作用影响因子；其缺点是存在碳汇量估算上的不确定性，因为测到的数据大多为瞬时数据，具有一定的时效性。

#### （2）涡度相关法

涡度相关法测定原理为气象学，需通过仪器和传感器实测。其优点是能够通过时空碳动态检测补充校准数据；其缺点是会花费较多时间来设定参数，对生态系统类型接纳性弱，受下垫面、地形、气压等因素影响较大且设备昂贵。

#### （3）箱式法

箱式法测定原理为人工模拟碳通量，需通过特制箱子对植物根、茎、叶等部位进行碳通量实测。其优点是方法简单，了解生态系统的能量流通；其缺点是无法自动观测，受外界影响较大。

### 3）区域尺度城市绿地绿地碳储测算方法

区域尺度城市绿地相较于一般森林，空间具有高度的异质性、存在绿地物种丰富度高、群落结构复杂、空间分布破碎的特点，其时空分布的精准获取、状态变化的可视化感知存在一定难度；另外，城市绿地人为扰动程度高，城市环境建设及人居要求对其生态服务功能的需求更高更全面，而城市森林碳汇功能评估方法众多，标准不统一，评估对象多有不同，尺度参差不齐，城市绿地碳储功能的科学评价、对比分析方面存在诸多技术难题。在大尺度层面，城市绿地碳储测算方法主要为遥感估算法和样地清查法两大类。

#### （1）遥感估算法

区域尺度城市绿地碳汇测算常用遥感估算法，遥感技术具有快速、实时、大范围获取数据的优势，应用分析遥感数据产品，或以遥感影像为数据源结合实地调查数据、驱动模型是实现碳储量、碳循环、碳源/汇监测的有效方法。基于遥感技术开展碳汇估算主要有反演估算法。

反演估算法测定原理为对遥感影像数据和实测碳储量数据进行相关性分析，建立两者的拟合方程，进而获取城市绿地碳储量的时空分布及动态。城市绿地的空间分布格局及其功能需求相对复杂，决定其生物量的环境因子和生物因子多种多样，在这种情况下，单一遥感信息很难准确反映生物量的变化。现有研究学者多基于多源遥感信息，如不同影像的波段灰度值、植被指数、纹理信息等进行变量筛选与拟合，实现了城市绿地碳储量、碳动态的估算。研究多采用不同拟合方法（线型回归、机器学习等）构建拟合模型，以实现多源遥感数据和碳汇实测数据的校验拟合，反演估算。

主要测定路径为根据图像预处理的技术流程提取遥感影像中城市绿地植被信息，包括辐射定标、大气校正、影像配准、影像分割和绿地分类等，构建归一化植被指数（NDVI）与碳储量之间的估算模型，进而计算出植被碳储量，并根据其他样地的人工识别数据检验绿地碳储量估算模型的合理性，论证NDVI－碳储量估算模型的可行性。

具体流程可参考（图6-3）：

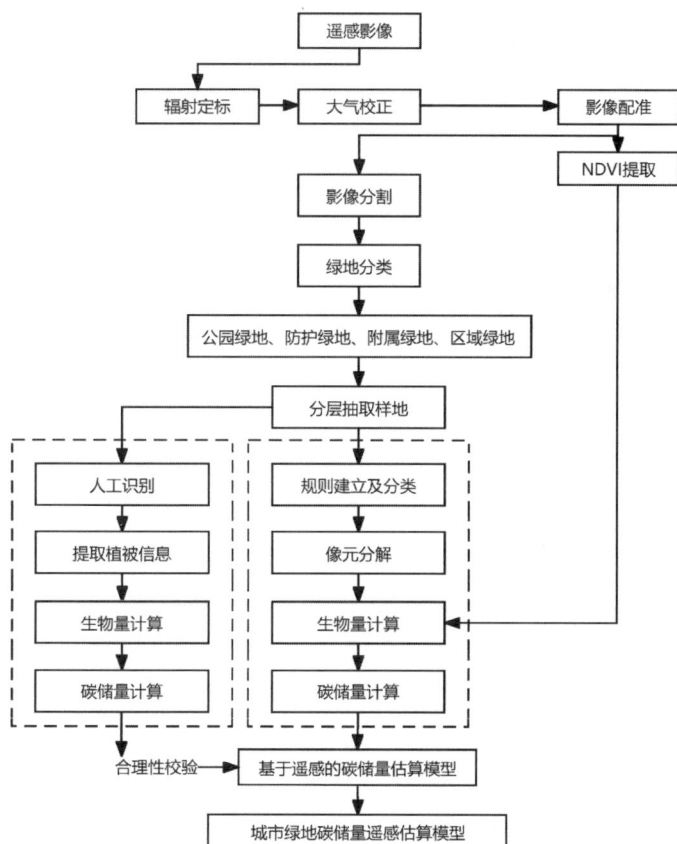

**图6-3 城市绿地碳储量遥感估算模型研究路径**
（来源：殷炜达，苏俊伊，许卓亚，等. 基于遥感技术的城市绿地碳储量估算应用[J]. 风景园林，2022，29（5）：24-30.）

基于遥感技术的碳储估算具有快速、实时实现大范围计算的优点。然而基于遥感技术的碳储估算，往往存在绿地物种识别的模型限制问题，如线性回归模型普遍存在预估精度不高、模型泛化能力差、估算结果残差线性相关等问题；其次，生物量、碳储量的估算存在饱和现象，往往会造成生物量估测的低值高估与高值低估问题，影响遥感估算精度。对于此类问题，亦有多位学者综合采用高分辨率和高光谱遥感数据，并基于机器学习等新兴方法，实现对城市绿地的提取与分类，以实现生物量反演效果的提升。

（2）样地清查法

样地清查法是通过建立典型样地对植被及土壤碳储量进行实测，并结合连续观测来获取一定时期内碳储量的变化情况。该方法通常在推算出生物量后乘以含碳系数来求得碳储量，在区域尺度常见方法主要包括：生物量转换因子法和模型测算法。

①生物量转换因子法

生物量转换因子法，又称为材积源生物量法，其数据支撑为森林资源清查数据，通过对不同植被类型的蓄积量进行统计，通过转换函数计算得出单位面积生物量，进而乘以统计面积及含碳转换系数，得出碳储量。1984年，由Brown&Lugo提出，并应用于全球森林地上生物量估算，实现了由样方尺度向区域尺度估算推演转换的技术。该方法可从森林资料清查资料中获取详细数据，但不同地区、不同物种的转换因子存在差异，且需考虑树木树龄等差异化参数。随着研究发展，方精云等提出生物量转换因子连续函数，克服了物种树龄差异所带来的生物量估算不准的问题，在国际上被广泛应用。

该方法相对成熟，在实际运用中，采用生物量转换因子法进行城市绿地碳储量、碳源/汇的动态监测，需考虑不同地区、不同物种之间转换因子等参数的差异，参数的"适地适树"是提升生物量转换因子法估测精度的关键。

②模型测算法

模型测算法是基于样地实测的树木信息，模拟树木生长或直接建立树木模型，通过输入植被信息或通过遥感影像识别植被，从而对碳储量进行估算。在区域尺度常用的模型包括：CITYgreen、InVEST模型。

Citygreen模型是样地勘测基础上的生态效益评估模型，包含数据库和生态效益分析两个模块，内含300多种树木基础信息，可模拟植被生长及植物光合呼吸作用等生理过程。内置树种数据因来自美国本土，对我国适地树种契合度较差，故而需提供相应树种各类生长数据以更新完善本土化数据库，提高基于异速生长方程的计算准确性；此外，该方法不适用于群落较丰富地域的碳储测算。InVEST模型是全球公认的生态系统服务模型之一，其测算原理基于土地利用/覆被和对应的碳库参数评估土地利用碳储量。

总体而言，该方法依托模型计算，操作简单、计算快捷、估算全面，可大量节省人力物力以实现大规模模拟与测算；但模型内置参数无法覆盖所有地区及所有树种，需要根据本土情况及对应树种进行参数修正。

### 4）群落及单木尺度绿地碳储测算方法

从测定的性质而言，群落级单木尺度绿地碳储测算方法分为破坏性直接测定法和保护性间接测定法。前者包括林学、生态学以及化学等领域常用的干烧法和湿烧法，基本逻辑是通过元素测定或化学方程式进行精细化计算；后者包括平均生物量法和模型测算法，主要依托于园林植物生物量的测定。

（1）干烧法

干烧法的测定原理是通过元素分析仪，直接测定样品中的有机碳的百分含量。具体操作如下：将样品烘干冷却后，用高速万能粉碎机粉碎（粉碎颗粒的直径因筛子的直径而定），然后利用元素分析仪测量样品中有机碳百分含量。其优点是精度很高，误差不超过百分之0.3；其缺点是属于破坏性测定法且成本较高，受实验设备限制较大。

（2）湿烧法

湿烧法的测定原理是植物样品中的有机碳在较高的温度下，可用已知量的过量$K_2Cr_2O_7$–$H_2SO_4$溶液使之氧化，由净消耗的$K_2Cr_2O_7$–$H_2SO_4$量，即可计算出样品中碳的含量。具体操作如下：将样品粉碎后，用重铬酸钾硫酸溶液进行试验，观察用量，计算结果。其优点是操作简单快捷，并可达到一定准确度（2%～4%）；其缺点是属于破坏性测定法，需要一定的设备和实验技术。

（3）平均生物量法

平均生物量法的测定原理是碳储量等于生物量和固碳系数CF的乘积。园林植物地上生物量多存于枝干中，由材积量乘以木材密度和生物量拓展因子求出，前者可以通过AdQSM等程序经过单木点云的枝叶分离后提取数据计算得出（植物的枝干体积乘以木材密度SVD是木材材积，然后再乘以生物量扩展系数BEF变成地上生物量，已知地上生物量后可以推算地下生物量，加和得到总生物量，乘以固碳系数CF即可得到碳储量。SVD和BEF和可以查表，具体参见《森林生态系统碳储量计量指南》LY/T 2988—2018附表），后者可以总结所在地区相关前人研究并结合IPCC公布的相关数据得出。同类植物多株求取平均值，得到标准木的碳储量，群落由标准木累加而得。此外，不同年龄段园林植物的碳储量不同，可以以成熟标准木为参考，乘以相关系数进行转换。其优点是准确度高；其缺点是需大量、精确的实测数据，而这一点正好可以通过点云树木满足。

（4）模型测算法

模型测算法的测定原理是通过实测得到植物的性状参数，整理对应植物对应区位的异速生长方程自行测算或调整参数利用i-Tree、City green等平台计算。其优点是操作简单,计算快捷;其缺点是计算核心是利用前人模拟得到的方程进行测算,寻找到同一树种同一地区的方程较为困难,且需要根据本土情况对不同地区不同植被进行参数修正、此外,即使进行了参数修正,其计算的准确度仍有待提升。

## 6.1.3 融合遥感与点云技术的城市尺度绿地碳汇与碳储测算路径

城市尺度绿地的高精度碳汇与碳储测算路径,需基于遥感影像解译与城市规划绿地提取、边界识别的双重限定下,实现对城市尺度绿地的全面识别与分类;在此基础上,建立城市绿地基础数据库,可实现不同区划及绿地类型的数据比较分析,支持绿地系统格局优化与高质量人居环境建设。路径从规划设计和城市资产管理的角度出发,测算城市绿地的碳汇碳储,与传统实验室或生物学方法不同,但并不否定传统方法的价值。路径基于城市绿地系统数据库,结合覆被类型进行异质性样方选取,以实现基于遥感数据和点云技术的城市绿地植被碳汇与碳储精细化测定。

### 1)基于城市遥感影像的覆被类型及植被类型识别

以城市中心城区为研究区域,一般而言,城市覆被类型可划分为"水体""林地""灌丛""草地""空地"与"城市建成区"。根据城市覆被类型分类,可锁定城市绿地分布。而植被的群落结构存在特异性,不同群落结构下绿量有所差异,故而在不同群落结构的绿地斑块中,群落碳储与碳汇能力各异,对其进行群落结构的细致性划分,将有助于提升碳汇与碳储能力测定的精确度。城市植被群落类型可划分为林地、灌丛、地被等,包括常绿、落叶、针叶、阔叶等植被类型,混交林或纯林等树种组成,复层林或单层林等群落结构(表6-2)。

植被群落类型及群落结构 表6-2

| 群落类型 | | | | 群落结构 | |
|---|---|---|---|---|---|
| 乔木 | | 灌丛 | | 复层林 | 单层林 |
| 常绿阔叶林 | 落叶阔叶林 | 常绿灌丛 | 落叶灌丛 | | |
| 常绿针叶林 | 落叶针叶林 | 地被 | | 树种组成 | |
| 常绿落叶针叶混交林 | | 常绿地被 | 落叶地被 | 纯林 | 混交林 |
| 常绿针阔混交林 | 落叶针阔混交林 | 冷季型草坪 | 暖季型草坪 | | |

（1）城市覆被类型识别

可采用城市多光谱遥感影像或高光谱遥感影像进行分析，前期需对遥感影像进行预处理，包括数据重采样与数据转换、亮度校正、大气校正、几何校正、图像增强、波段融合与图像裁剪等操作。根据城市覆被类型分类，可对遥感影像建立兴趣区域（Region of Interest）作为训练样本，通常涵盖"水体""林地""灌丛""草地""空地"与"城市建成区"六类。可选择监督分类或无监督分类算法，通过建立训练模型，为每个地物类别选择适当数量的样本，并指定类别识别计算，以实现对城市覆被类型的精细化识别。

（2）城市植被分类识别

城市植被分类识别，采用分层分类的思想，采用城市多光谱遥感影像或高光谱遥感影像进行分析。因植被分布较为杂乱无序，且存在"同物异谱"和"同谱异物"的现象，仅利用光谱特征进行分类很难取得高精度的分类结果。相关研究已证明，多时相的遥感数据并结合纹理特征、光谱特征，可以提高物候差异明显的植被区分能力。一般采用具有较高的时间分辨率、空间分辨率和丰富的光谱信息的Sentinel-2数据，来进行基于多特征的植被分类识别。

前期需获取研究年份多月份遥感影像，并进行预处理，包含辐射定标、大气校正、几何校正和图像剪裁与像元重采样等工作。结合外业数据采集，对研究区域各类植被类型进行典型样方选取，选取遵循代表性与样本均匀分布原则，部分为训练样本数据，剩余部分为验证样本数据。对遥感影像进行多特征的植被分类识别，涵盖NVDI时间序列分析、最佳时相光谱反射率特征分析、纹理特征分析三类，以实现植被类型的精细化分类。

综上，城市中心城区覆被类型反映了城市的用地利用和植被分布情况，通过基于遥感影像的分析，可以实现对覆被类型进行大尺度识别、分类和监测，为城市尺度绿地的碳储与碳汇测算奠定基础，并为城市规划、管理和环境监测提供了重要信息。

**2）基于城市规划/区划/用地类型的边界识别与绿地提取**

以城市中心城区为研究区域，城市绿地往往可按照行政区划、道路及街区，以及绿地类型进行划分。依据相关规划文件，如土地利用类型图、城市用地分类图，可获得城市中心城区行政区划边界、道路及街区边界，以及城市绿地范围与分类。

（1）城市绿地类型

根据住房城乡建设部发布的行业标准《城市绿地分类标准》CJJ/T 85—2017，将城市绿地划分为分为城市建设用地内的公园绿地（G1）、防护绿地（G2）、广场用地（G3）和附属绿地（XG）以及城市建设用地外的区域绿地

（EG），共计五类。根据城市绿地分类，可实现绿地类型与各类绿地的植被组成与覆被类型统计，实现对各类绿地的量化统计并支持相关分析。

（2）城市行政区划

根据各城市行政区划，可对城市中心城区进行辖区划分，包括区级划分和街道级划分，以实现对植被的分区统计与分析，提供绿地数据以支持区域绿地研究，优化区域间绿地数量、质量及碳汇碳储能力均衡发展。

（3）城市道路及街道

城市道路作为城市发展骨架，是城市规划中必不可少的元素。但在绿地系统规划中，道路作为阻隔，分割绿地斑块及植被群落，是城市绿地的主要边界形式。对其进行数据获取，并与城市绿地进行叠加，可分析城市绿地的连通度与综合性碳汇碳储生态效益。

综上，三类城市绿地边界划分与绿地类型提取，可与上述基于遥感影像分析所获的城市覆被类型与植被群落进行分类叠加，以获得各项细分并叠加城市绿地边界与类型划分的植被群落板块，以实现对城市尺度绿地的样方建构标准与分类标准，支持精细化碳汇与碳储能力测定。

### 3）城市绿地基础数据库建构与分析

城市绿地基础数据库的建构与分析首先需要明确构建目的和关键指标，然后利用合适的方法和工具进行数据处理。其中，构建目标是识别和比较不同城市绿地的面积、类型、分布和结构等，以此来为城市绿地系统规划与评估提供优化依据；关键指标是通过城市遥感影像的覆被类型识别和基于城市规划/区划/用地类型的边界识别与绿地提取两步骤，收集到城市尺度的遥感影像和绿地系统规划、用地性质、行政区划等基础数据后，结合图像校正、分类和解译等数据处理手段，进而从中提取城市尺度不同绿地的植被类型、绿地面积、在城市总面积中的占比以及绿地的分布结构和空间布局等指标。最后结合多项数据，分析城市尺度不同绿地在植被类型、面积占比和群落结构上的异同，讨论不同绿地在空间分布、连通性和均匀性上的差异。

根据Sentinel-2遥感影像数据，通过绿地覆被类型识别，三层级边界识别与绿地提取等步骤，能够得到城市尺度各绿地斑块的基础数据和关键指标。对比分析各绿地斑块在植被类型、面积占比和群落结构上的异同，最终得到可优化的城市绿地空间。

为确保城市尺度各绿地详细信息的实用性，依托数据库的尺度的灵活性和扩展性，将所有数据结果整理集结为数据库。数据库不仅能够整体反映当前的城市绿地状况，而且还能够适应未来的变化和需求。其中，基础数据库架构可依据表6-3建立。为保证数据库的可持续性，还需定期对数据库进行更新并持续跟踪城市绿地的发展变化，根据实际情况调整和优化分析方法。

| 绿地编号 | 地理位置 | 绿地类型 | 行政区划 | 总面积 | 群落结构类型及面积（hm²） | | | | | | | | | | | | | |
|---|---|---|---|---|---|---|---|---|---|---|---|---|---|---|---|---|---|---|
| | | | | | 常绿阔叶林 | 落叶阔叶林 | 常绿落叶阔叶混交林 | 常绿针叶林 | 落叶针叶林 | 常绿落叶针叶混交林 | 常绿针阔混交林 | 落叶针阔混交林 | 常绿灌丛 | 落叶灌丛 | 常绿地被 | 落叶地被 | 冷季型草坪 | 暖季型草坪 |
| A | | | | | | | | | | | | | | | | | | |
| B | | | | | | | | | | | | | | | | | | |

综上所述，城市绿地基础数据库建构与分析不仅能够有效地构建和分析城市绿地基础数据，还能够对城市的蓝绿灰空间规划进行全面的评估，为城市规划和绿地管理提供了坚实的科学依据。

### 4）基于遥感数据和点云技术的城市绿地植被碳汇与碳储测定

（1）结合植被类型的测定样方选取

首先利用遥感影像技术进行地物分类，包括土地覆被和植被类型划分。通过精确的地物分类可以确定不同绿地斑块的关键指标，如植被覆盖率、植物种类和分布情况。在此基础上，结合三层级边界识别与绿地提取，可以有效构建城市绿地基础数据库，并支持未来城市绿地系统规划优化与人居环境提升。

为了确保城市尺度碳汇与碳储测算结果的精准性，选取典型样方进行校验和反演是必不可少的。典型样方的选取标准包括多个维度：①绿地类型（如公园绿地、广场用地、附属绿地及区域绿地等）；②覆被类型（如纯乔木、纯灌木、乔灌草等，包括常绿、落叶、针叶、阔叶等）。在这个过程中，还需将遥感影像分析所得数据和指标与实地调查所得实际情况相结合校验，从而提高植被分类的准确性和样方的典型性。

（2）典型样方碳汇与碳储能力测算

在典型样方碳汇与碳储能力的测算方面，点云技术的应用是核心。主要使用激光雷达扫描仪（例如LIDAR、大疆等）获取样方中景园植物的三维点云数据。通过这些高精度的三维数据，可以准确提取树木的高度、胸径、冠层结构等关键参数和特征因子。这些参数和特征因子是进行碳汇与碳储量测算的基础，结合光合速率实测数据以及植物的生物量转换因子和含碳率等相关系数，可以定量计算典型样方的碳汇与碳储量。这一过程不仅对于单个样方的碳汇与碳储量估算至关重要，而且对于整个城市尺度碳汇与碳储量的测算提供了校验与反演的可能（图6-4）。

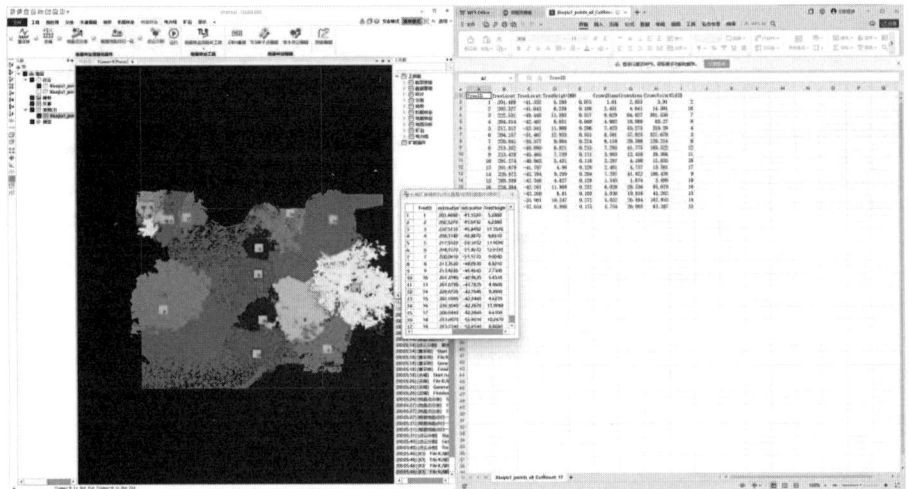

图6-4　样方三维点云及其属性表

在碳汇层面，通过点云数据提取到的叶面积指数结合冠幅能够计算绿量。绿量是景园植物的形态指标，和景园植物的碳汇能力虽然呈正相关，并不能以其为全部依据直接量化景园植物的碳汇。基于同化量法的测定原理，有了净光合速率的实测值，就能够把景园植物的形态数据转化为真实的生态数据，进而精准量化景园植物的碳汇。此外，点云数据受数据性质的限制，是从整体上、全尺度上展示景园植物的三维结构，并不能局部展示景园植物碳汇能力随着植物生长状态不同而产生的变化，景园植物的净光合速率能够直观体现植物的生长状况，弥补了点云数据在动态变化上的不足，是实现景园植物全生命周期碳汇与碳储动态检测的补强指标。在景园植物光合作用日变化曲线中，其净同化量是净光合速率曲线和时间横轴围合的面积，利用光合作用测定仪实测出净光合速率（Pn）可以计算出其净同化量（An）。测算出净同化量后，根据植物光合作用原理和光合作用反应方程可以推算出其碳汇量。

在碳储层面，根据联合国政府间气候变化专门委员会（IPCC）公布的相关方法和数据，测算涉及对植物碳封存能力的评估，测算总体思路为生物量（B）乘以含碳率（CF）。其中，生物量是衡量生态系统生产力的重要指标，与生态系统结构和功能高度相关，包括地上生物量（AGB）、地下生物量（BGB）、枯落物生物量（LIB）、枯死木生物量（DWB）和土壤生物量（SOB）共五部分。在景园植物等相关研究中，多聚焦于自然生长状态下的景园植物单木及其群落，一般情况下仅需考虑地上生物量、地下生物量、枯落物生物量和土壤生物量四部分；而地下生物量可以由地上生物量乘以根系比（RSR）得出，枯落物生物量可以由地上生物量乘以落叶比（FLR），土壤生物量可以由《森林生态系统碳储量计量指南》公布的不同植被类型土壤碳密度（SOCC）乘以对应面积得出，因此地上生物量的精准测定成为碳储测算的重要环节。

（3）城市绿地碳汇与碳储能力测算

基于典型样方的城市绿地碳汇与碳储能力测算，是将上述样方测算结果进一步反演到更大尺度的城市绿地中。通过运用典型样方的测算与校验结果，结合城市绿地遥感影像的植被识别与绿地提取，可估算城市尺度各类绿地的碳储和碳汇能力。

①城市绿地植被碳汇测算——改进CASA模型

采用改进CASA模型计算植被净初级生产力（NPP），从而反演城市尺度绿地植被的碳汇量。计算植物通过光合作用将太阳能固定并转化为植物生物量。单位时间和单位面积上，绿色植物通过光合作用所产生的全部有机物同化量，即光合总量，叫总初级生产力（GPP）；净初级生产力（NPP）则是从光合作用所产生的有机质总量中扣除自养呼吸后的剩余部分。NPP作为地表碳循环的重要组成部分，不仅直接反映了植被群落在自然环境条件下的生产能力，表征陆地生态系统的质量状况，而且是判定生态系统碳源/汇和调节生态过程的主要因子。

而光能利用率模型以光能利用率概念（Light use efficiency：LUE）为基础，通过植被吸收的光合有效辐射和LUE计算植被生产力。LUE将太阳辐射、光合作用、植被生产联系起来，用植物固定与吸收光能之比表示植被利用光能的效率。LUE表征大气$CO_2$固定为有机物的效率，可以指示植被生产力、固碳效率和区域碳循环特征。而依光能利用率反演NPP的模型主要包括三种：MODIS GPP模型、EC-LUE模型、CASA模型。

CASA（Carnegie-Ames-Stanford Approach）模型是估算陆地生态系统植被净初级生产力（NPP）的经典模型。在CASA模型中，植被对太阳有效辐射的吸收比例取决于植被类型和植被覆盖状况。而经改进并新构建的植被NPP遥感估算模型相比传统CASA模型主要有以下三点优势：一是从遥感数据处理的角度消除了遥感数据源给植被NPP模拟所带来的误差；二是模拟了中国主要植被类型的最大光能利用率，而不是像经典的光能利用率模型（CASA模型）那样对所有植被类型均采用一个统一的最大光能利用率参数；三是根据区域蒸散模型来模拟水分胁迫因子，与CASA模型所采用的土壤水分子模型相比，在保证模拟精度的情况下使模型的实际的可操作性得到加强。

②城市绿地植被碳储测算——InVEST模型

采用InVEST模型可对城市尺度绿地植被的碳储量进行计算。过往研究多基于城市土地利用类型及其相对应的碳密度进行粗略计算。为提高测算精度，可将城市土地利用类型中的土地覆被类型进一步细化为植被类型，并将相对应的碳密度数值结合不同植被类型实测的样方碳库碳储值链接，以实现城市绿地植被碳储精细化测算。需建立不同植被类型的碳库碳储值表，可通过典型样方尺度的碳储能力测算获取并校验，进行均值化处理获得。通过InVEST模型Carbon Storage and Sequestration固碳模块计算，将碳库碳储值表链接研究区域植被类型分类图，以计算碳储。

通过此方法，可实现在植被分类和碳储值表两方面的精度提升，获取城市尺度的高精度植被碳储计算结果，并可通过典型样方进行校验计算，以进一步提升测算精准性。未来，可实现基于多年遥感影像的碳储量时空演变的分析与预测。

## 6.2

**蓝绿空间生态系统碳汇及碳储测算**

通过对不同类型绿地有关碳汇碳储方面的特征进行分析，包括公园绿地、防护绿地、广场用地、附属绿地以及建成区以外的区域绿地，评估其在碳循环中的作用，明确各类绿地碳汇与碳储的测算指标，根据指标结果的不同比较出各类绿地的碳汇碳储效能。对土壤以及水体进行碳汇与碳储的测算比较，了解其在碳排放减少和碳储存方面的潜力和限制。通过蓝绿空间生态系统在碳汇和碳储方面的测算比较，对蓝绿空间生态系统的碳汇与碳储能力进行比较分析，有助于优化城市规划和建设中的绿化设计，提高城市绿地的碳汇和碳储效益，促进城市生态环境的改善和可持续发展。

### 6.2.1 常见绿地类型碳汇与碳储测算比较

按照《城市绿地分类标准》CJJ/T 85—2017，绿地按主要功能分为五大类：公园绿地、防护绿地、广场用地、附属绿地以及建成区以外的区域绿地。

#### 1）绿地分类与特征

（1）公园绿地

"公园绿地"是城市中向公众开放的、以游憩为主要功能，有一定的游憩设施和服务设施，同时兼有生态维护、环境美化、减灾避难等综合作用的绿化用地，是城市建设用地、城市绿地系统和城市市政公用设施的重要组成部分，是展示城市整体环境水平和居民生活质量的一项重要指标。

公园绿地可分为5大类11小类：即综合公园，含全市性公园、区域性公园；社区公园，包括居住区公园、小区游园；专类公园，含有儿童公园、动物园、植物园、历史名园、风景名胜公园、游乐公园、社区性公园，其他专类公园；另外还有带状公园和街旁绿地。

公园绿地的可达性高，人工干预度强，配置和服务能力突出，平均降温幅度最大，与社会空间关联度高，且与社会空间高度耦合。公园绿地承载着固碳释氧、降温增湿、雨水减排、净化大气、景观游憩等生态功能，其植物群落的固碳效益受植物种类、植物群落结构层次、郁闭度、平均胸径及群落密度等因素的影响，因此，应当遵循植物群落更新配置的原则，兼顾景观效果和固碳效益，优先从高固碳的树种、复层植物群落、高郁闭度、低胸径、高密度植物群落等方面来改善公园绿地区域的碳储量。

（2）防护绿地

防护绿地是指为满足城市对卫生、隔离、安全的要求而设置的绿化用地。其功能是对自然灾害和城市公害起到一定的防护或减弱作用，不宜兼作公园绿地使用。

城市防护绿地按不同的划分依据可分为以下不同的类型：①根据防护林的功能或主要防护的危害源种类分为防风林、治沙林、防火林、防噪林、防毒林、卫生隔离林、城市组团隔离带等；②根据主要的保护对象分为道路防护林、农田防护林、水土保持林、水源涵养林、交通防护林（铁路、公路）等；③根据防护林营造的位置分为环城防护林、江（或河、湖）岸防护林、海防林、郊区风景林、城市高压走廊绿带等。

防护绿地总体特征为越靠近建成区，受人为活动影响越大，景观破碎度越高。绿地内绿化线性特征较明显，各树种在空间分布上呈现相同树种聚集度高的特征。防护绿地的建设有助于增加城市绿地率，改善城市环境质量，提升市民生活品质。同时，通过生态修复和植被恢复，可以进一步提高碳汇和碳储效率。

（3）广场用地

广场用地是以游憩、纪念、集会和避险等功能为主的城市公共活动场地。

广场按功能分为公共活动广场、集散广场、交通广场、纪念性广场和商业广场。兼有几种功能的称综合性广场。

广场用地与公园绿地的服务功能相似，其差别在于绿地的占比，广场用地的硬质面积较大，其布局和居住用地具有一定的重合性，在空间上表现为围绕核心集聚。广场用地的设计注重引入可持续管理理念，采用生态景观设计、节水灌溉等手段，降低对资源的消耗，减少对环境的影响，从而提高碳汇碳储效益。

（4）附属绿地

附属绿地指除绿地与广场用地以外的各类用地中的附属绿化用地，这类绿地大多以围栏、围墙等形式封闭起来，具有私密性的特点。

附属绿地包括居住用地、公共设施用地、工业用地、仓储用地、对外交通用地、道路广场用地、市政设施用地和特殊用地中的绿地。

附属绿地作为附属于各类城市建设用地的绿地，可以灵活地嵌入密集的城市区域，不受城市扩张的限制。附属绿地平均斑块面积虽小，但数量却非常庞大，而不同附属绿地类型的碳储存能力也存在显著差异。在人口稠密、土地使用率高的城市地区，附属绿地发挥着极其重要的作用，可以改善城市热岛效应、增加空气湿度、减少噪声等，提升城市生态环境质量。

（5）区域绿地

区域绿地指位于城市建设用地之外，具有城乡生态环境及自然资源和文化资源保护、游憩健身、安全防护隔离、物种保护、园林苗木生产等功能的绿地。

区域绿地依据绿地主要功能分为四个种类，即风景游憩绿地、生态保育绿地、区域设施防护绿地、生产绿地，突出了各类区域绿地在游憩、生态、防护、园林生产等不同方面的主要功能。

区域绿地资源是重要的自然生态资源，也是区域人居环境的核心组成部分，其将城市园林空间延伸到了建设用地外围的自然空间，从休闲扩大到了生态、景观、游憩等多样化的绿色功能构建。区域性绿地资源相互联系比较薄弱，资源具有复杂性。区域绿地具有面积大的特征，最大斑块指数亦反映了其在绿地系统中所处的优势地位，但区域属性也决定了其平均距离最远，为了更好发挥其应有的生态、游憩功能，区域绿地应强化向城市内部的渗透。区域绿地不仅提供了碳汇碳储的功能，还维护了生态系统的连续性和完整性。它们为野生动植物提供了栖息地，并促进了生物多样性的保护。

**2）各类绿地碳汇碳储测算指标**

（1）植物多样性

植物多样性是指在一定地区或生态系统内，各类植物物种的丰富程度和多样性。它不仅包括了植物的数量，更涵盖了植物的种类、形态、生命周期、分布等多个方面的变化。植物多样性是生态系统的重要组成部分，反映了生态系统的稳定性、抗逆性以及其对环境变化的适应能力。植物多样性概念强调了植物在地球生态系统中的丰富性和多样性，以及其对整体生态平衡的贡献。高植物多样性可以促进更多的碳汇和碳储，但应坚持地带性基础上的植物多样性。

（2）单位面积生物量

单位面积生物量是指在单位面积内存储的生物质量，通常以重量或体积来表示，可以用来评估一个生态系统中植被的密度和生长状况，是衡量生态系统生产力和碳储量的重要指标之一。通过实地调查和监测获取样地内生物量的数据，然后将其按照样地面积进行计算得出。单位面积生物量的大小受多种因素影响，包括气候条件、土壤类型、植被类型、人为干扰等因素。

（3）植被覆盖率

植被覆盖率通常定义为植被（包括叶、茎、枝）的垂直投影面积在某个统计区域内所占的百分比，它量化了植被的茂密程度，反映了植被的生长态势，是刻画地表植被覆盖的重要参数，也是指示生态环境变化的基本指标。

（4）植物碳储量

绿地内的植物可以储存大量的碳元素，植物碳储量可以通过测算植物的生物量来评估，包括地上部分（如树干、枝叶）和地下部分（如根系），是揭示碳汇能力的主要指标。

（5）平均碳密度

平均碳密度是指某一特定区域或系统中单位面积或单位体积内的碳储量的平均值。通常用于描述森林、土壤、湿地或其他生态系统中的碳储量。这一概念对于监测和评估碳排放、吸收和储存的情况具有重要意义，也是研究气候变化和生态系统健康状况的重要参数之一。

（6）植被年固碳量

植被年固碳量是指植物在一年内通过光合作用从大气中吸收的$CO_2$总量，减去通过呼吸作用释放回大气中的$CO_2$量后的净值。这个指标对于理解全球碳循环、评估森林和其他植被类型在减缓全球变暖中的作用至关重要。植被固碳的能力受多种因素影响，包括植物类型、生长阶段、气候条件（如温度、降水）、土壤类型和管理措施等。不同类型的植被，如森林、草地、农田等，其年固碳量差异显著。

（7）植被年碳收支量

不同类型绿地植被年固碳量以及相对应的养护管理年碳排放量的差值即为该绿地植被年碳收支量。若差值为正值，则该绿地植被年固碳量大于植被年碳排放量，表现为该绿地植被在满足抵消自身产生碳排放量的情况下，还可为绿地内部及其周边如交通、建筑、人类活动产生的碳排放量作出贡献；若差值表现为负值，则该绿地植被年固碳量小于植被年碳排放量，则说明该绿地植被养护管理过程产生了大量碳源，需要绿地植被在较长一段时间之内才能抵消自身产生的碳源。

### 3）各类绿地碳汇与碳储测算比较

（1）不同类型绿地碳密度分布特征

城市绿地碳密度在不同区域间存在明显的差异性，其变化主要受绿地空间格局、城市发展强度、绿地群落结构等因素影响。

以开封市为例：不同类型城市绿地的植被平均碳密度存在着显著差异（表6-4），而城市绿地植被的碳密度在垂直分布上也呈现出明显的差异。在研究的城市绿地区域中，乔木层的平均碳密度表现出了一定的规律：公园绿地的乔木层平均碳密度最高，分别是防护绿地、广场绿地和附属绿地的1.39、1.75和2.54倍；而在广场绿地中，灌木层的平均碳密度则最高，比防护绿地和附属绿地高出了5.00倍。这表明，群落的垂直结构以及植物类型的变化可能会对植被的碳密度产生影响。

研究区城市绿地平均碳密度分布及占比情况 表6-4

| 绿地类型 Green space type | 碳密度Carbon density/kg·m$^{-2}$ | | | | | 碳占比Carbon proportion/% | |
| --- | --- | --- | --- | --- | --- | --- | --- |
| | 乔木 Arbor | 灌木 Shrub | 植被 Vegetation | 土壤 Soil | 生态系统 Ecosystem | 植被 Vegetation | 土壤 Soil |
| 公园绿地G1 | 7.21（3.61）a | 0.04（0.02）b | 7.25（3.62）a | 18.72（7.86）a | 25.98（11.17）a | 27.94a | 72.06a |
| 防护绿地G2 | 5.20（2.22）ab | 0.02（0.02）b | 5.22（2.24）ab | 9.81（1.85）b | 15.03（3.72）ab | 34.75a | 65.25a |
| 广场绿地G3 | 4.13（1.35）ab | 0.10（0.02）a | 4.23（1.37）ab | 13.42（3.52）ab | 17.65（4.50）ab | 23.97a | 76.03a |
| 附属绿地XG | 2.84（1.36）b | 0.02（0.01）b | 2.86（1.16）b | 8.74（2.29）b | 11.60（3.26）b | 24.66a | 75.34a |

（来源：邓亮，崔耀平，唐晔，等. 城市绿地碳储量分布特征及其影响因素[J]. 森林与环境学报，2023，43（3）：319-328.）

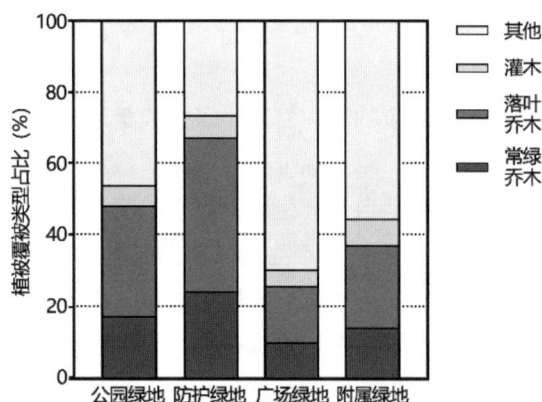

图6-5 不同类型绿地植被覆盖类型占比差异性
（来源：赵玥，王洪成. 城市绿地碳汇｜城市不同类型绿地植被碳收支差异及成因研究[J]. 景观设计，2023.）

（2）不同类型绿地植被年固碳量差异

以天津市内六区不同类型绿地为例：

①绿地植被覆被特征差异（图6-5）：在公园绿地中，常绿乔木的比例和整体植被覆盖面积占比相对较高，而防护绿地中非植被覆盖区域（如不透水面和水体）所占比例较小，常绿乔木和落叶乔木的比例最大，这些区域的单位面积年固定碳量较高。相比之下，广场绿地中常绿乔木和落叶乔木的比例较低，而灌木的比例相对较高，导致该类绿地的单位面积年固定碳量最低。而附属绿地中，常绿乔木、落叶乔木和灌木的覆盖比例相对均衡。

②绿地植被应用频度差异。在公园绿地中，植被种类丰富，常见白蜡、国槐、刺柏等高碳汇植物，因此公园绿地的单位面积年固定碳量较高；防护

绿地内部的植被类型相对单一，通常采用当地乡土植物，以落叶的乔灌木为主，以实现防风固沙、水源涵养等功能，并具有较强的逆境适应能力；广场绿地则设计了符合主题的花坛、花境，广泛应用灌木植物；而附属绿地则更多地满足居民日常需求，种植了苹果树、梨树、杏树等果树，因此相较于其他类型的绿地，其植被利用更为广泛。

③绿地植被规格特征差异（图6-6）。公园绿地通常拥有茂密的植被，树木生长状况良好，年龄较大，平均株高、胸径和冠幅都比较大，储存了丰富的植物生物量；防护绿地内的植被多处于幼龄阶段，因此规格较低；广场绿

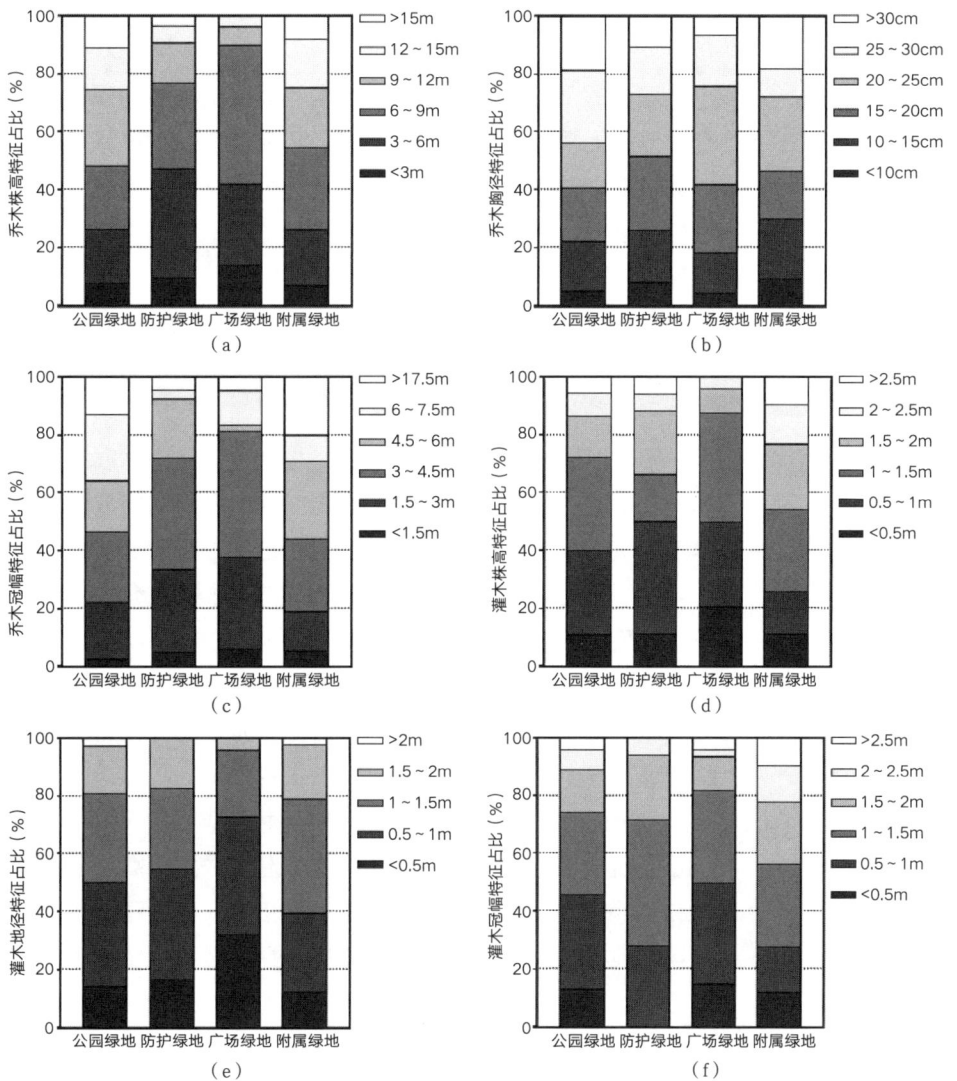

**图6-6 不同类型绿地乔灌木的株高、胸径、冠幅分布特征**
（a）乔木株高；（b）乔木胸径；（c）乔木冠幅；（d）灌木株高；（e）灌木地径；（f）灌木冠幅
（来源：赵玥，王洪成. 城市绿地碳汇｜城市不同类型绿地植被碳收支差异及成因研究[J].
景观设计，2023.）

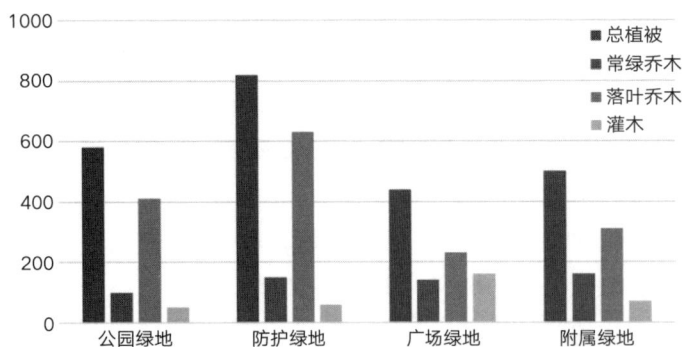

图6-7 不同类型绿地植被种植密度特征

（来源：赵玥，王洪成. 城市绿地碳汇｜城市不同类型绿地植被收支差异及成因研究[J]. 景观设计，2023.）

地中的乔木规格特征较高，但由于频繁修剪，灌木的平均地径和冠幅较小；附属绿地的植被规格呈现多样化特征，老旧居住区和道路绿地内的植被规格相对较高，而大多数新居住区、公共及其他类型的绿地内的植物则株高、胸径和冠幅等方面处于较低水平。

④绿地植被种植密度差异。通常，合理的植被种植密度能够促进绿地植被发挥更高的固碳效益，低于合理范围下限的，无法形成基本的群落结构和发挥相应的生态功能，超过合理范围上限的，群落繁乱空间堵塞感较强。防护绿地的植被种植密度处于四类绿地中的第一（图6-7），其次为公园绿地、附属绿地，广场绿地虽乔木种植密度低，但绿篱的种植设计增加了灌木的种植密度，使得整体植被种植密度值与附属绿地相似，二者均较低。

⑤绿地群落层次结构差异。在公园绿地中，植被群落层次结构最为复杂，以乔木、灌木和草本植物组成的复合层次结构占比较高；而防护绿地的植被层次结构较为单一，且结构不够均衡；广场绿地由于部分设计为树阵广场，因此以乔木为主的单层植被结构比重较高；附属绿地中，植物群落相对单一，常见的是由乔木和草本植物或乔木和灌木组成的双层植被结构。植被群落层次越丰富的绿地，通常能产生更好的景观美学效果和生态效益。

（3）不同类型绿地植被养护管理年碳排放量差异

以天津市内六区不同类型绿地为例（图6-8）：

不同类型绿地植被养护管理年碳排放量表现为公园绿地＞附属绿地＞广场绿地＞防护绿地，且两两之间对比差异性显著，这主要源于绿地在植被养护管理过程中的4个工序环节（表6-5）：

①不同类型绿地灌溉工序的差异性

在四类绿地中，公园绿地的植被灌溉成本最高。附属绿地中，居住区绿地和公共与其他绿地的植被灌溉成本相近，而道路绿地的灌溉成本略低，与广场绿地相仿。由于防护绿地的植被具有较强的抗逆性，且养护管理方式相对粗放，其灌溉成本最低。在公园绿地中，如果存在大面积水体，常采用自来水与河水（湖水）相结合的方式进行灌溉，从而降低年碳排放量。而其他类型的绿地通常使用自来水进行灌溉。此外，防护绿地和附属绿地中的道路绿地在灌溉过程中通常需要使用运水车进行水运输，这增加了养护管理的年碳排放量。

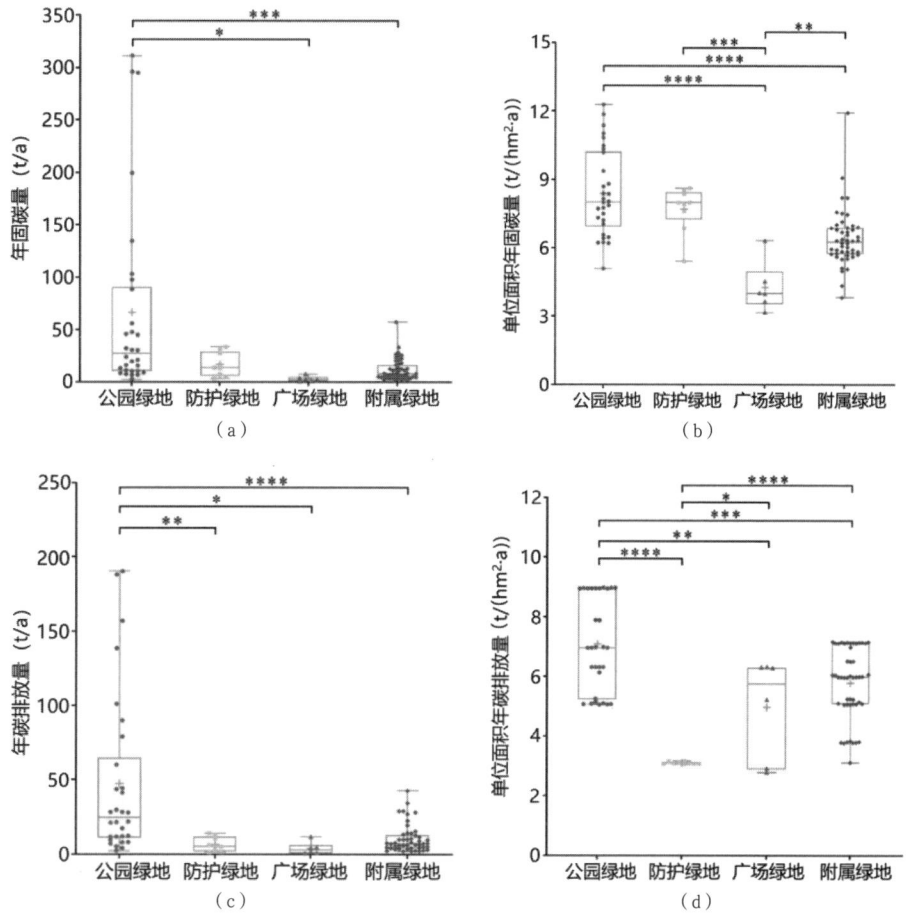

图6-8 四类绿地植被养护管理年碳排放量差异性对比
（a）年固碳量；（b）单位面积年固碳量；（c）年碳排放量；（d）单位面积年碳排放量
（来源：赵玥，王洪成. 城市绿地碳汇丨城市不同类型绿地植被碳收支差异及成因研究[J].
景观设计，2023.）

不同类型绿地植被各养护管理工序单位面积年碳排放量　　　　　　　表6-5

| 绿地类型 | 灌溉 | | 施肥 | | 施农药 | | 修剪 | |
|---|---|---|---|---|---|---|---|---|
| | 年碳排放量/ t（hm²·a） | 比例/ % | 年碳排放量/ t（hm²·a） | 比例/ % | 年碳排放量/ t（hm²·a） | 比例/ % | 年碳排放量/ t（hm²·a） | 比例/ % |
| 公园绿地 | 5.916 | 83.590 | 0.622 | 8.790 | 0.412 | 5.821 | 0.127 | 1.799 |
| 防护绿地 | 2.741 | 88.314 | 0.159 | 5.130 | 0.170 | 5.493 | 0.033 | 1.063 |
| 广场绿地 | 4.436 | 89.337 | 0.132 | 2.658 | 0.263 | 5.295 | 0.135 | 2.711 |
| 附属绿地 | 5.037 | 87.253 | 0.371 | 6.421 | 0.294 | 5.089 | 0.071 | 1.237 |

（来源：赵玥，王洪成. 城市绿地碳汇丨城市不同类型绿地植被碳收支差异及成因研究[J]. 景观设计，2023.）

②不同类型绿地施肥工序的差异性

在肥料的使用方面，公园绿地着重于营造优美的植物景观效果，尤其注重月季等花灌木的生长，因此其肥料使用量最高。其次是附属绿地，因为在这些区域也有类似的景观需求。相比之下，防护绿地由于植被生长条件较为有利，且养护管理相对简单，因此其肥料使用量较低。广场绿地由于建成时间较久，植被生长状态良好，也因此肥料使用量较为节约。

③不同类型绿地施农药工序的差异性

不同绿地对于植物病虫害防治投入的农药药剂产生的年碳排放量之间有所差异，但差异性较小。其中公园绿地的农药消耗量较高，其次为附属绿地、广场绿地、防护绿地。

④不同类型绿地修剪工序的差异性

为了维持植被的形态和景观效果，公园绿地和广场绿地需要频繁修剪植物，同时也要增加残枝和枯落物的处理次数。在附属绿地中，道路绿地和公共与其他绿地一年中也需要进行频繁修剪。相比之下，防护绿地和居住区绿地对植被形态的要求较低，因此一年中的修剪次数相对较少，从而减少了绿地植被修剪过程中的年碳排放量。

## 6.2.2 土壤及水体碳汇与碳储测算

人居环境中的土壤和水体与自然环境中的主要区别在于人类活动的影响程度、管理方式以及它们在碳循环中的功能变化。自然环境中的土壤和水体在碳循环中更多体现自然平衡状态，而人居环境中的则在人类活动的强烈影响下面临着功能转变和管理挑战，需要通过科学管理和生态保护策略来优化其碳汇和碳储功能。

自然环境下的碳储存较为稳定，长期的自然过程形成了复杂的生态系统平衡，如土壤中的有机质分解速度较慢，有助于长时间锁定碳。深水区的水体碳储也能维持较长时间。自然水体具有一定的自净能力，可以处理一定量的污染物而不显著影响其碳汇功能。土壤通过微生物活动和物理化学过程，也有自我修复和调节能力。

城市化和土地利用变化减少了绿地面积，影响了土壤的碳吸收能力。城市土壤往往碳密度较低，因为建筑、道路覆盖减少了植物生长空间，且土壤经常受到扰动。人工水体如水库、城市湖泊虽能蓄水，但其碳循环过程可能与自然水体不同，受人为排放和营养盐增加影响更大。人居环境中的土壤和水体更容易受到污染，如重金属、有机污染物等。这些污染可能干扰正常的碳循环过程，降低土壤和水体的碳储能力。

但无论是自然环境还是人居环境，土壤及水体都对碳循环具有极其重要的意义。植物通过光合作用从大气中吸收$CO_2$并转化为有机物，部分有机物最终会沉积在土壤中，成为土壤有机碳。水体中的浮游植物和水生植被也进行光合作用，死亡后沉入水底，为水体提供碳源。

### 1）土壤碳汇与碳储测算

对于土壤碳汇及碳储能力测定，通常有以下方法（表6-6）。

土壤碳汇及碳储常用测定方法 表6-6

| 方法 | 优点 | 缺点 |
| --- | --- | --- |
| IPCC指南核算 | 可以为一些无法进行清查的国家提供碳核算的指标，从而进行粗略的估算，也提供了一种国际通用认可的核算方法，可以进行初步的估算 | 对于缺少本地信息的地区，估算精度就会下降，而估算时只能反映研究节点的土壤碳储量，无法反映周期内的变化 |
| 土壤类型法 | 有基础数据资料的地区，可以根据已有资料数据较为准确地估算出不同土壤类型碳储量 | 方法需要大量的前期数据，需要长期的数据积累 |
| 模型模拟法 | 从机理上对碳固存及其影响因素进行了解释，土壤碳量估算精度有所提高 | 需要对空间数据进行采集、数据量大，且要对模型进行长期训练 |
| 相关关系统计法 | 建立土壤碳固存与各相关关系的统计模型，一定程度上可以反映与环境各要素间的关系，提高精度 | 很难建立一个具有普适性的逻辑模型，在较大尺度中依据少量样点建立的模型可信度低。建立的关系模型只反映了部分影响因素 |
| C同位素示踪法 | 更为直观地区分土壤中各部分碳的转化和去留情况，可以具体地估算出外界投入土壤中的碳的转化情况。从微观碳转化机理角度探究碳储量 | 更适用于田块小尺度定量核算，所受限制较多，较大尺度无法确保数据准确性。研究对象为进入土壤外源碳转化情况，土壤本底碳无法定量 |

（来源：蔡亚楠，鞠正山，黄勤，等. 土壤有机碳汇内涵与核算方法辨析[J]. 生态学报，2024，44（2）：602-611.）

（1）土壤碳汇测定

碳当量平衡法被广泛应用在自然及城市系统中的土壤碳汇、碳储能力计算。城市中的土壤可能既具有碳汇作用，也可能成为碳源。通常会基于碳当量平衡法，界定和核算不同时点土壤产生的碳汇或碳排放过程。具体计算过程如下：

$$CSSO_{Ct} = CSSO_{Ct0} + CE \times T$$
$$CE = CSSO_{Cinput} - CSSO_{Coutput}$$

式中，$CSSO_{Ct}$为$t$时刻土壤碳储量值；$CSSO_{Ct0}$为初始节点土壤碳储量值；$CE$为土壤碳当量增减平衡值；$T$为时间；$CSSO_{Cinput}$为特定作物种植模式下单位时间内以土壤腐殖质为指标的土壤稳定性有机碳的生成量；$CSSO_{Coutpu}$为特定作物种植模式下以土壤腐殖质为指标的土壤稳定性有机碳需求（消耗）量。上述数值需要通过长期定位试验获取。

上述公式表示，$T$时间段内土壤有机碳汇（增汇/减汇）量等于初始状态土壤碳汇量加上$T$时间段内土壤碳汇当量变化量。其中，土壤碳汇变化量等于T时间段内土壤输出（耗散）碳汇量与土壤输入（耗散）碳汇量的差值公式。需要说明的是，土壤输入/输出碳当量与土壤有机质测定不同，需要通过长期定位试验测定核算出来。从操作性角度，原则上需要5年以上的长期定位时间试验数据支持。

（2）土壤碳储测定

对于土壤碳储量，常见的测定方法为土壤类型法。土壤类型法是一种估算土壤中碳储量的常用方法，它基于对不同土壤类型的详细分类和特征描述。这种方法的核心思想是利用已有的土壤调查数据和土壤分类系统。

首先，需要有详细的土壤类型分布图。这些图通常是通过土壤普查或者详细的土壤调查项目获得的，它们将一个区域划分为不同的土壤类型单元。每个土壤类型都有其特定的物理、化学性质，包括有机碳含量。

对于每一种土壤类型，需要采集代表性土壤剖面样本，进行实验室分析。这些分析包括测定不同土层的有机碳含量。通常，会关注到一定深度范围内的土壤，比如0～30cm、30～60cm等，因为不同深度的碳含量可能有显著差异。通过对土壤剖面的分析，可以获得每一土壤类型的有机碳平均含量（一般以g/kg或kg/m³表示），进而计算出单位面积（如hm²）内的有机碳储存量，即有机碳密度。

利用地理信息系统（GIS）技术，将每种土壤类型的面积在地图上量化。这一步骤需要将土壤类型图与高精度的地形图或卫星影像叠加，以便精确测量每种土壤类型的覆盖面积。

最后，将每种土壤类型的有机碳密度乘以其对应的面积，然后将所有土壤类型的碳储量相加，即可得到整个研究区域的总土壤碳储量。

土壤类型法应用场景多样。既可以应用于大尺度的碳储量估算，也可以用在城市绿地、公园绿地中。但这种方法也存在局限性，比如土壤类型内部的变异性较大，以及土壤碳含量可能随时间和土地利用变化而变化，这些因素都可能导致估算的不确定性。为了提高准确性，通常还需要结合其他方法，如模型模拟和现场采样验证。

### 2）水体碳汇与碳储测算

对于水体碳汇及碳储测算，方法存在差异。

（1）水体碳汇测定

对于表层水体与大气之间的碳交换（即碳汇），可以使用气体交换法，也叫碳通量法。该方法涉及测量水–气界面$CO_2$或其他含碳气体的浓度梯度，结合气象参数（如风速、温度和水体搅拌程度）来估算碳的交换速率。

气体交换法通常包含以下步骤。首先，在研究区域上设置一个密闭的测量室或使用开放式通量系统。开放式通量系统较为常见，它允许空气自由流通，但通过精密仪器实时监测进出的气体浓度。

然后，使用红外气体分析仪（IRGA）等设备连续监测$CO_2$浓度，该仪器能够快速且准确地测量空气中$CO_2$的浓度变化。同时需要测量风速、温度、湿度和气压等气象参数，因为这些参数会影响气体扩散速率。

最后，结合气体浓度变化率和气象参数，特别是风速，使用诸如涡度相关法或静态箱法等数学模型来计算$CO_2$的通量，即单位时间内通过单位面积的$CO_2$质量交换量。为了得到生态系统碳汇的准确评估，需要进行长时间序列的观测，因为碳交换速率会随时间（如季节、昼夜）和环境条件变化。

气体交换法因其直接测量的特性，被认为是评估生态系统碳汇最为直接和可靠的方法之一。然而，该方法也面临一些挑战，包括高成本、对气象条件敏感、需要复杂的仪器和数据处理技术，以及难以在极端或偏远环境下实施。

因此，气体交换法可以与其他方法结合，以便更加精准地测量水体的碳汇能力。如同位素示踪法。通过标记碳（如$C_{13}$或$C_{14}$）追踪碳在水体生态系统中的流动，可以更准确地了解碳的来源、转化和归宿，从而评估碳汇能力。

（2）水体碳储测定

水体碳储能力的测定主要是指水体中溶解碳的测量。水体中的碳储能力可以通过测定总有机碳（TOC）、总无机碳（TIC）和颗粒性有机碳（POC）来进行评估。

TOC测定基于将水样中的所有有机碳氧化成$CO_2$，然后通过检测生成的$CO_2$量来确定有机碳含量。常用的氧化方式包括燃烧氧化和化学氧化两种。燃烧氧化法利用高温（通常超过600℃）将样品中的有机物完全氧化，产生的$CO_2$通过非分散红外（NDIR）检测器测定。化学氧化法则利用过硫酸钾等强氧化剂在室温下进行氧化，之后同样检测生成的$CO_2$。现代仪器也可以直接给出TOC值，比如使用紫外光催化氧化或高温燃烧红外检测技术。

TIC测定旨在量化水体中无机碳（主要是碳酸盐和碳酸氢盐形式）的总量。通常通过酸化水样，促使无机碳转化为$CO_2$，再通过与TOC类似的方法（如NDIR检测）测定$CO_2$量。主要步骤包括：①取样并加入适量的强酸（如HCl），使无机碳转化为$CO_2$。②对释放的$CO_2$进行收集与检测。③对结果进行分析，计算TIC值。

POC指能被0.45μm滤膜截留的有机碳部分，主要来自悬浮在水中的有机颗粒物。测定POC需要先通过过滤分离出颗粒物，随后对滤膜上的物质进行干燥、灰化，并通过燃烧转化为$CO_2$后测定。POC测定的主要步骤包括：①过滤水样，保留颗粒物于滤膜上。②干燥滤膜并进行高温灰化，以去除水分和其他挥发性物质。③灰化后的残留物进行氧化处理，转化为$CO_2$。④检测$CO_2$，计算POC值。

通过分别测定TOC、TIC和POC，不仅可以了解水体中有机和无机碳的总量，还能区分出不同形态的碳，这一过程对于评估水体的碳储能力和碳循环过程至关重要。例如，TOC减去TIC的差值可以得到不可溶性有机碳（NPOC），反映的是真正溶解在水中的有机碳量。而POC的测定则有助于理解悬浮颗粒物对碳循环的贡献。这些数据结合，能更全面地描绘水体的碳动态及其在碳循环中的角色。

# 6.3 生态景观全生命周期碳排测算

为了更加精准地描述生态景观的碳排放过程与类别，需要深入剖析生态景观全生命周期的碳排放过程，明确不同阶段的主要碳排放源和排放路径，为后续的相关数据的采集与计算奠定基础。其次，通过构建碳排放数据清单，系统整理生态景观全生命周期中涉及的各类碳排放数据，为碳排放测算提供可靠数据来源。本节旨在全面解析生态景观从规划、建设到运营维护直至废弃或更新的整个生命周期中的碳排放过程与类别，建立详细的数据清单，并探索科学有效的计算方法，以期对生态景观的碳排放进行量化，为低碳生态景观的设计与建设提供理论支持和实践引导。

## 6.3.1 生态景观全生命周期碳排测算方法

生态景观碳排放测算是建立在"生态景观各生命周期环节"，与"碳"气体的量化关系。基于"景观建设"端和基于"气体观测"端的两类测算框架。第一类基于"景观建设"端的测算框架，遵循IPAT模型的基本假设，主要针对"人为碳源"测算，以排放因子法为基本原理，默认碳排放量与人类活动强度成正比关系，以活动强度数据（如能源消耗量、产品产量、经济产值等）为基本参数，乘以相应碳排放因子形成该类活动的碳排放量。第二类是基于"气体观测"端的测算框架，立足于对碳排放气体的实际观测，包含了"人为碳源"和"自然碳源"的测算，即以有限采样点的碳排放关联气体含量观测为基础，结合相关大气运动模型和反演法，计算出一定时间和区域内的碳排放总量或者通量值。该类框架是一种直接建立与碳排放气体联系而估算碳排放量的方法，因包含了"人为碳源"和"自然碳源"，往往需要通过设立参照组、选取植被呼吸与光合作用较弱的季节（如秋冬季）、利用特殊地理条件、结合风向等方法来弱化或消除"自然碳源"影响，形成"人为碳源"占主体的测算结果，用于校核数据或引导高碳汇生态景观设计。

### 1）碳排测算主要方法

**（1）排放系数法**

排放因子法是景观碳排测算中最常用的方法之一。该方法基于特定的排放因子来计算某种活动或产品产生的碳排放量。在景观碳排测算中，可以针对不同的碳排放源（如能源消耗、材料生产等）确定相应的排放因子，并结合实际使用量进行碳排放量的估算。例如，园林建设中使用的电力、燃料等能源消耗，可以根据其单位消耗量的碳排放系数进行计算。

**（2）生命周期评估法（LCA）**

生命周期评估法是一种考虑产品、过程或服务在整个生命周期内环境影响的方法。在景观碳排测算中，LCA可以从景观的规划、设计、施工、使用到维护、拆除等各个阶段进行碳排放的测算和分析。通过收集和分析各个阶段的相关数据（如能源消耗、材料使用、废弃物处理等），可以全面评估景观在全生命周期内的碳排放情况。

**（3）实地检测法**

实地监测法主要是通过检测温室气体排放或连续计量设施和设备，通过国家相关部门认证，测量流速，流量，浓度，所测得的数据计算温室气体总排放量。实地检测法基础数据主要源于环境监测站，通过科学合理地收集和获得的样品的分析监测数据。目前，烟气排放连续监测系统（CEMS）最发达的国家是美国，我国目前还没有形成自己的碳排放监测系统。

**（4）模型估算法**

模型估算法通过建立数学模型来估算碳排放量。在景观碳排测算中可以根据景观的特点和实际情况建立相应的数学模型（如碳排放预测模型、碳汇估算模型等），通过输入相关的参数和数据来估算碳排放量。这种方法可以综合考虑多个因素（如气候、土壤、植被等）对碳排放的影响，提高测算的准确性和可靠性。目前国内国际常用的模型主要有两大类：一是生物地球化学模型，主要有COPMAP模型、$CO_2$ FLX模型、BIOME-BGC模型、CENTURY模型和TEM模型以及我国开发的F-CARBON模型。目前，$CO_2$ FLX模型发展最为成熟。二是气候变化的政策分析模型主要有I/O-INET模型、LEAP模型、ERI-AIM模型、IMAGE模型和CGE模型。

目前国内外使用最多的碳排放测算方法是排放系数法，其他三种方法由于前期要收集大量资料，工作量巨大而在实际工程应用中很难较好实现，而排放系数法现在研究较成熟，资料收集相对容易，所以也是关注较多使用较多的测算方法。

### 2）碳排测算相关计算工具与平台

基于景观碳排计算的基础原理和主要方法，一些机构与高校开发了搭载碳排计算公式的集成平台，一定程度上可以应对景观设计中碳排测算需求，但是目前相关工具与平台开发仍处于起步阶段，具有很多方面的局限性，例如无法很好覆盖景观的全生命周期，计算数据量有限以及可适用的地区也有较大的局限性。此外，常见的碳排测算工具主要关注的是建筑碳排测算，对景观碳排测算方面的开发较少。目前常见的几种碳计算工具如表6-7所示。

碳排计算工具简介 表6-7

| 名称 | 类型 | 计算目标 |
| --- | --- | --- |
| Embodied Carbon in ConstructionCalculator/EC3（隐含碳建造计算器） | 碳排 | 计算不同类型材料的碳排放量 |
| 东南大学东禾建筑碳排放计算分析软件 | | 计算建筑碳排放量 |
| Carbon Conscience（碳良知） | | 计算各类常见景观建筑基准材料碳排放量 |
| Construction Carbon Calculator（施工碳排放计算器） | 碳排和碳汇 | 计算建筑的碳排放和其中园林绿地的碳汇量 |
| Landscape carbon calculator | | 计算园林绿地项目的碳排放和碳汇量，最终确定项目需达到碳中和的时间 |
| Pathfinder（"探路者"景观碳计算器） | | 计算园林绿地项目的碳排放和碳汇量，最终确定项目需达到碳中和的时间 |
| CURB（城市可持续发展气候行动） | | 演示一些特定的成功情景作为实现城市减排和减源的目标 |
| CarboScen | | 估算生态系统中的碳 |

（来源：汪文清，吴佳鸣，李惊. The Summary Analysis and Application Research of Related Calculation Tools for Carbon Neutrality of Green Spaces[C]//中国风景园林学会. 中国风景园林学会2022年会论文集[M]. 北京：中国建筑工业出版社，2023：8.）

## 6.3.2 生态景观全生命周期碳排数据清单

### 1）全生命周期碳排测算标准

根据高碳汇生态景观全生命周期碳排所涉及的过程与类别，制定全生命周期的碳排数据计算体系，该体系适用于民用与工业建筑景观园林部分，体系框架参考《建筑碳排放计算标准》GB/T 51366—2019（以下简称国标）及其他相关研究，将建筑景观园林工程全生命期分为5个阶段，如图所示，分别为生产与运输阶段、建设阶段、使用阶段、维护阶段和循环阶段，共同构成高碳汇生态景观的全生命周期，全生命周期阶段的各类数据见表6-8。

（1）生产与运输阶段

原材料的开采加工与运输阶段：该阶段碳排计算所涉及的数据，例如主要原材料/景观材料的消耗量（t）包含了景观园林工程生命周期中所使用的所有建材，这部分数据可从工程预算清单或工程决算清单中获得。主要原材料/景观材料的碳排放因子（$kgCO_2e$/单位材料数量）；数据可参考《建筑碳排放计算标准》GB/T 51366—2019及本书6.3.2中2）所介绍的相关数据。

| 全生命周期阶段 | 数据类型 | 数据来源 |
|---|---|---|
| 生产与运输阶段 | 主要原材料/景观材料的消耗量（t） | 工程预决算清单 |
| | 主要原材料/景观材料的碳排放因子（kgCO$_2$e/单位材料数量） | 《建筑碳排放计算标准》GB/T 51366—2019 |
| | 原材料/景观材料的平均运输距离（km） | 工程预决算清单 |
| | 未知运输距离（km） | 《建筑碳排放计算标准》GB/T 51366—2019附录E |
| 建设阶段 | 景观植物的工程量（株或m$^2$或m） | 施工图苗木表 |
| | 能源的碳排放因子（kgCO$_2$/kWh或kgCO$_2$/kg） | 《建筑碳排放计算标准》GB/T 51366—2019 |
| | 项目单位工程量某种施工机械台班消耗量（台班） | 《园林绿化工程消耗量定额》 |
| | 措施项目单位工程量某种施工机械台班消耗量（台班） | 《园林绿化工程消耗量定额》 |
| | 项目某种施工机械的台班碳排放因子（kgCO$_2$e/台班） | 《建筑碳排放计算标准》GB/T 51366—2019 |
| 使用阶段 | 景观植物的工程量（株或m$^2$或m） | 施工图苗木表 |
| | 植物养护措施下单位工程量的年碳排放因子［kgCO$_2$e/（a·工程量单位）］ | 《全国园林绿化养护概算定额》ZYA2（Ⅱ-21—2018） |
| | 某类能源的碳排放因子（kgCO$_2$/kWh或kgCO$_2$/kg） | 《建筑碳排放计算标准》GB/T 51366—2019 |
| | 光伏电池的转换效率（%） | 《建筑碳排放计算标准》GB/T 51366—2019 |
| | 光伏系统的损失效率（%） | 《建筑碳排放计算标准》GB/T 51366—2019 |
| 循环阶段 | 进行循环再利用的某种材料的碳排放因子（kgCO$_2$e/单位材料数量） | 《建筑碳排放计算标准》GB/T 51366—2019 |
| | 单位重量运输距离的碳排放因子［kgCO$_2$e/（km·t）］ | 《建筑碳排放计算标准》GB/T 51366—2019 |
| | 某种拆除废弃物的平均运输距离（km） | 工程预决算清单 |
| | 未知运输距离（km） | 《建筑碳排放计算标准》GB/T 51366—2019附录E |
| | 某类能源的碳排放因子（kgCO$_2$/kWh或kgCO$_2$/kg） | 《建筑碳排放计算标准》GB/T 51366—2019 |

景观材料的生产与运输阶段：该阶段碳排计算所涉及的数据，例如主要原材料/景观材料的消耗量（t）可从景观施工图或工程量清单中获取，此处主要原材料/景观材料的消耗量不包括可循环利用材料；主要原材料/景观材料的碳排放因子（kgCO$_2$e/单位材料数量）可参考6.3.2中2）所介绍的相关数据。原材料/景观材料的平均运输距离（km）主要通过工程决算清单获得，其中包含了材料生产厂家的名称、厂址。当实际运输距离未知时，可参考《建筑碳排放计算标准》GB/T 51366—2019附录E的默认值。

（2）建设阶段

构配件现场加工阶段：能源总用量（kWh或kg）由项目的工程预算清单或工程决算清单中提供的施工机械台班数量与每台班机械的能源消耗量计算得到；能源的碳排放因子（kgCO$_2$/kWh或kgCO$_2$/kg）可参考6.3.2中2）。

施工/安装与栽植阶段：项目单位工程量某种施工机械台班消耗量（台

班）、措施项目单位工程量某种施工机械台班消耗量（台班）可参考工程预算清单或决算清单，数据不全时可参考《江苏省仿古建筑与园林工程计价表》《园林绿化工程消耗量定额》ZYA2-31-2018等进行统计计算，项目某种施工机械的台班碳排放因子（$kgCO_2e$/台班）可参考6.3.2中2）获取。各地方文件可能在具体数据上有所差异，涉及具体数据时可参考地方颁布的相关文件。

（3）使用阶段

景观日常运行阶段：照明设备的类型、数量及功率可以根据景观电气施工图获取，照明时间需结合不同地区不同季节的具体而定，当小区实行后半夜减少照明的情况时，需将这部分照明产生的碳排放减去。

植物养护阶段：该阶段碳排计算所涉及的数据，例如景观植物的工程量（株或$m^2$或m）取自施工图苗木表，为了方便计算，植物养护措施下单位工程量的年碳排放因子［$kgCO_2e$/（a·工程量单位）］根据《全国园林绿化养护概算定额》ZYA2（Ⅱ-21—2018）提供的材料机械工程量及相关文献提供的化肥、药剂等碳排放因子，计算不同规格植物类型计算并取平均值得出，见6.3.2中2）。

植物固碳：该部分碳排计算所涉及的数据主要包括，乔木年固碳量（$kgCO_2$/a）、灌木年固碳量（$kgCO_2$/a）、地被植物年固碳量（$kgCO_2$/a）以及景观生命周期（a）。

可再生能源减碳：该部分碳排计算所涉及的数据主要包括，某类能源的碳排放因子（$kgCO_2$/kWh或$kgCO_2$/kg）、景观生命周期（a）、光伏电池表面的年太阳辐射照度（$kWh/m^2$）、光伏电池的转换效率（%），可参考表6-9、光伏系统的损失效率（%），可参考表6-10、光伏系统光伏面板净面积（$m^2$）。

光伏电池转换率      表6-9

| 组件类型 | 效率 | 组件类型 | 效率 |
| --- | --- | --- | --- |
| 单晶硅 | 15% | 无定形硅 | 6% |
| 无晶硅 | 12% | 其他非晶体硅薄膜 | 8% |

（来源：《建筑碳排放计算标准》GB/T 51366—2019）

光伏系统损失率      表6-10

| 类型 | 效率 | 类型 | 效率 |
| --- | --- | --- | --- |
| 转换器损失 | 7.50% | 最大功率点失配误差 | 1.50% |
| 组件遮光 | 2.50% | 交流损失 | 3.00% |
| 组件温度 | 3.50% | 其他 | 1.50% |
| 遮光 | 2.00% | 总损失 | 25.00% |
| 失配和直流损失 | 3.50% | | |

（来源：《建筑碳排放计算标准》GB/T 51366—2019）

（4）维护阶段

景观维护与改造阶段：该阶段碳排计算所涉及的数据主要包括，单位次数某项景观维护工程的原材料的开采加工与运输的碳排放（$kgCO_2e$/次）、单位次数景观某项维护工程的景观材料的生产与运输的碳排放（$kgCO_2e$/次）、单位次数景观某项维护工程构配件现场加工的碳排放（$kgCO_2e$/次）、单位次数景观某项维护工程的施工/安装与栽植的碳排放（$kgCO_2e$/次）、景观某项维护工程生命周期的维护次数（次）。

（5）循环阶段

景观拆除阶段：该阶段碳排计算所涉及的数据主要包括，某种能源总用量（kWh或kg）、某类能源的碳排放因子（$kgCO_2$/kWh或$kgCO_2$/kg）。

拆除物处置阶段：该阶段碳排计算所涉及的数据主要包括，某种拆除废弃物的产生量（t）、某种拆除废弃物的平均运输距离（km）、某种拆除废弃物的运输方式下，单位重量运输距离的碳排放因子［$kgCO_2e$／（km·t）］、进行焚烧处理的植物固碳阶段的减碳量（$kgCO_2$）等。

循环再生利用：该阶段碳排计算所涉及的数据主要包括，进行循环再利用的某种材料的消耗量（t）、材料的回收率（％）、进行循环再利用的某种料的碳排放因子（$kgCO_2e$/单位材料数量）。

## 2）全生命周期碳排因子（碳排放系数）

碳排放因子又称为碳排放系数，是指将能源和材料的消耗量与$CO_2$的排放量所对应的系数，从而量化产品在单位活动水平数据的碳排放量。产生温室效应的物质统称为温室气体。目前国际公约规定控制的温室气体有7种，分别是$CO_2$、$N_2O$、$CH_4$、$HFC_S$、$SF_6$、$PFC_S$和$NF_3$，其中，$CO_2$是最主要的温室气体，占全球温室气体排放总量的70%以上。这里的$CO_2$通常是指将$CH_4$、$N_2O$、$PFC_S$、$SF_6$等几种温室气体折算成$CO_2$后的总量，即$CO_2$当量（$CO_2e$）。

（1）主要能源碳排放因子

能源是人类社会发展的重要驱动力，对于国家的稳定和繁荣具有不可替代的作用。能源主要分为两类：化石能源和非化石能源。化石能源包括煤炭、石油和天然气等，这些能源一次性使用，而非化石能源如太阳能、风能、核能、生物质能、水能等，是可再生能源，可以循环使用。然而，化石能源的使用是造成$CO_2$排放的主要原因，因此，推动能源绿色低碳转型是实现碳达峰和碳中和目标的关键。在这个过程中，减少对化石能源的依赖是至关重要的。当前，我们需要以我国能源资源禀赋为基础，以满足经济和社会发展以及人民生活需求为目标，加快构建清洁、低碳、安全、高效的能源体系。众所周知我国的能源结构以高碳的化石能源为主，因此，要实现碳达峰和碳中和目标，必须在确保能源安全的前提下，严格控制化石能源消费，提高清洁高效利用水平，并加快非化石能源的替代。在建筑行业，特别是在建筑景观园林工程中，建造和养护阶段都离不开能源消耗。因此，为了提出有针对性的减碳策略，碳排放核算过程中的碳排放因子是关键的一环。

能源的消耗会发生在整个建筑生命周期的过程中，碳排放因子的研究是最关键的部分。化石能源在生产、运输和燃烧时都会产生大量的温室气体，化石能源的使用是建筑碳排放的主要来源，化石能源燃烧产生的碳排放量主要是由燃料的碳含量决定。主要液体燃料单位热值的碳排放因子结果如表6-11所示。

液体燃料单位热值碳排放因子 表6-11

| 类型 | 单位 | 热值（kJ/单位） | $CO_2$排放系数（kg/TJ） | 碳氧率 | 生产排放（kg/单位） | $CO_2$排放因子（kg/单位） | $CH_4$排放系数（kg/TJ） | $N_2O$排放系数（kg/TJ） | $CO_2$当量排放系数（kg/单位） |
|------|------|------|------|------|------|------|------|------|------|
| 汽油 | kg | 43 070 | 18.9 | 0.98 | 0.57 | 3.5 | 3 | 0.6 | 3.51 |
| 煤油 | kg | 43 070 | 19.6 | 0.98 | 0.24 | 3.67 | 3 | 0.6 | 3.25 |
| 柴油 | kg | 42 652 | 20.2 | 0.98 | 0.57 | 3.26 | 3 | 0.6 | 3.68 |

（来源：王霞. 住宅建筑生命周期碳排放研究[D]. 天津：天津大学，2012.）

（2）电力碳排放因子

电力碳排放因子与发电形式息息相关，主要的发电形式有火力发电、水力发电、风力发电、核能发电、太阳能发电等。其中，以煤、石油和天然气作为燃料的火力发电是目前最普及的发电方式，占比超过80%。由于使用了大量的高碳化石能源，不可避免地会产生碳排放。其他几种发电形式利用新能源发电，几乎不会产生碳排放。因此，火力发电所占比例越大，单位电能所产生的碳排放量越大。我国国家发展和改革委员会应对气候变化司将电网边界统一划分为华北、东北、华东、华中、西北和南方六个区域电网，而生态环境部办公厅最新的通知（关于做好2022年企业温室气体排放报告管理相关重点工作的通知）（环办气候函〔2022〕111号），将电网排放因子调整为0.5810t$CO_2$/MWh。

（3）建筑景观园林材料碳排放因子

原材料碳排放因子对于建筑景观园林工程中所用的原材料并无严格定义。本节将原材料界定为直接从自然界中获取或者通过简单的加工处理所得到的建筑材料。这些材料有的直接用于建筑景观园林的生产营造，如水、卵石、石英砂、花岗石、木材等，有的需要进一步加工处理制成的如气硬性凝胶材料等，如3∶7灰土等。原材料在建筑景观园林工程材料碳排放的计算过程中有着重要的位置。通过案例考察筛选出建筑景观园林工程中使用率较高的原材料，为了统一计算，主要参照罗智星研究成果提供的原材料及景观材料碳排放因子，如表6-12所示。

景观原材料碳排放因子 表6-12

| 材料分类 | 名称 | 单位 | 碳排放因子（$kgCO_2e$/单位） |
|---|---|---|---|
| 石料 | 30厚花岗石 | $m^2$ | 12.00 |
| | 30厚大理石 | $m^2$ | 9.23 |
| | 30厚青条石 | $m^2$ | 9.34 |
| | 30厚级配砂石 | $m^2$ | 6.84 |
| | 30厚粗砂 | $m^2$ | 4.73 |
| | 150厚碎石垫层 | $m^2$ | 26.01 |
| | 30厚方整石 | $m^2$ | 12.00 |
| | 30厚毛石 | $m^2$ | 9.34 |
| 土料 | 150厚绿化种植土 | $m^2$ | 0.11 |
| | 150厚素土 | $m^2$ | 0.13 |
| 块料 | 透水砖 | 千块 | 491.50 |
| | 黏土砖 | 千块 | 687.80 |
| | 植草砖 | 千块 | 53.48 |
| | 标准砖 | 千块 | 687.80 |
| 砂浆 | 30厚水泥砂浆1:1水泥砂浆 | $m^2$ | 34.05 |
| | 30厚水泥砂浆1:2水泥砂浆 | $m^2$ | 27.10 |
| | 30厚水泥砂浆1:3水泥砂浆 | $m^2$ | 21.74 |
| | 30厚水泥砂浆1:4水泥砂浆 | $m^2$ | 17.67 |
| 混凝土 | 100厚泵送商品混凝土C15 | $m^2$ | 38.86 |
| | 100厚泵送商品混凝土C20 | $m^2$ | 45.56 |
| | 100厚泵送商品混凝土C25 | $m^2$ | 46.79 |
| | 100厚泵送商品混凝土C30 | $m^2$ | 50.57 |
| | 100厚泵送商品混凝土C35 | $m^2$ | 58.59 |
| 钢材 | 镀锌钢管 | kg | 2.69 |
| | 钢管φ15 | m | 3.73 |
| | 钢管φ50 | m | 41.39 |
| | 铝板（2.5mm） | $m^2$ | 19.38 |
| | 普通钢管DN15 | m | 21.35 |
| | 普通钢管DN20 | m | 27.83 |
| | 普通钢管DN25 | m | 41.33 |
| | 普通钢管DN32 | m | 53.45 |
| | 普通钢管DN40 | m | 65.57 |

| 材料分类 | 名称 | 单位 | 碳排放因子（kgCO₂e/单位） |
|---|---|---|---|
| 涂料 | 乳胶漆 | kg | 2.21 |
| | 透明底漆 | kg | 2.21 |
| | 调和漆 | kg | 0.62 |
| | 防腐漆 | kg | 0.62 |
| 管材 | PE管材16mm | m | 0.69 |
| | PE管材20mm | m | 0.89 |
| | PE管材25mm | m | 1.14 |
| | PVC管材0.63MP40 | m | 2.62 |
| | PVC管材0.63MP50 | m | 3.49 |
| | PVC管材0.63MP63 | m | 5.37 |
| | PVC管材0.63MP75 | m | 7.41 |
| | PVC管材0.63MP90 | m | 10.64 |
| | PVC管材0.63MP110 | m | 13.21 |
| | 钢化玻璃6mm | m² | 26.01 |
| | 钢化玻璃10mm | m² | 43.35 |
| | 钢化玻璃12mm | m² | 52.02 |
| 木材 | 30厚防腐木 | m² | 9.01 |
| 灯具 | 庭院灯 | 盏 | 143.33 |
| | 草坪灯 | 盏 | 45.04 |
| | 壁灯 | 盏 | 14.02 |
| | 水下灯 | 盏 | 19.25 |

（来源：罗智星. 建筑生命周期二氧化碳排放计算方法与减排策略研究[D]. 西安：西安建筑科技大学，2016.）

（4）交通运输碳排放因子

交通运输的途径主要有铁路、水路、公路及航空等，建筑材料的运输主要有铁路、公路以及水路。不同途径下使用不同的交通运输工具，产生的碳排放也不相同。《建筑碳排放计算标准》GB/T 51366—2019中规定：建材的运输距离若有实际距离，则以实际距离为准；若无实际数据则默认混凝土材料运输距离为40km，其他的建材默认为500km，各种运输方式的碳排放因子见表6-13。

（5）施工机械台班碳排放因子

施工是工程形成前最后的"生产过程"。在施工过程中由于使用施工机械、设备、车辆而产生了电力、化石燃料和水资源的消耗，排放一定数量的温室气体。施工机械碳排放因子是将施工机械单位台班产生的能源耗进行转

| 运输方式类别 | 单位 | 碳排放因子（kgCO₂e/单位） |
|---|---|---|
| 轻型汽油货车运输（载重2t） | t·km | 0.33 |
| 中型汽油货车运输（载重8t） | t·km | 0.12 |
| 重型汽油货车运输（载重10t） | t·km | 0.10 |
| 重型汽油货车运输（载重18t） | t·km | 0.10 |
| 轻型柴油货车运输（载重2t） | t·km | 0.29 |
| 中型柴油货车运输（载重8t） | t·km | 0.18 |
| 重型柴油货车运输（载重10t） | t·km | 0.16 |
| 重型柴油货车运输（载重18t） | t·km | 0.13 |
| 重型柴油货车运输（载重30t） | t·km | 0.08 |
| 重型柴油货车运输（载重48t） | t·km | 0.06 |
| 电力机车运输 | t·km | 0.01 |
| 内燃机车运输 | t·km | 0.01 |
| 铁路运输（中国市场平均） | t·km | 0.01 |
| 液货船运输（载重2000t） | t·km | 0.02 |
| 干散货船运输（载重2500t） | t·km | 0.02 |
| 集装箱船运输（载重200TEU） | t·km | 0.01 |

（来源：《建筑碳排放计算标准》GB/T 51366—2019）

换得到，单位一般为kgCO₂e/台班，施工机械与设备每台班所产生的能源用量
情况根据《2018年全国统一施工机械台班费用定额》中提供的燃油、煤、电
等数据，结合能源相应的碳排放系数进行计算即可得。本文通过案例清单及
《园林绿化工程消耗量定额》ZYA 2-31—2018选择出景观园林常用施工机械，
机械台班碳排放因子主要参照罗智星研究成果，见表6-14。

机械台班碳排放因子　表6-14

| 名称 | 规格型号 | 碳排放因子（kgCO₂e/台班） |
|---|---|---|
| 载货汽车 | 4t | 74.91 |
| 载重汽车 | 5t | 100.11 |
| 载重汽车 | 8t | 110.37 |
| 自卸汽车 | 装载质量（t）2中 | 50.77 |
| 自卸汽车 | 装载质量（t）5中 | 92.14 |
| 履带式推土机 | 75kW | 167.91 |
| 汽车式起重机 | 8t | 88.42 |
| 门式起重机 | 提升质量（t）5中 | 45.03 |

| 名称 | 规格型号 | 碳排放因子（kgCO₂e/台班） |
|---|---|---|
| 门式起重机 | 提升质量（t）10中 | 75.22 |
| 洒水车 | 罐容量（L）4000 | 88.08 |
| 洒水车 | 罐容量（L）8000 | 102.63 |
| 双锥反转出料混凝土搅拌机 | 350L | 37.08 |
| 灰浆搅拌机 | 200L | 7.34 |
| 灰浆搅拌机 | 400L | 12.92 |
| 电动夯实机 | 20~62kN·m | 20.41 |
| 内燃空气压缩机 | 6m³ | 83.18 |
| 电动空气压缩机 | 0.3m³/min | 13.72 |
| 电动空气压缩机 | 3m³/min | 91.59 |
| 电动空气压缩机 | 6m³/min | 183.18 |
| 光轮压路机 | 内燃6t | 37.94 |
| 光轮压路机 | 内燃8t | 61.55 |
| 光轮压路机 | 内燃12t | 99.80 |
| 光轮压路机（内燃） | 工作质量（t）18大 | 251.07 |
| 木工圆锯机 | φ500mm | 20.45 |
| 木工圆锯机 | φ600mm | 28.29 |
| 钢筋切断机 | φ40mm | 27.35 |
| 钢筋弯曲机 | φ40mm | 10.91 |
| 石料切割机 | 台班 | 83.496 |
| 交流弧焊机 | 容量（KVA）50 | 133.30 |
| 交流弧焊机 | 容量（KVA）80 | 184.80 |
| 机动翻斗车 | 装载质量（t）1.5中 | 30.38 |
| 电锤 | 520W | 3.536 |
| 电动卷扬机单筒慢速 | 牵引力（kN）10小 | 24.50 |
| 直流弧焊机 | 功率（kW）15 | 47.18 |
| 直流弧焊机 | 功率（kW）20 | 61.74 |
| 直流弧焊机 | 功率（kW）30 | 77.36 |
| 摇臂钻床 | 钻孔直径（mm）25小 | 3.98 |
| 摇臂钻床 | 钻孔直径（mm）63中 | 14.54 |
| 普通车床 | 400×1000小 | 11.46 |
| 普通车床 | 400×2000小 | 19.40 |

（来源：罗智星. 建筑生命周期二氧化碳排放计算方法与减排策略研究[D]. 西安：西安建筑科技大学，2016.）

（6）园林绿化植物养护碳排放因子

在生命周期内，不同地区不同建筑景观园林工程类型的不同类型植物所投入的人力、物力及能源消耗均有所不同。同时，由于不同植物的生长特点有所不同，养护方式也存在差别，为了便于计算比较，根据《全国园林绿化养护概算定额》ZYA2（Ⅱ-21—2018）提供的材料机械工程量，及相关文献提供的化肥、药剂等碳排放因子，计算出了不同规格下不同植物类型的养护碳排放因子。根据计算结果，将不同植物类型不同规格下的年碳排放量取平均值整理得到植物养护碳排放因子见表6-15。

植物养护碳排放因子 表6-15

| 植物类型 | 养护碳排放因子 | 单位 | 植物类型 | 养护碳排放因子 | 单位 |
|---|---|---|---|---|---|
| 乔木 | 1.00 | kgCO$_2$e/（a·株） | 地被植物 | 0.17 | kgCO$_2$e/（a·m$^2$） |
| 灌木 | 0.71 | kgCO$_2$e/（a·株） | 花坛花境 | 0.38 | kgCO$_2$e/（a·m$^2$） |
| 绿篱 | 0.21 | kgCO$_2$e/（a·m） | 草坪 | 0.42 | kgCO$_2$e/（a·m$^2$） |
| 片植绿篱 | 0.26 | kgCO$_2$e/（a·m$^2$） | 水生塘植 | 0.42 | kgCO$_2$e/（a·m$^2$） |
| 竹类 | 0.17 | kgCO$_2$e/（a·m$^2$） | 水生盆植 | 0.63 | kgCO$_2$e/（a·盆） |
| 球形植物 | 0.93 | kgCO$_2$e/（a·m$^2$） | 水生浮岛 | 0.28 | kgCO$_2$e/（a·m$^2$） |
| 攀缘植物 | 0.77 | kgCO$_2$e/（a·m$^2$） | | | |

（来源：《全国园林绿化养护概算定额》ZYA2（Ⅱ-21—2018））

## 6.3.3 生态景观全生命周期碳排量计算

生态景观全生命周期是一个动态发展的状态，全生命周期的碳排量计算是一个综合性的过程，它涉及从景观规划、设计、建设到后期运营维护等各个阶段。在这一计算过程中，需要全面考虑景观建设过程中的能源消耗、材料使用、植被覆盖等因素，以及景观运营过程中可能产生的碳排放。通过科学的计算方法，可以更准确地评估生态景观的碳排量，为景观设计和建设提供决策支持。

按照ISO框架划分其全生命周期为生产与运输阶段、建设阶段、使用阶段、维护阶段和循环阶段，对每一个阶段每一个环节产生的碳排进行量化。根据本节提供的各阶段碳排数据清单、碳排因子和碳排计算公式，可以计算得到景观工程全生命周期的碳排放量。

为了帮助理解碳排放计算的具体流程，将选取东南大学九龙湖校区玫瑰园作为案例演示（图6-9）。

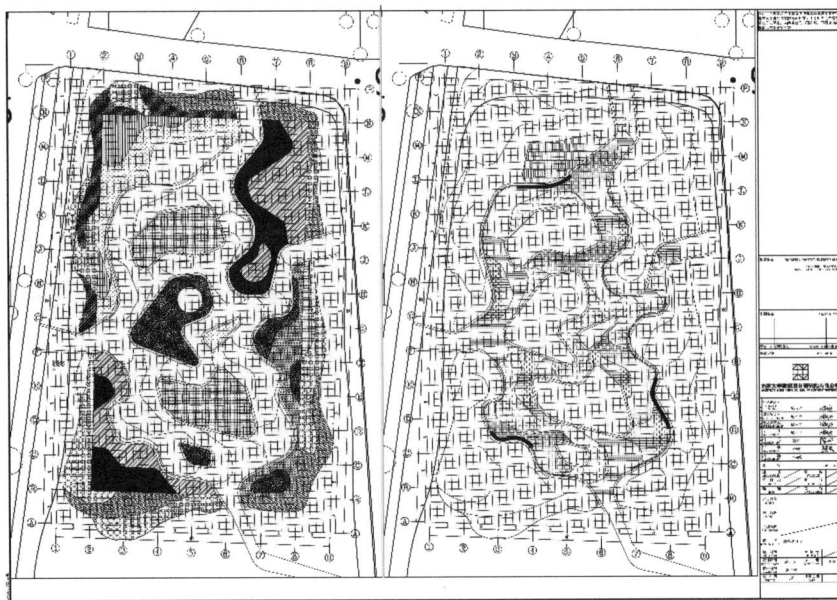

图6-9　东南大学九龙湖校区玫瑰园平面图

**1）生产与运输阶段碳排放计算**

（1）原材料开采加工与运输阶段：建筑材料加工的过程中所消耗的资源和能源合称原材料。原材料的开采加工与运输部分是指原材料在开采、精炼、粗加工、运输至工厂产生的碳排放，计算公式如下。

$$C_{\mathrm{YL}} = C_{sc} + C_{ys}$$

$$C_{sc} = \sum_{i=1}^{n} M_i F_i$$

$$C_{ys} = \sum_{i=1}^{n} M_i D_i T_i$$

式中，$C_{\mathrm{YL}}$——原材料/景观材料生产和运输过程的碳排放（kg·$CO_2$e）；

$C_{sc}$——原材料/景观材料生产过程的碳排放（kg$CO_2$e）；

$C_{ys}$——原材料/景观材料运输过程碳排放（kg$CO_2$e）；

$M_i$——第$i$种主要原材料/景观材料的消耗量（t）；

$F_i$——第$i$种主要原材料/景观材料碳排放因子（kg$CO_2$e/单位材料数量）；

$D_i$——第$i$种原材料/景观材料的平均运输距离（km）；

$T_i$——第$i$种原材料/景观材料的运输方式下，单位重量运输距离的碳排放因子 [kg$CO_2$e/（km·t）]。

（2）景观材料的生产与运输阶段：指景观材料（包括植物）生产过程以及所有材料从工厂或苗圃运输至项目场地所产生的碳排放，亦包括原材料运输至场地，计算公式同上。

266

算例演示：景观全生命周期中景观材料生产阶段的碳排放量占比较多，原材料获取以及材料加工过程中往往伴随着化石能源的大量消耗。东南大学九龙湖校区玫瑰园使用的建造材料有6种，主要用于铺装、花池，根据6.3.2中2）列出的碳排放系数及相关研究，得出玫瑰园在生产与运输阶段产生的碳排放总量为24 254.3807kg（表6-16）。

玫瑰园在生产与运输阶段产生的碳排放量 表6-16

| 项目名称 | 单位 | 工程量 | 碳排放系数 | 碳排放量/kg |
|---|---|---|---|---|
| 100厚C20混凝土 | m³ | 6.4021 | 455.62 | 2 916.9394 |
| 水泥 | m² | 528.5617 | 34.05 | 17 997.5259 |
| 钢筋 | t | 0.7370 | 3351.83 | 2470.1311 |
| 铁钉 | kg | 0.2823 | 2.69 | 0.7595 |
| 钢支撑（钢管） | kg | 0.2513 | 2.75 | 0.6912 |
| 塑料薄膜 | m² | 11.7372 | 5.37 | 63.0290 |
| 草坪灯 | 盏 | 13.0000 | 45.04 | 585.5200 |
| 投树灯 | 盏 | 3.0000 | 45.04 | 135.1200 |
| 材料运输 | t·km | 256.5598 | 0.33 | 84.6647 |
| 总计 | — | — | — | 24 254.3807 |

### 2）建设阶段碳排放计算

（1）构配件运输/现场加工阶段：施工过程中需要现场进行加工的工程，包括混凝土砂浆搅拌、木构件加工、模板切割等构配件加工产生的碳排放，计算公式如下。

$$C_{XC} = \sum_{i=1}^{n} L_i \times CL_i$$

式中，$C_{XC}$——构配件运输/现场加工的碳排放（$kgCO_2e$）；

$L_i$——第$i$种能源总用量（kWh或kg）；

$CL_i$——第$i$类能源的碳排放因子（$kgCO_2/kWh$或$kgCO_2/kg$）。

（2）施工/安装与栽植阶段：主要包括景观分部分项工程所产生的碳排放（$T$）和措施项目所产生的碳排放（$T_A$）。景观分部分项工程项目包括土方工程、园路、园桥工程、砖石工程、排水工程、灌溉工程、照明工程、水景工程、花架、门房及建筑小品工程及绿化工程八个部分。措施项目包括树木支撑、栽植基础处理、脚手架、园建材料二次搬运等。这部分的碳排放计算公式如下。

$$C_{SG} = C_{fx} + C_{cx}$$

$$C_{fx} = \sum_{j=1}^{n} T_{i,j} \times CN_j$$

$$C_{cx} = \sum_{j=1}^{n} T_{A-i,j} \times CN_j$$

式中，$C_{SG}$——施工/安装与栽植阶段的碳排放（$kgCO_2e$）；

$C_{fx}$——分部分项工程的碳排放（$kgCO_2e$）；

$C_{cx}$——措施项目的碳排放（$kgCO_2e$）；

$T_{i,j}$——第$i$个项目单位工程量第$j$种施工机械台班消耗量（台班）；

$CN_j$——第$i$个项目第$j$种施工机械的台班碳排放因子（$kgCO_2e$/台班）；

$T_{A-i,j}$——第$i$个措施项目单位工程量第$j$种施工机械台班消耗量（台班）。

算例演示：建设阶段产生的碳排放来源于构配件运输及加工和安装栽植两方面。

①构配件运输/现场加工产生的碳排放。玫瑰园内的景观建材均选自南京市周边，运输车辆选用4.2m长、载重10t的货车，每千米耗柴油0.2L，计算得出玫瑰园在构配件运输过程中的碳排放量为119.6120kg（表6-17）。

玫瑰园在构配件运输/现场加工产生的碳排放量　　　　表6-17

| 材料名称 | 耗油量/L | 碳排放系数 | 碳排放量/kg |
|---|---|---|---|
| 水泥 | 13.44 | 2.63 | 35.3472 |
| 陶粒 | 4.48 | 2.63 | 11.7824 |
| 钢筋 | 6.89 | 2.63 | 18.1207 |
| 铁钉 | 6.89 | 2.63 | 18.1207 |
| 钢支撑（钢管） | 6.89 | 2.63 | 18.1207 |
| 塑料薄膜 | 6.89 | 2.63 | 18.1207 |
| 总计 | — | — | 119.6120 |

②景观植物运输产生的碳排放。玫瑰园内的景观植物采用南京地区地带性植物，均由市内苗圃提供，运输车辆为中小型面包车，每千米消耗汽油0.12L，计算得出玫瑰园在植物运输过程中产生的碳排放量为196.6537kg（表6-18）。

玫瑰园在景观植物运输产生的碳排放量　　　　表6-18

| 材料名称 | 耗油量（L/km） | 运输距离/km | 碳排放系数 | 碳排放量/kg |
|---|---|---|---|---|
| 黄色欧月 | 0.12 | 14.8900 | 2.3 | 34.2470 |
| 红色欧月 | 0.12 | 14.8900 | 2.3 | 34.2470 |
| 粉红色欧月 | 0.12 | 14.8900 | 2.3 | 34.2470 |

| 材料名称 | 耗油量（L/km） | 运输距离/km | 碳排放系数 | 碳排放量/kg |
|---|---|---|---|---|
| 淡粉色欧月 | 0.12 | 14.8900 | 2.3 | 34.2470 |
| 金森女贞 | 0.12 | 6.4854 | 2.3 | 14.9164 |
| 小叶女贞 | 0.12 | 6.4854 | 2.3 | 14.9164 |
| 小叶黄杨 | 0.12 | 6.4854 | 2.3 | 14.9164 |
| 大叶黄杨 | 0.12 | 6.4854 | 2.3 | 14.9164 |
| 总计 | — | — | — | 196.6537 |

构配件运输及加工（①）和植物运输栽植（②）两部分的碳排放量之和等于建设阶段的碳排总量，可知玫瑰园在建设阶段中产生的碳排放总量为316.2657kg。

### 3）使用阶段碳排放计算

（1）景观日常运行阶段包括景观照明设施及水景、灌溉用电所产生的碳排放。计算公式如下。

$$C_{YX} = \sum_{i=1}^{n} L_i \times CL_i$$

式中，$C_{YX}$——景观日常运行阶段的碳排放（$kgCO_2e$）；

  $L_i$——第$i$种能源总用量（kWh或kg）；

  $CL_i$——第$i$类能源的碳排放因子（$kgCO_2$/kWh或$kgCO_2$/kg）。

（2）植物养护阶段包括植物修剪、灌溉、堆肥、除虫等过程中产生碳排放。计算公式如下。

$$C_{YH} = \sum_{i=1}^{n} M_{A-i} \times CM_i \times LC$$

式中，$C_{YH}$——植物养护阶段的碳排放（$kgCO_2e$）；

  $M_{A-i}$——第$i$种景观植物的工程量（株或$m^2$或m）；

  $CM_i$——第$i$种植物养护措施下单位工程量的年碳排放因子［$kgCO_2e$/（a·工程量单位）］；

  $LC$——景观生命周期（a）。

（3）景观园林工程使用可再生能源设备主要为光伏发电系统，根据国标应考虑可再生能源减碳量，故使用这类设备产生的电力所对应的能源碳排放应予扣除，其计算公式如下。

$$CE_o = CL_i \times E_{pv} \times LC$$
$$E_{pv} = IK_E (1 - K_S) A_p$$

式中，$CE_o$——可再生能源减碳阶段的减碳量（$kgCO_2e$）；

$CL_i$——第 $i$ 类能源的碳排放因子（$kgCO_2/kWh$ 或 $kgCO_2/kg$）；

$E_{pv}$——光伏系统的年发电量（kWh）；

$LC$——景观生命周期（a）；

$I$——光伏电池表面的年太阳辐射照度（$kWh/m^2$）；

$K_E$——光伏电池的转换效率（%）；

$K_S$——光伏系统的损失效率（%）；

$A_p$——光伏系统光伏面板净面积（$m^2$）。

算例演示：玫瑰园在使用过程中的碳排放主要源自照明设备，包括投树灯、草坪灯和灯带。采用《建筑碳排放计算标准》GB/T 51366—2019来测算照明设备的碳排放。玫瑰园内的照明设施使用时间冬天为18:00~23:00，夏季为19:00~24:00，按照每天5h计算。玫瑰园在日常使用过程中产生的年碳排放量总计1144.4385kg（表6-19）。

玫瑰园照明设施产生的年碳排放量 表6-19

| 项目名称 | 单位 | 数量 | 年耗电量/kw | 碳排放系数 | 年碳排放量/kg |
|---|---|---|---|---|---|
| 投树灯 | 盏 | 3 | 27.375 | 0.89 | 24.3638 |
| 草坪灯 | 盏 | 13 | 355.875 | 0.89 | 316.7288 |
| 灯带 | 米 | 329.73 | 902.636 | 0.89 | 803.3460 |
| 总计 | — | — | — | — | 1144.4385 |

景观使用阶段中的植物养护环节包括植物修剪、灌溉、堆肥、除虫等过程。景观维护管理过程中产生的碳排放主要来自材料的更新、植物的养护及补种。由于玫瑰园遵循低维护设计原则，园内植物对灌溉和肥料的需求较少，每年植物养护管理产生的碳排放量为146.91kg（表6-20）。

玫瑰园植物养护产生的年碳排放量 表6-20

| 项目名称 | 施工频率 | 消耗量/L | 碳排放系数 | 年碳排放量/kg |
|---|---|---|---|---|
| 机械修剪（机油） | 2个月1次 | 1.20 | 2.30 | 2.7600 |
| 灌溉用水 | 1周1次（冬季除外），1年36次 | 720.00 | 0.17 | 120.9600 |
| 各种杀虫剂 | 集中于春夏两季，1月1次，1年6次 | 6.00 | 3.87 | 23.1900 |
| 总计 | — | — | — | 146.9100 |

### 4）维护阶段碳排放计算

（1）景观维护阶段：指景观使用过程中，需要对破损、老化的道路、广场或设备等进行局部的维护、检修，在这一过程中会产生4个部分碳排放。碳排放计算公式如下。

$$C_{WH} = \sum_{i=1}^{n}\left(C_{YL}^{'} + C_{CL}^{'} + C_{XC}^{'} + C_{SG}^{'}\right) \times RQ_i$$

式中，$C_{WH}$——景观维护阶段的碳排放（$kgCO_2e$）；

$C_{YL}^{'}$——单位次数景观第$i$项维护工程的原材料的开采加工与运输的碳排放（$kgCO_2e$/次）；

$C_{CL}^{'}$——单位次数景观第$i$项维护工程的景观材料的生产与运输的碳排放（$kgCO_2e$/次）；

$C_{XC}^{'}$——单位次数景观第$i$项维护工程构配件现场加工的碳排放（$kgCO_2e$/次）；

$C_{SG}^{'}$——单位次数景观第$i$项维护工程的施工/安装与栽植的碳排放（$kgCO_2e$/次）；

$RQ_i$——景观第$i$项维护工程生命周期的维护次数（次）。

（2）景观改造阶段指为了提升景观的作用会对景观园林工程（包括枯老病死的植物）进行拆除并重新建造，在这一过程中会产生5个部分碳排放。碳排放计算公式如下。

$$C_{GZ} = \sum_{i=1}^{n}\left(C_{CC}^{'} + C_{YL}^{''} + C_{CL}^{''} + C_{XC}^{''} + C_{SG}^{''}\right) \times RK_i$$

式中，$C_{GZ}$——景观改造阶段的碳排放（$kgCO_2e$）；

$C_{CC}^{'}$——单位次数景观第$i$项改造工程拆除的碳排放（$kgCO_2e$/次）；

$C_{YL}^{''}$——单位次数景观第$i$项改造工程的原材料的开采加工与运输的碳排放（$kgCO_2e$/次）；

$C_{CL}^{''}$——单位次数景观第$i$项改造工程的景观材料的生产与运输的碳排放（$kgCO_2e$/次）；

$C_{XC}^{''}$——单位次数景观第$i$项改造工程构配件现场加工的碳排放（$kgCO_2e$/次）；

$C_{SG}^{''}$——单位次数景观第$i$项改造工程的施工/安装与栽植的碳排放（$kgCO_2e$/次）；

$RK_i$为景观第$i$项改造工程的改造次数（次）。

（3）植物固碳包括乔木、灌木及地被植物的固碳量，在景观生命周期中的植物固碳的碳汇计算公式如下。

$$CF_p = (NT + NF + ND) \times LC$$

式中，$CF_p$——景观生命周期植物固碳量（$tCO_2e$）；

$NT$——乔木年固碳量（$kgCO_2/a$）；

$NF$——灌木年固碳量（$kgCO_2/a$）；

$ND$——地被植物年固碳量（$kgCO_2/a$）；

$LC$——景观生命周期（a）。

算例演示：由于玫瑰园目前未进入到全生命周期中的维护阶段，在这里不做算例演示，该阶段碳排放量计算方式和计算逻辑同之前阶段。

### 5）循环阶段碳排放计算

（1）景观拆除阶段指景观拆除过程使用工程机械并使用水来降尘产生的碳排放。碳排放计算公式如下。

$$C_{CC} = \sum_{i=1}^{n} L_i \times CL_i$$

式中，$C_{CC}$——景观拆除阶段的碳排放（$kgCO_2e$）；

$L_i$——第$i$种能源总用量（kWh或kg）；

$CL_i$——第$i$类能源的碳排放因子（$kgCO_2$/kWh或$kgCO_2$/kg）。

（2）拆除物处置阶段指对景观拆除后产生的废弃物进行运输、填埋、加工等。该部分仅包括拆除物运输到处理场地所产生的碳排放，同时植物焚烧会将固定的$CO_2$放回大气中，需将这部分植物全生命期固碳量计入该部分的碳排放。碳排放计算公式如下。

$$C_{CZ} = \sum_{i=1}^{n} M_{B-i} D_{A-i} T_{A-i} + CF_p'$$

式中，$C_{CZ}$——拆除处置阶段的碳排放（$kgCO_2e$）；

$M_{B-i}$——第$i$种拆除废弃物的产生量（t）；

$D_{A-i}$——第$i$种拆除废弃物的平均运输距离（km）；

$T_{A-i}$——第$i$种拆除废弃物的运输方式下，单位重量运输距离的碳排放因子 $[kgCO_2e/ (km \cdot t)]$；

$CF_p'$——进行焚烧处理的植物固碳阶段的减碳量（$kgCO_2$）。

（3）循环再生利用阶段指部分景观材料经过回收再利用后，碳排放又会进入新的景观生命周期中，不会对环境造成实质影响，故这部分应予以扣除，碳排抵扣计算公式如下。

$$C_{XH} = \sum_{i=1}^{n} M_{C-i} \times u_i \times F_{A-i}$$

式中，$C_{XH}$——循环再利用所产生减碳量（$kgCO_2e$）；

$M_{C-i}$——进行循环再利用的第$i$种材料的消耗量（t）；

$u_i$——材料的回收率（%）；

$F_{A-i}$——进行循环再利用的第$i$种料的碳排放因子（$kgCO_2e$/单位材料数量）。

算例演示：由于玫瑰园目前未进入到全生命周期中的循环阶段，在这里不做算例演示，该阶段碳排放量计算方式和计算逻辑同之前阶段。

## 6.4
## 生态景观碳汇与减排绩效评估

针对生态景观全生命周期的增汇减排设计，厘清生态景观碳汇与减排绩效评估原则，并构建针对性的评价体系，以客观、精准地量化碳汇与减排绩效，为提升生态效益和科学决策提供依据，助力生态环境管理的科学化与精细化。

### 6.4.1　生态景观碳汇与减排绩效评估原则

**1）地域原则**

绩效评价应选择在同一个地域比较，相关因子系数应选择当地的标准和指南。采用的碳计量参数应具有可比性，如果所选择的当地参数超出IPCC或国家水平参数值的正常范围，应详细说明其理由。

**2）时间原则**

针对建成环境生态景观碳汇与减排绩效评估，研究阶段包括前期评价、规划设计、生产运输、建造运维、消解循环。通常情况下我们可以选取50年时间作为研究范围，大部分树木在50年后生长稳定，此时固碳量不再剧烈变化。如果将生命周期时间延长50年以上，不确定性的增加会影响结果。

**3）空间原则**

包括建成区、街区、公园、群落，针对不同尺度的碳汇、碳排影响要素，碳汇、碳储研究对象为具有自然碳汇和固碳效应的植被、水体、土壤。

## 6.4.2 增汇减排绩效评价体系构建

构建增汇减排绩效评价体系，旨在科学、全面地衡量和评价生态景观在增加碳汇与减少碳排方面的成效，是应对全球气候变化挑战、实现生态景观可持续发展的关键举措。

增汇减排绩效评价体系涵盖了生态系统增汇效益（植被碳汇、水体碳汇、土壤碳储）、减排效益（减排技术应用、清洁能源应用、可再生资源使用）、综合效益（碳收支生态效益评估、碳收支经济价值评估）等多个维度，通过选取量化指标和评估标准，定量表征被评价对象在减缓气候变化方面的功效。在实践应用时，应根据评价对象特征和拟解决的问题，针对性地调整和应用评价体系。

### 1）增汇指标

估算全生命周期下50年内的生态系统（植被、水体、土壤）碳汇量、碳汇率及碳汇速率变化，以评估分析不同覆被类型的碳汇能力，为高碳汇生态景观增汇设计提供参考依据。

（1）碳汇总量

碳汇总量是指在全生命周期内，某一地区或生态系统通过碳吸收所实现的固碳总量。该指标越大，说明研究范围内的总固碳量越大。这个量通常以吨为单位进行衡量。碳汇总量单位为吨（t）。

$$碳汇总量 = 植被碳汇量 + 水体碳汇量 + 土壤碳汇量$$

（2）单位面积碳汇量

计算生态系统单位面积内的碳汇量。单位面积的碳汇量越大，说明该区域的平均碳汇能力越强。单位面积碳汇量单位为$t/(hm^2 \cdot a)$，$hm^2$表示公顷，a表示时间（年），t表示吨。

$$单位面积碳汇量 = \frac{总碳汇量}{总面积}$$

（3）年净碳汇量

年净碳汇量是指在一年内，某一地区或生态系统通过碳吸收和碳释放之间的差值所实现的碳净转移量。通常以吨（t）为单位进行衡量，可以用来评估该地区或生态系统的碳平衡状态。

$$年净碳汇量 = n年碳汇量 - n年碳排量$$

（4）单位面积年净碳汇量

计算场地内单位面积的年净碳汇量，通常以$t/(hm^2 \cdot a)$为单位进行衡量，$hm^2$表示公顷，a表示时间（年），t表示吨，可以用来评估单位面积的碳平衡状态。

$$单位面积年净碳汇量 = \frac{年净碳汇量}{总面积}$$

（5）年净碳汇增长率

年净碳汇增长率表示的是某一年中，生态系统或植被的净碳汇量（即吸收并储存的碳）相对于前一年净碳汇量的增长幅度。它通常用来衡量生态系统在碳吸收方面的增减变化。单位为%。

$$年净碳汇增长率 = \frac{净碳汇量_{第n年} - 净碳汇量_{第n-1年}}{净碳汇量_{第n-1年}}$$

### 2）减排指标

估算全生命周期下生态景观的碳排量及相关的节能效益，以评估不同节能减排策略的减排效能，从而辅助设计师和管理者选择更为高效节能的规划设计和管护策略。

（1）总碳排量

生态景观碳排量应根据不同需求按阶段进行计算，并将分段计算结果累计为生态景观全生命期碳排放量。包括规划设计、材料生产与运输、施工建造、运行及维护、拆除处置整个循环过程产生的温室气体排放的总和，以$CO_2$当量表示。根据上文碳排计算方法，计算全生命周期的总碳排放量，以及不同年限（$n$年）的碳排放量。在50年全生命期中碳源部分材料生产阶段及运行阶段占比最高。单位为吨（t）。

总碳排量$CO_2$＝生产$CO_2$＋运输$CO_2$＋建设$CO_2$＋使用$CO_2$＋维护$CO_2$＋循环$CO_2$

（2）总减排量

即与传统景观工程相比，新的减排设计对应的$CO_2$减排量。总减排量越大，表明生态景观工程减排设计的总体减排效应越高。单位为吨（t）。

$$\Delta E = BE - AE$$

式中：$\Delta E$为全生命周期总减排量，单位为kg；$BE$为设计前的全生命周期$CO_2$碳排量，单位为kg；$AE$为设计后的全生命周期$CO_2$碳排量，单位为kg。

（3）单位面积的减排量

单位面积的年减排量表示与传统景观工程相比，研究区域的减排设计对应的单位面积$CO_2$的年减少量。单位面积的减排量越大，表明该区域的生态景观工程减排设计的平均减排能力越强。单位为$t/(hm^2 \cdot a)$。

$$单位面积的年减排量 = \frac{年碳排放减少总量}{总面积}$$

（4）年碳排增长速率

年碳排增长率是指在一年内，某一地区的碳排放量相对于前一年碳排放量的增长幅度，通常用百分比表示。它反映了碳排放量随时间变化的相对变化速度，即一年内碳排放量的增幅。单位为%。

$$年碳排增长率 = \frac{碳排放量_{第n年} - 碳排放量_{第n-1年}}{碳排放量_{第n-1年}}$$

（5）总减排率

一般指$CO_2$减排率，即与传统景观工程相比，新的减排设计对应的$CO_2$减排量与传统景观工程$CO_2$排放量的比值。总减排率越大，表明生态景观减排工程设计相比于传统景观工程的减排能力越强。单位为%。

$$E_R = \frac{\Delta E}{AE} \times 100\%$$

式中：$E_R$为总减排率；$\Delta E$为全生命周期减排量，单位为kg；$AE$为设计后的全生命周期$CO_2$碳排量，单位为kg。

（6）材料复用率

计算场地内材料的循环使用率，材料复用率越大，表明场地绿色垃圾循环使用率较高。单位为%。

$$材料复用率 = \frac{材料循环利用量}{总的材料废弃物产生量} \times 100\%$$

（7）清洁能源利用率

计算场地内清洁能源使用量占总体能源使用量的大小，清洁能源利用率越大，表明场地内清洁能源供电量越多，能耗量相对较少。单位为%。

$$R = \frac{\sum_r W_r}{E_{sum}} \times 100\%$$

$R$为清洁能源占比，单位为%；$E_{sum}$为场地能源年消耗量之和，单位为kgce；$W_r$为在统计时间内第$r$种可再生能源转化成可利用能量的值，单位为kgce。

### 3）综合效益指标

（1）碳收支生态效益评估

结合城市绿地植被年固碳量和年碳排放量，评估分析碳收支生态效益（图6-10）。

①碳平衡指数

碳平衡指数指的是碳源碳汇的平衡关系，即城市绿色空间上的碳汇量与城市碳源空间上的排放量之间的供需关系，定义两者之间的比例关系为碳平衡指数。可以表示为：

$$碳平衡指数 = \frac{碳汇量}{碳排放量}$$

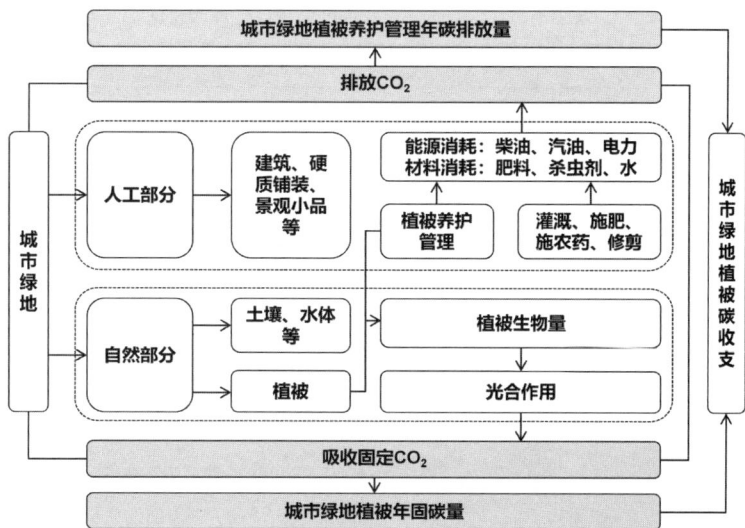

**图6-10 城市绿地植被碳收支作用过程**
（来源：根据中国风景园林学会. 城市绿地碳汇｜城市不同类型绿地植被碳
收支差异及成因研究[J]. 中国风景园林学会，2023. 改绘）

所使用的碳源碳汇数据均统一量纲，故不存在单位，且无负值。以1为界限，若碳平衡指数小于1，则表明碳源排放量大于碳汇量，仍需减源增汇。若碳平衡指数大于等于1，则表明该区域已达成碳中和目标。

②区域碳平衡年限

即某一地区或生态系统实现总碳排量与总固碳量达到平衡的年限。时间越短，表明该区域生态景观越快达到区域碳平衡，为绿地内部及其周边如交通、建筑、人类活动产生的碳排放量做出贡献的时间越长。

（2）碳收支经济价值评估

①成本效益评估

即达到区域碳中和的那一年，场地中用于材料生产运输、建造使用、管理维护、消解循环的增汇减排总成本，以及单位面积的成本。分析区域碳中和总成本与净固碳总量的比值，可以用于评估成本效益。

②碳交易评估

碳交易是温室气体排放权交易的统称，在《京都协议书》要求减排的6种温室气体中，$CO_2$为最大宗，因此，温室气体排放权交易以每吨$CO_2$当量为计算单位。在排放总量控制的前提下，包括$CO_2$在内的温室气体排放权成为一种稀缺资源，从而具备了商品属性。表6-21为国内外常见碳汇参考价格。

碳汇经济价值计算包括碳汇生态产品总值、碳固定价值、碳蓄积价值，其狭义概念为通过生态景观生物、非生物和其他活动，产生的$CO_2$存储增量的市场价值。广义概念而言，碳汇经济价值为吸收、固定、存储$CO_2$的生态景观生物、非生物和其他活动的总价值。

277

| 碳汇价格 | 适用范围 | 信息来源 |
|---|---|---|
| （10～15）美元/t碳 | 国际 | 涂慧萍，陈世清，陈建群. 对森林碳汇及试点的思考[J]. 林业资源管理，2004，（6）：18-21. |
| （3～4）美元/t碳 | 国际 | Promode Kant. 印度热带生态系统碳汇项目的真实成本：收益性的经济分析//国家林业局政策法规司. 碳交换机制和公益林补偿研讨会论文汇编[M]. 北京：中国林业出版社，2003：149-160. |
| 150美元/t碳 | 瑞典 | 成克武，崔国发，王建中，等. 北京喇叭沟门林区森林生物多样性经济价值评估[J]. 北京林业大学学报，2000，22（4）：66-71. |
| 10美元/t碳 | 中国 | WINJUM J K, BROWN S, SCHLAMA D B. Forestharvests and wood products: Sources and sinks of atmosphericcarbon dioxide[J]. Forest Science, 1996, 271(21): 1576-1578. |
| 255.2人民币元/t碳 | 中国吉林白山市 | 李金昌. 生态价值论[M]. 重庆：重庆大学出版社，1999：165-167. |
| 260.9人民币元/t碳 | 中国 | 中国生物多样性国情研究报告编写组. 中国生物多样性国情研究报告[M]. 北京：中国环境科学出版社，1997：191-209. |
| 273.3人民币元/t碳 | 中国 | 候元兆. 中国森林资源核算研究[M]. 北京：中国林业出版社，1995：136. |
| 305.0人民币元/t碳 | 中国 | 施溯筠，李光，张三焕，等. 长白山区森林固定$CO_2$价值的评估[J]. 延边大学学报（自然科学版），2002，28（2）：134-137. |

（来源：孙康，崔茜茜，苏子晓，等. 中国海水养殖碳汇经济价值时空演化及影响因素分析[J]. 地理研究，2020，39（11）：2508-2520.）

## 4）评估分类分级

### （1）不同气候带区域碳汇绩效评估

中国地理环境复杂多样，地势西高东低，主要有高原、山地、平原、丘陵、盆地等五种基本地形。根据行政区域的特征，中国分为七大地理分区。其中，西北地区、华北地区以及东北地区为中国北部地区，西南地区和华南地区为中国南部地区。七大地理分区在气候、生态系统、植被类型、地形地貌、经济发展等方面都有显著的区别和特征。

刘文利等学者对1981～2019年中国植被碳源与碳汇时空演变进行分析，确定气候变化对植被碳源和碳汇的影响区域。在近40年的时间里，气候因素是驱动中国植被碳源和碳汇变化的主要因素。

1981～2001年期间，降水是影响华北和东北地区植被碳源和碳汇变化的主要因素。华北地区降水呈上升趋势，降水的增多在一定程度上缓解了植被因缺水而生长不良的状况。东北地区位于湿润半湿润地区，当降水量较少时温度和辐射升高，导致干旱情况显著，从而削弱了植被固碳能力。中国西南、华南和华中大部分地区的气候变化促进了植被固碳能力增强，但在西南地区零星分布着受气候变化影响植被固碳能力减弱区域。西南地区广泛分布着喀斯特地貌，集中降水往往会导致水土流失，不利于植被生长，从而植被固碳能力下降。

2001～2019年间气候变化对NEP的影响区域明显缩减，主要集中在中部和北部地区。这些地区的气候因素对植被固碳影响较为显著，大部分地区的固碳能力增强，但也有少数地区固碳能力下降。在西南以西地区，降水和温度呈正相关，辐射显著负相关。该地区海拔较高且靠近荒漠地区，植被对降水依赖较大。部分地区与温度呈负相关性，这可能是因为温度上升使土壤温度增加，加快了土壤中有机质分解，抑制植被生长。同时，过多的太阳辐射不利于植被生长，导致植被生长率降低。因此，西藏以西表现为植被固碳能力降低。

聚焦长三角碳源和碳汇时空特征，高碳源区主要分布在长三角中东部，以上海和苏州为中心，呈现聚集性分布；高碳汇区则稳定的分布在浙江省和安徽省南部；森林资源富集的黄山市与丽水市碳排放与碳汇差距较小，最有潜力实现碳中和；徐州、淮南和马鞍山等工业或资源型城市以及上海、苏州等发达城市实现碳中和则面临较大压力。

总体而言，植被碳源、碳汇与气候变化息息相关，时空分布特征变化明显。随着城市发展，人类活动成为影响植被碳汇效益的主导因素之一，不同城市由于产业结构和自然资源的差异，在实现碳中和方面面临着不同的挑战和机遇。

（2）不同覆被类型绿地碳汇绩效评估

绿地碳汇绩效评估涉及不同覆被类型的绿地，评估这些绿地的碳汇绩效需要考虑植被类型、覆被面积、生长状态、管理措施等关键因素。根据王洪成学者对天津市六区不同类型绿地植被碳收支差异分析可知，公园绿地植被碳收支平均值相对较高，大多数能够一定程度上抵消城市的碳排放，但各绿地间变化幅度较大；各防护绿地的植被碳收支值均为正值，对吸收大气中的$CO_2$十分重要；而广场绿地的碳收支值多为负值，表示没有抵消自身产生的碳排放量，该类绿地对吸收绿地周边的$CO_2$作用不大；附属绿地碳收支平均值仅高于广场绿地，各附属绿地的变化幅度较大。

城市绿地植被碳收支由年固碳量和养护管理碳排放量两方面构成，不同类型绿地在这两方面的差异性较大，绿地植被碳收支也随之受到影响。不同类型绿地在其植被年固碳量上的明显差异具体表现为公园绿地＞防护绿地＞附属绿地＞广场绿地，且两两之间差异性较为显著。

对于绿地植被养护管理年碳排放而言，绿地植被养护管理方式的影响较大。不同类型的绿地灌溉工序、施肥工序、施工工序、修剪工序的差异，会影响到植被养护管理年碳排放量。以天津市内六区不同类型绿地为例，植被养护管理年碳排放量表现为公园绿地＞附属绿地＞广场绿地＞防护绿地。因此，采用智能化、精准化的绿地管养方式，可以有效减少碳排放，提升减排效益，推动生态景观可持续发展。

# 参考文献

［1］张桂莲，邢璐琪，张浪，等. 城市绿地碳汇计量监测方法研究进展[J]. 园林，2022，39（1）：4-9+49.

［2］李海奎. 碳中和愿景下森林碳汇评估方法和固碳潜力预估研究进展[J]. 中国地质调查，2021，8（4）：79-86.

［3］金力豪. 园林植物碳储存及碳汇效益研究[D]. 杭州：浙江农林大学，2019.

［4］陈文婧. 城市绿地生态系统碳水通量研究[D]. 北京：北京林业大学，2013.

［5］李霞，孙睿，李远，等. 北京海淀公园绿地$CO_2$通量[J]. 生态学报，2010，30（24）：6715-6725.

［6］殷炜达，苏俊伊，许卓亚，等. 基于遥感技术的城市绿地碳储量估算应用[J]. 风景园林，2022，29（5）：24-30.

［7］温宥越，孙强，燕玉超，等. 粤港澳大湾区陆地生态系统演变对固碳释氧服务的影响[J]. 生态学报，2020，40（23）：8482-8493.

［8］毛学刚，焦裕欣，张颖. 基于BEPS模型的东北三省森林生态系统NPP模拟[J]. 森林工程，2017，33（1）：22-27.

［9］邢璐琪. 基于多源遥感数据的竹林LAI多尺度同化及在碳循环模拟中的应用[D]. 杭州：浙江农林大学，2019.

［10］赖广梅. 大岭山城市森林公园在东莞低碳城市建设中的碳汇能力[J]. 林业资源管理，2010，（3）：34-38.

［11］赵玥，王洪成. 城市绿地碳汇｜城市不同类型绿地植被碳收支差异及成因研究[J]. 景观设计，2023.

［12］曹雨. 建筑景观园林工程生命周期二氧化碳排放计算方法研究[D]. 西安：西安建筑科技大学，2023.

［13］罗智星，曹雨，田瀚元，胡昕月，卢梅，谢静超. 建筑景观园林工程生命周期碳排放计算方法研究——以西安市住宅小区为例[J]. 建筑科学，2023，39（4）：9-18.

［14］王霞. 住宅建筑生命周期碳排放研究[D]. 天津：天津大学，2012.

［15］任高飞. 低碳经济发展及其绩效评价[J]. 生态经济（学术版），2012（1）：73-75.

［16］ZHANG Y, MENG W, YUN H, et al. Is urban green space a carbon sink or source? – A case study of China based on LCA method[J]. Environmental Impact Assessment Review, 2022, 94: 106766.

［17］依兰，王洪成. 城市公园植物群落的固碳效益核算及其优化探讨[J]. 景观设计，2019（3）：36-43.

［18］刘瀚洋，陈步金，赵兵. 基于生命周期（LCA）的园林碳排放评价初探[J]. 中国城市林业，2013，11（6）：11-14.

［19］王敏，石乔莎. 城市高密度地区绿色碳汇效能评价指标体系及实证研究——以上海市黄浦区为例[J]. 中国园林，2016，32（8）：18-24.

［20］王敏，宋昊洋. 影响碳中和的城市绿地空间特征与精细化管控实施框架[J]. 风景园林，2022，29（5）：17-23.

［21］褚宏洋. 森林碳汇经济价值评估及影响因素研究[D]. 泰安：山东农业大学，2017.

［22］王瑞. 围护结构节能改造与暖通空调系统生命周期评价方法研究[D]. 长沙：湖南大学，

2009，18-27.

［23］孙康，崔茜茜，苏子晓，等. 中国海水养殖碳汇经济价值时空演化及影响因素分析[J]. 地理研究，2020，39（11）：2508-2520.

［24］王永真，张靖，潘崇超，等. 综合智慧能源多维绩效评价指标研究综述[J]. 全球能源互联网，2021，4（3）：207-225.

［25］谷立静. 基于生命周期评价的中国建筑行业环境影响研究[D]. 北京：清华大学，2009.

# 附录

常用园林植物碳汇碳储测算表（以南京为例）

| 序号 | 中文名 | 叶面积指数LAI（m²/m²） | 绿量Ga（m²） | 净同化量An（gCO₂m⁻²d⁻¹） | 日固碳量（kgCO₂d⁻¹） | 日释氧量（kgO₂d⁻¹） | 生物量B（kg） | 含碳率CF | 碳储量（kgC） |
|---|---|---|---|---|---|---|---|---|---|
| 1 | 香樟 | 3.04 | 109.24 | 17.31 | 1.89 | 1.38 | 494.43 | 0.43 | 214.58 |
| 2 | 云南樟 | 2.55 | 106.65 | 17.31 | 1.85 | 1.34 | 109.66 | 0.43 | 47.59 |
| 3 | 棕榈 | 2.31 | 43.00 | 3.56 | 0.15 | 0.11 | 122.79 | 0.48 | 58.94 |
| 4 | 乐昌含笑 | 2.01 | 63.97 | 8.53 | 0.55 | 0.40 | 111.01 | 0.44 | 49.18 |
| 5 | 广玉兰 | 4.88 | 295.16 | 14.84 | 4.38 | 3.19 | 195.62 | 0.43 | 84.90 |
| 6 | 石楠 | 1.67 | 39.53 | 17.12 | 0.68 | 0.49 | 44.95 | 0.48 | 21.58 |
| 7 | 枇杷 | 3.60 | 59.97 | 3.97 | 0.24 | 0.17 | 122.56 | 0.48 | 58.83 |
| 8 | 杨梅 | 2.89 | 164.31 | 3.56 | 0.59 | 0.43 | 137.93 | 0.46 | 63.45 |
| 9 | 蚊母树 | 2.43 | 19.14 | 1.52 | 0.03 | 0.02 | 47.82 | 0.48 | 22.96 |
| 10 | 杜英 | 1.49 | 18.61 | 8.85 | 0.16 | 0.12 | 64.12 | 0.48 | 30.78 |
| 11 | 女贞 | 2.16 | 114.40 | 14.71 | 1.68 | 1.22 | 135.24 | 0.43 | 58.69 |
| 12 | 桂花 | 3.53 | 62.10 | 10.30 | 0.64 | 0.47 | 82.45 | 0.43 | 35.78 |
| 13 | 丹桂 | 3.53 | 165.70 | 10.30 | 1.71 | 1.24 | 31.05 | 0.43 | 13.48 |
| 14 | 悬铃木 | 2.23 | 96.24 | 5.12 | 0.49 | 0.36 | 761.90 | 0.441 | 336.00 |
| 15 | 檫木 | 2.55 | 52.67 | 11.28 | 0.59 | 0.43 | 148.87 | 0.485 | 72.20 |
| 16 | 山胡椒 | 3.22 | 38.78 | 11.28 | 0.44 | 0.32 | 96.48 | 0.480 | 46.31 |
| 17 | 银杏 | 2.27 | 79.32 | 11.84 | 0.94 | 0.68 | 980.74 | 0.447 | 438.39 |
| 18 | 乌桕 | 2.06 | 119.72 | 11.04 | 1.32 | 0.96 | 336.70 | 0.480 | 161.62 |
| 19 | 无患子 | 1.09 | 72.05 | 14.85 | 1.07 | 0.78 | 303.62 | 0.435 | 132.08 |
| 20 | 栾树 | 3.20 | 133.49 | 24.44 | 3.26 | 2.37 | 168.06 | 0.424 | 71.26 |
| 21 | 鹅掌楸 | 1.91 | 112.46 | 10.80 | 1.21 | 0.88 | 166.18 | 0.490 | 81.43 |
| 22 | 白玉兰 | 2.13 | 68.86 | 10.20 | 0.70 | 0.51 | 151.24 | 0.434 | 65.64 |
| 23 | 二乔玉兰 | 2.13 | 81.66 | 17.17 | 1.40 | 1.02 | 309.04 | 0.434 | 134.12 |
| 24 | 柳树 | 3.88 | 151.84 | 23.80 | 3.61 | 2.63 | 551.49 | 0.465 | 256.44 |
| 25 | 杨树 | 3.88 | 109.04 | 14.13 | 1.54 | 1.12 | 1134.64 | 0.471 | 534.41 |
| 26 | 垂柳 | 2.05 | 147.16 | 23.80 | 3.50 | 2.55 | 216.45 | 0.465 | 100.65 |
| 27 | 旱柳 | 1.60 | 51.94 | 23.80 | 1.24 | 0.90 | 478.94 | 0.432 | 206.90 |
| 28 | 朴树 | 1.46 | 36.96 | 10.40 | 0.38 | 0.28 | 192.16 | 0.422 | 81.09 |

| 序号 | 中文名 | 叶面积指数LAI（m²/m²） | 绿量Ga（m²） | 净同化量An（gCO₂m⁻²d⁻¹） | 日固碳量（kgCO₂d⁻¹） | 日释氧量（kgO₂d⁻¹） | 生物量B（kg） | 含碳率CF | 碳储量（kgC） |
|---|---|---|---|---|---|---|---|---|---|
| 29 | 榉树 | 1.70 | 52.59 | 5.34 | 0.28 | 0.20 | 84.83 | 0.421 | 35.71 |
| 30 | 榆树 | 2.07 | 79.03 | 13.88 | 1.10 | 0.80 | 304.94 | 0.421 | 128.38 |
| 31 | 榔榆 | 2.04 | 112.58 | 15.24 | 1.72 | 1.25 | 271.44 | 0.421 | 114.28 |
| 32 | 日本晚樱 | 1.71 | 16.97 | 6.79 | 0.12 | 0.08 | 27.39 | 0.460 | 12.60 |
| 33 | 日本早樱 | 1.17 | 28.58 | 7.12 | 0.20 | 0.15 | 36.66 | 0.460 | 16.86 |
| 34 | 东京樱花 | 1.95 | 37.35 | 7.12 | 0.27 | 0.19 | 59.86 | 0.460 | 27.53 |
| 35 | 大岛樱 | 1.95 | 25.97 | 7.12 | 0.18 | 0.13 | 22.00 | 0.460 | 10.12 |
| 36 | 山樱花 | 1.34 | 8.02 | 6.87 | 0.06 | 0.04 | 44.56 | 0.460 | 20.50 |
| 37 | 木瓜 | 2.89 | 95.15 | 5.75 | 0.55 | 0.40 | 215.57 | 0.480 | 103.48 |
| 38 | 垂丝海棠 | 1.70 | 19.90 | 5.75 | 0.11 | 0.08 | 84.84 | 0.450 | 38.18 |
| 39 | 北美海棠 | 1.70 | 10.43 | 5.75 | 0.06 | 0.04 | 64.49 | 0.450 | 29.02 |
| 40 | 美人梅 | 1.95 | 23.01 | 5.75 | 0.13 | 0.10 | 30.30 | 0.460 | 13.94 |
| 41 | 垂枝桃 | 1.42 | 12.44 | 7.01 | 0.09 | 0.06 | 23.17 | 0.460 | 10.66 |
| 42 | 杏 | 1.42 | 12.43 | 7.01 | 0.09 | 0.06 | 248.84 | 0.430 | 107.00 |
| 43 | 桃 | 1.42 | 15.98 | 7.01 | 0.11 | 0.08 | 64.56 | 0.460 | 29.70 |
| 44 | 贴梗海棠 | 1.94 | 60.75 | 8.64 | 0.53 | 0.38 | 69.61 | 0.450 | 31.33 |
| 45 | 李 | 3.24 | 21.90 | 5.31 | 0.12 | 0.08 | 30.72 | 0.440 | 13.52 |
| 46 | 杨梅 | 2.89 | 164.31 | 3.56 | 0.59 | 0.43 | 137.93 | 0.460 | 63.45 |
| 47 | 梅 | 1.95 | 9.57 | 6.79 | 0.07 | 0.05 | 34.35 | 0.460 | 15.80 |
| 48 | 山荆子 | 1.42 | 50.63 | 7.01 | 0.35 | 0.26 | 135.35 | 0.480 | 64.97 |
| 49 | 皂荚 | 3.90 | 161.64 | 5.73 | 0.93 | 0.67 | 497.81 | 0.480 | 238.95 |
| 50 | 槐 | 2.61 | 218.22 | 5.73 | 1.25 | 0.91 | 300.29 | 0.502 | 150.75 |
| 51 | 金枝槐 | 1.39 | 26.93 | 5.73 | 0.15 | 0.11 | 39.60 | 0.502 | 19.88 |
| 52 | 刺槐 | 4.50 | 551.05 | 5.73 | 3.16 | 2.30 | 651.48 | 0.502 | 327.04 |
| 53 | 龙爪槐 | 2.67 | 43.75 | 5.73 | 0.25 | 0.18 | 48.38 | 0.502 | 24.29 |
| 54 | 苦楝 | 2.89 | 253.27 | 7.13 | 1.81 | 1.31 | 418.45 | 0.480 | 200.86 |
| 55 | 槭树 | 5.27 | 288.89 | 6.36 | 1.84 | 1.34 | 507.96 | 0.450 | 228.58 |
| 56 | 鸡爪槭 | 1.85 | 44.61 | 6.36 | 0.28 | 0.21 | 142.34 | 0.450 | 64.05 |
| 57 | 梧桐 | 3.43 | 530.53 | 21.58 | 11.45 | 8.33 | 637.82 | 0.423 | 269.80 |
| 58 | 木槿 | 1.84 | 184.95 | 7.58 | 1.40 | 1.02 | 50.13 | 0.480 | 24.06 |
| 59 | 紫薇 | 1.33 | 27.64 | 21.49 | 0.59 | 0.43 | 37.38 | 0.480 | 17.94 |

| 序号 | 中文名 | 叶面积指数LAI（m²/m²） | 绿量Ga（m²） | 净同化量An（gCO₂m⁻²d⁻¹） | 日固碳量（kgCO₂d⁻¹） | 日释氧量（kgO₂d⁻¹） | 生物量B（kg） | 含碳率CF | 碳储量（kgC） |
|---|---|---|---|---|---|---|---|---|---|
| 60 | 石榴 | 1.94 | 65.49 | 6.18 | 0.41 | 0.29 | 26.99 | 0.480 | 12.96 |
| 61 | 臭椿 | 3.13 | 130.18 | 5.25 | 0.68 | 0.50 | 133.21 | 0.480 | 63.94 |
| 62 | 枫香 | 1.60 | 344.50 | 6.32 | 2.18 | 1.58 | 1681.20 | 0.418 | 702.74 |
| 63 | 桑树 | 1.99 | 66.04 | 4.73 | 0.31 | 0.23 | 74.66 | 0.480 | 35.84 |
| 64 | 枫杨 | 1.93 | 54.93 | 15.71 | 0.86 | 0.63 | 245.03 | 0.480 | 117.61 |
| 65 | 核桃 | 1.26 | 54.10 | 5.37 | 0.29 | 0.21 | 273.68 | 0.480 | 131.36 |
| 66 | 黑胡桃 | 1.26 | 144.05 | 5.37 | 0.77 | 0.56 | 244.79 | 0.480 | 117.50 |
| 67 | 黄连木 | 1.57 | 150.28 | 5.32 | 0.80 | 0.58 | 284.77 | 0.480 | 136.69 |
| 68 | 麻栎 | 1.85 | 89.01 | 9.38 | 0.83 | 0.61 | 392.49 | 0.480 | 188.39 |
| 69 | 沼生栎 | 4.16 | 252.31 | 9.38 | 2.37 | 1.72 | 36.31 | 0.480 | 17.43 |
| 70 | 泡桐 | 1.80 | 126.54 | 26.37 | 3.34 | 2.43 | 906.76 | 0.480 | 435.24 |
| 71 | 毛泡桐 | 1.80 | 118.68 | 26.37 | 3.13 | 2.28 | 493.25 | 0.480 | 236.76 |
| 72 | 杜仲 | 2.66 | 56.67 | 21.43 | 1.21 | 0.88 | 212.97 | 0.480 | 102.23 |
| 73 | 梓树 | 2.46 | 140.87 | 9.43 | 1.33 | 0.97 | 115.68 | 0.480 | 55.53 |
| 74 | 七叶树 | 2.66 | 146.32 | 8.27 | 1.21 | 0.88 | 443.68 | 0.435 | 193.00 |
| 75 | 蜡梅 | 4.72 | 111.71 | 5.52 | 0.62 | 0.45 | 44.95 | 0.460 | 20.68 |
| 76 | 连翘 | 2.28 | 63.08 | 4.92 | 0.31 | 0.23 | 25.98 | 0.430 | 11.17 |
| 77 | 菊花桃 | 1.42 | 56.41 | 7.01 | 0.40 | 0.29 | 33.80 | 0.460 | 15.55 |
| 78 | 白皮松 | 2.02 | 125.18 | 2.07 | 0.26 | 0.19 | 248.23 | 0.45 | 112.70 |
| 79 | 黑松 | 3.40 | 148.58 | 2.07 | 0.31 | 0.22 | 261.94 | 0.52 | 134.90 |
| 80 | 油松 | 2.02 | 97.65 | 1.59 | 0.16 | 0.11 | 214.98 | 0.52 | 111.14 |
| 81 | 雪松 | 2.11 | 123.03 | 13.66 | 1.68 | 1.22 | 455.82 | 0.45 | 206.94 |
| 82 | 火炬松 | 3.33 | 87.19 | 3.19 | 0.28 | 0.20 | 856.77 | 0.51 | 437.81 |
| 83 | 蓝粉云杉 | 4.63 | 138.79 | 2.15 | 0.30 | 0.22 | 80.65 | 0.49 | 39.52 |
| 84 | 池杉 | 4.63 | 40.53 | 10.77 | 0.44 | 0.32 | 68.40 | 0.45 | 30.50 |
| 85 | 落羽杉 | 5.34 | 42.79 | 10.77 | 0.46 | 0.34 | 575.79 | 0.45 | 256.80 |
| 86 | 水杉 | 1.34 | 78.98 | 10.77 | 0.85 | 0.62 | 161.07 | 0.44 | 70.71 |
| 87 | 圆柏 | 4.59 | 51.72 | 5.97 | 0.31 | 0.22 | 483.57 | 0.49 | 234.53 |
| 88 | 柏木 | 2.48 | 110.66 | 1.86 | 0.21 | 0.15 | 418.26 | 0.49 | 202.86 |
| 89 | 龙柏 | 4.23 | 223.47 | 5.97 | 1.33 | 0.97 | 171.99 | 0.45 | 77.40 |
| 90 | 罗汉松 | 1.77 | 85.33 | 3.12 | 0.27 | 0.19 | 182.10 | 0.45 | 82.67 |

常见绿地类型碳汇能力估算表

| 群落 | 地点 | 植物 | | | 碳储 | 碳汇 | |
|---|---|---|---|---|---|---|---|
| | | 大乔木 | 小乔木 | 灌木及地被 | 碳储量（kgC） | 日固碳量（kgCO₂·d⁻¹） | 日释氧量（kgO₂·d⁻¹） |
| 01常绿阔叶林 | 玄武湖公园 | 桂花（11棵） | 含笑（1棵） | 石楠（15m²）、小叶黄杨（60m²）、沿阶草（80m²）、郁金香（80m²）、黑麦草（100m²） | 738.52 | 16.59 | 12.07 |
| | 西安门遗址广场 | 银杏（1棵） | 桂花（4棵） | 海桐（18m²）、金边黄杨（18m²）、沿阶草（40m²）、麦冬（65m²） | 2351.42 | 11.59 | 8.43 |
| | 鼓楼市民广场 | — | 女贞（15棵） | 杜鹃（20m²） | 770.65 | 13.36 | 9.71 |
| 02落叶阔叶林 | 河西青奥公园 | 鹅掌楸（1棵）、榉树（1棵） | 日本樱花（13棵）、紫荆（2棵）、桂花（3棵） | 狗牙根（200m²）、球序卷耳（100m²） | 631.39 | 8.47 | 6.16 |
| | 大行宫市民广场 | 榉树（4棵） | — | 日本女贞（12m²）、海桐（8m²）、小叶黄杨（30m²）、杜鹃（20m²） | 341.31 | 4.69 | 3.41 |
| | 东南大学九龙湖校区 | 刺槐（4棵） | 鸡爪椒（15棵） | 狗牙根（300m²） | 2269.35 | 10.60 | 7.71 |
| 03常绿落叶阔叶混交林 | 小桃园 | 香樟（8棵）、银杏（3棵） | — | 狗牙根350m² | 530.04 | 18.42 | 13.40 |
| | 西安门遗址广场 | 香樟（2棵）、银杏（2棵） | — | 毛竹（168株）、红叶石楠（20m²） | 1954.11 | 16.49 | 12.00 |
| | 鼓楼市民广场 | 香樟（2棵）、银杏（2棵） | 樱花（6棵）、桂花（1棵） | 杜鹃（100m²）、黑麦草（100m²）、麦冬（50m²） | 870.75 | 17.86 | 12.99 |
| 04常绿针叶林 | 玄武湖 | 雪松（1棵）、圆柏（4棵） | — | 南天竹（20m²）、海桐（20m²）、小叶黄杨（200m²）、红花檵木（2m²）、狗牙根（200m²） | 3042.59 | 19.56 | 14.22 |
| | 清凉山公园 | 雪松（13棵） | — | 八角金盘（5m²）、南天竹（45m²）、阔叶麦冬（20m²）、麦冬（50m²） | 1654.19 | 10.74 | 7.81 |
| | 清凉山公园 | 雪松（11棵） | — | 锦绣杜鹃（100m²）、八角金盘（10m²）、阔叶麦冬（50m²）、麦冬（10m²） | 2216.77 | 15.25 | 11.09 |

| 群落 | 地点 | 植物 | | | 碳储 | 碳汇 | |
| --- | --- | --- | --- | --- | --- | --- | --- |
| | | 大乔木 | 小乔木 | 灌木及地被 | 碳储量（kgC） | 日固碳量（kgCO₂d⁻¹） | 日释氧量（kgO₂d⁻¹） |
| 05落叶针叶林 | 玄武湖 | 落羽杉（36棵） | — | 金叶女贞（50m²）、红叶石楠（14m²）、沿阶草（10m²）、狗牙根（50m²）、诸葛菜（300m²）、麦冬（80m²） | 30 822.73 | 42.61 | 30.99 |
| | 绣球公园 | 水杉（26棵） | — | 麦冬（200m²）、吴风草（5m²）、阔叶麦冬（80m²） | 6982.16 | 9.36 | 6.81 |
| | 河西青奥公园 | 水杉（29棵） | — | 红叶石楠（12m²）、冬青卫矛（2m²）、海桐（2m²）、沿阶草（150m²）、鸢尾（30m²）、旱熟禾（10m²） | 2692.93 | 8.37 | 6.09 |
| 06落叶针阔混交林 | 莫愁湖公园 | 水杉（2棵）、柳树（1棵）、麻栎（3棵） | 垂丝海棠（8棵）、西府海棠（8棵）、木瓜（1棵） | 狗牙根（200m²） | 3927.17 | 29.41 | 21.39 |
| | 鱼嘴湿地公园 | 杨树（8棵）、桑树（8棵）、水杉（6棵） | — | 香蜂花（150m²）、芦竹（80m²）、狗牙根（150m²） | 8566.13 | 51.06 | 37.13 |
| 07常绿落叶针阔混交林 | 鱼嘴湿地公园 | 沼生栎（6棵）、杨树（2棵）、水杉（23棵）、桑树（1棵） | — | 拉拉藤（100m²）、香蜂花（20m²）、芦竹（10m²） | 2571.04 | 12.93 | 9.41 |
| | 玄武湖公园 | 雪松（1棵）、圆柏（3棵） | 紫薇（8棵）、鸡爪槭（1棵）、女贞（1棵） | 杜鹃（12m²）、红叶石楠（4m²）、洒金桃叶珊瑚（20m²）、八角金盘（5m²）、海桐（4m²）、红花檵木（2m²）、南天竹（2m²）、吴风草（1m²）、狗牙根（10m²）、吉祥草（150m²） | 10 953.95 | 13.11 | 9.53 |
| | 西安门遗址公园 | 桂花（4棵）、水杉（4棵） | — | 红叶石楠（40m²）、沿阶草（120m²）、麦冬（20m²） | 3104.66 | 10.41 | 7.57 |
| | 金陵江滨酒店 | 椰榆（4棵）、香樟（3棵）、水杉（1棵） | — | 红叶石楠（20m²）、海桐（80m²）、大叶黄杨（20m²）、沿阶草（30m²）、红花檵木（10m²） | 839.90 | 26.17 | 19.03 |
| 08灌丛 | 鼓楼市民广场 | — | — | 小叶黄杨（20m²）、小叶女贞（200m²）、红花檵木（130m²）、红瑞木（50m²） | 266.58 | 15.65 | 11.38 |
| 09竹林 | 清凉山&石头城公园 | — | — | 毛竹（400株） | 4230.00 | 14.26 | 10.37 |
| 10草坪 | 鼓楼市民广场 | — | — | 狗牙根（400m²） | 22.00 | 9.25 | 6.72 |

常见土地利用类型碳汇系数表

| 土地利用类型 | | 碳汇系数 | 参考来源 |
|---|---|---|---|
| 林地 | 有林地 | $0.87t\ hm^{-2}\ a^{-1}$ | Fang等[1]、Tang等[2] |
| | 灌木林 | $0.23t\ hm^{-2}\ a^{-1}$ | |
| | 疏林地 | $0.58t\ hm^{-2}\ a^{-1}$ | |
| | 其他林地 | $0.2327t\ hm^{-2}\ a^{-1}$ | |
| 草地 | 高覆盖度草地 | $0.138t\ hm^{-2}\ a^{-1}$ | Piao等[3]、方精云等[4] |
| | 中覆盖度草地 | $0.046t\ hm^{-2}\ a^{-1}$ | |
| | 低覆盖度草地 | $0.021t\ hm^{-2}\ a^{-1}$ | |
| 水域 | 河渠 | $0.671t\ hm^{-2}\ a^{-1}$ | 孔东升和张灏[5] |
| | 湖泊 | $0.303t\ hm^{-2}\ a^{-1}$ | |
| | 水库坑塘 | $0.303t\ hm^{-2}\ a^{-1}$ | |
| | 滩涂 | $0.567t\ hm^{-2}\ a^{-1}$ | |
| | 滩地 | $0.567t\ hm^{-2}\ a^{-1}$ | |
| 湿地沼泽 | 湿地 | $0.248t\ hm^{-2}\ a^{-1}$ | 段晓男等[6] |
| | 内陆盐沼 | $0.671t\ hm^{-2}\ a^{-1}$ | |
| | 沿海滩涂盐沼 | $2.356t\ hm^{-2}\ a^{-1}$ | |
| | 红树林沼泽 | $4.442t\ hm^{-2}\ a^{-1}$ | |
| 未利用地 | 未利用地 | $0.0005t\ hm^{-2}\ a^{-1}$ | 赖力等[8] |

常用园林营造材料碳量表（全生命周期）

| 材料分类 | 名称 | 单位 | 碳排放因子（$kgCO_2e$/单位） |
|---|---|---|---|
| 石料 | 30厚花岗岩 | $m^2$ | 12.00 |
| | 30厚大理石 | $m^2$ | 9.23 |
| | 30厚青条石 | $m^2$ | 9.34 |
| | 30厚级配砂石 | $m^2$ | 6.84 |
| | 30厚粗砂 | $m^2$ | 4.73 |
| | 150厚碎石垫层 | $m^2$ | 26.01 |
| | 30厚方整石 | $m^2$ | 12.00 |
| | 30厚毛石 | $m^2$ | 9.34 |
| 土料 | 150厚绿化种植土 | $m^2$ | 0.11 |
| | 150厚素土 | $m^2$ | 0.13 |

| 材料分类 | 名称 | 单位 | 碳排放因子（kgCO₂e/单位） |
|---|---|---|---|
| 块料 | 透水砖 | 千块 | 491.50 |
| | 黏土砖 | 千块 | 687.80 |
| | 植草砖 | 千块 | 53.48 |
| | 标准砖 | 千块 | 687.80 |
| 砂浆 | 30厚水泥砂浆1：1水泥砂浆 | m² | 34.05 |
| | 30厚水泥砂浆1：2水泥砂浆 | m² | 27.10 |
| | 30厚水泥砂浆1：3水泥砂浆 | m² | 21.74 |
| | 30厚水泥砂浆1：4水泥砂浆 | m² | 17.67 |
| 混凝土 | 100厚泵送商品混凝土C15 | m² | 38.86 |
| | 100厚泵送商品混凝土C20 | m² | 45.56 |
| | 100厚泵送商品混凝土C25 | m² | 46.79 |
| | 100厚泵送商品混凝土C30 | m² | 50.57 |
| | 100厚泵送商品混凝土C35 | m² | 58.59 |
| 钢材 | 镀锌钢管 | m | 2.69 |
| | 钢管φ15 | m | 3.73 |
| | 钢管φ50 | m | 41.39 |
| | 铝板（2.5mm） | m² | 19.38 |
| | 普通钢管DN15 | m | 21.35 |
| | 普通钢管DN20 | m | 27.83 |
| 钢材 | 普通钢管DN25 | m | 41.33 |
| | 普通钢管DN32 | m | 53.45 |
| | 普通钢管DN40 | m | 65.57 |
| 涂料 | 乳胶漆 | kg | 2.21 |
| | 透明底漆 | kg | 2.21 |
| | 调和漆 | kg | 0.62 |
| | 防腐漆 | kg | 0.62 |
| 管材 | PE管材16mm | m | 0.69 |
| | PE管材20mm | m | 0.89 |
| | PE管材25mm | m | 1.14 |

| 材料分类 | 名称 | 单位 | 碳排放因子（kgCO₂e/单位） |
|---|---|---|---|
| 管材 | PVC管材0.63MP40 | m | 2.62 |
| | PVC管材0.63MP50 | m | 3.49 |
| | PVC管材0.63MP63 | m | 5.37 |
| | PVC管材0.63MP75 | m | 7.41 |
| | PVC管材0.63MP90 | m | 10.64 |
| | PVC管材0.63MP110 | m | 13.21 |
| | 钢化玻璃6mm | m² | 26.01 |
| | 钢化玻璃10mm | m² | 43.35 |
| | 钢化玻璃12mm | m² | 52.02 |
| 木材 | 30厚防腐木 | m² | 9.01 |
| 灯具 | 庭院灯 | 盏 | 143.33 |
| | 草坪灯 | 盏 | 45.04 |
| | 壁灯 | 盏 | 14.02 |
| | 水下灯 | 盏 | 19.25 |

**常用低排放园林工程构造详图集目录**　　　　　　　　附表5

| 构造类别 | 序号 | 构造详图编号 |
|---|---|---|
| 目录 | A | A-1 |
| 总说明 | B | B-1 |
| 铺装及缘石 | C | C-1 |
| 边沟 | D | D-1 |
| | | D-2 |
| | | D-3 |
| | | D-4 |
| | | D-5 |
| | | D-6 |
| 台阶 | E | E-1 |
| 花台 | F | F-1 |

| 构造类别 | 序号 | 构造详图编号 |
| --- | --- | --- |
| 水景 | G | G-1 |
| | | G-2 |
| | | G-3 |
| | | G-4 |
| | | G-5 |
| | | G-6 |
| | | G-7 |
| | | G-8 |
| | | G-9 |
| | | G-10 |
| 座椅 | H | H-1 |
| 光伏廊架 | I | I-1 |
| | | I-2 |
| | | I-3 |

## 参考文献

[1] FANG J Y, YU G R. LIU LL. et al, Chapin I F s. Climate change, human impacts, and carbon sequesration in china[J]. Proceedings of the National Academy of Sciences of the United States of America, 2018, 115(16): 4015-4020.

[2] TANG X L, ZHAO X, BAI Y F, TANG Z Y, et al. Carbon pools in China's terrestrial ecosystems: new estimatesbased on an intensive field survey[J]. Proceedings of the Naional Academy of Sciences of the United States of America, 2018, 115161: 4021-4026.

[3] PIAO S L, FANG J Y, ZHOU L M, et al. Changes in vegetation net primary productivity from 1982 to 1999 in china[J]. Global Bioaeochemical Cycles, 2005, 19(2): GB2027.

[4] 方精云, 郭兆迪, 朴世龙, 等. 1981—2000年中国陆地植被碳汇的估算[J]. 中国科学（D辑：地球科学）, 2007, 37（6）：804- 812.

[5] 孔东升, 张灏. 张掖黑河湿地自然保护区生态服务功能价值评估[J]. 生态学报, 2015, 35（4）：972-983.

[6] 张灏, 彭千芮, 王睿, 等. 中国县域碳汇时空格局及影响因素[J]. 生态学报, 2020, 40（24）：8988-8998.

[7] 段晓男, 王效科, 逯非, 等. 中国湿地生态系统固碳现状和潜力[J]. 生态学报, 2008（02）：463-469.

［8］  赖力，黄贤金，刘伟良，赵登辉，基于投入产出技术的区域生态足迹调整分析——以2002年江苏省经济为例[J]. 生态学报，2006，26（4）：1285-1292.

［9］  罗智星. 建筑生命周期二氧化碳排放计算方法与减排策略研究[D]. 西安：西安建筑科技大学，2016.